国家卫生健康委员会"十四五"规划教材

全国高等中医药教育教材

供中药学类专业用

仪器分析

第 3 版

中藥

主　编　尹　华　王新宏

副主编　冯素香　高晓燕　张　丽　张　祎　万　丽

编　者　（按姓氏笔画排序）

万　丽（成都中医药大学）　　　许佳明（长春中医药大学）

马东来（河北中医学院）　　　杨连荣（黑龙江中医药大学）

王海波（辽宁中医药大学）　　邹　莉（浙江中医药大学）

王新宏（上海中医药大学）　　张　丽（南京中医药大学）

韦国兵（江西中医药大学）　　张　祎（天津中医药大学）

尤丽莎（上海中医药大学）　　张　美（云南中医药大学）

尹　华（浙江中医药大学）　　张国英（山东中医药大学）

尹计秋（大连医科大学）　　　陈　晖（甘肃中医药大学）

冯素香（河南中医药大学）　　孟庆华（陕西中医药大学）

刘　芳（湖南中医药大学）　　姚惠琴（宁夏医科大学）

刘国杰（中国医科大学）　　　高晓燕（北京中医药大学）

秘　书　邹　莉（兼）　尤丽莎（兼）

人民卫生出版社

·北　京·

图书在版编目（CIP）数据

仪器分析 / 尹华，王新宏主编 . —3 版 . —北京：
人民卫生出版社，2021.10（2024.11 重印）
ISBN 978-7-117-31582-1

Ⅰ.①仪… Ⅱ.①尹…②王… Ⅲ.①仪器分析 —高
等学校 —教材 Ⅳ.①O657

中国版本图书馆 CIP 数据核字（2021）第 193461 号

人卫智网	www.ipmph.com	医学教育、学术、考试、健康，购书智慧智能综合服务平台
人卫官网	www.pmph.com	人卫官方资讯发布平台

仪 器 分 析
Yiqi Fenxi
第 3 版

主　　编：尹　华　王新宏
出版发行：人民卫生出版社（中继线 010-59780011）
地　　址：北京市朝阳区潘家园南里 19 号
邮　　编：100021
E - mail：pmph @ pmph.com
购书热线：010-59787592　010-59787584　010-65264830
印　　刷：中农印务有限公司
经　　销：新华书店
开　　本：850×1168　1/16　印张：24
字　　数：629 千字
版　　次：2012 年 6 月第 1 版　2021 年 10 月第 3 版
印　　次：2024 年 11 月第 7 次印刷
标准书号：ISBN 978-7-117-31582-1
定　　价：76.00 元

打击盗版举报电话：010-59787491　E-mail：WQ @ pmph.com
质量问题联系电话：010-59787234　E-mail：zhiliang @ pmph.com

数字增值服务编委会

主　编　尹　华　王新宏

副主编　冯素香　高晓燕　张　丽　张　祎　万　丽

编　者　（按姓氏笔画排序）

万　丽（成都中医药大学）　　许佳明（长春中医药大学）

马东来（河北中医学院）　　杨连荣（黑龙江中医药大学）

王海波（辽宁中医药大学）　　邹　莉（浙江中医药大学）

王新宏（上海中医药大学）　　张　丽（南京中医药大学）

韦国兵（江西中医药大学）　　张　祎（天津中医药大学）

尤丽莎（上海中医药大学）　　张　美（云南中医药大学）

尹　华（浙江中医药大学）　　张国英（山东中医药大学）

尹计秋（大连医科大学）　　陈　晖（甘肃中医药大学）

冯素香（河南中医药大学）　　孟庆华（陕西中医药大学）

刘　芳（湖南中医药大学）　　姚惠琴（宁夏医科大学）

刘国杰（中国医科大学）　　高晓燕（北京中医药大学）

修 订 说 明

为了更好地贯彻落实《中医药发展战略规划纲要(2016—2030年)》《中共中央国务院关于促进中医药传承创新发展的意见》《教育部 国家卫生健康委 国家中医药管理局关于深化医教协同进一步推动中医药教育改革与高质量发展的实施意见》《关于加快中医药特色发展的若干政策措施》和新时代全国高等学校本科教育工作会议精神,做好第四轮全国高等中医药教育教材建设工作,人民卫生出版社在教育部、国家卫生健康委员会、国家中医药管理局的领导下,在上一轮教材建设的基础上,组织和规划了全国高等中医药教育本科国家卫生健康委员会"十四五"规划教材的编写和修订工作。

为做好新一轮教材的出版工作,人民卫生出版社在教育部高等学校中医学类专业教学指导委员会、中药学类专业教学指导委员会和第三届全国高等中医药教育教材建设指导委员会的大力支持下,先后成立了第四届全国高等中医药教育教材建设指导委员会和相应的教材评审委员会,以指导和组织教材的遴选、评审和修订工作,确保教材编写质量。

根据"十四五"期间高等中医药教育教学改革和高等中医药人才培养目标,在上述工作的基础上,人民卫生出版社规划、确定了第一批中医学、针灸推拿学、中医骨伤科学、中药学、护理学5个专业100种国家卫生健康委员会"十四五"规划教材。教材主编、副主编和编委的遴选按照公开、公平、公正的原则进行。在全国50余所高等院校2 400余位专家和学者申报的基础上,2 000余位申报者经教材建设指导委员会、教材评审委员会审定批准,聘任为主编、副主编、编委。

本套教材的主要特色如下:

1. 立德树人,思政教育 坚持以文化人,以文载道,以德育人,以德为先。将立德树人深化到各学科、各领域,加强学生理想信念教育,厚植爱国主义情怀,把社会主义核心价值观融入教育教学全过程。根据不同专业人才培养特点和专业能力素质要求,科学合理地设计思政教育内容。教材中有机融入中医药文化元素和思想政治教育元素,形成专业课教学与思政理论教育、课程思政与专业思政紧密结合的教材建设格局。

2. 准确定位,联系实际 教材的深度和广度符合各专业教学大纲的要求和特定学制、特定对象、特定层次的培养目标,紧扣教学活动和知识结构。以解决目前各院校教材使用中的突出问题为出发点和落脚点,对人才培养体系、课程体系、教材体系进行充分调研和论证,使之更加符合教改实际、适应中医药人才培养要求和社会需求。

3. 夯实基础,整体优化 以科学严谨的治学态度,对教材体系进行科学设计、整体优化,体现中医药基本理论、基本知识、基本思维、基本技能;教材编写综合考虑学科的分化、交叉,既充分体现不同学科自身特点,又注意各学科之间有机衔接;确保理论体系完善,知识点结合完备,内容精练、完整,概念准确,切合教学实际。

4. 注重衔接,合理区分 严格界定本科教材与职业教育教材、研究生教材、毕业后教育教材的知识范畴,认真总结、详细讨论现阶段中医药本科各课程的知识和理论框架,使其在教材中得以凸显,既要相互联系,又要在编写思路、框架设计、内容取舍等方面有一定的区分度。

5. **体现传承,突出特色** 本套教材是培养复合型、创新型中医药人才的重要工具,是中医药文明传承的重要载体。传统的中医药文化是国家软实力的重要体现。因此,教材必须遵循中医药传承发展规律,既要反映原汁原味的中医药知识,培养学生的中医思维,又要使学生中西医学融会贯通,既要传承经典,又要创新发挥,体现新版教材"传承精华、守正创新"的特点。

6. **与时俱进,纸数融合** 本套教材新增中医抗疫知识,培养学生的探索精神、创新精神,强化中医药防疫人才培养。同时,教材编写充分体现与时代融合、与现代科技融合、与现代医学融合的特色和理念,将移动互联、网络增值、慕课、翻转课堂等新的教学理念和教学技术、学习方式融入教材建设之中。书中设有随文二维码,通过扫码,学生可对教材的数字增值服务内容进行自主学习。

7. **创新形式,提高效用** 教材在形式上仍将传承上版模块化编写的设计思路,图文并茂、版式精美;内容方面注重提高效用,同时应用问题导入、案例教学、探究教学等教材编写理念,以提高学生的学习兴趣和学习效果。

8. **突出实用,注重技能** 增设技能教材、实验实训内容及相关栏目,适当增加实践教学学时数,增强学生综合运用所学知识的能力和动手能力,体现医学生早临床、多临床、反复临床的特点,使学生好学、临床好用、教师好教。

9. **立足精品,树立标准** 始终坚持具有中国特色的教材建设机制和模式,编委会精心编写,出版社精心审校,全程全员坚持质量控制体系,把打造精品教材作为崇高的历史使命,严把各个环节质量关,力保教材的精品属性,使精品和金课互相促进,通过教材建设推动和深化高等中医药教育教学改革,力争打造国内外高等中医药教育标准化教材。

10. **三点兼顾,有机结合** 以基本知识点作为主体内容,适度增加新进展、新技术、新方法,并与相关部门制订的职业技能鉴定规范和国家执业医师(药师)资格考试有效衔接,使知识点、创新点、执业点三点结合;紧密联系临床和科研实际情况,避免理论与实践脱节、教学与临床脱节。

本轮教材的修订编写,教育部、国家卫生健康委员会、国家中医药管理局有关领导和教育部高等学校中医学类专业教学指导委员会、中药学类专业教学指导委员会等相关专家给予了大力支持和指导,得到了全国各医药卫生院校和部分医院、科研机构领导、专家和教师的积极支持和参与,在此,对有关单位和个人表示衷心的感谢!希望各院校在教学使用中,以及在探索课程体系、课程标准和教材建设与改革的进程中,及时提出宝贵意见或建议,以便不断修订和完善,为下一轮教材的修订工作奠定坚实的基础。

人民卫生出版社

2021 年 3 月

◇◇◇ 前　言 ◇◇◇

《仪器分析》(第3版)是国家卫生健康委员会"十四五"规划教材、全国高等中医药教育教材，是在《仪器分析》(第2版)教学实践的基础上，进行修订编写而成。本版教材体现了以学生为中心的编写理念，合理准确定位中药学类专业，科学整合、优化仪器分析课程体系，提升学生设计分析方案和解决实际分析问题的能力，达到知识点、创新点、执业点三点结合。

本版教材的修订原则是纠错、完善、更新，编写上突出专业特点、简明扼要，内容上更切合专业及教学大纲的要求，对基本知识、基本理论进行了提炼，对各章内容进行了必要的取舍，对教材编写体系和内容进行了科学整合，强调各仪器分析方法的应用技术，强化2020年版《中华人民共和国药典》收载的分析方法及应用实例。新增了高效液相色谱-电感耦合等离子体质谱联用技术(HPLC-ICP-MS)、超临界流体色谱-质谱联用技术(SFC-MS)等分析方法，进一步优化和完善各章"分析方法或分析条件的选择"内容，注重使学生掌握仪器分析方法并能实际应用，这是本教材的创新点也是亮点之一，体现了中药、药学应用学科的特色；并将《中华人民共和国药典》及中药新药质量标准研究对分析方法的要求和更改充实到教材的相应章节，提升了教材的实用性、适用性和参考价值。各章均按原理、仪器、分析方法、应用或谱图解析阐述，规范了教材结构体系，编写中尽可能将仪器分析与分析化学等相关课程教材较好地衔接，并注意引进学科的前沿知识，体现教材的先进性，实际教学中各校可根据学时、专业等情况选择课堂讲授或学生自学。教材中专业术语、计量单位表述更为规范。

为了便于教学和学生学习，本版教材在编写体例上做了较大的创新，除设置学习目标、知识链接、知识拓展、学习小结等相对统一的模块外，新增了"思政元素"模块，利用图表解析学习内容，增加教材的可读性和生动性。同时新增了数字资源，包括PPT课件、复习思考题答案、模拟试卷等，以二维码形式随文放置，丰富了教材内容，便于离线阅读。

全书共15章，以光谱分析法、色谱分析法和联用技术为主，限于篇幅，其他仪器分析方法在绪论中给予适当介绍。每章末附有复习思考题，而附录和主要参考书目附于书末。

本教材是仪器分析的基本教材，供全国高等院校中药学类专业使用，也可供药学、药物制剂、制药工程、食品科学、生物科学、生物技术等其他相关专业使用，可用作药学类专业的自学考试用书和研究生入学考试参考书，还可供药品质量检验部门及有关科研单位的科研、技术人员参阅。

本教材由20所高校的22位教师合作编写，参编教师均具有丰富的仪器分析教学实践经验和科研成果，具体编写分工见各章末，邹莉、尤丽莎担任本版教材的编写秘书。本教材的编写得到了各编委所在院校的大力支持，人民卫生出版社相关编辑倾注了大量的心血，在此一并致谢。

由于编者水平有限，教材难免存在疏漏或不足之处，恳请专家和读者批评指正。

编者
2021年3月

◇◇◇ 目　　录 ◇◇◇

第一章

绪　论

第一节　仪器分析的任务、特点和作用

一、仪器分析的任务

仪器分析（instrumental analysis）是以物质的物理或物理化学性质为基础，探求这些性质在分析过程中所产生的信号与物质组成的内在关系和规律，进而对其进行定性、定量、结构分析和形态分析的一类分析方法。由于这类方法常用到各种比较复杂、精密或特殊的仪器设备，故称仪器分析。

仪器分析是 20 世纪 40 年代发展起来的一类分析方法，是化学学科的重要分支，通过使用仪器测定物质的一些物理和物理化学特性，获得物质的组成、含量、结构及形态等相关信息，如对光的吸收或发射、电导、电位、物质的质荷比等，以解决化学、生物化学等领域的分析问题。仪器分析是利用各学科的基本原理，采用电学、光学、精密仪器制造、真空、计算机等先进技术探知物质化学特性的分析方法，是体现学科交叉、科学与技术高度结合的综合性极强的学科分支。

仪器分析是中药学、药学、药物制剂、食品科学、生物科学、化学、化工、环境科学等专业必修的专业基础课之一。通过本课程的学习，要求学生掌握常用仪器分析方法的基本原理、基本知识和基本实验技能；初步具有根据分析对象和分析目的，结合各仪器分析方法的特点、应用范围，选择适宜分析方法的能力，具备基本的仪器分析素质。

二、仪器分析的特点

与经典的化学分析相比，仪器分析具有如下特点。

1. 灵敏度高　仪器分析的最低检出量大大降低，由化学分析的 10^{-6} g 降至 10^{-12} g，甚至更低，适用于微量、痕量和超痕量成分的分析。如原子吸收分光光度法测定某些元素的绝对灵敏度可达 10^{-14} g，电子光谱甚至可达 10^{-18} g。

2. 分析速度快　仪器分析操作简便、快速、重现性好，易于实现自动化、信息化和在线检测，适用于批量样品的分析。许多仪器配有自动进样装置和微计算机控制，能在较短时间

笔记栏

内分析多个样品,满足生产控制的需要,如发射光谱分析法在 1 分钟内可同时测定水中 48 个元素。

3. 试样用量少 仪器分析的样品用量由化学分析的毫升、毫克级降低至微升、微克级,甚至更低,适合微量、半微量乃至超微量分析。

4. 可进行无损分析 很多仪器分析方法可在物质的原始状态下分析,实现试样非破坏性分析及表面、微区、形态等分析,测定后试样可回收,适合活体分析和考古、文物等特殊领域的分析。

5. 选择性高 很多仪器分析方法可通过选择或调整测定条件,使共存的组分测定时相互间不产生干扰,尤其适合中药等复杂体系样品的分析,实现复杂混合物的成分分离、分析和结构测定。

6. 用途广泛 仪器分析除进行定性定量分析外,还能进行结构分析、物相分析、微区分析、价态分析及测定相对分子质量、稳定常数等,能适应各种分析的要求。

7. 分析成本高 仪器分析通常需要结构复杂、价格昂贵的仪器设备,分析成本一般比化学分析高,且对环境、维护和操作者的要求较高。

8. 相对误差较大 仪器分析一般相对误差为 1%~5%,较化学分析高,不适合常量和高含量成分分析。

9. 需标准物质作对照 多数仪器分析方法是一种相对方法,需要标准物质作参照进行比较。

三、仪器分析的作用

仪器分析已成为当代分析化学的主流,不仅为各个科学领域和生产部门提供准确、灵敏的检测方法,直接服务于国民经济、国防建设及医疗卫生、环境保护等社会生活的众多领域,而且影响着社会财富的创造、环境生态等人类生存和资源、能源开发的政策决策等重大社会问题的解决。仪器分析的发展是衡量国家科学技术水平的重要标志之一。当代科学领域的"四大理论"(天体、地球、粮食和环境)及人类社会面临的"五大危机"(资源、能源、人口、粮食和环境)问题的解决,都与分析化学尤其是仪器分析密切相关。仪器分析在国民经济建设、科学技术和社会发展等领域都发挥着重要作用。

在国民经济建设方面,仪器分析的作用主要表现在对原料、产品和工艺流程的质量检验和质量控制。生产过程质量控制分析是保证产品质量的关键,也是提高市场竞争力的核心。众所周知,农产品的质量检验、农药残留和有害元素的检测、土壤分析等对农业生产至关重要。在进出口贸易中,商检证书表明商品分析检验结果,是服装、纺织品、机械等入关的通行证;分析检测是商品进出口贸易的"仲裁者",若采取起诉、没收、禁运等法律手段时,必须有准确、可靠的分析结果作依据。

在科学技术方面,仪器分析在生命科学、材料科学、环境科学、资源和能源科学等众多领域发挥着重要作用。科学研究必然要进行一系列精密准确的分析工作,需要科学的分析测试体系来保障,仪器分析责无旁贷地担当起重任。如在人类基因组计划的研究中,激光诱导荧光检测的自动化 DNA 测序方法的发展和新的毛细管凝胶电泳方法的应用起到了关键作用,使分析测序速度提高数十倍,从而保证了人类基因组计划的提前完成,揭开了后基因时代的序幕,推动科学技术的进步。

在医药卫生事业方面,临床检验、疾病诊断、病因调查、新药研发、药品质量的全面控制、中药活性成分的分离测定、药物代谢和药物动力学研究、药物制剂稳定性、生物利用度和生物等效性等工作都与仪器分析密切相关。

仪器分析是人民生命健康的技术保障。近几年,瘦肉精、二噁英、毒大米、毒奶粉等食品安全事件层出不穷,人为的化学污染引发的隐患呈扩大和加重趋势,人们翘首以盼"食品卫生法"等有关法规的保护,而这些法律法规贯彻执行的事实依据就是准确、可靠的分析测试结果。

仪器分析是新药研究的强有力手段。我国的药物研究正由仿制药转向自主创新药。根据《药品注册管理办法》(国家市场监督管理总局令第 27 号),一个创新药物报批时需提供涉及分析化学特别是仪器分析的多种资料,如确证化学结构或组分的试验资料、质量研究工作的资料、稳定性研究试验资料、临床研究用样品及其检验报告书、药动学试验资料等。这些需大量应用紫外、红外、核磁共振、质谱等波谱分析技术和薄层色谱、高效液相色谱、气相色谱等色谱分析技术。

中药的化学成分复杂,临床及制剂又常以复方组方用药,因此,与化学药物相比,中药及其制剂的质量控制和安全性评价就更为复杂和困难。色谱分析显现出其独特的分离分析优势,尤其适用于中药这种复杂体系的分析,如高效液相色谱、液 - 质联用、气 - 质联用等仪器分析方法,对中药的质量评价与控制、中药的真伪优劣及药材道地性的判定等起到了关键的作用。

药物的质量好坏最终要靠临床疗效判定,药物的药理作用强度取决于血药浓度而不完全取决于剂量,因此血药浓度应控制在一定范围内,这个范围称有效血药浓度或治疗浓度。治疗药物监测(therapeutic drug monitoring,TDM)借助于血药浓度的监测,可为临床给药方案的制订和用药剂量的调整提供科学依据,保证安全、有效和合理用药,实现"个体化给药方案"。由于进入血液中的药物浓度很低且波动范围大,血液样品又不能大量采集,再加之血液内源性成分复杂,药物易降解,还可能与血液成分结合等,使血液中的药物分析成为一大难题。近年来,随着 HPLC-MS、GC-MS 等分析方法的普及和应用,使血药浓度检测等临床药学研究在医院逐步得以开展和推广。

在中药学、药学类专业的教学中,仪器分析是一门重要的专业基础课,其理论知识和实验技能是中药分析学 / 药物分析、中药化学 / 天然药物化学、中药炮制学、中药鉴定学 / 生药学和中药药剂学 / 药剂学等各学科的必备基础。

第二节 仪器分析方法的分类

仪器分析的方法很多,其方法原理、仪器结构、操作技术、适用范围等差别很大,多数形成相对较为独立的分支学科。通常按分析过程中测量和表征的性质,将仪器分析方法分为光学分析法、色谱分析法、电化学分析法、质谱分析法及热分析法、放射化学分析法等。

一、光学分析法

光学分析法是基于物质发射的电磁辐射或电磁辐射与物质的相互作用而建立的一类仪器分析方法。光学分析法分为光谱法和非光谱法两大类。

光谱法是物质与电磁辐射相互作用时物质内部发生了量子化能级之间的跃迁,按能级跃迁的方向可分为吸收光谱法(如紫外 - 可见吸收光谱法、红外光谱法、原子吸收光谱法、核磁共振波谱法等)、发射光谱法(如原子发射光谱法、荧光光谱法等)和散射光谱法(如拉曼光谱法)。

非光谱法不涉及物质内部能级跃迁,仅测量电磁辐射的某些基本性质(如反射、折射、干涉、衍射和偏振)的变化,主要有折射法、旋光法、浊度法、X射线衍射法和圆二色法等。

根据与电磁辐射作用的物质是以气态原子还是分子形式存在,可分为原子光谱法和分子光谱法。原子光谱法包括原子发射光谱法、原子吸收光谱法、原子荧光光谱法和X射线荧光光谱法等;分子光谱法包括紫外-可见吸收光谱法、红外吸收光谱法、分子荧光光谱法及拉曼光谱法等。

二、色谱分析法

色谱分析法是基于混合物各组分在固定相与流动相两相间吸附、分配、离子交换、渗透等作用的差异而进行分离、分析的方法。按流动相的分子聚集状态,色谱分析法可分为气相色谱法、液相色谱法和超临界流体色谱法;按色谱过程的分离机制,色谱分析法可分为吸附色谱法、分配色谱法、离子交换色谱法、分子排阻色谱法4种基本类型;按操作形式,色谱分析法可分为柱色谱法和平面色谱法。

色谱分析法具有高分离效能、高灵敏度、高选择性、分析速度快及应用范围广等特点,是分离分析多组分复杂样品体系的主要分析方法。

三、电化学分析法

电化学分析法是依据电化学原理和物质的电化学性质建立的一类分析方法。通常将待测溶液与适当电极构成电化学电池,根据测定的电化学参数的不同,分为电位分析法、电解分析法、电导分析法和伏安法。

根据本专业的专业特点,主要介绍电位分析法和双指示电极电流滴定法,主要应用于滴定分析。这部分内容详见《分析化学》(化学分析)教材。

四、质谱分析法

质谱分析法是应用多种离子化技术,将物质分子转化为运动的气态离子并按质荷比大小进行分离,记录其信息(质谱图)进行物质分析的方法。

质谱的形成过程为离子化、质量分离和离子检测,将试样通过导入系统进入离子源,在离子源中被电离成各种带电离子,在加速电场作用下形成离子束射入质量分析器;由质量分析器分离并按质荷比大小依次到达检测器,信号经放大、记录得到质谱图。根据质谱图提供的信息,可以进行物质的定性分析、定量分析、化合物的结构鉴定、样品中各同位素比的测定及固体表面结构和组成分析等;尤其是质谱能与各种色谱技术在线联用,同时进行复杂样品中多组分的定性定量分析。质谱分析法是研究有机化合物结构最有力的工具之一。

五、热分析法

热分析法是在程序控温下,测量物质的物理化学性质与温度关系的一类技术。物质在加热或冷却过程中,往往会发生脱水、挥发、相变等物理变化,或分解、氧化、还原等化学变化,这些物理、化学变化与物质的基本性质有关,可用于药物的晶型、纯度、热稳定性、药物辅料相互作用等药物的理化性质及热力学参数研究。常用的热分析法有热重分析、差热分析和差式扫描量热分析。

热重分析(thermogravimetric analysis,TGA)是应用热天平在程序控温下,测量物质的质量变化与温度关系,记录热重曲线的一种技术,可应用于测定结晶水、熔点、沸点和研究热分解反应过程等,在药物分析中常用于贵重药的干燥失重测定。

差热分析(differential thermal analysis,DTA)是在程序控制温度下,测量试样与参比物(一种在测量范围内不发生任何热效应的物质)之间的温度差与温度(或时间)关系的一种技术,常用于待测物质的定性鉴别、纯度检查及晶型研究。DTA 一般用作定性分析,其定量准确度较差。

差式扫描量热分析(differential scanning calorimetry,DSC)是在程序控制温度下,测量传输给待测物质与参比物的功率差与温度(或时间)关系的一种技术,同样可用于待测物质的定性鉴别、纯度检查、晶型研究以及熔点、水分等测定。DSC 的分辨率、重复性和准确性较好,更适用于有机物和高分子材料的分析,不仅可用于定性分析,还能用于定量分析。

六、放射化学分析法

放射化学分析法是通过测定放射性或核现象进行微量分析的一门学科,也称核分析化学。放射化学分析常用的方法分为两类:一是放射性同位素作指示剂的方法,如放射分析法、放射化学分析法、同位素稀释法等;二是选择适当种类和能量的入射粒子轰击样品,探测样品中发出的各种特征辐射的性质和强度的方法,如活化分析、粒子激发、X 射线荧光分析、穆斯堡尔谱、核磁共振谱、正电子湮没和同步辐射等。

第三节　仪器分析的发展

一、仪器分析的产生和发展

仪器分析的产生取决于生产实践和科学技术发展的迫切需要。20 世纪早期,化学工作者就开始探索使用经典化学分析以外的其他方法,即利用物质的物理或物理化学性质进行各类物质的分析,开始出现了较大型的分析仪器及仪器分析方法。如 1919 年Aston FW(阿斯顿)设计制造了第一台质谱仪并用于测定同位素,是早期仪器分析的典型代表。

20 世纪 30 年代后期,随着工农业生产和科学技术的发展,特别是生命科学和环境科学的突飞猛进,发现极微量的化学物质(纳克级,甚至更低)就足以对材料、健康、环境等产生巨大的影响。因此,不断对分析化学提出了新的更高的要求,推动分析化学突破了经典化学分析为主的局面,开创了仪器分析的新阶段。

20 世纪 40~60 年代,物理学、电子学、半导体及原子能工业的发展,促进了分析化学中物理和物理化学分析方法(即仪器分析方法)的建立和发展,出现了各种仪器分析方法,并发展丰富了这些分析方法的理论体系。仪器分析的产生和发展是分析化学发展史上的第二次变革,是分析化学与物理学、电子学的结合,使分析化学从以化学分析为主的经典分析化学,发展成以仪器分析为主的现代分析化学。

首先是半导体材料的发展,要求建立检测微量杂质的超纯物质分析方法;天然产物研究、新化合物的合成、复杂物质的分析等,要求进行多组分的分离、分析和结构测定;生物医药和临床诊断要求对酶、蛋白质、糖等生命物质进行分析,这些都是经典化学分析所无法解决的。分析化学是化学领域中学科交叉、渗透性最强的学科,它不断吸取化学、物理学、生物学、电子学、医药学等其他学科的最新成就,如各种光源、单色器(光栅和棱镜)、检测器(光电

笔记栏

池和光电倍增管),以及 X 射线衍射、电解理论、质谱技术、光谱技术等,先后建立起发射光谱法、吸收光谱法、原子荧光法、极谱法、红外光谱法、核磁共振波谱法等一系列仪器分析方法。20 世纪 50 年代,人们开始将分离方法和各种检测系统连接起来,同时进行分离和分析,设计和制造了大型色谱分析仪,产生了色谱学。

20 世纪 70 年代末开始至今是仪器分析的快速发展时期,以计算机广泛应用为标志的信息时代的来临,给分析化学特别是仪器分析带来了新的大发展机遇,是分析化学发展史上的第三次大变革。在这三四十年间,光谱分析、色谱分析、电化学分析、联用技术和微型分析等领域都有了长足的进展。

随着生产和现代科学技术的发展,对分析的要求已不再局限于定性和定量分析,而要求提供更多、更全面的信息,如从常量分析到微量及微粒分析,从组成到形态分析,从总体到微区分析,从宏观组分到微观结构分析,从整体到表面及逐层分析,从静态到快速反应动态追踪分析,从破坏试样到无损分析,从离线到在线分析等。仪器分析运用数据处理和信息科学理论,从分析数据中获取有用信息和知识,成为生产和科研实际问题的解决者。例如,20 世纪末实施的人类基因组计划,DNA 测序仪器及技术不断推陈出新,从凝胶板电泳到凝胶毛细管电泳,线性高分子溶液毛细管电泳、阵列毛细管电泳,直至全基因组发射枪测序技术,对人类基因组计划的提前完成起到了关键作用。近 80 年来,荣获与分析仪器有关的诺贝尔奖就达到 38 人,其中质谱分析法就有 6 次共 10 位学者获得了诺贝尔奖。2008 年,日本科学家下村修、美国科学家马丁·沙尔菲以及美国华裔科学家钱永健三人因在绿色荧光蛋白研究和应用方面作出的突出贡献而获得诺贝尔化学奖。

随着仪器分析的发展,其方法、技术、研究对象和应用等均发生了根本性变化。与现代仪器分析密切相关的范畴是化学计量学、传感器和过程控制、专家系统、生物技术和生命科学、微电子学、微光学和微工程学等。当前,仪器分析已超越化学领域,与物理学、数学、统计学、电子、计算机、信息、机械、资源、材料、生物医学、药学、环境科学、天文学、宇宙科学等学科交叉、渗透,发展为以多学科为基础的综合性分析科学。

在这一时期,生命科学、环境科学、材料科学等学科及生产和社会的发展,尤其是基因组学、蛋白组学和代谢组学等组学研究技术的出现,向仪器分析提出了更高、更严峻的挑战,要求对物质的形态、结构等进行分析,实现微区、薄层和无损分析,对化学和生物活性物质进行瞬时跟踪监测和过程控制等,由解析型分析策略转变为整体型分析策略,综合分析完整的生物体内的基因、蛋白、代谢物、通道等各类生物元素随时间、空间的变化和相互关联。

在这一变革时期,其他学科的现代理论和技术的发展,尤其是随着现代信息技术的不断发展和创新,为仪器分析建立高灵敏度、高选择性、高准确度、自动化或智能化的新方法创造了良好条件,可实现从样品采集到数据输出的在线、实时、现场或原位分析,丰富了仪器分析的内容。如基于二维气相色谱法,结合三维数据处理软件,只需一次选样,就能对挥发性化学成分进行全面分析。同时,仪器分析也更趋向智能化发展,将色谱与计算机技术相结合,使用计算机辅助色谱开发进行条件选择和优化以提高色谱方法的适用性,具有专家系统的智能色谱仪和具有光谱解析功能的智能光谱仪的应用,大大提高了实验条件优化、分析数据处理或分析结果解析的速度和正确性。化学计量学(chemometrics)的广泛应用,以数学和统计学的方法设计或选择最优的测量程序和实验方法,并通过解析化学数据获得最大限度的信息,其研究内容包括分析信息理论、采样理论、分析试验设计、误差理论、分析仪器信号的变换与解析、化学数据库与专家系统等。

联用技术的出现,拓宽了仪器分析的应用范围。通过多种现代分析技术的联用,优化组合,充分发挥各自优势,克服缺陷,仪器分析正展现出在各个领域的强大生命力,如电感耦合等离子体-原子发射光谱(ICP-AES)、电感耦合等离子体-质谱(ICP-MS)、液相色谱-质谱(LC-MS)、气相色谱-质谱(GC-MS)、毛细管电泳-质谱(CE-MS)、气相色谱-傅里叶变换红外光谱-质谱(GC-FTIR-MS)等联用技术。其中,色谱-质谱联用、色谱-光谱联用及色谱-色谱联用(二维色谱)等色谱联用技术正日益完善和发展,成为复杂体系多组分同时定性定量分析最有力的分析手段。如三重四级杆液相色谱质谱联用仪、三重四级杆气相色谱质谱联用仪、三重四级杆等离子体质谱仪等的出现,解决了复杂基质中多组分残留的痕量及超痕量多元素分析这一难题,现被广泛应用于食品、药品、保健食品领域。

生物传感器等生物分析技术也得到了迅速发展。芯片实验室(lab-on-a-chip)是 20 世纪 90 年代兴起的微分析系统,将进样系统、样品预处理系统、CE 分离系统及衍生化系统等部件集成在一块芯片上,实现分析的超微化、集成化及自动化,故又称微全分析系统(miniaturized total analysis system,μ-TAS),已广泛应用于药学乃至整个生命科学领域。而先进分析材料(纳米材料、量子点、磁性材料等)和技术(免疫层析、微流控芯片、电化学酶基生物传感器、太赫兹、光学成像)的涌现,则促进了仪器分析在生命科学和生物医学等领域的发展,推动了人类在细胞水平上、有机组织上与生命体层面上对生物活性物质与生物大分子的生物本质与化学本质的探索。

二、仪器分析的发展趋势

21 世纪是生命科学和现代信息科学的时代,对仪器分析学科又是一次发展的新机遇。随着科学技术的进步及研究对象的变化,人们需要研究生命、材料、环境等方面的难题,对复杂体系分析和痕量分析等提出了更高的要求,因此,仪器分析的发展前景非常广阔,并代表了分析化学的主要发展方向。仪器分析的发展趋势主要有以下几方面。

1. 分析仪器和仪器分析技术将进一步向微型化、自动化、智能化、网络化发展。微型化、自动化的仪器分析方法将逐渐成为常规分析的主要手段,以生物芯片为代表的芯片实验室将得到进一步发展。

2. 各种新材料、新技术将在分析仪器中得到更多应用,使仪器分析的准确度、灵敏度、选择性和分析速度进一步提高。应用先进的科学技术发展新的分析理论,建立实用有效的原位、在体、实时、在线分析,发展高灵敏度、高选择性的新型动态分析检测,无损探测分析及多元多参数的检测方法。

3. 仪器分析联用技术,特别是色谱-质谱、色谱-光谱、色谱-光谱-质谱联用,将色谱的分离、光谱(质谱)的定性与计算机及信息理论相结合,将大大提高仪器分析获取并快速高效处理化学、生物、环境等复杂体系物质的组成、结构、状态信息的能力,成为解决复杂体系分析、分子群相互作用,推动组合化学、基因组学、蛋白质组学、代谢组学等新兴学科发展的重要技术手段。

4. 仪器分析研究的重点将向医学、药物、生物工程等生命科学和生物医学领域转移,在细胞和分子水平研究生命过程、生理病理变化和药物代谢、基因寻找和改造。仪器分析将成为生物大分子多维结构和功能研究、疾病预防与诊断、药品与食品安全保障的有力工具。

思政元素

建立科学的仪器分析学习方法

仪器分析课程是连接前期基础课程和后期专业课程的桥梁,是服务于中医药事业的一门重要专业基础课。该课程涉及的分析方法具有原理抽象、仪器结构复杂、实验条件多样等特点,但课程的整体知识体系具备良好的系统性和规律性。因此,在学习过程中,可采用探寻物质内部普遍存在的客观规律这一唯物主义哲学观为指导,从纵向将仪器分析方法解剖成"原理模块""仪器模块""分析条件模块""定性定量方法模块""实验技能模块""应用模块"等,几大模块共同组建成仪器分析课程体系,充分体现整体与局部的关系,以此培养发现问题内在规律的思维和能力。在深入学习过程中,面对繁多的知识点,应抓住主要矛盾,重点关注"个性",适当忽略"共性",贯彻"重难点"优先和"个性"优先原则,将问题化繁为简、化难为易,从而增加学习成效、增强自信心。并触类旁通,在现代生活方式、思维方式和行为方式中贯彻体现规范的科学精神和认知方法。

学习小结

1. 学习内容

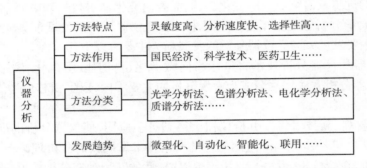

2. 学习方法 学习本章要根据所测量物质的物理或物理化学性质理解仪器分析方法的分类;通过与经典化学分析法的比较,理解仪器分析法的任务和特点;并通过与中药分析学、中药化学、中药药剂学等课程的联系,认识其在本专业中的作用与地位,了解其发展趋势。

(尹 华 王新宏)

复习思考题

1. 仪器分析与化学分析的主要区别是什么? 从分析化学整体来看,它们有哪些共同点?
2. 试说明仪器分析方法的分类及仪器分析的特点。
3. 试举出几例仪器分析的应用实例。

◆◆◆ 第二章 ◆◆◆
光谱分析法概论

📖 学习目标

1. 掌握电磁波谱基本概念；光学分析法分类。
2. 熟悉光谱分析仪器的主要部件及其原理。
3. 了解光谱分析的发展概况。

　　光学分析法（optical analysis）是根据物质发射或吸收电磁辐射以及物质与电磁辐射相互作用来对待测样品进行分析的一类方法，是仪器分析方法的重要分支。光学分析法一般包含 3 个主要过程：①辐射源提供电磁辐射；②电磁辐射与物质发生相互作用；③检测辐射信号的变化。

　　光学分析法种类很多，应用范围很广。在冶金、化学、制药、机械、新材料开发、航空、宇宙探索等很多领域都有着很广泛的应用，是各种分析方法中研究最多和应用最广的一类分析技术。其发展得益于物理学、电子学、计算机及数学等相关学科的发展。特别是 20 世纪 70 年代以来，随着激光、微电子学、微波、半导体、自动化、化学计量学等科学技术的发展，光学分析仪器得以进一步扩展功能范围，提高性能指标，自动化智能化程度进一步完善，推动了光谱分析法的快速发展。

　　本章主要介绍电磁辐射及其与物质的相互作用、光学分析法的分类以及光谱分析仪器的基本构造。

第一节　电磁辐射及其与物质的相互作用

一、电磁辐射的波动性和微粒性

　　电磁辐射即广义的光，又称电磁波，是一种以巨大的速度通过空间而不需要任何物质作传播媒介的光量子流，具有波粒二象性。

　　1. 波动性　光在空间的传播可以用互相垂直的、以正弦波振荡的电场和磁场表示，如图 2-1 所示。

　　光的传播以及反射、衍射、干涉、折射和散射等现象均表明光具有波动性，通常用波长 λ、波数 σ、频率 ν 等参数来描述，它们的关系如下：

$$\nu = \frac{c}{\lambda} \qquad\qquad 式（2-1）$$

$$\sigma = \frac{1}{\lambda} = \frac{\nu}{c} \qquad\qquad 式（2-2）$$

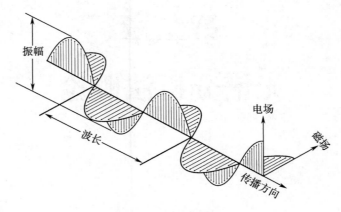

图 2-1　光的传播

式(2-1)、式(2-2)中，波长 λ 是光在传播路线上具有相同振动相位的相邻两点之间的线性距离，常用单位为纳米(nm，$1nm=10^{-9}m$)或微米(μm，$1\mu m=10^{-6}m$)；波数 σ 是波长的倒数，表示每厘米长度中波的数目，单位为 cm^{-1}；频率 ν 是每秒内的波动次数，单位为 Hz；c 是光在真空中的传播速度($c=2.998\times10^{8}m/s$)。

实验证明，电磁波在空气和真空中的传播速度相差不大，因此上述二式亦可用来表示空气中三者的关系。

2. 微粒性　光子理论认为，光在空间传播时，是一束以光速 c 运动的粒子流。这些粒子称光子(或光量子)，每种频率的光子具有一定的能量。光子的能量 E 与光的频率 ν 及波长 λ 之间的关系为：

$$E=h\nu=h\frac{c}{\lambda}\qquad\text{式(2-3)}$$

式(2-3)中，h 为普朗克常数(Planck constant)，其值为 $6.626\times10^{-34}J\cdot s$；$E$ 的常用单位是电子伏特(eV)或焦耳(J)($1eV=1.602\times10^{-19}J$)。可见，光子的频率越高波长越短，其能量越大。

二、电磁波谱

电磁辐射按其波长或频率的顺序排列成谱，称电磁波谱。常按照不同的范围，分为 γ 射线、X 射线、紫外 - 可见光、红外光、微波、无线电波等。电磁辐射要能够被物质吸收，其能量 E_L 与物质结构中不同类型的能级跃迁所需的能量 ΔE 之间应满足：

$$\Delta E=E_L=h\frac{c}{\lambda}\qquad\text{式(2-4)}$$

表 2-1 列出了各种波长范围的电磁波名称及其对应的跃迁类型。

表 2-1　电磁波谱

波长范围	频率 /Hz	光子能量 /eV	电磁波	能级跃迁类型
<0.005nm	>6.0×10^{19}	>2.5×10^{5}	γ 射线	原子核
0.005~10nm	6.0×10^{19}~3.0×10^{16}	2.5×10^{5}~1.2×10^{2}	X 射线	原子内层电子
10~760nm	3.0×10^{16}~3.9×10^{14}	1.2×10^{2}~1.6	紫外 - 可见光	原子及分子外层电子
0.76~1 000μm	3.9×10^{14}~3.0×10^{11}	1.6~(1.2×10^{-3})	红外光	分子振动和转动
0.1~100cm	3.0×10^{11}~3.0×10^{8}	1.2×10^{-3}~1.2×10^{-6}	微波	电子自旋
1~1 000m	3.0×10^{8}~3.0×10^{4}	1.2×10^{-6}~1.2×10^{-10}	无线电波	核自旋

三、电磁辐射与物质的相互作用

电磁辐射与物质间的相互作用是普遍发生的复杂物理现象。有不引起物质能量变化的透射、散射、折射、非拉曼散射、衍射、旋光等,还有能够引起物质能量变化的吸收、发射、拉曼散射等。

1. 吸收　是指物质受到电磁波的照射,吸收一定的能量(等于基态和激发态能量之差),从基态跃迁至激发态的过程。

2. 发射　是指物质吸收一定能量后,从激发态跃迁回到基态,并以光的形式释放出能量的过程。

3. 拉曼散射　光通过介质时会发生散射。拉曼散射是指光子与介质分子之间发生了非弹性碰撞,碰撞时光子不仅改变了运动方向,而且有能量交换,光频率发生变化。

第二节　光学分析法的分类

不同波长的电磁辐射能量不同,与物质相互作用的机制不同,因此产生的现象也不同。以各种物理现象为基础,可建立不同的光学分析法(表2-2)。

表2-2　常见的光学分析法

光谱法		非光谱法	
物理现象	分析方法	物理现象	分析方法
辐射的吸收	原子吸收光谱法	辐射的折射	折射法
	分子吸收光谱法		干涉法
	(紫外 - 可见、红外、X 射线)	辐射的衍射	X 射线衍射法
	核磁共振波谱法		电子衍射法
	电子自旋共振波谱法	辐射的转动	偏振法
辐射的发射	发射光谱法		旋光色散法
	荧光光谱法		圆二色性法
	火焰光度法		
	放射化学法		
辐射的散射	拉曼光谱法		

一、光谱法与非光谱法

根据电磁辐射与物质间有无能量交换,光学分析法可分为光谱法和非光谱法。

1. 光谱法　电磁辐射作用于物质,引起物质内部发生能级跃迁,测量由此产生的发射、吸收或散射辐射的强度,并以其对波长作图,得到物质的光谱图(简称光谱或波谱)。利用物质的光谱进行定性、定量和结构分析的方法称光谱分析法(spectroscopic analysis),简称光谱法。光谱法应用很广,最基本的3种类型是吸收光谱法、发射光谱法和散射光谱法,是仪器分析的重要方法之一。

2. 非光谱法　指物质与电磁辐射之间无能量交换,故不发生物质内部能级的跃迁,仅通过测量电磁辐射在传播方向或物理性质上的变化进行分析的方法。如利用物质对电磁辐射的折射、衍射和偏振等现象建立起来的折射法、旋光法、X 射线衍射法和圆二色谱法等分析方法。

🔍 知识链接

X 射线衍射法

X 射线衍射法（X-ray diffraction，XRD）是一种利用单色 X 射线光束照射到被测样品上，检测样品的三维立体结构（获取手性、晶型、结晶水或结晶溶剂等信息）或成分（获取主成分及杂质成分、晶型种类及含量等信息）的分析方法。具有简便、快速有效、谱图稳定、指纹专属性强且信息量大、所需样品量小等优点。常用于药物多晶型结构确证、矿物类中药组成与结构分析等。

二、原子光谱法和分子光谱法

原子和分子是光谱法中与电磁辐射相互作用而产生光谱的基本粒子。根据产生光谱粒子的不同，光谱分析法可分为原子光谱法（atomic spectrometry）和分子光谱法（molecular spectrometry）。

1. 原子光谱法　原子光谱由气态原子的外层电子吸收相应的电磁辐射，发生能级跃迁而产生。以测量原子光谱为基础的分析方法即为原子光谱法。原子光谱表现为线状光谱，由一条条明锐的彼此分立的谱线组成，每一条谱线对应于一定的波长。一般来说，相同原子不同能级之间的 ΔE 不同，不同原子的两个相同能级之间的 ΔE 也不同，因此产生的线光谱的波长不同，据此可对物质进行分析。

原子光谱通常用于确定试样物质的元素组成和含量，但不能给出物质分子结构的信息。因为线状光谱只反映原子或离子的性质，与原子或离子所属的分子状态无关。原子光谱法可分为原子发射光谱法、原子吸收光谱法、原子荧光光谱法及 X 射线荧光光谱法等。

2. 分子光谱法　分子光谱是在辐射能作用下分子内能级（电子能级、振动和转动能级）跃迁产生的光谱。以测量分子光谱为基础的分析方法即为分子光谱法。分子光谱表现为带光谱。由于分子内部的运动所涉及的能级变化较为复杂，因此分子光谱要比原子光谱复杂得多。

以双原子分子为例，分子内部除有电子运动外，还有组成分子的原子间的相对振动和分子作为整体的转动。与这 3 种运动状态相对应，分子具有电子、振动和转动 3 种能级，如图 2-2 所示。3 种不同能级是量子化的。当分子从外界吸收一定能量后，分子就由较低的能级 E_1 跃迁到较高的能级 E_2，吸收的能量等于这两个能级之差。这 3 种不同能级的差值不同，与之能量相当的电磁辐射波长范围也不同：

ΔE_e　1~20eV　　　　1 250~60nm（与紫外 - 可见区的辐射能量相当）

ΔE_v　0.05~1eV　　　25~1.25μm（与近红外、中红外区的辐射能量相当）

ΔE_r　0.005~0.05eV　250~25μm（与远红外、微波区的辐射能量相当）

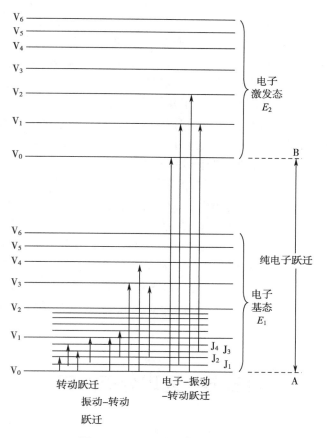

图 2-2 双原子分子能级示意图

实际上,纯粹的电子光谱和振动光谱是无法获得的,只有用远红外光或微波照射分子时才能得到纯粹的转动光谱。如图 2-2 所示,每一电子能级包含许多间隔较小的振动能级,每一振动能级又包含间隔更小的转动能级。当振动能级发生跃迁时,一般伴随转动能级跃迁,因此振动能级跃迁产生的光谱不是单一的谱线,而是包含许多靠得很近的谱线。同样,当吸收了紫外 - 可见光的能量时,物质分子不仅电子能级发生跃迁,同时伴随许多不同振动能级的跃迁和转动能级的跃迁,因此分子能级跃迁产生的是一个光谱带系,而紫外 - 可见光谱实际上是电子 - 振动 - 转动光谱,是复杂的带光谱。属于分子光谱法的有紫外 - 可见吸收光谱法、红外吸收光谱法、荧光光谱法及核磁共振波谱法等。

三、吸收光谱法和发射光谱法

按产生光谱方式的不同,光谱分析法可分为吸收光谱法(absorption spectrometry)和发射光谱法(emission spectrometry)。

1. 吸收光谱法 吸收光谱是指物质吸收相应的辐射能而产生的光谱。根据物质的吸收光谱进行定性、定量及结构分析的方法称吸收光谱法。吸收光谱产生的必要条件是所提供的辐射能量恰好等于该物质两能级间跃迁所需的能量,即 $\Delta E = h\nu$,物质吸收能量后即从基态跃迁到激发态。根据物质对不同波长辐射能的吸收,可以建立各种吸收光谱法。

(1)原子吸收光谱法:处于气态的基态原子吸收一定能量后,其外层电子从能级较低的基态跃迁到能级较高的激发态产生的即为原子吸收光谱。原子吸收光谱法通常用以测量样品中待测元素的含量。

（2）紫外 - 可见吸收光谱法：紫外 - 可见光区波长范围为 10~760nm（仪器和方法实际使用范围为 200~800nm），其中 10~200nm 为远紫外区，又称真空紫外区；200~400nm 为近紫外区；400~760nm 为可见光区。当物质受到紫外 - 可见光的照射，其分子外层电子（价电子）能级发生跃迁并伴随振动能级与转动能级发生跃迁，产生带状吸收光谱，也称电子光谱。利用其特征可作物质的定性分析，而吸收强度可作物质的定量分析。

（3）红外吸收光谱法：红外线波长范围为 0.76~1 000μm，分为近红外、中红外、远红外 3 个区段。目前常用的有红外（中红外）和近红外光谱法。通常所指的红外是中红外（2.5~25μm），作用于物质时，引起分子振动能级伴随转动能级的跃迁，吸收光谱属于振 - 转光谱，表现形式为带状光谱。红外吸收光谱法主要用于分析有机分子中所含基团类型及相互之间的关系。

（4）核磁共振波谱法：在强磁场作用下，核自旋能级发生分裂，吸收射频区的电磁波后发生自旋能级跃迁产生核磁共振波谱。这种吸收光谱主要用作有机化合物的结构分析。

2. 发射光谱法　发射光谱是指构成物质的原子、离子或分子受到辐射能、热能、电能或化学能的激发，跃迁到激发态，由激发态回到基态或较低能态时以辐射的方式释放能量而产生的光谱。发射光谱法是通过测量物质发射光谱的波长和强度来进行定性和定量分析的方法。常见的发射光谱法有原子发射光谱法、原子荧光光谱法、分子荧光光谱法、分子磷光光谱法和化学发光分析法等。

第三节　光谱分析仪器

研究物质与电磁辐射相互作用时，吸收或发射的强度和波长关系的仪器称光谱仪或分光光度计（spectrophotometer）。这类仪器的基本构造大致相同，一般包括 5 个基本单元——辐射源、分光系统、样品容器、辐射的检测装置，以及数据记录及处理系统，如图 2-3 所示。限于篇幅，此处以吸收光谱仪为例加以说明，荧光光谱仪及发射光谱仪参见本书后面各章节。

图 2-3　光谱分析仪器（吸收光谱仪）的基本构造

一、辐射源

光谱分析中，光源必须具有足够的输出功率和稳定性。光谱分析仪器往往配有稳压电源，这是因为光源辐射功率的波动与电源功率的变化成指数关系，必须有稳定的电源才能保证光源输出的稳定性。光源一般分为连续光源和线光源两类。连续光源主要用于分子光谱法。原子吸收和拉曼（Raman）光谱法常采用线光源，原子发射光谱法则采用电弧、火花、等离子体光源。

连续光源是指在较大的波长范围内发射强度平稳的具有连续光谱的光源。常见的连续光源有氢灯和氘灯（紫外光区）、钨灯（可见光区）和氙灯（紫外光区和可见光区）、硅碳棒及能斯特（Nernst）炽热灯（红外光区）。线光源发射数目有限的辐射线或辐射带。常见的线光源有金属蒸气灯和空心阴极灯等。

二、分光系统

分光系统的作用是将不同波长复合光分解成一系列单一波长的单色光或有一定宽度的

谱带。分光系统由狭缝、准直镜、色散元件(棱镜或光栅)及聚焦透镜构成,如图 2-4 所示。

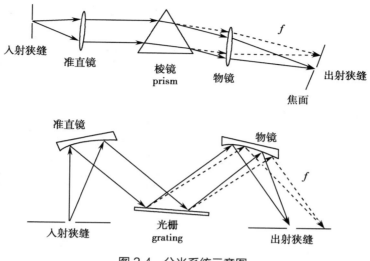

图 2-4　分光系统示意图

三、样品容器

盛放样品的容器也称吸收池或比色皿,由光透明的材料制成。紫外光区测定时常用石英材料;可见光区可用硅酸盐玻璃;红外光区则可根据不同的波长范围选用不同材料的晶体,制成吸收池的窗口。

四、辐射的检测

现代光谱仪器中,辐射的检测多采用光电转换器。光电转换器通常分为两类:一类是对光子产生响应的光检测器,包括光电池、光电管、光电倍增管、硅二极管等;另一类是对热产生响应的热检测器(如热电偶、辐射热测量计和热电检测器等),如红外光区的能量较低,不足以产生光电子反射,常用的光检测器不能用于红外光区的检测,所以要使用以辐射热效应为基础的热检测。

五、数据记录及处理系统

由检测器将光信号转变为电信号后,通过模数转换器输入计算机处理打印。现代分光光度计多由计算机光谱工作站对数字信号进行采集、处理与显示,并对分光光度计各系统进行自动控制。

学习小结

1. 学习内容

光谱分析法	吸收光谱法	原子吸收光谱法、紫外-可见吸收光谱法、红外吸收光谱法、核磁共振波谱法
	发射光谱法	荧光分析法

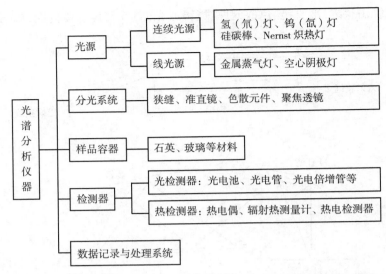

2.　学习方法　本章要以不同物质与电磁辐射的不同相互作用方式为切入点,求同存异,对比学习,深入理解光谱分析法的分类、基本原理,认识各类光谱分析仪器的基本构造,为后续章节具体内容的学习奠定基础。

(孟庆华)

复习思考题

1. 电磁辐射能够与物质发生相互作用,其能量与能级跃迁所需的能量之间必须满足的关系是什么?

2. 电磁波谱各常见分区的名称及与其能量对应的能级跃迁类型分别是什么?

3. 请简述光学分析法的类型及其分类依据。

4. 分子光谱法和原子光谱法有何异同?

5. 吸收光谱法和发射光谱法的本质区别是什么?

6. 请简述吸收光谱仪的基本构造。

◆◆◆ 第三章 ◆◆◆

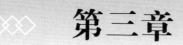

紫外 - 可见分光光度法

📖 学习目标

1. 掌握紫外 - 可见吸收光谱的产生原理及其分子结构的关系；朗伯 - 比尔定律及其偏离的影响因素；紫外 - 可见分光光度计的主要部件和类型；电子跃迁类型；定性与定量方法。

2. 熟悉紫外 - 可见分光光度计的分析条件的选择原则和方法；紫外 - 可见分光光度法分析条件的选择。

3. 了解应用实例。

紫外 - 可见分光光度法（ultraviolet-visible spectrophotometry，UV-Vis）是基于分子中价电子跃迁所产生的吸收光谱而进行分析的方法，又称紫外 - 可见吸收光谱法。该方法波长范围一般为 190~800nm，具有以下特点：①灵敏度较高，一般为 10^{-7}~10^{-4}g/ml；②准确度较好，相对误差一般在 0.5%，精度高的仪器，准确度可达 0.2%；③仪器设备简单，操作方便，分析速度较快。因此，紫外 - 可见分光光度法广泛用于无机物和有机物的定性和定量分析，是中药、药学研究领域常用的定量方法之一。

第一节　紫外 - 可见分光光度法的基本原理

一、紫外 - 可见吸收光谱

（一）电子跃迁的类型

紫外 - 可见吸收光谱由分子中价电子跃迁所产生。这些价电子，有的是形成 σ 键或 π 键的电子，有的是非成键的孤对电子（n 电子），它们都处在各自的运动轨道上。处于不同运动轨道的电子，即不同的运动状态，具有不同的能量，而电子获得能量后可以从低能量轨道跃迁到高能量轨道，如图 3-1 所示。

1. σ→σ* 跃迁　指 σ 电子吸收光能后从 σ 成键轨道向 σ* 反键轨道的跃迁，这是所有存在 σ 键的有机化合物都可以发生的跃迁类型。实现 σ→σ* 跃迁所需的能量在所有跃迁类型中最大，因而所吸收的辐射波长最短，处在小于 200nm 的真空紫外区。如甲烷的最大吸收波长 λ_{max} 为 125nm，乙烷为 135nm，都在一般仪器测定范围之外。己烷、庚烷、环己烷等直链或支链烷烃仅能产生 σ→σ* 跃迁，在 200nm 以上近紫外区没有吸收，常用作紫外 - 可见分光光度法分析的溶剂。

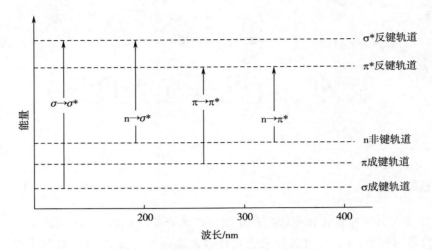

图 3-1　电子跃迁所需能量及所处波段示意图

2. $n \rightarrow \sigma^*$ 跃迁　指非成键的 n 电子(即孤对电子)从非成键轨道向 σ^* 反键轨道的跃迁。含有杂原子(如 N、O、S、P 和卤素原子)的饱和有机化合物,都含有 n 电子,可发生这类跃迁。$n \rightarrow \sigma^*$ 跃迁所需的能量比 $\sigma \rightarrow \sigma^*$ 跃迁小,吸收峰的波长一般在 200nm 附近,处于末端吸收区。

3. $\pi \rightarrow \pi^*$ 跃迁　是 π 电子从成键 π 轨道向 π^* 反键轨道的跃迁,跃迁所需的能量小于 $\sigma \rightarrow \sigma^*$ 跃迁。孤立的 $\pi \rightarrow \pi^*$ 跃迁,吸收峰的波长在 200nm 左右,吸收强度大($\varepsilon > 10^4$,ε 为摩尔吸收系数,详见本节朗伯 - 比尔定律)。含有 π 电子的不饱和有机化合物(如具有 C=C、C≡C 或 C=N 等基团的有机化合物)都会产生 $\pi \rightarrow \pi^*$ 跃迁。$\pi \rightarrow \pi^*$ 跃迁随双键共轭程度增加,所需能量降低,波长向长波方向移动,λ_{max} 和 ε_{max} 均增加。单个双键 λ_{max} 一般为 150~200nm,如乙烯的 λ_{max} 为 165nm,ε_{max} 为 10^4;而共轭双键如 1,3- 丁二烯的 λ_{max} 为 217nm,ε_{max} 为 2.1×10^4;己三烯的 λ_{max} 为 258nm,ε_{max} 为 3.5×10^4。

4. $n \rightarrow \pi^*$ 跃迁　指非成键的 n 电子从非成键轨道向 π^* 反键轨道的跃迁。含有不饱和杂原子基团(含 C=O、C=S、N=N 等)的有机物分子,基团中既有 π 电子,也有 n 电子,可以发生这类跃迁。$n \rightarrow \pi^*$ 跃迁所需的能量最低,因此吸收的辐射波长最长,一般都在近紫外光区,甚至在可见光区,但吸收强度弱(ε 在 10~100 之间)。如丙酮的 $\lambda_{max}=279nm$,ε 为 10~30,即属此种跃迁。

5. 电荷迁移跃迁　用电磁辐射照射化合物时,电子从给予体向接受体相联系的轨道上跃迁称电荷迁移跃迁,所产生的吸收光谱称电荷迁移光谱。某些取代芳烃分子同时具有电子给予体和电子接受体两部分,可产生电荷转移吸收光谱,如:

与此相似的许多无机络合物也有电荷迁移跃迁所产生的电荷迁移光谱。如某些过渡金属离子与含生色团的试剂反应所产生的配合物以及许多水合无机物离子均可产生电荷迁移跃迁。

电荷转移跃迁实质上是分子内的氧化 - 还原过程,电子给予部分是一个还原基团,电子接受部分是一个氧化基团,激发态是氧化 - 还原的产物,是一种双极分子。此类吸收带较宽,吸收强度大,一般 $\varepsilon_{max} > 10^4$,在定量分析上很有实用价值。

6. 配位场跃迁 元素周期表中第四、五周期过渡金属水合离子或过渡金属离子与显色剂(通常为有机化合物)所形成的配合物在电磁辐射作用下,吸收适当波长的紫外光或可见光,从而获得相应的吸收光谱。如 $Ti(H_2O)_6^{3+}$ 水合离子的配位场跃迁吸收带 λ_{max} 为 490nm,出现在可见光区。配位场跃迁吸收强度较弱,一般 $\varepsilon_{max} < 10^2$,对定量分析用处不大,但可用于配合物的结构及无机配合物键合理论研究。

另外,大多数镧系和锕系元素的离子在紫外 - 可见光区都有吸收,是由它们的 4f 或 5f 电子的 f-f* 跃迁引起的,也属于配位场跃迁。

（二）紫外 - 可见吸收光谱中的常用术语

1. 吸收光谱(absorption spectrum) 又称吸收曲线,是以波长 λ(nm)为横坐标、吸光度 A 为纵坐标所绘制的曲线,如图 3-2 所示。

吸收光谱的特征可用以下光谱术语加以描述。

(1) 吸收峰(absorption peak):吸收曲线上吸收最大(或较大)的峰称吸收峰,所对应的波长称最大吸收波长(λ_{max})。

(2) 吸收谷(absorption valley):峰与峰之间最低的部位称吸收谷,所对应的波长称最小吸收波长(λ_{min})。

(3) 肩峰(shoulder peak):吸收峰上的曲折处称肩峰,常用 λ_{sh} 表示。

(4) 末端吸收(end absorption):在吸收曲线的最短波长处呈现强吸收而不成峰形的部分称末端吸收。

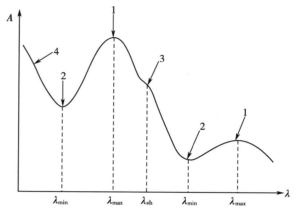

图 3-2 吸收光谱示意图
1. 吸收峰 2. 谷 3. 肩峰 4. 末端吸收

2. 生色团和助色团 有机化合物分子结构中含有 $n \rightarrow \pi^*$、$\pi \rightarrow \pi^*$ 跃迁的基团,如 C=C、C=O、—N=N—、—NO$_2$ 等,能在紫外 - 可见光范围内产生吸收的基团,称生色团(chromophore),亦称发色团。

助色团(auxochrome)是能使生色团的吸收峰向长波方向位移并增强其吸收强度的基团,一般是含有非成键电子的杂原子基团,如—NH$_2$、—OH、—NR$_2$、—OR、—SH、—SR、—Cl、—Br 等。这些基团中的 n 电子能与生色团中的 π 电子相互作用(可能产生 p-π 共轭),使 $\pi \rightarrow \pi^*$ 跃迁能量降低,跃迁概率变大。

3. 蓝移和红移 因化合物的结构改变或溶剂效应等引起的吸收峰向短波方向移动的现象称蓝移(blue shift),亦称紫移(violet shift)或光谱蓝移(hypsochromic shift);向长波方向移动的现象称红移(red shift),亦称长移(bathochromic shift)。

4. 增色效应和减色效应 由于化合物的结构发生某些变化或外界因素的影响,使化合物的吸收强度增大的现象,称增色效应(hyperchromic effect);使吸收强度减小的现象,称减色效应(hypochromic effect)。

（三）吸收带

吸收带(absorption band)是吸收峰在紫外 - 可见吸收光谱中的位置,与化合物的结构有关。紫外 - 可见吸收光谱中一般 $\varepsilon_{max} > 10^4$ 的吸收带为强吸收带(简称强带),$\varepsilon_{max} < 10^2$ 为弱吸收带(简称弱带)。根据电子跃迁和分子轨道的种类,将有机化合物的吸收带分为 4 种类型。

1. R 带 从德文 radikal(基团)得名,是含杂原子的不饱和基团,如 C=O、—NO、—NO$_2$、—N=N— 等的 $n \rightarrow \pi^*$ 跃迁引起的吸收带。其特点是吸收峰处于较长波长范围

（250~500nm）内，吸收强度为弱吸收（$\varepsilon<100$）。

2. K带 从德文 konjugation（共轭作用）得名，相当于共轭双键中 $\pi\to\pi^*$ 跃迁引起的吸收带，吸收峰出现在 200nm 以上，吸收强度大（$\varepsilon>10^4$）。随着共轭双键的增加，吸收峰红移，吸收强度有所增加。如丁二烯 $\lambda_{max}=217nm$ 为 K 带。

3. B带 从 benzenoid（苯）得名，是芳香族（包括杂芳香族）化合物的特征吸收带。由苯等芳香族化合物的 $\pi\to\pi^*$ 跃迁所引起的吸收带之一，吸收峰在 230~270nm，其中心在 256nm 附近，如图 3-3 所示。在极性溶剂中，B 带精细结构变得不明显或消失。

4. E带 也是芳香族化合物的特征吸收带，由苯环结构中 3 个乙烯的环状共轭系统的 $\pi\to\pi^*$ 跃迁所产生。分为 E_1 及 E_2 两个吸收带。E_1 带的吸收峰约在 184nm（远紫外区），ε_{max} 为 60 000；E_2 带的吸收峰在 204nm 以上，ε 约为 8 000，均属于强吸收，如图 3-3 所示。

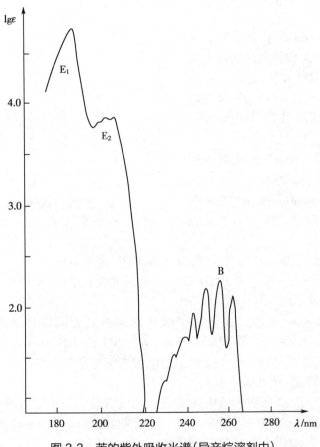

图 3-3 苯的紫外吸收光谱（异辛烷溶剂中）

根据各种电子能级跃迁的特点，可以预测一个化合物紫外吸收带和可能出现的波长范围。一些化合物的电子结构、跃迁类型和吸收带的关系见表 3-1。

表 3-1 一些化合物的电子结构、跃迁和吸收带

电子结构	化合物	跃迁	λ_{max}/nm	ε_{max}	吸收带
σ	乙烷	$\sigma\to\sigma^*$	135	10 000	
π	乙烯	$\pi\to\pi^*$	165	10 000	
π	乙炔	$\pi\to\pi^*$	173	6 000	

续表

电子结构	化合物	跃迁	λ_{max}/nm	ε_{max}	吸收带
π 和 n	丙酮	$\pi \to \pi^*$	约160	16 000	
		$n \to \sigma^*$	194	9 000	
		$n \to \pi^*$	279	15	R
π-π	1,3-丁二烯	$\pi \to \pi^*$	217	21 000	K
π-π 和 n	丙烯醛	$\pi \to \pi^*$	210	11 500	K
		$n \to \pi^*$	315	14	R
芳香族 π	苯	芳香族 π-π^*	约180	60 000	E_1
		同上	约200	8 000	E_2
		同上	255	215	B

（四）紫外 - 可见吸收光谱与分子结构的关系

1. **有机化合物的紫外吸收光谱** 有机化合物的紫外吸收光谱特征主要取决于分子中生色团和助色团以及它们的共轭情况，而不是整个分子。不饱和有机化合物的最大吸收波长可以用伍德沃德（Woodward）规则和斯科特（Scott）经验规则计算，限于篇幅，本书不作介绍。利用紫外吸收光谱可以推测分子的骨架、判断生色团之间的共轭关系等。

（1）饱和化合物：饱和碳氢化合物只有 σ 电子，因此只能产生 $\sigma \to \sigma^*$ 跃迁，需要能量较大，吸收的波长通常在 150nm 左右的真空紫外光区，超出一般仪器的波长测量范围。含有 O、N、S、X 等杂原子的饱和化合物，除 σ 电子外，还有未成键的 n 电子。$n \to \sigma^*$ 跃迁所需能量比 $\sigma \to \sigma^*$ 小，但这些化合物在 200nm 附近吸收弱，通常为末端吸收。仅少数化合物（如烷基碘）的 λ_{max} 较大（CHI_3 的 λ_{max} 为 259nm，ε_{max} 为 400）。这类化合物在 200~400nm 的近紫外区没有强吸收（常称透明），因此在紫外吸收光谱分析中常作溶剂。

（2）不饱和烃及共轭烯烃：含孤立双键或三键的简单不饱和脂肪化合物，可产生 $\sigma \to \sigma^*$ 和 $\pi \to \pi^*$ 两种跃迁。最大吸收波长 λ_{max} 小于 200nm。具有共轭体系的不饱和化合物，共轭体系越长，跃迁时所需能量越小，吸收峰红移越显著。如 1,3,5,7,9,11- 十二烷基六烯 λ_{max} 为 364nm，ε_{max} 为 138 000。

（3）羰基化合物：羰基化合物含有 C=O 基团，可以发生 $n \to \sigma^*$、$n \to \pi^*$ 和 $\pi \to \pi^*$ 跃迁，其中 $n \to \pi^*$ 跃迁所需要的能量较低，吸收波长落在近紫外光区或紫外光区，ε 为 10~100。醛、酮、羧酸及其衍生物（酯、酰胺、酰卤等）均属这类化合物的吸收类型。

α、β- 不饱和醛、酮，由于 C=O 和 C=C 双键共轭，使 $\pi \to \pi^*$ 跃迁红移至 200nm 以上，ε 约为 10^4。而 $n \to \pi^*$ 跃迁红移至 310~350nm（$\varepsilon<100$）。如表 3-1 中丙烯醛，共轭 $\pi \to \pi^*$ 跃迁 λ_{max} 为 210nm，$n \to \pi^*$ 跃迁 λ_{max} 为 315nm。

（4）芳香族化合物：最简单的芳香族化合物苯具有环状共轭体系，紫外光区由 $\pi \to \pi^*$ 跃迁产生 E_1 带、E_2 带和 B 带 3 个吸收带。B 带是芳香族化合物的特征，对鉴定芳香族化合物很有价值。当苯环上引入—NH_2、—OH、—CHO、—NO_2 基团时，苯的 B 带显著红移，吸收强度增大。如果引入的基团带有不饱和杂原子时则产生 $n \to \pi^*$ 跃迁的新吸收带。如硝基苯、苯甲醛的 $n \to \pi^*$ 跃迁的吸收波长分别为 330nm 和 328nm。

2. **影响紫外吸收光谱的主要因素** 紫外 - 可见吸收光谱主要取决于分子中价电子的能级跃迁，但分子的内部结构和外部环境等各种因素对吸收谱带也有影响，主要表现为谱带位移、谱带强度的变化、谱带精细结构的改变等。

（1）位阻影响：化合物中若有 2 个生色团产生共轭效应，可使吸收带长移。但如果 2 个生色团由于立体阻碍妨碍它们处于同一平面上，就会影响共轭效应。

二苯乙烯反式结构的 K 带 λ_{max} 比顺式明显红移，且吸收系数也增加，如图 3-4 所示。这是由于顺式结构有立体阻碍，苯环不能与乙烯双键在同一平面上，不易产生共轭。

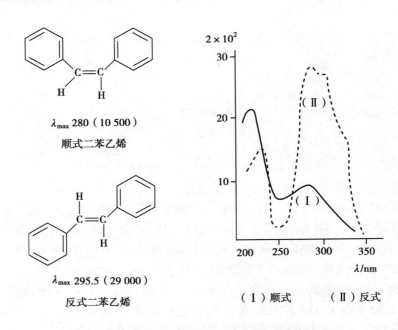

λ_{max} 280（10 500）

顺式二苯乙烯

λ_{max} 295.5（29 000）

反式二苯乙烯

（Ⅰ）顺式　　（Ⅱ）反式

图 3-4　二苯乙烯顺式、反式异构体的紫外吸收光谱

（2）跨环效应：跨环效应指非共轭基团之间的相互作用。如对亚甲基环丁酮在 214nm 处出现一中等强度的吸收带，同时 284nm 处出现 R 带。这是由于结构中虽然双键与酮基不产生共轭体系，但适当的立体排列，使羰基氧的孤电子对与双键的 π 电子发生共轭作用，相当于在 214nm 处产生了 K 带，并使 $n \to \pi^*$ 跃迁的 R 带向长波移动。

$$O=\!\!\langle\;\rangle\!\!=CH_2$$

（3）溶剂效应：溶剂除影响吸收峰位置外，还影响吸收强度和光谱形状。化合物在溶液中的紫外吸收光谱受溶剂影响较大，所以一般应注明所用溶剂。溶剂极性增加，一般使 $\pi \to \pi^*$ 跃迁吸收峰向长波方向移动(红移)，如图 3-5 所示。这是因为发生 $\pi \to \pi^*$ 跃迁的分子，其激发态的极性比基态大，因而激发态与极性溶剂之间发生相互作用从而降低能量的强度，比起极性较小的基态与极性溶剂作用而降低的能量大。而 $n \to \pi^*$ 跃迁中，基态极性大，n 电子与极性溶剂形成氢键，使基态 n 轨道能量降低更大，从而使 $n \to \pi^*$ 跃迁能量增大，吸收带向短波方向移动(蓝移)。

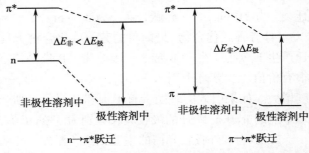

图 3-5　极性溶剂对两种跃迁能级差的影响示意图

例如 4- 甲基 - 戊 -4- 烯 -2- 酮［$CH_3COCH\!=\!C(CH_3)_2$］的溶剂效应见表 3-2。而图 3-6

则表明,极性溶剂往往使吸收峰的精细结构消失。

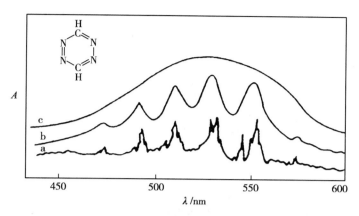

图 3-6　对称四嗪的吸收光谱
a. 蒸气态中　b. 环己烷中　c. 水中

表 3-2　溶剂极性对 4- 甲基 - 戊 -4- 烯 -2- 酮的两种跃迁吸收峰的影响

跃迁类型	正己烷	三氯甲烷	甲醇	水
$\pi \to \pi^*$	230nm	238nm	237nm	243nm
$n \to \pi^*$	329nm	315nm	309nm	305nm

(4)体系 pH 的影响:体系酸碱度对酸碱性有机化合物吸收光谱的影响普遍存在。如酚类化合物由于体系的 pH 不同,其解离情况不同,而产生不同的吸收光谱。

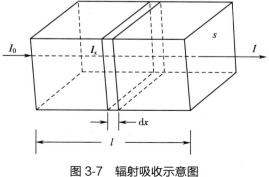

λ_{max}　210.5nm（ε_{max}6 200）　236nm（ε_{max}9 400）

270nm（ε_{max}1 450）　287nm（ε_{max}2 600）

二、朗伯 - 比尔定律

(一) 数学表达式及物理意义

朗伯 - 比尔定律是光吸收的基本定律,俗称光吸收定律,是分光光度法定量分析的依据和基础。当入射光波长一定时,溶液的吸光度 A 是有关吸收介质厚度 l(吸收光程) 及吸光物质浓度 c 的函数。朗伯和比尔分别于 1760 年和 1852 年研究了这三者的定量关系,后人将其称为朗伯 - 比尔定律(Lambert-Beer law),简称 Beer 定律。朗伯 - 比尔定律推导如下:设一具有一定强度截面为 s 的平行光束垂直通过一均匀吸光物体(气体、液体或固体),如图 3-7 所示,其中含有 n 个吸光质点(原子、离子或分子),光通过此物体后,部分光子被吸收,光强从 I_0 降低至 I。现取物体中极薄的薄层 dx 来讨论。设此薄层中吸光质点数为 dn,这些质点将占据截面 s 上一部分面积 ds 不让光子通过,有:

图 3-7　辐射吸收示意图

$$ds = kdn \qquad\qquad 式(3\text{-}1)$$

当光子通过薄层时,被吸收的概率是:

$$\frac{ds}{s} = \frac{kdn}{s}$$

从而使通过此薄层的光强 I_x 被减弱了 dI_x,所以有:

$$-\frac{dI_x}{I_x} = \frac{kdn}{s}$$

由此可知,光通过厚度为 l 的物体时,应有:

$$-\int_{I_0}^{l} \frac{dI_x}{I_x} = \int_{0}^{n} \frac{kdn}{s} \qquad -\ln\frac{I}{I_0} = \frac{kn}{s}$$

$$-\lg\frac{I}{I_0} = \lg e \cdot k \cdot \frac{n}{s} = E \cdot \frac{n}{s} \qquad\qquad 式(3\text{-}2)$$

又因截面积 s 与体积 V,质点总数 n 与浓度 c 等存在以下关系:

$$s = \frac{V}{l}, n = V \cdot c$$

故:

$$\frac{n}{s} = l \cdot c$$

$$-\lg\frac{I}{I_0} = Elc \qquad\qquad 式(3\text{-}3)$$

式(3-3)即为朗伯 - 比尔定律的数学表达式。其中,I/I_0 称透光率(transmittance,T),常用百分数表示;将 $-\lg T$ 用吸光度(absorbance,A)表示。于是:

$$A = -\lg T = Elc \quad 或 \quad T = 10^{-A} = 10^{-Elc} \qquad\qquad 式(3\text{-}4)$$

式(3-4)说明单色光通过吸光物质后,透光率 T 与浓度 c 或厚度 l 之间是指数函数的关系。浓度增大 1 倍,透光率将从 T 降至 T^2;吸光度 A 与浓度或厚度之间是简单的正比关系。其比例常数 E 称吸收系数。

E 值随 c 所取单位不同而异,有摩尔吸收系数(ε)和百分吸收系数($E_{1cm}^{1\%}$)两种表示方法。

如果浓度 c 以物质的量浓度(mol/L)表示,则式(3-4)可以写成:

$$A = \varepsilon l c \qquad\qquad 式(3\text{-}5)$$

其中 ε 称摩尔吸收系数,单位为 L/(mol·cm)。

如果浓度 c 以质量百分浓度(g/100ml)表示,则式(3-4)可以写成:

$$A = E_{1cm}^{1\%} l c \qquad\qquad 式(3\text{-}6)$$

其中 $E_{1cm}^{1\%}$ 称百分吸收系数,单位为 100ml/(g·cm)。实际应用中不标单位。

吸收系数两种表示方式之间的关系是:

$$\varepsilon = \frac{M}{10} \cdot E_{1cm}^{1\%} \qquad\qquad 式(3\text{-}7)$$

式(3-7)中,M 是吸光物质的摩尔质量。摩尔吸收系数除用于 Beer 定律计算,还用于表示物质在特定波长的吸光能力;百分吸收系数常用于化合物组成不明、相对分子质量未知的情况,在药物定量分析中应用广泛;我国现行版药典均采用百分吸收系数。

吸收系数不能直接测得,需用已知准确浓度的稀溶液测得吸光度换算而得到。由于吸收系数的大小与入射光波长和溶剂有关,因此在表示某物质的吸收系数时,应注明入射光的波长和所用的溶剂。

例 3-1　某一种从中药提取物分离纯化制得的有效成分,浓度为 12.6μg/ml,用 1cm 吸收池,在最大吸收波长 238nm 处测得其吸光度为 0.437,试计算其 $E_{1cm}^{1\%}(\lambda_{max})$;若该组分的相对分子质量是 264,计算其 $\varepsilon(\lambda_{max})$。

解：已知 $c=12.6\mu g/ml=12.6\times10^{-6}\times100=1.26\times10^{-3}\,(g/100ml)$

$$E_{1cm}^{1\%}(\lambda_{max})=\frac{A}{cl}=\frac{0.437}{1.26\times10^{-3}\times1}=3.47\times10^{2}$$

$$\varepsilon(\lambda_{max})=\frac{M}{10}\times E_{1cm}^{1\%}=\frac{264}{10}\times3.47\times10^{2}=9.16\times10^{3}$$

以上朗伯 - 比尔定律推导是假设测量体系中只存在 1 种吸光物质,如果同时存在 2 种或 2 种以上吸光物质时,只要共存物质彼此之间不发生相互作用,则测得的吸光度将是各物质吸光度的加和。

设一溶液中同时存在 a、b、c、⋯吸光物质,分别有 n_a、n_b、n_c、⋯个质点,根据不同物质的吸光能力不同,其溶液总吸光度为

$$A=-\lg\frac{I}{I_0}=l(E_a\cdot c_a+E_b\cdot c_b+E_c\cdot c_c+\cdots)$$

$$=A_a+A_b+A_c+\cdots \qquad\qquad 式(3-8)$$

即当多个吸光物质共存时,总吸光度是各组分吸光度加和,而各组分的吸光度由它们各自的浓度与吸收系数决定。吸光度的这种加和性质是分光光度法测定混合组分的定量依据。

(二) 偏离朗伯 - 比尔定律的因素

根据朗伯 - 比尔定律,当波长和入射光强度一定时,吸光度 A 与吸光物质的浓度 c 之间是一条通过原点的直线。事实上,常会出现偏离直线的现象,即发生偏离比尔定律的现象而引入误差。导致偏离比尔定律的因素主要有化学因素、光学因素。

1. 化学因素　通常只有稀溶液时,朗伯 - 比尔定律才能成立。随着溶液浓度的改变,溶液中的吸光物质可因浓度的改变而发生离解、缔合、溶剂化以及配合物生成等变化,使吸光物质的存在形式发生变化,影响物质对光的吸收能力,从而偏离朗伯 - 比尔定律。如苯甲酸在溶液中有如下电离平衡,其酸式与酸根阴离子具有不同的吸收特性:

$$C_6H_5COOH+H_2O\Longrightarrow C_6H_5COO^-+H_3O^+$$

$\lambda_{max}(nm)$	273	268
$\varepsilon_{max}[L/(mol\cdot cm)]$	970	560

显然,稀释溶液或改变溶液 pH 时,吸收波长及吸收系数都会改变。

2. 光学因素

(1) 非单色光:比尔定律只适用于单色光,但事实上真正的单色光是难以得到的。实际用于测量的都是具有一定谱带宽度的复合光,由于吸光物质对不同波长光的吸收能力不同,导致偏离朗伯 - 比尔定律。

光源发出连续光谱,采用单色器分离出所需要的波长,其波长宽度取决于单色器中的狭缝宽度和棱镜或光栅的分辨率。受制作技术的限制,同时为了保证单色光的强度,狭缝必须有一定的宽度,这就使分离出来的光同时包含了所需波长的光和附近波长的光,即具有一定波长范围的光,这一宽度称谱带宽度,常用半峰宽来表示,即最大透光强度一半处曲线的宽度,如图 3-8 所示。

谱带宽度越小,单色性越好,但因仍为复合光,故仍可使吸光度改变而偏离朗伯 - 比尔定律。以下作一简单说明。

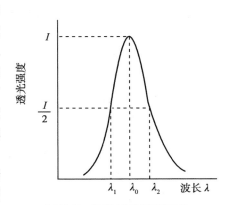

图 3-8　单色光的谱带宽度

设吸光物质在 λ_1 与 λ_2 两波长处光的吸收系数分别为 E_1 与 E_2，入射光强分别为 I_{0_1} 与 I_{0_2}。由于

$$I = I_0 \cdot 10^{-Ecl}$$

$$T = \frac{I_1 + I_2}{I_{0_1} + I_{0_2}} = \frac{I_{0_1} \cdot 10^{-E_1cl} + I_{0_2} \cdot 10^{-E_2cl}}{I_{0_1} + I_{0_2}} = 10^{-E_1cl} \cdot \frac{I_{0_1} + I_{0_2} \cdot 10^{(E_1 - E_2)cl}}{I_{0_1} + I_{0_2}}$$

$$A = -\lg T = E_1cl - \lg \frac{I_{0_1} + I_{0_2} \cdot 10^{(E_1 - E_2)cl}}{I_{0_1} + I_{0_2}} \qquad 式(3-9)$$

从式(3-9)可知，$E_1 \neq E_2$ 时，A 与 c 之间不是直线关系，即不符合朗伯 - 比尔定律，只有 $E_1 = E_2$ 时，$A = Elc$ 才能成立。

由于入射光有一定谱带宽度，定量分析中应选择曲线较为平坦、吸收系数变化不大的最大吸收波长处测定，尽量避免采用尖锐的吸收峰。例如，按图 3-9 所示的吸收光谱，用谱带 a 所对应的波长进行测定，A 随波长的变化不大，造成的偏离就比较小；而用谱带 b 对应的波长进行测定，A 随波长的变化较明显，就会造成较大的偏离。

(2)杂散光：从单色器得到的单色光中，还有一些不在谱带范围内的、与所需波长相隔甚远的光，称杂散光。它是由于仪器光学系统的缺陷或光学元件受灰尘、霉蚀的影响而引起的。特别是在透光率很弱的情况下，会产生明显的作用。

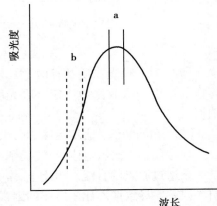

图 3-9 测定波长的选择

设入射光的强度为 I_0、透过光的强度为 I，杂散光强度为 I_s，则观测到的吸光度为：

$$A = \lg \frac{I_0 + I_s}{I + I_s} \qquad 式(3-10)$$

若样品不吸收杂散光，则 $(I_0 + I_s)/(I + I_s) < I_0/I$，因此测得的吸光度小于真实吸光度，产生负偏离。这种情况在分析中经常遇到。随着仪器制造工艺的提高，绝大部分波长内杂散光的影响可忽略不计。但在接近紫外末端吸收处，杂散光的比例相对增大，因而干扰测定，有时还会出现假峰。

(3)散射光和反射光：吸光质点对入射光有散射作用，吸收池内外界面之间入射光通过时会有反射作用。散射和反射作用致使透射光强度减弱。真溶液散射作用较弱，可用空白进行补偿。混浊溶液散射作用较强，影响结果测定，故要求被测溶液为澄清溶液。

(4)非平行光：倾斜光通过吸收池的实际光程将比垂直照射的平行光的光程长，使吸光度增加，影响测量值。

(三)透光率测量误差

透光率测量误差(ΔT)来自仪器的噪声。浓度测量结果的相对误差($\Delta c/c$)与透光率测量误差的关系可由朗伯 - 比尔定律导出。

$$c = \frac{A}{E \cdot l} = \frac{-\lg T}{E \cdot l} \qquad 式(3-11)$$

微分后并除以上式，可得浓度的相对误差 $\Delta c/c$ 为：

$$\frac{\Delta c}{c} = \frac{0.434 \Delta T}{T \cdot \lg T} \qquad 式(3-12)$$

式(3-12)表明,浓度测量的相对误差取决于透光率 T 和透光率测量误差 ΔT 的大小。ΔT 是由分光光度计透光率读数精度所确定的常数,为 $\pm 0.2\% \sim \pm 1\%$(与仪器的精度有关),若以 1% 代入式(3-12),用 $\Delta c/c$ 对 T 作图,可得到函数曲线,如图 3-10 所示。从图 3-10 中可见,溶液的透光率很大或很小时所产生的相对误差都比较大。只有中间一段即 T 在 65%~20% 或 A 在 0.2~0.7,浓度相对误差较小,是测量的适宜范围。将式(3-12)求极值可得到相对误差最小时的透光率或吸光度,即 $A=0.434$,$T=36.8\%$。实际工作中没有必要去寻求这一最小误差点,只要求测量的吸光度 A 在 0.2~0.7 适宜范围内即可。值得指出的是,上述推导结果未考虑 ΔT 的大小变化,而实际上 ΔT 的大小与测量最适宜范围也有直接关系。

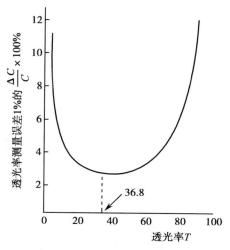

图 3-10　相对误差与透光率的关系

第二节　紫外 - 可见分光光度计

一、主要部件

各种型号的紫外 - 可见分光光度计(ultraviolet-visible spectrophotometer)都是由 5 个基本部分组成,即光源、单色器、吸收池、检测器及信号显示系统。

(一)光源

光源(source)的作用是提供激发能,使待测分子产生吸收。

1. 光源的要求　在仪器操作所需的光谱区域内能够发射连续辐射;应有足够的辐射强度及良好的稳定性;辐射强度随波长的变化应尽可能小;光源的使用寿命长,操作方便。

2. 光源的种类　常用的光源有热辐射光源和气体放电光源两类。前者用于可见光区,如钨灯、卤钨灯等;后者用于紫外光区,如氢灯、氘灯等。

(1)钨灯和碘钨灯:可使用的波长范围为 340~2 500nm。这类光源的辐射强度与施加的外加电压有关,在可见光区,辐射的强度与工作电压的 4 次方成正比,光电流也与灯丝电压的 n 次方($n>1$)成正比。因此,使用时必须严格控制灯丝电压,必要时须配备稳压装置,以保证光源的稳定。

(2)氢灯和氘灯:可使用的波长范围为 160~375nm,由于受石英窗吸收的限制,通常紫外光区波长的有效范围一般为 200~375nm。灯内氢气压力为 100Pa 时,用稳压电源供电,放电十分稳定,光强度大且恒定。氘灯的灯管内充有氢的同位素氘,其光谱分布与氢灯类似,但光强度比同功率的氢灯大 3~5 倍,使用寿命长,更常用。

近年来,具有高强度和高单色性的激光已被开发用作紫外光源。已商品化的激光光源有氩离子激光器和可调谐染料激光器。

(二)单色器

单色器(monochromator)是从光源的复合光中分出单色光的光学装置,其主要特点是产生的光谱纯度高、色散率高且波长可调节。单色器由进光狭缝、准直镜(透镜或凹面反射镜使入射光变成平行光)、色散元件、聚焦元件和出光狭缝等几个部分组成,如图 3-11 所示。其核心部分是色散元件,起分光作用。

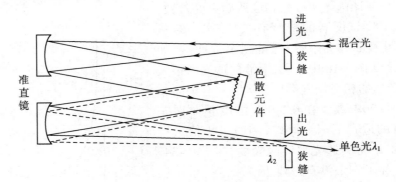

图 3-11 单色器光路示意图

1. 色散元件 色散元件有棱镜(prism)和光栅(grating)。

(1)棱镜:棱镜对不同波长的光有不同的折射率,可将复色光从长波到短波色散成为一个连续光谱。折射率差别越大,色散作用(色散率)越大。早期生产的仪器多用棱镜。如图 3-12 所示。

(2)光栅:是利用光的衍射与干涉作用制成的。现用的光栅是一种称为闪耀光栅(blazed grating)的反射光栅,如图 3-12 所示。用于紫外区的光栅,用铝作反射面,在平滑玻璃表面上刻槽,一般每毫米刻槽为 600~1 200 条。每条刻线起着一个狭缝的作用,光在未刻部分发生反射,各反射光束间的干涉引起色散。它具有色散波长范围宽、分辨率高、成本低、便于保存和易于制作等优点,是目前用得较多的色散元件。采用激光技术生产的全息光栅(holographic grating)质量更高,也被广泛应用。

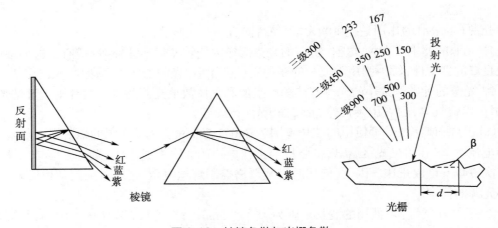

图 3-12 棱镜色散与光栅色散

2. 准直镜 准直镜(collimation lens)是以狭缝为焦点的聚光镜,既能将进入单色器的发散光变成平行光,又能用作聚光镜,将色散后的平行单色光聚集于出光狭缝。

3. 狭缝 狭缝(slit)宽度直接影响单色光的纯度。狭缝过宽,单色光不纯。狭缝太窄,光通量过小,灵敏度降低。定性分析时宜采用较小的狭缝宽度,而定量分析时可采用较大的狭缝宽度以保证有足够的光通量,提高灵敏度。

4. 杂散光及其消除 无论何种单色器,出射光束中通常混有少量与仪器所指示的波长相差较大的光波,这些异常波长的光称杂散光。杂散光会严重影响吸光度的准确测定。杂散光产生的原因主要有：各光学部件和单色器的外壳内壁的反射；大气或化学部件表面尘埃的散射；光学元件霉变、腐蚀等。消除杂散光，可将单色器用罩壳封闭起来，罩壳内涂有黑体以吸收杂散光。

（三）吸收池

吸收池亦称比色皿，是盛放待测溶液的容器。用玻璃制成的吸收池对紫外线有吸收，只能用于可见光区；用熔融石英制成的吸收池可用于可见光区及紫外光区。分析测定中，用于盛放供试液和参比液的吸收池，除应选用相同厚度外，两只吸收池的透光率之差应小于0.5%，否则应进行校正。

取吸收池时，手拿毛玻璃面的两侧。装盛样品溶液以池体积的 4/5 为度，使用挥发性溶液时应加盖，透光面要用擦镜纸由上而下擦拭干净，为防止溶剂挥发后溶质残留在透光面上，可先用蘸有空白溶剂的擦镜纸擦拭，再用干擦镜纸擦净。使用后用溶剂及水冲洗干净，晾干防尘保存。

（四）检测器

分光光度计的检测器是光电转换元件，将光信号转变成电信号，产生的电信号与照射光强成正比。通常对检测器的要求是在测量的光谱范围内具有高的灵敏度；对辐射能量的响应快、线性关系好、线性范围宽；对不同波长的辐射响应性能相同且可靠；有好的稳定性和低的噪声水平等。检测器有光电池、光电管和光电倍增管等。

简易分光光度计上使用光电池或光电管作为检测器。目前，常见的检测器是光电倍增管，也有用光二极管阵列作为检测器。

1. 光电池　光电池有硒光电池和硅光电池。硒光电池只能用于可见光区，硅光电池能同时适用于紫外光区和可见光区。硒光电池敏感光区为 300~800nm，其中以 500~600nm 最为灵敏。由于它容易出现"疲劳效应"，寿命较短而只能用于低档的分光光度计中。

2. 光电管　对于光电管的结构，是以一弯成半圆柱形的金属片为阴极，阴极的内表面镀有碱金属或碱金属氧化物等光敏层；在圆柱形的中心置一金属丝为阳极，接受阴极释放出的电子。两电极密封于玻璃管或石英管内并抽真空。阴极上光敏层材料不同，可分为红敏（阴极表面上沉积银和氧化铯）和蓝敏（阴极表面上沉积锑和铯）两种光电管，前者用于 625~1 000nm 波长，后者用于 200~625nm 波长。光电管检测器如图 3-13 所示。与光电池比较，光电管具有灵敏度高、光敏范围宽、不易疲劳等优点。

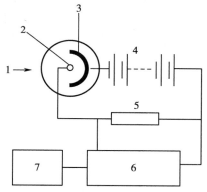

图 3-13　光电管检测器示意图
1. 照射光　2. 阳极　3. 光敏阴极
4. 90V 直流电源　5. 高电阻　6. 直流放大器　7. 指示器

3. 光电倍增管　光电倍增管实际上是一种加上多级倍增电极的光电管，原理和光电管相似。结构上的差别是在光敏金属的阴极和阳极之间有多个倍增极，如图 3-14 所示。外壳由玻璃或石英制成，阴极表面涂上光敏物质，在阴极和阳极之间装有一系列次级电子发射极，即电子倍增极。阴极和阳极之间加直流高压（约 900V），当辐射光子撞击阴极时发射光电子，该电子被电场加速并撞击第一倍增极，撞出更多的二次电子，依此不断进行，像"雪崩"一样，最后阳极收集到的电子数将是阴极发射电子的 10^5~10^6 倍，进而产生较强的电流，再经放大，由指示器显示或用记录器记录下来。光电倍增管检测器大大提高了仪器测量的灵敏度。

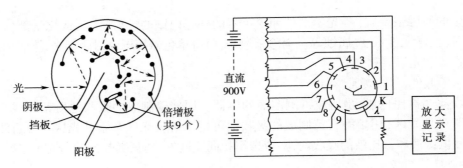

图 3-14 光电倍增管示意图

(五) 信号处理和显示系统

光电管输出的电信号很弱,需经过放大才能以某种方式将测量结果显示出来。一般的分光光度计多具有荧屏显示、结果打印及吸收曲线扫描等功能。现代的分光光度计装备有计算机光谱工作站,可对数字信号进行采集、处理与显示,并对各系统进行自动控制。

二、分光光度计的类型

按照光路系统不同,紫外 - 可见分光光度计可分为单光束、双光束和光二极管阵列分光光度计等。

(一) 单光束分光光度计

在单光束光学系统中,单色器色散后的单色光进入吸收池,经单色器分光后形成一束平行光,轮流通过参比溶液和样品溶液,以进行吸光度的测定。

测定时先将参比溶液放入光路中,吸光度调零,然后移动吸收池架的拉杆,使样品溶液进入光路,即可在信号显示系统上读出样品溶液的吸光度。这种简易型分光光度计结构简单,操作方便,维修容易,适用于常规分析。如图 3-15 所示。

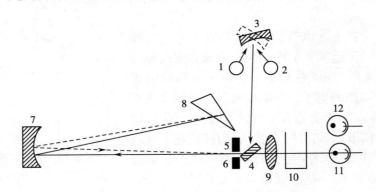

图 3-15 单光束分光光度计光路示意图

1. 氢灯 2. 钨灯 3、4. 反射镜 5、6. 进、出光狭缝 7. 准直镜
8. 石英棱镜 9. 聚光镜 10. 吸收池 11. 蓝敏光电管 12. 红敏光电管

(二) 双光束分光光度计

光源发出光经单色器分光后,经旋转扇面镜(切光器)分为强度相等的两束光,一束通过参比池,另一束通过样品池。光度计能自动比较两束光的强度,此比值即为试样的透射比,经对数变换将它转换成吸光度,并作为波长的函数记录下来。双光束分光光度计一般都能自动记录吸收光谱曲线。其光学系统如图 3-16 所示。由于两束光同时分别通过参比池和样品池,因而能自动消除光源强度变化所引起的误差。

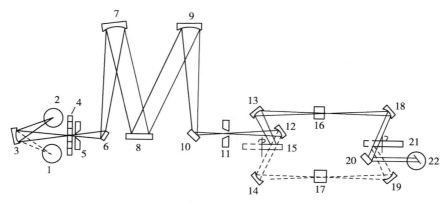

图 3-16　双光束分光光度计光路示意图

1. 钨灯　2. 氢灯　3. 凹面镜　4. 滤色片　5. 入光狭缝　6、10、20. 平面镜
7、9. 准直镜　8. 光栅　11. 出光狭缝　12、13、14、18、19. 凹面镜　15、21. 扇
面镜　16. 参比池　17. 样品池　22. 光电倍增管

(三) 双波长分光光度计

双波长分光光度计是由同一光源发出的光被分为两束,分别经过两个单色器,得到两束不同波长(λ_1 和 λ_2)的单色光。利用切光器使两束光以一定的频率交替照射同一吸收池,然后测得两个波长处的吸光度差值 ΔA,如图 3-17 所示。

$$\Delta A = A_{\lambda_1} - A_{\lambda_2} = (\varepsilon_1 - \varepsilon_2)lc \qquad\qquad 式(3\text{-}13)$$

由式(3-13)可知,ΔA 与吸光物质的浓度 c 成正比,这是用双波长分光光度计进行定量分析的理论依据。

双波长分光光度计只用一个吸收池,消除了吸收池及参比池所引起的测量误差。因为用同一光源得到的两束单色光,可以减小因光源电压变化产生的影响。

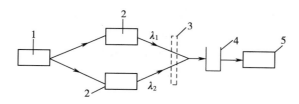

图 3-17　双波长分光光度计原理图

1. 光源　2. 单色器　3. 切光器　4. 吸收池　5. 检测器

(四) 全波长分光光度计(光电二极管阵列检测器)

光电二极管阵列检测器(photodiode array detector,PDA)属于光学多通道检测器,是在晶体硅上紧密排列一系列光电二极管检测管,如某型号光电二极管阵列检测器,可在 190~820nm 处排列 1 024 个二极管。当光经全息栅表面色散并透射到晶体硅上时,被二极管阵列中的光二极管接收,二极管输出的电信号强度与光强度成正比。每一个二极管相当于一个单色器的出光狭缝,两个二极管中心距离的波长单位称采样间隔,因此二极管阵列分光光度计中,二极管数目越多,分辨率越高。仪器不再是按波长进行扫描,而是光束经分光后直接照在排列的二极管阵列上,每个二极管测量光谱中的一个窄带,因而紫外光谱的测定几乎在瞬间完成。其光路原理如图 3-18 所示。PDA 具有光谱响应宽、数字化扫描准确、性能比较稳定等优点,与其他类型紫外检测器相比,当作为高效液相色谱检测器时,可提供更多的定性信息。

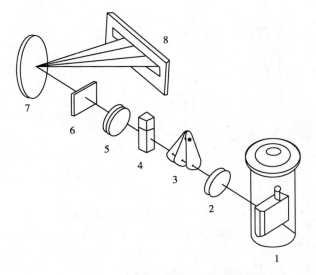

图 3-18　二极管阵列分光光度计光路图

1. 光源：钨灯或氘灯　2. 消色差聚光镜　3. 光闸　4. 吸收池
5. 透镜　6. 入光狭缝　7. 全息光栅　8. 二极管阵列检测器

三、光学性能与仪器校正

无论哪种型号的分光光度度计，使用前都须对仪器的主要性能指标进行检查或校正，如波长的准确度、吸光度的准确度以及吸收池的准确度等。

（一）光学性能

分光光度计型号众多，下面以中档分光光度计光学性能加以说明。

1. 辐射波长　以波长范围、光谱带宽、波长准确度、波长重复性等参数表示。波长范围是指仪器所能测量的波长范围，通常为 190~800nm。光谱带宽是指在最大透光强度一半处曲线的宽度，此数值越小越好，通常为 6nm 以下。波长准确度表示仪器所显示的波长数值与单色光的实际波长值之间的误差。现行版药典规定，紫外光区 $\leqslant \pm 1nm$，500nm 附近 $\leqslant \pm 2nm$。波长重复性是指重复使用同一波长，单色光实际波长的变动值；此数值亦是越小越好，通常 $\leqslant 1nm$。

2. 仪器的测量范围　以透光率（吸光度）测量范围表示，仪器测量透光率（T）范围一般要求 −1.0%~200.0%，若以吸光度表示则为 −0.5~3.000A。

3. 仪器的重复性及准确度　光度重复性是同样情况下重复测量透光率（T）的变动值；此数值亦是越小越好，通常 $\leqslant \pm 0.5\%$。光度准确度是以透光率（T）测量值的误差表示，透光率满量程误差为 $\leqslant \pm 0.5\%$（铬酸钾溶液）。

4. 杂散光　通常以测光信号较弱的波长处所含杂散光的强度百分比为指标。现行版药典规定 220nm 处 NaI（1g/100ml）透光率 <0.8%，340nm 处 Na_2NO_2（5g/100ml）透光率 <0.8%。

（二）仪器的校正和检定

1. 波长的校正　由于环境因素对机械部分的影响，仪器的波长经常会略有变动，因此除应定期对所用的仪器进行全面校正检定外，还应于测定前校正测定波长。常用汞灯（237.83nm、253.65nm 等）或氘灯（486.0nm、656.10nm）中的较强谱线进行校正。近年来，常使用高氯酸钬溶液校正双光束仪器。

2. 吸光度的校正 使用重铬酸钾的硫酸溶液,在规定的波长处测定并计算其吸收系数,并与规定的吸收系数比较,来检定分光光度计吸光度的准确度。

3. 杂散光的检查 测定规定浓度的碘化钠或亚硝酸钠溶液在规定波长处的透光率来进行检查。

上述各项目的校正和检定具体方法可参见《中华人民共和国药典》2020 年版四部。

第三节 紫外 - 可见分光光度法分析条件的选择

为保证分光光度法的灵敏度与准确度,应选择和控制合适的分析条件,如测定波长的选择、显色条件的选择等。

一、检测波长的选择

定量分析中,测定波长一般选择在被测组分最大吸收波长处。因为吸收系数越大,测定的灵敏度越高,准确度也越高,同时最大吸收波长处较为平坦,在此处一个较小范围内吸光度变化不大,不会导致偏离比尔定律。如果被测组分有几个最大吸收波长时,可选择不易出现干扰吸收、吸光度较大而且峰顶比较平坦的最大吸收波长。若干扰物质在最大吸收波长处有较强的吸收,可选用非最大吸收处的波长。

二、溶剂的选择

采用紫外 - 可见分光光度法分析的样品一般都需要用溶剂溶解,而溶剂在一定波长范围内有吸收。表 3-3 列出了常用溶剂的截止波长,即大于此波长该溶剂无吸收。实际工作中要考虑到溶剂的存在会影响或增强被测组分在某区域波长的吸收,避免产生测量误差,所选择的溶剂应易于溶解样品而不与样品发生作用,且在测定波长区间内吸收小,不易挥发。

表 3-3 常用溶剂的截止波长

溶剂	截止波长 /nm	溶剂	截止波长 /nm
水	200	环己烷	200
乙腈	190	正己烷	220
95% 乙醇	205	二氯甲烷	235
乙醚	210	三氯甲烷	245
异丙醇	210	四氯化碳	260
正丁醇	210	苯	280
甲醇	205	丙酮	330

三、参比溶液的选择

测量试样溶液的吸光度时,需要消除溶液中其他成分、吸收池以及溶剂对光的反射和吸收所带来的误差。根据试样溶液的性质,选择合适组分的参比溶液的方法有以下几种。

1. 溶剂参比　当试样溶液的组成较为简单，共存的其他组分很少且对测定波长的光几乎没有吸收，以及显色剂没有吸收时，可采用纯溶剂作为参比溶液，这样可消除溶剂、吸收池等因素的影响。

2. 试剂参比　如果显色剂或其他试剂在测定波长有吸收，按显色反应相同的条件，只是不加入试样溶液，同样加入试剂和溶剂作为参比溶液。这种参比溶液可消除试剂中组分所产生吸收的影响。

3. 试样参比　如果试样基体（除被测组分外的其他共存组分）在测定波长处有吸收，而与显色剂不起显色反应时，可不加显色剂但按与显色反应相同的条件处理试样，作为参比溶液。这种参比溶液适用于试样中有较多的共存组分，加入的显色剂量较少，且显色剂在测定波长无吸收的情况。

四、溶液吸光度的范围及测定

前已述及吸光度 A 在 0.2~0.7，样品测定相对误差较小，是测量的适宜范围。可通过调节待测溶液的浓度和吸收池的厚度来获得适宜的 A。

五、显色反应及显色条件的选择

紫外－可见分光光度法一般用来测定能吸收紫外和可见光的物质。对于不能产生吸收的物质或者吸收系数较小的物质，可选用适当的试剂与被测物质定量反应，生成对紫外或可见光有较大吸收的物质再进行测定。若产物生成有颜色的物质，则可在可见光区测量，这种将被测物转变为有色化合物的反应称显色反应，所用的试剂称显色剂。通过显色反应进行物质测量的方法称比色法。显色反应类型很多，有氧化还原反应、配位反应、缩合反应等，其中最常用的是配位反应。

（一）显色反应要求

显色反应必须符合以下要求：①被测物质和所生成的有色物质之间必须有确定的计量关系；②反应产物必须有较高的吸光能力（$\varepsilon = 10^3 \sim 10^5$）和足够的稳定性；③反应产物的颜色与显色剂的颜色必须有明显差别；④显色反应必须有较好的选择性，以减免干扰。为达到此要求，对显色反应的条件需要进行优选。

（二）显色条件的选择

1. 显色剂用量　根据溶液平衡的原理，为了使显色反应进行完全，常需要加入过量的显色剂，但也要视实际情况而定。如以 CNS^- 作为显色剂测定 Mo 时，要求对生成红色的 $Mo(CNS)_5$ 配合物进行测定，当 CNS^- 浓度过高时，会生成 $Mo(CNS)_6^-$ 而使颜色变浅，ε 降低；而用 CNS^- 测定 Fe^{3+} 时，随 CNS^- 浓度增大，配位数逐渐增加，颜色也逐步加深。因此，必须严格控制 CNS^- 的用量，才能获得准确的分析结果。显色剂用量可通过实验选择，在固定金属离子浓度的情况下，做吸光度随显色剂浓度的变化曲线，选取吸光度恒定时的显色剂用量。

2. 溶液酸碱度　酸碱度对显色反应影响很大。很多显色剂是有机弱酸或弱碱。溶液的酸碱度会直接影响显色剂存在的形式和有色化合物的浓度变化，以致改变溶液的颜色。如 Fe^{3+} 与水杨酸的配合物，组成随介质 pH 的不同而变化，pH<4 时溶液呈紫红色，pH 4~7 时溶液呈棕橙色，pH 8~10 时溶液呈黄色。

其他如氧化还原反应、缩合反应等，溶液的酸碱性也发挥重要的影响，常常需要用缓冲溶液保持溶液在一定 pH 下进行显色反应。合适的 pH 可以通过绘制 A-pH 曲线来确定。

3. 显色时间　由于各种显色反应的速度不同,有的瞬间完成,有的需要很长时间才能显色。显色产物也会在放置过程中发生变化,使颜色逐渐减退或加深,而有的反应产物颜色能保持长时间不变。同时介质酸度、显色剂的浓度都将会影响显色时间。因此,必须固定其他显色条件,通过实验绘出 A-t 曲线,才能确定适宜的显色时间和测定时间。

4. 温度　显色反应与温度有很大关系,有些涉及氧化还原反应的,提高温度可促进反应,但也可产生副反应。因此,显色反应须在适当温度下进行。

5. 溶剂　溶剂的性质可直接影响被测物质对光的吸收,使其呈现不同的颜色。例如,苦味酸在水溶液中呈黄色,而在三氯甲烷中无色。显色反应产物的稳定性也与溶剂有关。例如,硫氰酸铁红色配合物在丁醇中比在水溶液中稳定。

第四节　紫外 - 可见分光光度法的应用

一、定性分析

利用紫外吸收光谱的形状、吸收峰的数目、各吸收峰的波长和相应的吸收系数等可对部分有机化合物进行定性鉴别。但由于紫外 - 可见吸收光谱仅与分子结构中发色团、助色团等可产生吸收的官能团有关,不能表征分子的整体结构;光谱较简单,特征性不强,即使吸收光谱完全相同并不一定为相同的化合物。因此,这种方法的应用有较大的局限性。但是它适用于不饱和有机化合物,尤其是共轭体系的鉴定,并以此推测未知物的骨架结构。此外,它可配合红外光谱法、核磁共振波谱法和质谱法等,对化合物进行定性鉴定和结构分析。

定性分析一般采用对比法。

1. 比较吸收光谱的一致性　两个相同化合物,在同一条件下测定其吸收光谱应完全一致。利用这一特性,将试样与对照品用同一溶剂配制成相同浓度的溶液,分别测定其吸收光谱,然后比较光谱图是否完全一致。另外,也可利用与标准谱图相同条件下测试得到的样品谱图与标准谱图比较。

2. 比较吸收光谱的特征数据　常用于鉴别的光谱特征数据有吸收峰 λ_{max} 和峰值吸收系数 ε 或 $E_{1cm}^{1\%}$。

例 3-2　安宫黄体酮和炔诺酮分子中都存在 α,β- 不饱和羰基的特征吸收结构,最大吸收波长相同但相对分子质量不同,$E_{1cm}^{1\%}$ 有明显差异,可用于鉴别。

安宫黄体酮（M = 386.53）　　　　　　　　炔诺酮（M = 298.43）
λ_{max} 240nm ± 1nm, $E_{1cm}^{1\%}$ =408　　　　λ_{max} 240nm ± 1nm, $E_{1cm}^{1\%}$ =571

3. 比较吸光度(或吸收系数)比值 有多个吸收峰的化合物,可利用在不同吸收峰(或峰与谷)处测得吸光度的比值 A_1/A_2 或 $\varepsilon_1/\varepsilon_2$ 作为鉴别的依据。

例 3-3 《中华人民共和国药典》(2020 年版)对叶酸采用下述方法鉴别:取叶酸加 0.4% 氢氧化钠溶液配成 10μg/ml 的溶液,在 256nm、283nm 与 365nm ± 4nm 的波长处有最大吸收,在 256nm 与 365nm 波长处的吸光度比值应为 2.8~3.0。

二、纯度检查

1. 杂质检查 利用试样与所含杂质在紫外 - 可见光区吸收的差异,可用于杂质检查。例如苯在 256nm 处有吸收,环己烷则在此波长无吸收,可用于环己烷中含少量杂质苯的检出。

2. 杂质的限度检测 根据特定波长处的吸光度值可对某些杂质进行限度检测。例如,药物地蒽酚中常有其制备的原料和氧化分解产物二羟基蒽醌,在三氯甲烷溶液中两者的紫外吸收光谱有显著差异,二羟基蒽醌在 432nm 处有最大吸收,而地蒽酚没有,如图 3-19 所示。《中华人民共和国药典》(2020 年版)规定,0.1mg/ml 的地蒽酚三氯甲烷溶液用 1cm 吸收池在 432nm 处测定,吸光度不得大于 0.12。

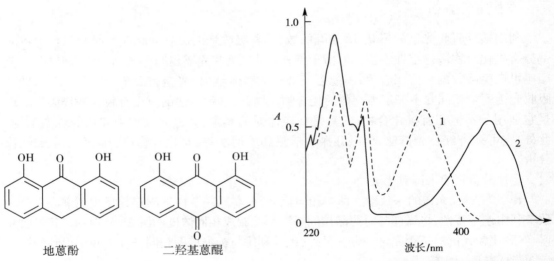

图 3-19 地蒽酚和二羟基蒽醌的紫外吸收光谱
1. 0.001% 地蒽酚三氯甲烷溶液
2. 0.000 9% 二羟基蒽醌三氯甲烷溶液

三、定量分析

在适宜的波长处测定溶液的吸光度,就可求出其浓度。

(一) 单组分样品的定量分析

如果在一个试样中只要测定一种组分,且在选定的测量波长下,试样中其他组分对该组分不干扰,那么这种单组分的定量分析较简单。常用的定量分析方法有吸收系数法、标准曲线法、对照品比较法等。

1. 吸收系数法 根据 Beer 定律,若 l 和吸收系数 ε 或 $E_{1cm}^{1\%}$ 已知,即可根据供试品溶液测得的 A 值代入式(3-5)或式(3-6),求出被测组分的浓度。通常吸收系数可从手册或文献中查到。这种方法对仪器精度要求高,在测定时,对仪器要进行校正和检定。

例 3-4 维生素 B_{12} 的水溶液在 361nm 处的 $E_{1cm}^{1\%}$ 是 207,盛于 1cm 吸收池中,测得溶液

的吸光度为 0.518,试计算其浓度。

解:已知 $A=Elc$,故 $c=0.518/(207 \times 1)=0.002\ 50\,(\text{g}/100\text{ml})$

应注意计算结果 c 的单位是 g/100ml,这是百分吸收系数的定义所决定的。

2. 标准曲线法　根据比尔定律,在一定条件下吸光度与浓度呈线性关系,可借此进行定量分析。先配制一系列不同浓度的标准溶液,以空白溶液作参比,测定标准溶液的吸光度,绘制吸光度(A)- 浓度(c)曲线,称标准曲线(也称校正曲线或工作曲线),如图 3-20 所示,或根据两者的数值求出回归方程。在相同条件下测定供试品溶液的吸光度,从标准曲线上找出与之对应的被测组分的浓度,或从回归方程中求出被测组分的浓度。

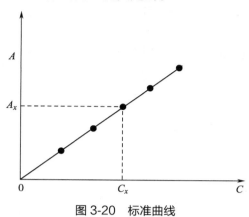

图 3-20　标准曲线

本法在仪器分析中广泛使用,简便易行,而且对仪器精度的要求不高;但不适合组成复杂的样品分析。

3. 对照品比较法　在相同条件下配制对照品溶液和供试品溶液,在选定波长处,分别测其吸光度,根据朗伯 - 比尔定律[式(3-4):$A=Elc$],因对照品溶液和供试品溶液是同种物质、同台仪器及同一波长于厚度相同的吸收池中测定,故 l 和 E 均相等,从而有:

$$c_{\text{样}} = \frac{A_{\text{样}}c_{\text{标}}}{A_{\text{标}}}$$ 式(3-14)

对照品比较法应用的前提是,方法学验证时制备的标准曲线应过原点。该方法因只使用单个对照品,引起误差的偶然因素较多,为了减少误差,配制对照品溶液与供试品溶液的浓度要接近。

(二)多组分样品的定量分析

若样品中有 2 种或 2 种以上的吸光组分共存时,可根据吸收光谱相互重叠的情况分别采用不同的测定方法。最简单的情况是各组分的吸收峰互不重叠,如图 3-21(1)所示。此种情况下可按单组分的测定方法,在 λ_1 处测 a 的浓度,而在 λ_2 处测 b 的浓度。

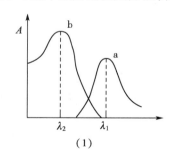
（1）

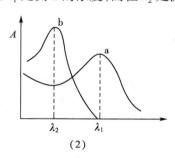
（2）

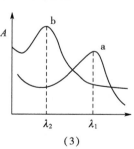
（3）

图 3-21　多组分的吸收光谱

第二种情况是 a、b 两组分的吸收光谱有部分重叠,如图 3-21(2)所示。此种情况下可先在 λ_1 处按单组分测定法测出混合物中 a 的浓度 c_a,再在 λ_2 处测得混合物的吸光度 A_2^{a+b},然后根据吸光度的加和性,计算出 b 的浓度 c_b。

$$\because A_2^{a+b} = A_2^a + A_2^b = E_2^a c_a l + E_2^b c_b l$$

$$\therefore c_b = \frac{1}{E_2^b l}(A_2^{a+b} - E_2^a \cdot c_a l)$$ 式(3-15)

在混合物的测定中最常见的情况是各组分的吸收光谱相互重叠,如图 3-21(3)所示。原则上只要各组分的吸收光谱有一定差异,都可以根据吸光度具有加和性原理设法测定,即采用计算分光光度法,如解线性方程组法、双波长分光光度法、导数光谱法等。但由于中药成分复杂,研究体系中未知成分光谱情况不明,用以上方法往往误差较大。随着高效液相色谱、气相色谱等仪器的普及和应用,药物分析中多组分样品大多采用色谱法分离并定量,效率高且误差小,故本书仅介绍在药物含量测定方面仍有一定应用的方法:紫外分光光度法——等吸收双波长消去法。

吸收光谱重叠的 a、b 两组分混合物中,若要消除组分 b 的干扰以测定 a,可从干扰组分 b 的吸收光谱上选择两个吸光度相等的波长 λ_1 和 λ_2,然后测定混合物的吸光度差值,最后根据 ΔA 来计算 a 的含量。

$$\because A_2 = A_2^a + A_2^b \qquad A_1 = A_1^a + A_1^b \qquad A_2^b = A_1^b$$

$$\therefore \Delta A = A_2 - A_1 = A_2^a - A_1^a = (E_2^a - E_1^a)c_a \cdot l \qquad\qquad 式(3\text{-}16)$$

等吸收双波长消去法的关键之处是两个测定波长的选择,其原则是必须符合以下两个基本条件:①干扰组分 b 在这两个波长应具有相同的吸光度,即 $\Delta A^b = A_1^b - A_2^b = 0$;②被测组分在这两个波长处的吸光度差值 ΔA^a 应足够大。下面用作图法说明两个波长的选定方法。如图 3-22 所示,a 为待测组分,可以选择组分 a 的最大吸收波长作为测定波长 λ_2,在这一波长位置做 x 轴的垂线,此直线与干扰组分 b 的吸收光谱相交于某一点,再从这一点做一条平行于 x 轴的直线,此直线可与干扰组分 b 的吸收光谱相交于一点或数点,则选择与这些交点相对应的波长作为参比波长 λ_1。当 λ_1 有若干波长可供选择时,应当选择使待测组分的 ΔA 尽可能大的波长。若待测组分的最大吸收波长不适合作为测定波长 λ_2,也可以选择吸收光谱上的其他波长,关键是要能满足上述两个基本条件。

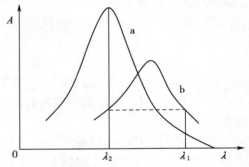

图 3-22 作图法选择等吸收点法中 λ_1 和 λ_2

根据式 3-16,被测组分 a 在两波长处的 ΔA 越大越有利于测定。同样方法可消去组分 a 的干扰,测定 b 组分的含量。

四、结构分析

(一)初步推断官能团

有机化合物的紫外吸收光谱主要取决于分子中的生色团、助色团及它们的共轭情况,并不能表现整个分子的特性,但从紫外吸收光谱中可以初步推测官能团。一般有以下规律:

1. 如果化合物在 220~700nm 内无吸收,说明该化合物是脂肪烃、脂环烃或它们的简单衍生物(氯化物、醇、醚、羧酸类等),也可能是非共轭烯烃。

2. 如果在 210~250nm 范围有强吸收带($\varepsilon = 10^4$),说明分子中存在两个共轭的不饱和键(共轭二烯或 α, β- 不饱和羰基化合物)。

3. 如果在 200~250nm 范围有强吸收带($\varepsilon = 10^3 \sim 10^4$),结合 250~290nm 范围的中等强度吸收带($\varepsilon = 10^2 \sim 10^3$)或显示不同程度的精细结构,说明分子中有苯环存在。

4. 如果在 270~350nm 范围有弱吸收带($\varepsilon = 10 \sim 100$),并且在 200nm 以上无其他吸收,说明分子中可能含有羰基。

5. 如果在 300nm 以上有强吸收带,说明化合物具有较大的共轭体系。

（二）判别顺反异构体

在紫外光谱法的应用中,一般来说,顺式异构体的最大吸收波长比反式异构体短且 ε 小,这是由于空间位阻对共轭效果影响的结果,如下例顺式和反式肉桂酸。

反式肉桂酸
λ_{max}295nm（ε_{max}27 600）

顺式肉桂酸
λ_{max}280nm（ε_{max}13 500）

（三）判别互变异构体

当某些有机物在溶液中可能有 2 个或 2 个以上容易互变的异构体处于动态平衡之中时,这种异构体的互变常导致紫外吸收光谱特征参数的变化。例如,乙酰乙酸乙酯有酮式和烯醇式间的互变异构:

$$H_3C-C-CH_2-C-OC_2H_5 \rightleftharpoons H_3C-C=CH-C-OC_2H_5$$

酮式
λ_{max}272nm（ε_{max}16）

烯醇式
λ_{max}243nm（ε_{max}16 000）

酮式异构体在近紫外光区的 λ_{max} 为 272nm,是 $n \rightarrow \pi^*$ 跃迁所产生 R 吸收带。烯醇式异构体的 λ_{max} 为 243nm,是 $\pi \rightarrow \pi^*$ 跃迁共轭体系的 K 吸收带。

五、应用与示例

1.《中华人民共和国药典》2020 年版一部中运用紫外 - 可见分光光度法对人参总皂苷提取物中人参总皂苷的含量进行测定。其原理是依据人参皂苷 R_e 虽无共轭结构,紫外光谱中只有末端吸收,但与香草醛高氯酸反应后在可见波长范围内有吸收,故可运用比色法进行定量分析。

对照品溶液的制备:取人参皂苷 R_e 对照品适量,精密称定,用甲醇制成每 1ml 含 1mg 的溶液,即得。

标准曲线的制备:精密吸取对照品溶液 20μl、40μl、80μl、120μl、160μl、200μl,分别置于具塞试管中,低温挥去溶剂,加入 1% 香草醛高氯酸试液 0.5ml,置 60℃恒温水浴上充分混匀后加热 15 分钟,立即用冰水冷却 2 分钟,加入 77% 硫酸溶液 5ml,摇匀;以试剂作空白。消除气泡后在 540nm 波长处测定吸光度,以吸光度为纵坐标、浓度为横坐标绘制标准曲线。

测定法:取本品(人参总皂苷提取物)约 50mg,精密称定,置 25ml 量瓶中,加甲醇适量使溶解并稀释至刻度,摇匀,精密吸取 50μl,照标准曲线的制备项下的方法,自"置于具塞试管中"起依法操作,测定吸光度,从标准曲线上读出供试品溶液中人参皂苷 R_e 的量,计算结果乘以 0.84,即得。

本品按照干燥品计,含人参总皂苷以人参皂苷 R_e（$C_{48}H_{82}O_{18}$）计,应为 65.0%~85.0%。

2.《中华人民共和国药典》2020 年版二部中运用紫外 - 可见分光光度法对维生素 B_{12} 注射液中维生素 B_{12} 的含量进行了测定。

测定法:避光操作,精密量取本品适量,加水定量稀释成每 1ml 中约含维生素 B_{12} 25μg 的溶液,作为供试品溶液,在 361nm 波长处测定吸光度,按 $C_{63}H_{88}CoN_{14}O_{14}P$ 的吸收系数（$E_{1cm}^{1\%}$）为 207 计算,即得。

本品含维生素 B_{12}（$C_{63}H_{88}CoN_{14}O_{14}P$）应为标示量的 90.0%~110.0%。

学习小结

1. 学习内容

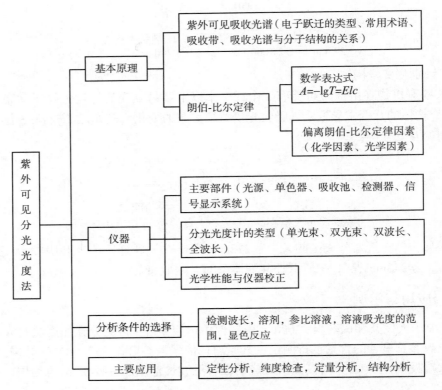

2. 学习方法　本章的学习应在充分理解紫外-可见分光光度法基本原理上，学会判别有机化合物是否具有紫外吸收，并灵活运用朗伯-比尔定律对药物进行定量分析。

（张 丽）

复习思考题

1. 请简述导致偏离朗伯-比尔定律的原因。

2. 电子跃迁的类型有哪几种？

3. 紫外分光光度法中，常用的单组分定量分析方法有哪些？

4. 从紫外光谱中可获得物质分子结构哪些方面的信息？

5. 试简述紫外-可见分光光度计的主要部件。

6. 一有色溶液符合朗伯-比尔定律，当使用 2cm 比色皿进行测量时，测得透光率为 60%，若使用 1cm 或 5cm 的比色皿，T 及 A 各为多少？

7. 用可见分光光度法测定铁标准溶液浓度为 2.7×10^{-5} mol/L，其有色化合物在某波长下，用 1cm 比色皿测得其吸光度为 0.392，试计算其百分吸光系数 $E_{1cm}^{1\%}$ 和摩尔吸光系数 ε（M_{Fe}=55.85）。

8. 有一标准 Fe^{3+} 溶液，浓度为 $9\mu g/ml$，其吸光度为 0.456，而试样溶液在同一条件下测得吸光度为 0.765，求试样溶液中 Fe^{3+} 的含量（mg/L）。

9. 精密称取试样 0.050 0g，用 0.02mol/L HCl 溶液稀释，配制成 250ml。准确吸取 2.00ml，稀释至 100ml，以 0.02mol/L HCl 溶液为空白，在 263nm 处用 1cm 吸收池测得透光率为 41.7%，试计算试样的百分含量。（已知被测物摩尔质量为 100.0，ε_{263} 为 12 000）

第四章

荧光分析法

学习目标

1. 掌握分子荧光的发生过程;分子结构与荧光的关系;影响荧光强度的外部因素。
2. 熟悉荧光定量分析法。
3. 了解荧光分光光度计与荧光分析新技术。

早在 16 世纪,人们观察到当用紫外和可见光照射到某些物质时,这些物质就会发出不同强度和不同颜色的光,而当照射停止时,物质的发光也随之很快消失。1852 年,Stokes 在考察奎宁和叶绿素的荧光时,观察到其发出的荧光波长比入射光的波长稍长,判明荧光是物质在吸收光能后重新发射不同波长的光,而不是由光漫射引起的。这种由某些物质分子吸收了相应的能量被激发至较高能量的激发态后,在返回基态的过程中伴随着光辐射的现象称分子发光。依据激发的模式不同,分子发光可分为光致发光、热致发光、场致发光和化学发光等。分子通过吸收光能而被激发所产生的发光现象称光致发光,按激发态的类型不同又分为荧光和磷光;受激发后的发光体在停止发光后,对其加热升温又继续发光并逐渐加强的现象称热致发光(热释发光);在电场激发下将电能直接转换为光能的发光现象称场致发光(电致发光);基于化学反应所提供的化学能使分子激发而发光的现象称化学发光,而在生物体内有酶参与的化学发光现象称生物发光。

荧光分析法(fluorimetry)是根据物质受光致发光而产生的荧光谱线位置及其强度进行物质鉴定和含量测定的方法。如果待测物质是分子,称分子荧光;如果待测物质是原子,称原子荧光。本章仅介绍分子荧光分析法(molecular fluorescent method)。

荧光分析法具有如下特点:①灵敏度高,比紫外 - 可见分光光度法高 2~3 个数量级;②选择性好,可通过选择适当的激发波长、荧光波长及同步扫描、三维光谱和时间分辨等新技术,提高测定的选择性;③工作曲线线性范围宽,通常比紫外 - 可见分光光度法高 2~3 个数量级;④试样量小,重现性好,方法及设备简单;⑤应用范围广,被广泛应用于药品检验、临床医学和环境监测等各个领域;⑥具有一定的局限性,很多物质本身不发荧光,不能直接进行测定,需通过荧光衍生法和荧光猝灭法进行间接测定。

第一节　荧光分析法的基本原理

一、分子荧光的产生

(一) 分子中电子能级的多重性

如第二章所述,分子具有一系列严格分立的能级(电子、振动和转动能级)。分子中电子的运动状态除电子所处的能级外,还包含电子的多重态,用 $M=2s+1$ 表示,s 为各电子自旋量子数的代数和,其数值为 0 或 1。根据泡利不相容原理,分子中同一轨道所占据的两个电子必须具有相反的自旋方向,即自旋配对。若分子中所有电子都是自旋配对的,则 $s=0$,$M=1$,该分子便处于单重态(singlet state),用符号 S 表示。大多数有机化合物分子的基态都处于单重态。基态分子吸收能量后,若电子在跃迁过程中不发生自旋方向的变化,仍然是 $M=1$,分子处于激发的单重态,用符号 S^* 表示;如果电子在跃迁过程中伴随着自旋方向的变化,这时分子中便具有两个自旋不配对的电子,即 $s=1$,$M=3$,分子处于激发的三重态(triplet state),用符号 T_1^* 表示。与激发单重态相比,三重态具有自旋不配对电子,能级较单重态低,分子具有顺磁性等特点。分子的单重态、激发单重态和激发三重态的电子分布如图 4-1 所示。

(二)荧光的产生

由于激发光能量不同,分子中电子可分别从基态跃迁到第一电子激发单重态($S_0 \rightarrow S_1^*$)和第二电子激发单重态($S_0 \rightarrow S_2^*$)等,同时伴随着振动能级的跃迁。处于激发态的分子是不稳定的,它可通过辐射跃迁和非辐射跃迁的形式释放多余的能量而返回基态,如图 4-2 所示。辐射跃迁主要涉及荧光、延迟荧光或磷光的发射;无辐射跃迁是指以热的形式释放多余的能量,包括振动弛豫、内部能量转换、系间跨越及外部能量转换等过程。

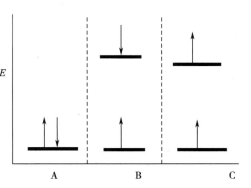

图 4-1 单重态和三重态的电子分布
A. 单重态 B. 激发单重态 C. 激发三重态

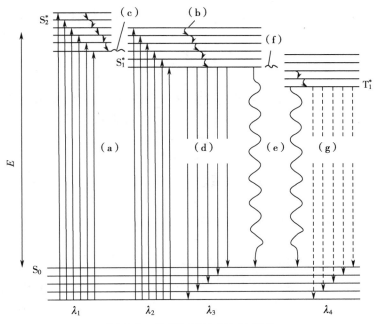

图 4-2 荧光和磷光产生示意图
a. 吸收 b. 振动弛豫 c. 内部能量转换 d. 荧光发射
e. 外部能量转换 f. 系间跨越 g. 磷光发射

1. 振动弛豫(vibrational relaxation) 指处于激发态的分子将多余的振动能量传递给介质而衰变到同一电子能级的最低振动能级的过程,属于无辐射跃迁。振动弛豫过程的速率极大,在 $10^{-14} \sim 10^{-12}$ 秒内即可完成。

2. 内部能量转换(internal conversion) 简称内转换,指激发态由高电子能级以无辐射跃迁方式转移至低电子能级的过程。如图4-2中 S_2^* 的较低振动能级与 S_1^* 的较高振动能级的势能非常接近,内转换过程($S_2^* \rightarrow S_1^*$)很容易发生。

3. 荧光发射(fluorescence emission) 指处于激发单重态的电子经振动弛豫及内转换后到达第一激发单重态的最低振动能级后,以辐射的形式跃迁回基态的各振动能级的过程。由于振动弛豫和内转化损失了部分能量,导致荧光的波长比激发光波长要长。发射荧光的过程为 $10^{-9} \sim 10^{-7}$ 秒。

4. 外部能量转换(external conversion) 简称外转换,指激发态分子与溶剂分子或其他溶质分子相互碰撞,并发生能量转移的过程。外转换使荧光或磷光的强度减弱甚至消失,这种现象称猝灭或熄灭。

5. 系间跨越(intersystem crossing) 指不同多重态之间的非辐射跃迁。它涉及受激发电子自旋状态的改变,这种跃迁是禁阻的(因不符合光谱选律,跃迁概率很低,称禁阻跃迁)。但如果两个能态的能层有较大重叠时,如图4-2中 S_1^* 的最低振动能级与 T_1^* 的较高振动能级重叠,就可能发生系间跨越($S_1^* \rightarrow T_1^*$)。含有重原子(如碘、溴等)的分子中,系间跨越最为常见,原因是原子的核电荷数高,电子的自旋与轨道运动之间的相互作用大,有利于电子自旋反转的发生。溶液中存在氧分子等顺磁性物质也能增加系间跨越的发生,使荧光减弱。

6. 磷光发射(phosphorescence emission) 指激发态分子经过系间跨越到达激发三重态后,经过迅速的振动弛豫而跃迁至第一激发三重态的最低振动能级上,然后以辐射形式跃迁回基态的各振动能级的过程。磷光的寿命比荧光长,约为 $10^{-4} \sim 10$ 秒。由于分子间相互碰撞以及溶剂间作用和各种猝灭效应等因素的影响,使三重态以非辐射过程失活转移至基态,所以在室温下溶液很少呈现磷光,必须在液氮冷冻条件下才能检测到,因此磷光法不如荧光分析法应用普遍。

二、激发光谱与荧光光谱

1. 激发光谱与荧光光谱 固定荧光波长(λ_{em}),测量荧光强度(F)随激发光波长(λ_{ex})的变化而获得的光谱(F-λ_{ex} 曲线),称激发光谱(excitation spectrum)。激发光谱反映了在某一荧光波长下,荧光强度与激发波长的关系。而固定激发光的波长和强度,测量荧光强度随荧光波长(λ_{em})的变化而获得的光谱(F-λ_{em} 曲线),则称荧光光谱(fluorescence spectrum),或称发射光谱(emission spectrum)。荧光光谱反映了在某一激发光下,荧光强度与荧光波长的关系。激发光谱和荧光光谱可用于荧光物质的鉴别,并可作为定量分析时波长选择的依据。图4-3为硫酸奎宁的激发光谱及荧光光谱。

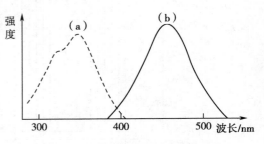

图 4-3 硫酸奎宁的激发光谱(a)及荧光光谱(b)

2. 荧光光谱特征

(1)斯托克斯位移(Stokes shift):在荧光溶液中,分子的荧光发射波长总是比相应的激发光的波长长。这种现象因斯托克斯(Stokes)在1852年首次观察到而得名。处于激发态的分子由于振动弛豫等原因损失了部分能量,同时激发态分子与溶剂分子的相互作用也会使其能量损失,因而产生了发射光谱波长的位移。这种位移表明在荧光激发和发射之间产生了能量损失。

（2）荧光光谱的形状与激发波长无关：一般情况下，用不同波长的激发光来激发荧光分子，得到的荧光发射光谱的形状基本相同。这是因为荧光分子无论被激发到哪个激发态，都会由于内转换和振动弛豫等过程下降至第一激发态的最低振动能级，然后发射荧光。因此，荧光光谱的形状与激发波长无关。

（3）荧光光谱与激发光谱成镜像关系：从图 4-3 可以看出，激发光谱与荧光光谱的形状相近似，两者之间存在"镜像对称"关系，但形状有所差别。

三、荧光与分子结构的关系

（一）荧光效率

荧光物质不会将全部吸收的光能都转变成荧光，总是或多或少以其他形式释放。因此，不同物质发射荧光的强弱是不同的，通常用荧光效率来描述荧光物质的发射能力。

荧光效率（fluorescence efficiency）也称荧光量子产率（fluorescence quantum yield），是指物质发射荧光的量子数与所吸收的激发光量子数的比值，用 φ_f 表示。

$$\varphi_f = \frac{\text{发射荧光的光量子数}}{\text{吸收激发光的光量子数}} \qquad \text{式（4-1）}$$

式（4-1）中，荧光效率在 0~1 之间，φ_f 越大，荧光越强。有些化合物激发态分子主要以辐射跃迁形式释放能量返回基态，则 φ_f 就趋近于 1；而有些化合物虽然有较强的紫外吸收，但所吸收的能量以无辐射跃迁的形式释放而返回基态，φ_f 趋近于 0，荧光效率低，没有荧光发射。例如，在水中，荧光素钠的 $\varphi_f=0.92$；在乙醇中，蒽的 $\varphi_f=0.30$、菲的 $\varphi_f=0.10$ 等。

（二）荧光寿命

荧光寿命（fluorescence life time）指除去激发光源后，荧光强度降低到最大荧光强度的 $1/e$ 所需的时间，用 τ_f 表示，其值可以用式（4-2）描述：

$$\ln \frac{F_0}{F_t} = \frac{t}{\tau_f} \qquad \text{式（4-2）}$$

式（4-2）中，F_0 为激发时的荧光强度（即 $t=0$），F_t 为激发后时间 t 时的荧光强度。以 $\ln \frac{F_0}{F_t}$ 对 t 作一直线，直线的斜率即为 $\frac{1}{\tau_f}$。利用荧光寿命的差别，可以进行荧光物质混合物的分析。

（三）分子结构与荧光的关系

能够发射荧光的物质应同时具备两个条件：强的紫外 - 可见吸收和一定的荧光效率。分子结构对荧光强弱起决定作用。

1. 共轭结构　共轭体系越长，λ_{ex} 和 λ_{em} 向长波方向移动，荧光强度也会增大。如苯、萘、蒽 3 个化合物的结构与荧光的关系如下：

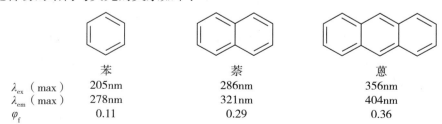

	苯	萘	蒽
λ_{ex}（max）	205nm	286nm	356nm
λ_{em}（max）	278nm	321nm	404nm
φ_f	0.11	0.29	0.36

2. 分子的刚性平面结构　一般来说，荧光物质的刚性和共平面性增加，荧光效率越大，荧光波长发生长移。例如：芴与联二苯在相同测定条件下荧光效率（φ_f）分别为 1.0 和 0.2，主要是由于接入了亚甲基使芴的刚性和共平面性增大的原因。萘与维生素 A 都具有 5 个

共轭 π 键,而前者为平面结构,后者为非刚性结构,因而前者的荧光强度为后者的 5 倍。

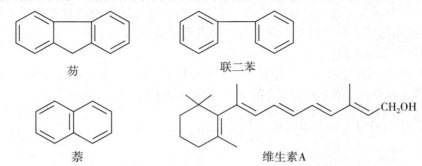

芴 联二苯

萘 维生素A

8-羟基喹啉本身是弱荧光物质,但与 Zn^{2+}、Mg^{2+}、Al^{3+} 等金属离子形成配位化合物后,荧光增强,这是由于其刚性和共平面性增加的缘故。利用这种性质可以对微量的金属离子进行测定。

弱荧光 红色荧光

3. 取代基的影响 取代基的性质对荧光体的荧光特性和强度均有影响,可分为 3 种情况。①给电子取代基使荧光加强,如—OH、—OR、—NH₂、—NHR、—NR₂、—CN 等。由于这些基团上的 n 电子云与芳环的 π 电子形成 p-π 共轭,扩大了共轭体系。例如苯胺和苯酚的荧光较苯强。②吸电子基团使荧光减弱或猝灭,如—COOH、—C=O、—NO₂、—NO、—NHCOCH₃、—SH 及卤素等。由于这类取代基的 n 电子云不与芳环上的 π 电子云共平面,且 $S_1^* \rightarrow T_1^*$ 系间跨越剧烈。例如硝基苯几乎不发荧光。③与电子共轭体系作用较小的取代基,对荧光影响不明显,如—SO₃H、—NH₃⁺、—R 等。

四、影响荧光强度的外部因素

分子所处的外界环境,如溶剂、温度、介质酸度及其他因素都会影响荧光效率。

1. 溶剂的影响 在不同溶剂中,同一种物质的荧光光谱位置和强度都可能会有显著差别。增大溶剂极性,可使 $\pi \rightarrow \pi^*$ 跃迁吸收带长移,从而使荧光光谱向长波方向移动,荧光强度增加。降低溶剂黏度,可以增加溶质分子间碰撞机会,使无辐射跃迁增加而荧光减弱。

2. 温度的影响 一般情况下,随着温度的增高,荧光物质溶液的荧光效率及荧光强度将降低。这是因为温度增加时,分子运动速度加快,分子间碰撞的概率增加,使无辐射跃迁增加导致荧光效率降低。例如荧光素钠的乙醇溶液,在 0℃ 以下,每降低 10℃,φ_f 增加 3%,而在 −80℃ 时,φ_f 为 1。

3. pH 的影响 如果荧光物质是弱酸或弱碱,溶液 pH 的改变将对该物质的荧光产生很大影响。因为在不同酸度介质条件下,荧光物质的存在形式不同,因而具有不同的荧光。例如,苯胺溶液的 pH 与荧光的关系如下:

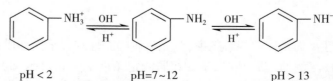

pH < 2 pH=7~12 pH > 13
阳离子型:无荧光 分子型:蓝色荧光 阴离子型:无荧光

4. 散射光的影响 光照射样品时,大部分光线透过溶液,小部分光线由于光子和物质分子相碰撞,使光子的运动方向发生改变而向不同角度散射,这种光称散射光(scattered light)。散射光可分为两种。若光子和物质分子相碰撞,不发生能量的交换,光子的频率并未改变,只是光子运动方向发生改变,这种散射光称瑞利光(Reyleigh scattered light)。当入射光和样品分子发生的碰撞中,有部分光子和物质分子发生非弹性碰撞,在光子运动方向发生改变的同时,光子与物质分子发生能量的交换,光子把部分能量转移给物质分子或从物质分子获得部分能量,光子的频率发生改变,发射出比入射光稍长或稍短的光,这种散射光称拉曼光(Raman scattered light)。

散射光,尤其是拉曼光,对荧光测定有干扰,而选择适当的激发波长可消除。以硫酸奎宁为例,无论激发光选择320nm或350nm,荧光峰总是在448nm处,如图4-4(a)所示。若将空白溶剂分别在320nm及350nm激发光照射下测定荧光,当激发光波长为320nm时,拉曼光波长是360nm,对荧光测定无影响,如图4-4(b)所示;当激发光波长为350nm时,拉曼光波长是400nm,对荧光有干扰,影响测定结果。显然选择320nm的激发波长可消除拉曼光的干扰。

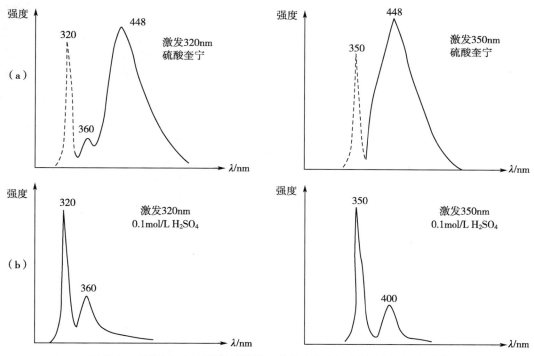

图 4-4 硫酸奎宁在不同波长激发下的荧光(a)与溶剂的散射光谱(b)

5. 荧光猝灭剂的影响 荧光猝灭又称荧光熄灭,是指荧光物质分子与溶剂分子或溶质分子之间所发生的导致荧光强度下降的现象。能与荧光物质分子发生相互作用而引起荧光强度下降的物质,称荧光猝灭剂(fluorescence quencher)。常见的荧光猝灭剂有卤素离子、重金属离子、氧分子、硝基化合物、重氮化合物以及羰基化合物等。

引起溶液中荧光猝灭的原因很多,机制也很复杂。主要类型有:①碰撞猝灭;②生成化合物的猝灭,也称静态猝灭;③能量转移猝灭;④氧的猝灭;⑤转入三重态的猝灭;⑥浓度过大引起的自猝灭。

第二节 荧光分光光度计

一、荧光分光光度计

常见的荧光分光光度计按单色器不同分为 3 类,即滤光片荧光分光光度计、滤光片 - 光栅荧光分光光度计和双光栅荧光分光光度计。目前应用较多的是双光栅荧光分光光度计(简称荧光分光光度计)。

荧光分光光度计由光源、单色器、样品池、检测器和信号显示记录器 5 部分组成,如图 4-5 所示。它与紫外 - 可见分光光度计在结构上的差别主要有:①因为需要选择激发光与荧光两种光信号,所以荧光分析仪器配置有两个单色器,一个是激发单色器,另一个是发射单色器;②荧光的测量通常在与激发光垂直的方向上进行,两个单色器与样品池呈直角状态;③样品池采用四面透光结构。

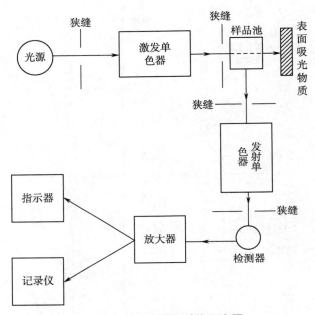

图 4-5 荧光光谱仪结构示意图

1. 光源 光源应具有强度大和适用波长范围宽两大特点。高压氙灯是目前使用最广的一种光源,能发射出强度大,在 250~700nm 范围内的连续光谱,而且在 300~400nm 波段内的谱线强度几乎相等。激光器则是目前高性能荧光仪器的主要光源。激光技术的应用,使该方法成功实现了单分子检测,将荧光法检测推向新高度,拓宽了应用范围。

2. 单色器 多采用两个光栅单色器。第一个为激发单色器,置于样品池前,用于选择激发光的波长;第二个为发射单色器,置于样品池和检测器之间,用于选择荧光发射波长,并消除其他杂散光的干扰。溶液中荧光物质被入射光激发后,可以在样品池的各个方向观察荧光信号。但由于激发光一部分被透过,故在透射光的方向进行观察并不适宜。一般是在与透射光垂直的方向观测,即两个单色器与样品池呈直角状态。这种荧光计既可获得激发光谱,又可获得荧光光谱,还可测量某一波长处的荧光强度。

3. 样品池　荧光分析的样品池通常用低荧光的石英材料做成,四面均为磨光透明面,厚度为 1cm。

4. 检测器　荧光的强度一般较弱,要求检测器具有较高的灵敏度。荧光分光光度计多采用光电倍增管检测。近年采用的电荷耦合器件(charge-coupled device,CCD)是一种多通道检测器,具有光谱范围宽、灵敏度高、噪声低、线性动态范围宽的特点。

5. 信号显示记录器　用于自动控制和显示荧光光谱及各种参数。现代的荧光分光光度计装备有计算机光谱工作站,可对数字信号进行采集、处理与显示,并对各系统进行自动控制。

二、荧光分析新技术简介

由于自身具有发射荧光特性的物质相对较少,而且易受散射光等背景的干扰,常规荧光分析法在分析中的应用受到限制。目前已经发展了各类荧光分析的新方法和新技术,如激光诱导荧光法、同步荧光法、导数荧光法、荧光探针法、光化学荧光法、时间分辨荧光法、三维荧光法、荧光偏振测定法、荧光免疫测定法、荧光成像技术等,使荧光分析法应用更加广泛。下面介绍几种常用荧光分析技术。

（一）同步荧光分析法

同步荧光分析法(synchronous fluorimetry)由 Lloyd 首先提出,它与常用荧光测定方法最大的区别是同时扫描激发和发射两个单色器波长。由测得的荧光强度信号与对应的激发波长(或发射波长)构成光谱图,称同步荧光光谱。同步荧光分析法具有简化谱图、提高选择性、减少光散射干扰等特点,尤其适合多组分混合物的分析。同步荧光技术还可应用于不同基因的分型、正常细胞与肿瘤细胞的区分等。

（二）三维荧光分析法

三维荧光分析法(three-dimensional fluorimetry)是 20 世纪 80 年代发展起来的一门新的荧光分析技术。三维荧光光谱是描述荧光强度同时随激发波长和发射波长变化关系的谱图,能提供比常规荧光光谱和导数荧光光谱更完整的光谱信息,可作为一种很有价值的光谱指纹技术。临床上可用于某些癌细胞荧光代谢物的检测,以区分癌细胞与非癌细胞。

（三）荧光免疫分析法

荧光免疫分析法是将抗原 - 抗体的特异性反应与荧光标记技术相结合而对供试品中待测物进行定性、定量或定位检测的方法。根据抗原 - 抗体反应的结合步骤不同,一般可分为直接染色法、间接染色法、补体荧光抗体法和特殊染色法等。本法多用于生物原料药或制剂的效价测定、细胞表面抗原和受体的检测等。该方法已作为新增通用技术收载于《中华人民共和国药典》2020 年版四部。

（四）时间分辨荧光分析法

时间分辨荧光分析法(time-resolved fluorimetry)是利用不同物质因荧光寿命不同,使得激发和检测之间延缓时间不同,而实现选择性检测的新方法。它将具有独特荧光特性的镧系元素及其螯合物作为示踪物,标记抗体、抗原、激素、多肽、蛋白质、核酸探针及生物细胞。由于镧系金属离子螯合物有较长的荧光寿命(微秒级),使其能通过时间分辨方式区别于传统短荧光寿命的背景荧光(纳秒级),因此可完全消除背景荧光的干扰。镧系稀土金属离子螯合物荧光很宽的 Stokes 位移使其容易通过波长分辨方式进一步区别于背景荧光,提高方法学的稳定性。镧系稀土金属离子螯合物狭窄的荧光发射峰使其荧光检测具有很高的效率,进一步提高了信号检测的特异性和灵敏性,成为当前最灵敏的微量分析技术。该方法应用于免疫分析而发展成为时间分辨荧光免疫分析法(time-resolving fluorescence immunoassay,TRFIA),其灵敏度高达 10^{-19},较放射免疫分析法(RIA)高出 3 个数量级。目前,时间分辨荧光分析法在临床医学上可用于先天性甲状腺功能减退症、唐氏综合征、病原微生物抗体的检测和肿瘤学方面各类肿瘤标志物的检测,是很有发展前途的超微量分析技术。

综上所述,荧光分析法具有灵敏度高、专属性强的特点。随着各种新型荧光分析仪器和技术的不断问世,荧光分析的应用领域持续拓宽,并朝着高效、痕量、微观和自动化的方向不断发展。

第三节 荧光分析法分析条件的选择

荧光分析法目前主要用于无机物和有机物的定量分析,需要进行分析条件的选择。

一、激发波长与荧光波长的选择

激发波长和发射波长是荧光检测的必要参数。选择合适的激发波长和发射波长,对检测的灵敏度和选择性都很重要,尤其是可以较大程度地提高检测灵敏度。对于所测定的样品,可先查阅文献资料,了解其是否产生荧光。配制样品溶液时可首先扫描其紫外 - 可见吸收光谱,找到其最大吸收波长;在其最大吸收波长处进行荧光激发,测定其发射光谱,找到荧光发射最大的波长;以此波长作为发射波长,测定激发光谱,找到最大激发波长。通常选择在最大激发波长和最大发射波长处进行物质测定。

二、荧光强度与浓度的关系

溶液中荧光物质被入射光激发后,可以在溶液的各个方向观察荧光强度。但由于激发光一部分被透过,故在透射光的方向观察荧光是不适宜的。一般是在与透射光垂直的方向观测,如图 4-6 所示。

设溶液中荧光物质的浓度为 c,液层厚度为 l。荧光度 F 正比于该体系吸收激发光的强度。

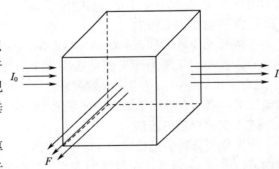

图 4-6 溶液的荧光测定

$$F = K'(I_0 - I) \qquad 式(4-3)$$

式(4-3)中,I_0 为入射光强度;I 为通过厚度为 l 的介质后的光强度;K' 为常数,其值取决于 φ_f 及检测系统的灵敏度。由朗伯 - 比尔定律得:

$$I = I_0 \cdot 10^{-Elc} \qquad 式(4-4)$$

将式(4-4)代入式(4-3),得到:

$$F = K'I_0(1 - 10^{-Elc}) = K'I_0(1 - e^{-2.303Elc}) \qquad 式(4-5)$$

式(4-5)展开,得:

$$F = K'I_0\left[1 - \left(1 + \frac{(-2.303Elc)}{1!} + \frac{(-2.303Elc)^2}{2!} + \frac{(-2.303Elc)^3}{3!} + \cdots\right)\right]$$

$$= K'I_0\left[2.303Elc - \frac{(-2.303Elc)^2}{2!} - \frac{(-2.303Elc)^3}{3!} - \cdots\right] \qquad 式(4-6)$$

当溶液浓度很稀时,Elc 也很小。若 Elc 小于 0.05 时,式(4-6)高次项可忽略,可简化为:

$$F = 2.303K'I_0Elc = Kc \qquad 式(4\text{-}7)$$

显然，在低浓度时，荧光强度与物质浓度呈线性关系。在高浓度时，由于猝灭和自吸等原因使荧光强度和浓度之间不成线性关系。式(4-7)为荧光定量分析的基本依据。

选择吸收光强、荧光效率高的物质，增强激发光的强度（如使用激光光源），提高荧光计检测系统的灵敏度（即改进光电倍增管和放大系统），都可以提高检测灵敏度。

三、定量分析方法的选择

1. 直接测定法　这是荧光分析法中最简单的方法，它是通过测定被分析物的荧光强度来确定其浓度。只要分析物本身发光，便可通过测量其荧光强度而测定其浓度。但总的来说，直接荧光法使用不多，主要是因为众多的有机化合物本身无荧光，或荧光产率低而无法进行直接测定。

2. 间接测定法　对于无荧光或荧光效率较低的物质，可通过间接方法进行测定。主要涉及的方法有荧光衍生法和荧光猝灭（熄灭）法。

（1）荧光衍生法：运用某种手段将自身不发荧光的分析物，转变为一种发荧光的化合物，再通过测定该化合物的荧光强度间接测定分析物。根据不同的衍生手段，荧光衍生法大致可分为化学衍生法、电化学衍生法和光化学衍生法。它们分别采用化学反应、电化学反应和光化学反应，使不发荧光的分析物转化为适宜测定的、发荧光的产物。其中，化学衍生法应用最多，它采用荧光衍生化试剂与化合物反应，化合物结构中的某些官能团与衍生化试剂结合后产生强烈荧光。这些试剂必须满足的条件是：能在比较缓和的条件下与被测物质快速定量地反应；生成的荧光衍生物应该有良好的稳定性；若需经过色谱过程进行分离，则色谱分离后衍生化试剂本身应无荧光。以下是两种重要的荧光试剂：

1）荧光胺：能与脂肪族或芳香族伯胺类形成高度荧光衍生物，典型反应如下：

荧光胺　　　　　　　　　　　　　吡咯啉酮

荧光胺及其水解产物不显荧光，荧光条件为：λ_{ex}=275nm、390nm，λ_{em}=480nm。

2）丹磺酰氯［5-(二甲氨基)萘-1-磺酰氯］：用于测定胺、蛋白质及多肽N-端氨基酸的试剂。丹磺酰氯可以和脂肪族或芳香族伯胺反应生成磺胺，从而产生蓝色或蓝绿色的荧光。它可以与肽的N-端氨基酸反应，生成丹磺酰-肽，水解得到有强烈荧光的丹磺酰-氨基酸，用于蛋白质测序和氨基酸分析。荧光条件为：λ_{ex}=350nm，λ_{em}=500nm。

（2）荧光猝灭法：若一种荧光物质在加入猝灭剂后，荧光强度的减弱与猝灭剂的浓度呈线性关系，则可利用该性质测定荧光猝灭剂的浓度，这种方法称荧光猝灭法（fluorescence quenching method）。用荧光猝灭法进行测定时，要注意选择合适的荧光试剂浓度，而适当降低荧光试剂的浓度，有利于提高测定的灵敏度。例如：很多过渡金属离子与具有荧光性质的芳香族配位体络合后，往往使配位体的荧光猝灭，从而可间接测定这些金属离子。

分析多组分混合物时，由于每种荧光化合物具有本身的荧光激发光谱和发射光谱，在测定时可以选择任一波长进行多组分的荧光测定。当混合物中各个组分的荧光峰不重叠、彼此干扰很小时,可分别选择在不同的发射波长测定各个组分的荧光强度。混合物中各组分的荧光峰彼此重叠时,若其激发光谱有显著差别,这时可选择不同的激发波长进行测定。

目前,荧光分析在仪器和方法学方面都有了很大进步,在选择激发波长和发射波长之后仍无法分别测定混合物中各组分时,可采用诸如同步荧光测定、导数荧光测定等方法来达到分别测定或同时测定的目的。

第四节　荧光分析法的应用

一、定性分析

荧光激发光谱和荧光光谱可作为定性分析的一种手段,用以鉴定化合物。根据试样的谱图和荧光峰的波长与已知样品进行比较,可以鉴别试样和标准样品是否为同一物质。

二、定量分析

1. 标准曲线法　荧光分析一般采用标准曲线法(校正曲线法)或计算回归方程法。在绘制标准曲线时,常采用标准溶液系列中某一溶液作为基准,先将参比溶液(详见第三章)的荧光强度调至 0,再将该标准溶液的荧光强度调至 100 或 50,然后测定系列标准溶液的荧光强度 F,绘制标准曲线,即 F-C 曲线或计算回归方程。再在同样条件下测量试样的荧光强度,利用标准曲线或回归方程求出试样的含量。

为了使不同时间绘制的标准曲线能前后一致,每次绘制标准曲线时均采用同一标准溶液进行校正。如果试样溶液在紫外光照射下不稳定,则须改用另一种性质稳定,而且荧光峰形和试样溶液近似的对照品溶液作为基准。如测定维生素 B_1 时,采用硫酸奎宁的 0.05mol/L H_2SO_4 溶液作为基准(适用于蓝色荧光),黄绿色荧光可用荧光素钠的水溶液为基准,红色荧光可用罗丹明 B 水溶液为基准。

2. 比例法　如果标准曲线通过零点,可用比例法进行测定。配制一标准溶液,使其浓度在线性范围内,测定荧光强度 F_s,然后在同样条件下测定试样溶液的荧光强度 F_x。由标准溶液的浓度 C_s 按式(4-8)可求得试样中荧光物质的浓度 C_x 或含量。

$$\frac{F_x}{F_s}=\frac{C_x}{C_s}\qquad\qquad 式(4-8)$$

若空白溶液的荧光强度调不到零,则 F_s、F_x 中要扣除空白溶液的荧光强度(F_0)后,按式(4-9)计算。

$$\frac{F_x-F_0}{F_s-F_0}=\frac{C_x}{C_s}\qquad\qquad 式(4-9)$$

用比例法进行测定时,对照品溶液和样品溶液的浓度要尽可能接近,以减小误差。

三、应用与示例

(一) 无机化合物的荧光分析

无机化合物中能直接应用其自身的荧光进行测定的为数不多,主要还是依赖于待测元素与有机试剂所组成的能发荧光的配合物,通过检测配合物的荧光强度测定该元素的含量。如铍、铝、硼、镓、硒、镁、锌、镉及某些稀土元素的测定。

此外,某些元素不能形成荧光配合物,但能使荧光化合物的荧光强度降低,可采用荧光猝灭法测定。如氟、硫、氰离子、铁、银、钴、镍、铜、钨、钼、锑、钛等元素的测定。

对于某些阴离子如 F^-、CN^- 等的分析,可以利用它们能从某些不发荧光的金属有机配合物中夺取金属离子,而释放出能发荧光的配位体的特点,测定这些阴离子的含量。

还有一些反应的产物虽能发生荧光,但反应速度很慢,荧光微弱,难以测定。若在某些金属离子的催化作用下,反应将加速进行,利用这种催化动力学的性质,可以测定金属离子的含量。如铜、铍、铁、钴、锇、银、金、锌、铅、钛、钒、锰、过氧化氢及氰离子等的测定。

（二）有机化合物的荧光分析

1. 脂肪族化合物 具有高度共轭体系的脂肪族化合物自身产生荧光,可直接进行测定,如胡萝卜素、维生素 A 等化合物的测定;但这种能自身产生荧光的脂肪族化合物并不多,多数需通过与某些试剂作用生成荧光化合物再进行分析,如血浆中甘油三酸酯含量的测定。

2. 芳香族化合物 由于具有共轭的不饱和体系,多数芳香族化合物能产生荧光,可直接进行分析。如萘、蒽、芘、苯并芘和荧蒽等化合物的测定。

此外,在医药研究中,常遇到胺类、氨基酸、甾体类、蛋白质、酶等分子庞大且结构复杂的有机化合物,大多具有荧光,可用荧光法测定。《中华人民共和国药典》2020 年版二部收载了利血平片的荧光法测定。

（三）中药的荧光分析

不同的药物,其化学成分不同,产生荧光的颜色亦有不同,据此可用于药物真伪的鉴别;同一药物有效化学成分的多寡会引起产生荧光的强弱不同,据此可用于药物优劣的鉴别。如川牛膝显淡绿黄色荧光,其伪品红牛膝显红棕色荧光;如大黄新鲜切面显棕色荧光,其伪品河套大黄、华北大黄、藏边大黄和天山大黄皆显紫色荧光。

对于色谱荧光观察法,即将药物的浸出液点于层析滤纸或薄层色谱板上,用特定的展开剂展开后,置荧光灯下观察。如大黄与土大黄的鉴别可将样品用甲醇溶解,分别点于同一硅胶 G 薄层板上,以醋酸乙酯 - 丁酮 - 甲酸 - 水(10:7:1:1)为展开剂展开;取出晾干,置紫外灯(365nm)下检视,即可作出鉴别。

荧光作为检测器与高效液相色谱联用,可发挥高效液相色谱高分离效率与荧光高灵敏度检测的优点,在体内微量成分分析中得到应用。

例 4-1 利血平片含量测定

避光操作。取本品 20 片(如为糖衣片应除去包衣),精密称定,研细,精密称取适量(约相当于利血平 0.5mg),置 100ml 棕色量瓶中,加热水 10ml,摇匀,加三氯甲烷 10ml,振摇,用乙醇稀释至刻度,摇匀,滤过,精密量取续滤液,用乙醇定量稀释制成每 1ml 中约含利血平 2μg 的溶液,作为供试品溶液;另,精密称取利血平对照品 10mg,置 100ml 棕色量瓶中,加三氯甲烷 10ml 使利血平溶解,用乙醇稀释至刻度,摇匀;精密量取 2ml,置 100ml 棕色量瓶中,用乙醇稀释至刻度,摇匀,作为对照品溶液。精密量取对照品溶液与供试品溶液各 5ml,分别置具塞试管中,加五氧化二钒试液 2.0ml,激烈振摇后,在 30℃放置 1 小时,照荧光分析法,在激发光波长 400nm、发射光波长 500nm 处测定荧光强度,计算,即得。

例 4-2 HPLC-FLD 测定大鼠灌服泻心汤后血浆中蒽醌类成分含量。

泻心汤由大黄、黄连、黄芩组成,主要活性成分为蒽醌类、黄酮类、生物碱类。其中,芦荟大黄素、大黄酸、大黄素、大黄酚和大黄素甲醚为游离蒽醌苷元,均具有紫外吸收,但采用紫

笔记栏

外检测器检测时,由于灵敏度较低而难以检测到血中低浓度苷元成分。采用 HPLC-FLD,可以简单、灵敏地同时测定以上 5 种蒽醌苷元成分,为泻心汤药代动力学研究奠定基础。

(1) 色谱条件:色谱柱:Thermo Hypersil-Keystone C_{18} column(5μm,250nm×4.6nm);流动相:甲醇:0.1% 磷酸梯度洗脱,流速 1.0ml/min;柱温:40℃;激发光波长 λ_{ex}=435nm,荧光波长 λ_{em}=515nm。

(2) 该方法中,芦荟大黄素、大黄酸、大黄素、大黄酚及大黄素甲醚的最低定量限依次达 6.5ng/ml、20ng/ml、40ng/ml、15ng/ml 和 30ng/ml。通过专属性、线性、绝对回收率、批内及批间的准确度、精密度和稳定性的考察,结果符合生物样品分析要求。

学习小结

1. 学习内容

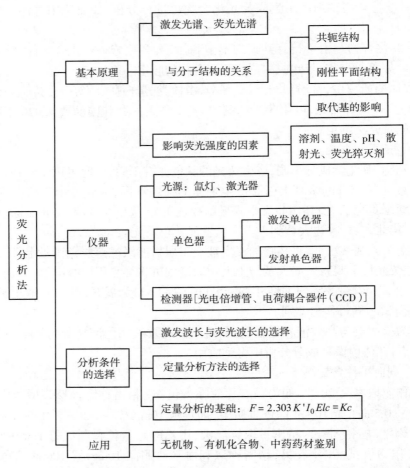

2. 学习方法　本章应从荧光的产生原理入手,熟悉荧光分光光度计的构造及荧光分析的新技术,在掌握荧光定性定量分析方法的基础上,结合相关实验,学会选择合适的分析条件进行定量分析。

（刘国杰）

复习思考题

1. 试解释荧光发射光谱与荧光激发光谱的差异。

2. 乙醇能否产生荧光？试简要说明原因。

3. 试分析溶液的极性、pH 及温度对荧光强度的影响。

4. 荧光测定时如果有拉曼光存在,是否会影响测定？举例说明消除拉曼光影响的方法。

5. 取吡哌酸片 20 片(标示 0.25g/ 片),精密称定 9.876 8g,研细,精密称取 0.101 2g 置于 200ml 容量瓶中,加 0.01mol/L 盐酸 10ml,加水定容,滤过,精密量取续滤液 0.5ml,置 100ml 容量瓶中,加 0.5mol/L HAc 溶液定容。对照品浓度为 1.25μg/ml；将对照品溶液和供试品溶液在激发波长 327nm 与发射波长 446nm 处分别测定荧光读数。若供试品溶液的读数为 82.6,供试品空白读数为 1.3,对照品读数为 78.6,对照品空白读数为 1.1,试计算吡哌酸片标示量的百分含量。

◆◆◆　第五章　◆◆◆

红外吸收光谱法

> ### 学习目标
>
> 1. 掌握红外吸收光谱产生的条件及吸收峰的强度；基团频率和特征峰的概念及红外光谱中的重要区段；吸收峰位置的分布规律及影响吸收峰的因素。
> 2. 熟悉红外光谱的解析；红外光谱仪的类型和特点、工作原理。
> 3. 了解常见有机化合物的典型光谱；近红外光谱法的基本原理。

　　化合物在受到连续波长的红外光照射时，会引起分子的振动、转动能级跃迁，从而产生红外吸收光谱。红外吸收光谱法（infrared absorption spectrometry，IR）是根据化合物的红外吸收光谱进行定性、定量及结构分析的方法，简称红外光谱法。红外光区的波长范围为0.76~1 000μm，位于可见光与微波之间。通常按红外线的波长不同分为 0.76~2.5μm 的近红外区、2.5~25μm 的中红外区和 25~1 000μm 的远红外区 3 个区段。其中，中红外区是研究及应用最多的区段，其谱图复杂，特征性强，主要用于有机化合物的结构鉴定。近红外区用于含氢基团化合物的定性定量分析。

　　红外吸收光谱图采用百分透过率（$T\%$）为纵坐标，波数（σ，单位 cm^{-1}）为横坐标的 T-σ 曲线描述。曲线上的"谷"是吸收峰。如图 5-1 所示。

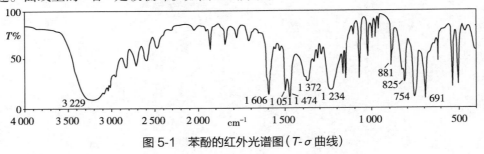

图 5-1　苯酚的红外光谱图（T-σ 曲线）

第一节　红外吸收光谱法的基本原理

　　红外吸收光谱可以用吸收峰的位置及强度来表征。本节将主要讨论吸收峰的产生原因、峰位、峰数、峰强及其影响因素。

一、振动能级

（一）谐振子与位能曲线

由于分子的振动能级差（0.05~1.0eV）远大于转动能级差（0.005~0.05eV），因此，分子发生振动能级跃迁时,不可避免地伴随转动能级的跃迁,实际工作中无法测得单纯的振动光谱。但为了学习便利,先讨论双原子分子的纯振动光谱。

若把含 A、B 两个不同质量的原子视为两个小球,其间的化学键看成质量可以忽略不计的弹簧,则两个原子间的伸缩振动可近似地看成沿键轴方向的简谐振动,双原子分子可视为谐振子。如图 5-2 所示。

谐振子简谐振动位能 U 与原子间距离 r 及平衡距离 r_0 之间的关系如式(5-1):

$$U=\frac{1}{2}K(r-r_0)^2 \qquad 式(5-1)$$

式(5-1)中,K 为化学键力常数(N/cm)。振动过程中,当 $r=r_0$ 时,$U=0$;当 $r>r_0$ 或 $r<r_0$ 时,$U>0$。振动过程位能变化可以用位能曲线描述,如图 5-3 中 a-a′ 所示。

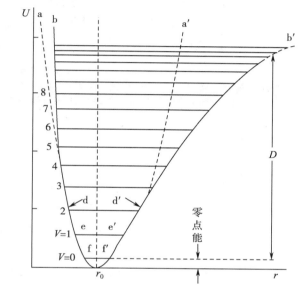

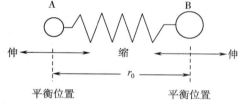

图 5-2 谐振子振动示意图

图 5-3 双原子分子与谐振子的振动位能曲线
a-a′:谐振子 b-b′:真实分子 r:原子间距离
D:解离能

分子在振动过程中,总能量 $E_V=U+T$,T 为动能。当 $r=r_0$ 时,$U=0$,$E_V=T$;而当两原子间距离最远时,$T=0$,则 $E_V=U$。现代量子力学证明,分子振动过程中的总能量为:

$$E_V=\left(V+\frac{1}{2}\right)h\nu \qquad 式(5-2)$$

式(5-2)中,V 是振动量子数,$V=0,1,2,3,\cdots$;ν 是分子振动频率。

从图 5-3 中可看出,当 $V<3$ 时,真实分子(非谐振子)振动的位能曲线(b-b′ 曲线)与谐振子位能曲线(a-a′ 曲线)基本重合。由于红外光谱主要研究基频峰(即从 $V=0$ 跃迁至 $V=1$),所以用谐振子位能曲线研究真实分子振动是可行的。

在式(5-2)中,当 $V=0$,$E_V=\frac{1}{2}h\nu$,分子处于基态,此时的振动能称零点能。当化合物分子受到红外线辐射后,且辐射能量恰好等于分子振动能级差时,分子将吸收光子能量由基态跃迁到激发态。因振动能级是量子化的,故有:

$$h\nu_L=\Delta E_V \qquad 式(5-3)$$

式(5-3)中 ν_L 是光子频率。将式(5-2)代入式(5-3)得

$$\nu_L=\Delta V\cdot\nu \qquad 式(5-4)$$

式(5-4)表明,当红外线辐射频率等于分子振动频率 ΔV 倍时,分子吸收红外线辐射产生红外光谱。若振动由基态(V=0)跃迁到第一激发态(V=1)时,ΔV=1,则 ν_L=ν,此时产生的吸收峰称基频峰(fundamental band)。

（二）振动频率

如前所述,将化学键连接的两个原子近似地看成谐振子,而谐振子振动遵循胡克定律(Hooke's law),即:

$$\nu = \frac{1}{2\pi}\sqrt{\frac{K}{u}} \qquad \text{式(5-5)}$$

式(5-5)中,ν 为化学键的振动频率;u 为原子的折合质量,即 $u=\frac{m_A m_B}{m_A+m_B}$,$m_A$ 和 m_B 分别为化学键两端的原子 A 和 B 的质量;化学键的力常数 K 是指将化学键两端的原子由平衡位置伸长 0.1nm 后的恢复力(N/cm)。常见化学键的伸缩力常数见表 5-1。K 越大,表示化学键的强度越大,分子发生简谐振动时其振动频率越大。

表 5-1　常见化学键的伸缩力常数 *

化学键	K/(N/cm)	化学键	K/(N/cm)
H—F	9.7	H—C	5.1
H—Cl	4.8	C—Cl	3.4
H—Br	4.1	C—C	4.5~5.6
H—I	3.2	C=C	9.5~9.9
H—O	7.8	C≡C	15~17
H—S	4.3	C—O	5.0~5.8
H—N	6.5	C=O	12~13

*Oslen ED. *Modern Optical Methods of Analysis*.1975 : 166.

红外光谱中常用波数(σ)代替振动频率(ν)

因为：

$$\sigma = \frac{1}{\lambda} = \frac{\nu}{c}$$

将式(5-5)代入上式则有：

$$\sigma = \frac{1}{2\pi c}\sqrt{\frac{K}{u}} \qquad \text{式(5-6)}$$

实际计算中,用原子 A 和 B 的折合相对原子质量 u' 代替折合质量 u,得:$u'=6.023\times10^{23}u$(6.023×10^{23} 为阿伏加德罗常数)。

$$\sigma = 1\ 302\sqrt{\frac{K}{u'}} \qquad \text{式(5-7)}$$

式(5-7)中化学键的力常数 K 越大或折合相对原子质量 u' 越小,则谐振子的振动频率越大,即振动吸收峰的波数越大。

根据式(5-7)可计算出 $\sigma_{C≡C}\approx2\ 060\text{cm}^{-1}$、$\sigma_{C=C}\approx1\ 680\text{cm}^{-1}$、$\sigma_{C—C}\approx1\ 190\text{cm}^{-1}$,显然是由于 u' 相同,但 K 不同所致。

二、振动形式

讨论分子的振动形式,有助于了解红外光谱中吸收峰的起因、数目及变化规律。双原子分子只有一种振动形式即伸缩振动(stretching vibration);多原子分子振动形式复杂,可分为伸缩振动和弯曲振动(bending vibration)。

（一）伸缩振动

伸缩振动指化学键的键长沿着键轴的方向发生周期性的运动，即只发生键长的变化，而键角不变化。伸缩振动可分为以下两种形式：

1. 对称伸缩振动（symmetrical stretching vibration，ν^s）键长沿键轴方向的同时伸长或缩短。

2. 不对称伸缩振动（asymmetrical stretching vibration，ν^{as}）键长沿键轴方向的交替伸长或缩短。如图 5-4 所示。

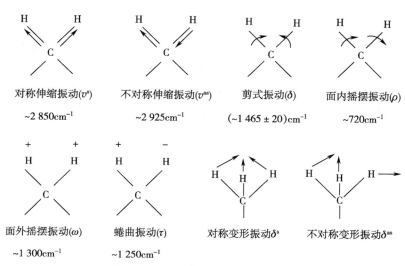

图 5-4 亚甲基、甲基振动形式示意图
+ 表示向前方运动 − 表示往后方向运动

（二）弯曲振动

弯曲振动是原子沿垂直于它的键轴方向的运动，可能有键角的变化。弯曲振动可分为：

1. 面内弯曲振动（in-plane bending vibration，β）在由几个原子构成的平面内进行的弯曲振动。面内弯曲振动又可分为：

（1）剪式振动（scissoring vibration，δ）：在振动过程中键角的变化类似剪刀的"张""合"的振动。

（2）平面摇摆振动（rocking vibration，ρ）：基团作为一个整体，在平面内摇摆。

2. 面外弯曲振动（out-of-plane bending vibration，γ）在垂直于几个原子所构成的平面方向上进行的弯曲振动。面外弯曲振动可分为：

（1）面外摇摆振动（out-of-plane wagging vibration，ω）：分子或基团的端基原子同时在平面前后摇摆。

（2）扭曲振动（twisting vibration，τ）：各原子在垂直于由几个原子所构成的平面做反向振动。

3. 变形振动（deformation vibration）组成为 AX_3 基团或分子中的 3 个 AX 键与轴线组成的夹角间进行振动。可分为：

（1）对称变形振动（symmetrical deformation vibration，δ^s）：振动过程中，3 个化学键与分子轴线组成的夹角对称地缩小或增大，形如花瓣开、闭的振动。

（2）不对称变形振动（asymmetrical deformation vibration，δ^{as}）：振动过程中，3 个化学键与分子轴线组成的夹角在同一时间交替地变大或缩小。

三、振动自由度

基本振动的数目称振动自由度(独立振动数)。中红外光谱区只需考虑分子的振动、平动及转动能量的改变。但分子平动能量的改变不产生振 - 转光谱;分子的转动能级跃迁产生远红外光谱,不在中红外光谱的讨论范围。因此,应扣除平动与转动两种运动形式。

在含有 N 个原子的分子中,若不考虑化学键的存在,则在三维空间内,每个原子都能沿空间坐标的 x、y、z 轴方向做独立运动,即 N 个原子的分子有 $3N$ 个独立运动。

因:分子自由度数($3N$)= 平动自由度 + 振动自由度 + 转动自由度

显然:振动自由度 = 分子自由度数($3N$)-(平动自由度 + 转动自由度)

对于非直线型分子,分子绕其重心的转动用去 3 个自由度,分子重心的平移运动又需要 3 个自由度,因此剩余的 $3N-6$ 个自由度是分子的基本振动数。而对于直线型分子,沿 z 轴方向发生转动时其空间位置不发生改变,故不产生自由度,因此转动只有 2 个自由度,分子基本振动数为 $3N-5$。由振动自由度数可以估计基频峰的可能数目。

例如,CO_2 为线性分子,其振动自由度 $=3N-5=3\times3-5=4$,有 4 种基本振动形式。

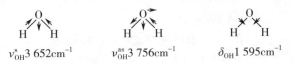

H_2O 为非线性分子,其振动自由度 $=3N-6=3\times3-6=3$,说明 H_2O 分子有 3 种基本振动形式。

四、红外吸收光谱的产生条件

上例 CO_2 的振动自由度为 4,在红外吸收光谱中应产生 4 个吸收峰,但实际上在谱图中只观察到 $2\,350cm^{-1}$ 和 $666cm^{-1}$ 两个基频峰。以下简要讨论造成基本振动吸收峰数少于振动自由度的原因。

1. 简并 CO_2 分子的面内弯曲振动($\beta_{C=O}$)及面外弯曲振动($\gamma_{C=O}$)虽然振动形式不同,但振动频率却相等。因此,它们的基频峰在红外吸收光谱图中同一位置 $666cm^{-1}$ 处出现一个吸收峰,这种现象称简并(degeneration)。

2. 红外非活性振动 CO_2 分子的对称伸缩振动频率 $\nu_{C=O}^s$ 为 $1\,340cm^{-1}$,但在其红外吸收光谱图中未出现此吸收峰。这是由于 CO_2 是线性分子,发生对称伸缩振动时,分子的正负电荷重心重合,振动分子的偶极矩变化值等于零,这种振动称红外非活性振动(infrared inactive vibration)。简并及红外非活性振动是实际观察到的吸收峰数小于基本振动自由度的主要原因。此外,仪器灵敏度不高,一些吸收峰频率太接近难以分辨,或某些振动形式的吸收太弱,也会出现这种结果。

综上,红外吸收光谱的产生必须同时满足两个条件:①红外辐射的能量与分子发生跃迁的振动能级差相等,即 $E_L=\Delta V\cdot h\nu$ 或 $\nu_L=\Delta V\cdot\nu$;②分子在振动过程中其偶极矩要发生变化,即 $\Delta\mu\neq0$。

五、吸收峰的强度

吸收峰的强度(intensity of absorption band)是指红外吸收光谱中吸收峰的相对强度。

1. 吸收峰强度的表示方法　浓度与吸光度的关系服从朗伯-比尔定律,以摩尔吸光系数 ε 来划分吸收峰的强弱:通常 $\varepsilon>100$ 为极强峰(vs);20~100 范围内为强峰(s);10~20 范围内为中等强度峰(m);1~10 范围内为弱峰(w);$\varepsilon<1$ 为非常弱峰(vw)。

2. 吸收峰强度的影响因素　能级跃迁概率与振动过程中偶极矩的变化均可影响吸收峰强度。

(1)跃迁概率:跃迁过程中激发态分子所占总分子的百分数称跃迁概率。跃迁概率用峰强来表征,跃迁概率越大,吸收峰越强。在一定条件下,化合物中各基团的振动能级的跃迁概率是恒定的,因此在一定实验条件下,可以测得相对强度不变的红外吸收曲线。

(2)振动过程中偶极矩的变化:根据量子力学理论,红外吸收峰的强度与振动过程中偶极矩变化的平方成正比。偶极矩变化越大,吸收峰强度越大。C═O 和 C═C 都是不饱和双键,但前者吸收更强,因为 C═O 中碳原子与氧原子的电负性之差较大,伸缩振动过程中偶极矩变化大,吸收峰强度大。

六、吸收峰的分类

(一)基频峰与泛频峰

化合物的红外光谱有许多吸收峰,根据吸收峰的频率与基本振动频率的关系,可将其分为基频峰与泛频峰。

1. 基频峰　分子吸收某一频率的红外线后,振动能级由基态($V=0$)跃迁到第一激发态($V=1$)时产生的吸收峰称基频峰。由于基频峰的强度一般较大,因而是红外光谱中最重要的一类吸收峰。基频峰分布如图 5-5 所示。

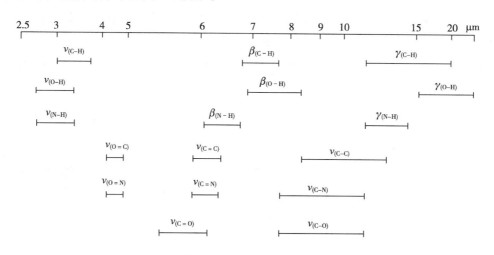

图 5-5　基频峰分布略图

2. 泛频峰　当分子吸收某一频率的红外线后,振动能级由基态($V=0$)跃迁到第二激发态($V=2$)或第三激发态($V=3$)所产生的吸收峰称倍频峰。

除倍频峰外,尚有组频峰,是由某些弱峰的 2 个或多个基频峰频率的和或差产生,如合频峰 $\nu_1+\nu_2+\cdots$ 和差频峰 $\nu_1-\nu_2-\cdots$ 等。

倍频峰、合频峰及差频峰统称泛频峰。泛频峰由于跃迁概率较小,多为弱峰,一般在谱图上不易辨认。泛频峰的存在,使光谱变得复杂,但增加了光谱的特征性,对结构分析有利。

如取代苯的泛频峰在 2 000~1 667cm⁻¹ 区间，主要由苯环碳氢键面外弯曲的倍频峰构成，特征性很强，可用于鉴别苯环上的取代位置。

（二）特征峰与相关峰

红外光谱中，根据吸收峰与基团结构之间的关系可将其分为特征峰与相关峰。

1. 特征峰 凡是能鉴定某官能团或基团存在，又容易辨认的吸收峰称特征峰（characteristic absorption band）。如—OH 的特征峰在 3 750~3 000cm⁻¹ 区域内，C＝O 的特征峰在 1 900~1 650cm⁻¹ 区域内。各种基团与特征频率的相关性见表 5-2。

表 5-2 基团与特征频率的相关性

区段	波数 /cm⁻¹	基团及振动类型
1	3 750~3 000	ν_{OH}、ν_{NH}
2	3 300~3 000	$\nu_{\equiv CH}$、$\nu_{=CH}$、$\nu_{\Phi-H}$
3	3 000~2 700	ν_{CH}（—CH₃、—CH₂、—CH、—CHO）
4	2 400~2 100	$\nu_{C\equiv C}$、$\nu_{C\equiv N}$
5	1 900~1 650	$\nu_{C=O}$（酸酐、酰氯、酯、醛、酮、羧酸、酰胺）
6	1 675~1 500	$\nu_{C=C}$、$\nu_{C=N}$
7	1 475~1 300	β_{CH}、β_{OH}
8	1 300~1 000	ν_{C-O}（酚、醇、醚、酯、羧酸）
9	1 000~650	$\gamma_{=CH}$（烯氢、芳氢）

如正癸烷、正癸腈与正癸烯的红外吸收光谱如图 5-6 所示。对比正癸烷与正癸腈的红外谱图，正癸腈在 2 247cm⁻¹ 处多一个峰，为—C≡N 的特征峰。

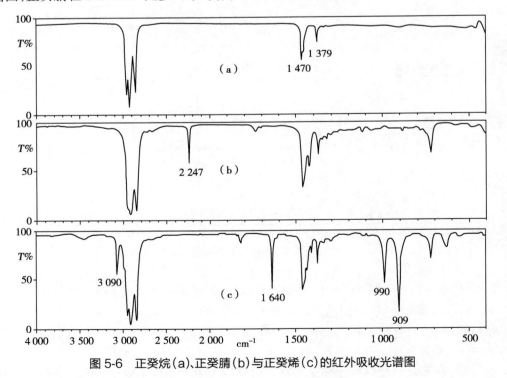

图 5-6 正癸烷（a）、正癸腈（b）与正癸烯（c）的红外吸收光谱图

2. 相关峰 相关吸收峰（correlative absorption band）是指由一个官能团所产生的一组相

互依存的吸收峰,简称相关峰。相关峰有助于佐证官能团的存在。如上例中正癸烯比正癸烷多了 3 090cm^{-1}、1 640cm^{-1}、990cm^{-1}、909cm^{-1} 等 4 个吸收峰,分别起源于正癸烯中—CH=CH$_2$ 基的 $\nu^{as}_{=CH_2}$、$\nu_{C=C}$、$\gamma_{=CH}$ 及 $\gamma_{=CH_2}$ 振动,由此可以确认端基烯烃基团的存在。

七、吸收峰的峰位及影响因素

吸收峰的位置是红外光谱鉴定化合物官能团的主要依据,利用简谐振动的式(5-7)可计算出基团基本振动的频率,但实际上受不同化学环境的影响,吸收峰位置在一定范围内变动。

(一)特征区与指纹区

按照基团的吸收峰在红外光谱中的位置,可将其分为特征区和指纹区。

1. 特征区　习惯上将红外光谱中的 4 000~1 300cm^{-1}(2.5~7.69μm)区域称基团特征频率区,简称特征区。特征区的吸收峰较稀疏,易辨认,在基团鉴定中起着重要作用。此区间主要包括含氢单键、各种双键及三键的伸缩振动峰,还包括部分含氢单键的面内弯曲振动峰。在特征区,羰基峰很少与其他峰重叠,且谱带强度大,是最易识别的吸收峰。

2. 指纹区　1 300~400cm^{-1}(7.69~25μm)的低频区称指纹区。该区域的吸收带大多起源于一些单键的伸缩振动和各类基团的弯曲振动。谱带变动范围宽,重叠复杂,特征性不强。但分子结构的微小变化均会在这一区段明显反映出来,犹如人的指纹一样,故把此区段称指纹区,在解析有机化合物的结构时很有价值。

(二)影响吸收峰位置的因素

影响吸收峰位置的因素可分为内部因素及外部因素两类。由公式 5-7 可知,吸收峰波数主要由化学键力常数和折合相对原子质量决定,因此,各种引起两原子间化学键力常数改变的内部因素和外部因素均可影响吸收峰的位置。

1. 内部因素　主要指化合物的内部结构因素。

(1)诱导效应:由于取代基具有不同的电负性,通过静电诱导作用,引起分子中电子云分布的变化,从而改变化学键力常数,使键或基团的特征频率发生位移,这种效应称诱导效应。如下例 $\nu_{C=O}$,当吸电子基团与羰基相连时,使氧原子上的孤对电子向双键转移,羰基的双键性增强,键力常数增大,吸收峰向高波数方向移动。

$$R-\overset{\overset{O}{\parallel}}{C}-R' \qquad R-\overset{\overset{O}{\parallel}}{C}-OR' \qquad R-\overset{\overset{O}{\parallel}}{C}-Cl \qquad R-\overset{\overset{O}{\parallel}}{C}-F$$

$$\nu_{C=O} \quad 1\,715cm^{-1} \qquad 1\,735cm^{-1} \qquad 1\,800cm^{-1} \qquad 1\,870cm^{-1}$$

(2)共轭效应:共轭效应的存在使吸收峰向低波数方向移动。例如 $\nu_{C=O}$,由于 π-π 或 p-π 共轭引起 π 电子的"离域",使电子云分布在整个共轭链上趋于平均化,结果 C=O 双键的电子云密度降低,键力常数减小,吸收峰向低波数方向移动。

$$R_1-\overset{\overset{O}{\parallel}}{C}-R_2 \qquad R_1-\overset{\overset{O}{\parallel}}{C}-\bigcirc \qquad \bigcirc-\overset{\overset{O}{\parallel}}{C}-\bigcirc$$

$$\nu_{C=O} \quad 1\,715cm^{-1} \qquad 1\,685cm^{-1} \qquad 1\,665cm^{-1}$$

(3)氢键效应:氢键的形成常使伸缩振动频率降低,吸收峰向低波数方向移动,而且谱带变宽。氢键分为分子内氢键和分子间氢键。

分子内氢键的形成,可使谱带较大幅度地向低波数方向移动,但不受浓度影响。如 2- 羟

基 -4- 甲氧基苯乙酮：由于分子内氢键的存在，羰基和羟基伸缩振动的基频峰大幅度地向低波数方向移动。v_{OH} 为 2 835cm^{-1}（通常的酚羟基 v_{OH} 为 3 705~3 200cm^{-1}），$v_{C=O}$ 为 1 623cm^{-1}（通常的酚酮中 $v_{C=O}$ 为 1 700~1 670cm^{-1}）。

分子间氢键受浓度影响较大，随浓度的降低，吸收峰位置改变。如乙醇在极稀溶液中为游离状态，v_{OH} 为 3 640cm^{-1}，但随浓度增加逐渐形成二聚体、多聚体，v_{OH} 向低波数方向移动，分别在 3 515cm^{-1}、3 350cm^{-1} 位置产生吸收。因此可通过观测稀释过程的吸收峰位置是否变化，来判断是分子间氢键还是分子内氢键。

（4）空间位阻：空间位阻指同一分子中各基团因空间的阻碍作用，使分子的几何形状发生改变，从而改变分子正常的电子效应或杂化状态而导致谱带发生位移。例如下列化合物中随着立体障碍的增大，羰基与碳碳双键共轭受到限制，共平面减弱，使 $v_{C=O}$ 向高波数方向移动。

（5）键角效应（环张力效应）：环张力增大使环外双键被增强，吸收峰向高波数方向移动；环张力增大使环内双键被削弱，吸收峰向低波数方向移动。如：

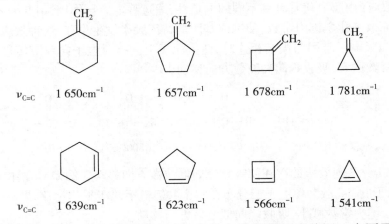

（6）振动耦合效应：当两个相同的基团在分子中靠得很近或共用一个原子时，其相应的特征峰常发生分裂，形成双峰，其中一个比原来频率高，另一个比原来频率低，这种现象称振动耦合。如酸酐、二芳酰基过氧化物、丙二酸、丁二酸及其酯类，两个羰基的振动耦合使羰基的吸收分裂成两个峰。同理，如甲基 C—H 面外弯曲振动吸收一般在 1 380cm^{-1} 附近产生单峰，当甲基表现为偕二甲基（异丙基）时峰分裂为两个峰，裂距为 30~10cm^{-1}；而偕三甲基（叔丁基）的峰裂距则在 30cm^{-1} 以上。

（7）费米共振（Fermi resonance）效应：频率相近的泛频峰与基频峰相互作用，结果使泛频峰吸收强度增加或发生分裂。如苯甲醛中醛基 $v_{C—H}$2 800cm^{-1} 峰与 $\delta_{C—H}$1 390cm^{-1} 峰的倍频峰(2 780cm^{-1})通过费米共振产生 2 820cm^{-1} 和 2 720cm^{-1} 两个吸收峰。

2. **外部因素**　主要指溶剂效应、样品的物理状态及仪器色散元件的影响。

(1)溶剂效应：羧酸的 $\nu_{C=O}$ 在非极性溶剂、乙醚和乙醇中分别为 1 760cm^{-1}、1 735cm^{-1} 和 1 720cm^{-1}，说明极性基团的伸缩振动频率随溶剂极性的增加而降低。

(2)样品的物理状态：同一物质在不同状态时，由于分子间相互作用力不同，测得的光谱也往往不同。如丙酮的 $\nu_{C=O}$ 在气态、液态时分别为 1 738cm^{-1}、1 715cm^{-1}。气态样品分子密度小，分子间的作用力较小，可提供游离化合物的结构信息；液态样品分子密度较大，分子间的作用较大，易发生分子间缔合，峰变宽；固态样品分子间的相互作用较为强烈，光谱变得复杂和丰富。

第二节　红外分光光度计

红外分光光度计(infrared spectrophotometer)的发展大体经历了 3 个阶段，主要区别在于单色器。第一代仪器为棱镜红外分光光度计，这类仪器使用的岩盐棱镜易吸潮损坏且分辨率低，已被淘汰。第二代仪器为光栅红外分光光度计，其分辨率比棱镜仪器高，但扫描速度仍然较慢。20 世纪 70 年代出现了第三代红外光谱仪——傅里叶变换红外光谱仪(Fourier transform infrared spectrometer，FTIR)。这种仪器的单色器用迈克耳孙干涉仪(Michelson interferometer)，具有体积小、重量轻的特点，有很高的分辨率和极快的扫描速度，一次全程扫描仅需零点几秒，是目前应用最为广泛的红外光谱仪。本书仅介绍傅里叶变换红外光谱仪。

一、傅里叶变换红外光谱仪的主要部件

傅里叶变换红外光谱仪主要由光学检测系统(包括迈克耳孙干涉仪、光源、检测器)及计算机处理系统组成。

(一)光源

红外光源为能够发射连续波长的红外线且强度大、寿命长的物体。能斯特炽热灯和硅碳棒常用作中红外区的辐射源。

1. **能斯特炽热灯(Nernst glower lamp)**　能斯特炽热灯是由氧化锆(ZrO_2)、氧化钇(Y_2O_3)和氧化钍(ThO_2)等稀土元素氧化物的混合物烧结制成的中空或实心圆棒，波数范围 400~5 000cm^{-1}。其特点是发光强度大，高波数区有更强的发射，使用需预热，寿命长，但性脆易碎，机械强度差。

2. **硅碳棒(globar)**　硅碳棒是由碳化硅烧结而成的实心棒，再经高温煅烧而成，波数范围 400~5 000cm^{-1}。它在低波数区发光较强，其优点是坚固、使用寿命长、稳定性好、发光面积大。

(二)单色器

傅里叶变换红外光谱仪的单色器为迈克耳孙干涉仪。迈克耳孙干涉仪由固定镜(M_1)、动镜(M_2)及光束分裂器(BS)组成，如图 5-7 所示。M_2 沿图示方向移动，故称动镜。在 M_1 与 M_2 间放置呈 45° 角的半透膜光束分裂器(BS)。BS 可使一半的入射光透过，其余光被反射。由光源发出的光进入干涉仪后，被分裂为两束光，光束Ⅰ(透射光)射至动镜，光束Ⅱ(反射光)射至定镜，它们分别被动镜和定镜反射至分束器，光束Ⅰ再被反射到样品，光束Ⅱ透过 BS 同时到达样品。当动镜 M_2 移动时，可使光束Ⅰ和光束Ⅱ的光程差发生变化，光束Ⅰ和光

束Ⅱ的相位也随之发生变化,两束光发生干涉,并可看到干涉条纹。当动镜连续匀速移动时,可连续改变两束光的光程差。当多种频率的光进入干涉仪后叠加,便可以产生包括辐射源提供的所有光谱信息的干涉图。

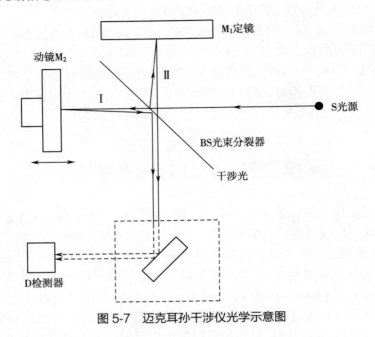

图5-7 迈克耳孙干涉仪光学示意图

(三)检测器

由于FTIR扫描速度极快,常用的真空热电偶检测器的响应时间不能满足要求,目前多用热释电型及光电导型检测器。

1. 热释电型检测器 以氘化三甘氨硫酸酯(DTGS)的单晶片为检测元件,将氘化三甘氨硫酸酯薄片正面真空镀铬(半透明),背部镀金,形成两电极。当红外光照射到薄片上时,温度上升,DTGS极化度改变,表面电荷减少,即DTGS释放了部分电荷,该电荷经放大并记录。这种检测器响应极快,只需1秒,可进行高速扫描,且检测范围宽,可在室温下工作,一般FITR中都配备这类检测器。

2. 光电导型检测器 由宽频带的半导体碲化镉和半金属化合物碲化汞混合形成薄膜,将其置于不导电的玻璃表面密闭于真空舱内,吸收红外辐射后非导电性的价电子跃迁至高能量的导电带,从而降低半导体的电阻,产生信号,又称碲镉汞(mercury cadmium telluride, MCT)检测器。该检测器检测范围比DTGS检测器窄,但灵敏度比DTGS检测器高,响应更快,适用于高速扫描测量和气相色谱-傅里叶变换红外光谱联机检测。该检测器需在液氮下工作,一般高档FTIR中才配备。

(四)吸收池

吸收池分为气体池与液体池两种。为便于红外线的透过,吸收池的窗片均采用中红外区透光性能好的岩盐制成,常用岩盐有NaCl、KBr、KCl、CsI等。由于窗片容易潮解,操作中要保持低湿度,使用时还要注意岩盐的红外透过限度。

1. 液体池 用于液体样品的测定,可分为固定池、密封池和可拆卸池。在测定高沸点液体或糊剂时常用可拆卸池,因窗片间距不固定,主要用于定性分析。而测定挥发性液体时,一般用固定池(密封池)。常用液体池光程有多种规格,0.10mm是最常用的光程。

2. 气体池 用于气体样品及易挥发液体样品的分析。用减压法将气体装入样品池中测定,气体池光程为 5cm 和 10cm,容积在 50~150ml。气体池在药物分析中应用较少。

固体样品不用吸收池,一般采用压片机压片后直接测定。

(五)计算机处理系统

计算机处理系统主要是对干涉图进行傅里叶变换处理,转换成普通的红外光谱图。

二、傅里叶变换红外光谱仪的工作原理

傅里叶变换红外光谱仪(FTIR)通过测量干涉图并对干涉图进行快速傅里叶变换的方法得到红外光谱。如图 5-8 所示,光源发出的红外辐射,经干涉仪调制后得到一束干涉光,干涉光通过样品 S 后,成为带有样品信息的干涉图到达检测器 D,经放大器 A 将信号放大。但这种干涉信号难以进行光谱解析,需将它通过模数转换器(A/D)输入计算机进行傅里叶变换的快速计算,干涉图经数字 / 模拟转换才能得到通常的红外光谱图。

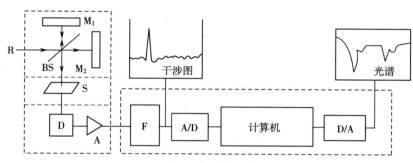

图 5-8 傅里叶变换红外光谱仪工作原理示意图

R. 红外光源 M_1. 定镜 M_2. 动镜 BS. 光束分裂器 S. 样品 D. 检测器
A. 放大器 F. 滤光器 A/D. 模数转换器 D/A. 数模转换器

三、傅里叶变换红外光谱仪的特点与性能

(一)傅里叶变换红外光谱仪的特点

1. 扫描速度极快 一般 1 秒内即可完成光谱范围的扫描。适用于对快速反应的跟踪,也便于与色谱仪联用。

2. 分辨率高 波数精度一般可达 $0.5cm^{-1}$,性能好的仪器可达 $0.005cm^{-1}$。

3. 灵敏度高 FTIR 的干涉仪中没有狭缝的限制,干涉仪辐射通量的大小只取决于平面镜头的大小,样品用量少。

4. 测定光谱范围宽 波数范围 $10~10^4cm^{-1}$,涵盖了整个红外光区。

5. 测量的精密度、重现性好 精密度可达 0.1%,杂散光低于 0.01%。

傅里叶变换红外光谱仪是目前化学研究不可缺少的基本设备之一。

(二)傅里叶变换红外光谱仪的性能

傅里叶变换红外光谱仪的性能指标有分辨率、波数的准确度与重复性、透过率或吸光度的准确度与重复性等,其中前两项为仪器的最主要指标。

1. 分辨率或分辨能力 傅里叶变换红外光谱仪的分辨率多采用在某波数处恰能分开两个吸收峰的波数差($\Delta\sigma$)为指标。FTIR 的分辨率为 $0.2~0.5cm^{-1}$。

2. 波数准确度与重现性 波数准确度指仪器测定所得的波数与文献值比较之差,一般优于 $0.1cm^{-1}$($6\,000cm^{-1}$ 处)。而多次重复测量(3~6 次)同一样品,所得同一吸收峰的最大值与最小值之差称波数重现性,一般优于 $0.02cm^{-1}$($6\,000cm^{-1}$ 处)。

笔记栏

第三节 红外光谱分析条件的选择

一、对试样的要求

红外光谱分析对试样的要求:①样品应不含水分,因水分本身在红外区有吸收且会侵蚀吸收池的盐窗;②样品的纯度需大于98%。

二、制样方法

气、液及固态样品均可测定其红外光谱。根据其聚集状态,可分别采用以下方法进行制样。

1. 固体试样 固体试样有压片法、石蜡糊法及薄膜法3种制备方法。

(1)压片法:应用最广泛,取1~2mg固体样品,加约200mg干燥、光谱纯的KBr粉末于玛瑙乳钵中研细均匀,装入压片机上,边抽真空边加压,制成薄片进行测定。

(2)石蜡糊法(浆糊法):为避免压片法制成的固体粒子对光散射的影响,可将干燥处理后的试样研细,与同其折射率接近的液体介质如石蜡油、六氟丁二烯及氟化煤油一起调成糊状,再将糊状样品夹在两块KBr片中测定。此法适用于可以研成粉末的固体样品,但不能用于定量分析。

(3)薄膜法:对于熔点较低且熔融后不分解的物质,通常用熔融法制成薄片。将少许样品放在一盐晶片上,加热熔融后,压制而成膜。

2. 液体试样

(1)液体池法:对于液体样品和一些可以找到恰当溶剂的固体样品,直接装入液体吸收池内测定。吸收池的两侧是用NaCl或KBr等晶片做成的窗片。吸收池用毕要用四氯化碳、三氯甲烷等清洗。

(2)夹片法和涂片法:对于挥发性小的液体样品可采用夹片法。先压制两个空白KBr薄片,然后将液体样品滴在其中一个KBr片上,再盖上另一个KBr片,夹紧后放入光路中,即可测定其红外吸收光谱。而对于黏度大的液体样品一般可采用涂片法,将液体样品涂在KBr片上进行测定。KBr空白片在天气干燥时可用合适的溶剂洗净干燥后保存,可再使用几次。

3. 气体试样 气体样品和沸点较低的液体样品用气体池测定。将气体样品直接充入已预先抽真空的气体池中进行测量。

三、试样浓度的确定

红外光谱测定中,试样浓度和测试厚度应选择适当,以谱图中大多数吸收峰的透光率(T)处于15%~75%范围内为宜。浓度太小或厚度太薄,会使一些弱的吸收峰和光谱中的细微部分不能显示出来;试样浓度过大或厚度太厚,则会导致强吸收峰在谱图中无法确定其具体位置。

四、红外光谱数据库

红外谱图可用于鉴别化合物的真伪,常采用标准谱图对照法。目前已建立的红外光谱数据库主要有以下几类:

1. ASTM红外光谱卡片 由美国ASTM公司编辑而成,是最早、最大的红外光谱数据库。目前,该数据库已不再更新。

2. *Sadtler Reference Spectra Collections*　由美国 Sadtler 研究室于 1947 年开始出版发行的大型光谱集,共收录约 7.9 万张标准红外光谱图及部分化合物的紫外光谱图、核磁共振氢谱和碳谱图。

3. *The Aldrich Library of Infrared Spectra*　由 C.J.Pouchert Aldrich 化学公司于 1970 年开始出版发行,谱图按照化合物类型和基本骨架编排,根据图号索引可以找到该化合物的相应谱图。

4. *CRC Atlas Of Spectral Data and Physical Constants for Organic Compounds*　该光谱集主要收录各类化合物的 UV、IR、NMR 和 MS 等主要波谱数据及各种物理常数,光谱索引又分光谱号码索引和光谱数据索引。

5.《药品红外光谱集》　《中华人民共和国药典》的配套系列丛书,收载《中华人民共和国药典》等国家药品标准中采用的红外鉴别药品的标准谱图及其他药品的参考谱图。该书分为三部分:说明、光谱图及索引。每幅光谱图记载该药品的中英文名及结构式。

采用标准对照法鉴别化合物真伪时,要注意:①所用仪器与标准谱图集上的仪器型号应一致;②样品与标准谱图的测试条件(试样物理状态、浓度及制样方法等)应一致。

第四节　有机化合物的典型红外光谱

通过对不同类别化合物典型光谱的比较,可进一步了解和熟悉各种官能团在红外光谱区的特征峰和相关峰情况及其与化合物分子结构的关系,并初步掌握吸收峰位置、强度与峰形的基本规律。

一、脂肪烃类化合物

1. 烷烃　主要特征峰是 ν_{C-H} 3 000~2 850cm^{-1}(s)、δ_{C-H}1 480~1 350cm^{-1}。如图 5-9 所示。

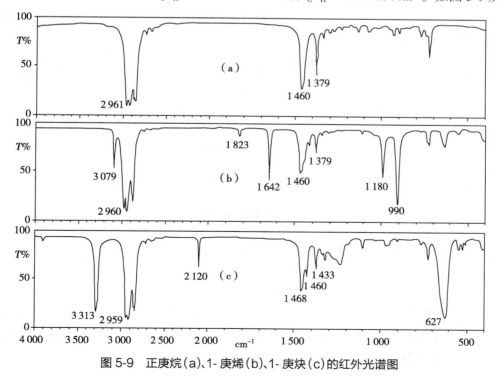

图 5-9　正庚烷(a)、1- 庚烯(b)、1- 庚炔(c)的红外光谱图

（1）碳氢伸缩振动峰（ν_{C-H}）：甲基（—CH_3）ν^{as} 2 962cm^{-1} ± 10cm^{-1}（s），ν^s 2 872cm^{-1} ± 10cm^{-1}（s）；亚甲基（—CH_2—）ν^{as} 2 926cm^{-1} ± 10cm^{-1}（s），ν^s 2 853cm^{-1} ± 10cm^{-1}（s）；次甲基（—CH—）2 890cm^{-1} ± 10cm^{-1}（w），一般被—CH_3 和—CH_2—的 ν_{C-H} 所掩盖，不易检出。

（2）碳氢弯曲振动峰（δ_{C-H}）：孤立甲基（—CH_3）δ^{as} 1 450cm^{-1} ± 20cm^{-1}（m）；δ^s 1 370cm^{-1} ± 10cm^{-1}（s）；但—$CH(CH_3)_2$ 的对称变形振动分裂为双峰（1 380cm^{-1}、1 370cm^{-1}），—$C(CH_3)_3$ 分裂为 1 395cm^{-1}、1 365cm^{-1} 的双峰，且 1 365cm^{-1} 的峰强较 1 395cm^{-1} 的峰强大，这是 δ_{CH_3} 发生振动耦合的结果。亚甲基［—（CH_2）$_n$—］δ 1 465cm^{-1} ± 20cm^{-1}（m），ρ~722cm^{-1}（m）（$n \geqslant 4$）。

2. 烯烃　主要特征峰是 $\nu_{=C-H}$ 3 100~3 000cm^{-1}（m）、$\nu_{C=C}$ ~1 650cm^{-1}（w），面外 $\gamma_{=C-H}$ 1 010~650cm^{-1}（s）。

（1）$\nu_{=C-H}$：在 3 095~3 075cm^{-1} 区域有 $\nu_{=C-H}$ 吸收峰，结合 $\nu_{C=C}$ 可确定其是否为不饱和烃类化合物。

（2）$\nu_{C=C}$：烯烃的 $\nu_{C=C}$ 大多在 1 650cm^{-1} 附近，强度较弱。$\nu_{C=C}$ 的强度与取代情况有关，一般随着双键上取代基数目增多，$\nu_{C=C}$ 向高波数方向移动；共轭双烯或 C＝C 与 C＝O、C≡N、芳环等共轭时，$\nu_{C=C}$ 波数降低 10~30cm^{-1}；乙烯或具有对称中心的反式烯烃和四取代烯烃的 $\nu_{C=C}$ 峰消失。

（3）$\gamma_{=C-H}$：受其他基团的影响较小，峰较强，具有高度特征性。可用于确定烯烃的取代情况。如端乙烯基的 $\gamma_{=CH_2}$ 在 990cm^{-1} ± 10cm^{-1}、910cm^{-1} ± 10cm^{-1} 处出现双峰；反式单烯双取代出现在 965cm^{-1} ± 10cm^{-1}，顺式单烯双取代出现在 690cm^{-1} ± 30cm^{-1}。

3. 炔烃　主要有 3 种类型的振动：$\nu_{=C-H}$ 3 300cm^{-1}（s，尖锐），$\nu_{C=C}$ 2 270~2 100cm^{-1}（尖锐），$\gamma_{=C-H}$ 645~615cm^{-1}（s，宽吸收）。

二、芳香烃类化合物

取代苯的主要特征峰有：$\nu_{\Phi-H}$ 3 100~3 030cm^{-1}（m）；$\nu_{C=C}$（骨架振动）~1 600cm^{-1}（m 或 s）及 ~1 500cm^{-1}（m 或 s）；$\gamma_{\Phi-H}$ 910~665cm^{-1}（s）；泛频峰 2 000~1 667cm^{-1}（w，vw）。现以甲苯为例说明取代苯的红外吸收特征，如图 5-10 所示。

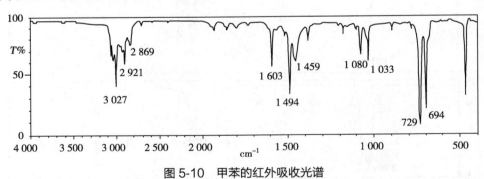

图 5-10　甲苯的红外吸收光谱

1. 芳氢伸缩振动（$\nu_{\Phi-H}$）　大多出现在 3 100~3 030cm^{-1}，峰形尖锐，常和苯环骨架振动（$\nu_{C=C}$）的合频峰在一起，形成整个吸收带。

2. 苯环骨架伸缩振动　$\nu_{C=C}$~1 600cm^{-1} 及 ~1 500cm^{-1} 的吸收峰为苯环骨架（C＝C）伸缩振动的重要特征峰。当苯环与不饱和基团（如 C＝O）或含有 n 电子的基团直接相连形成共轭时，由于双键伸缩振动间的耦合，1 600cm^{-1} 峰分裂为两个，又在 1 580cm^{-1} 出现第三个吸收峰，同时使 1 600cm^{-1} 及 1 500cm^{-1} 峰增强。

3. 苯环碳氢面外弯曲振动 $\gamma_{\Phi-H}$ 在 910~665cm^{-1} 处出现吸收峰,对芳环的取代位置和数目鉴定很有用。$\gamma_{\Phi-H}$ 峰随取代情况变化:单取代苯环常在 710~690cm^{-1} 和 770~730cm^{-1} 表现为双峰,而邻二取代苯则在 770~735cm^{-1} 处出现一个强单峰,间二取代苯在 710~690cm^{-1} 和 810~750cm^{-1} 处产生双吸收峰,对二取代苯则在 860~790cm^{-1} 处出现一个强单峰,如图 5-11 所示。

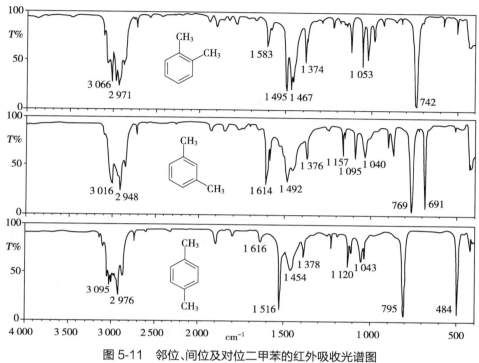

图 5-11 邻位、间位及对位二甲苯的红外吸收光谱图

4. 泛频峰 取代苯的泛频峰($2\,000$~$1\,667$cm^{-1})来源于 $\gamma_{\Phi-H}$ 910~665cm^{-1} 的倍频峰和合频峰,峰较弱,常与 $\gamma_{\Phi-H}$ 峰联用来鉴别芳环取代基的数目与位置。峰位和峰形与取代基的位置、数目高度相关,而与取代基的种类关系很小。如图 5-12 所示。

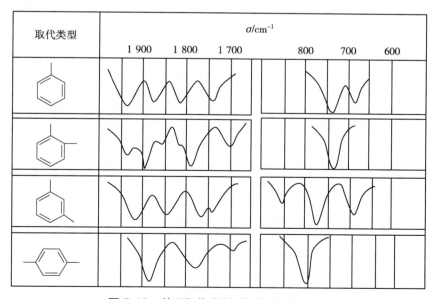

图 5-12 苯环取代类型对红外光谱的影响

笔记栏

三、醇和酚类化合物

醇与酚都有 ν_{OH}、ν_{C-O} 及面内弯曲振动 β_{OH}，但 β_{OH} 特征性差。此外，酚具有苯环的一组特征峰。

(1) ν_{OH}：其峰位和强度受温度、浓度和聚集状态等因素影响。在气态或非极性稀溶液中，该类化合物均以单体游离方式存在，醇及酚 ν_{OH} 3 650~3 590cm^{-1}(s)，二者相近；形成分子间氢键的 ν_{OH} 峰比游离体变宽、变钝，随浓度增大向低波数方向移动。

(2) ν_{C-O}：是一个很有价值的特征频率，在 1 250~1 000cm^{-1}。其中，饱和伯醇为 1 085~1 050cm^{-1}(s)，饱和仲醇为 1 124~1 087cm^{-1}(s)，饱和叔醇为 1 205~1 124cm^{-1}(s)，而酚为 1 260~1 170cm^{-1}(s)。如图 5-13 所示。

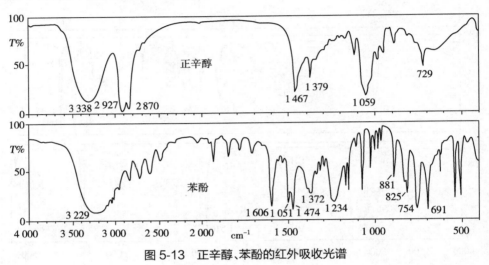

图 5-13　正辛醇、苯酚的红外吸收光谱

四、醚类化合物

醇与醚都有 ν_{C-O} 峰，但醚不具有 ν_{OH} 峰，是醚与醇的主要区别。ν_{C-O-C} 峰是醚的主要特征峰，包括对称伸缩振动和不对称伸缩振动两种振动形式。对于脂肪醚而言，其对称伸缩振动峰常因结构对称或基本对称而消失或减弱，因此只看到 1 150~1 060cm^{-1} 的 ν_{C-O-C}^{as} 强吸收峰，如图 5-14 所示。烷基芳香醚观察到两个峰，分别为 $\nu_{=C-O-C}^{s}$ 1 075~1 020cm^{-1}(s)、$\nu_{=C-O-C}^{as}$ 1 275~1 200cm^{-1}(s)。

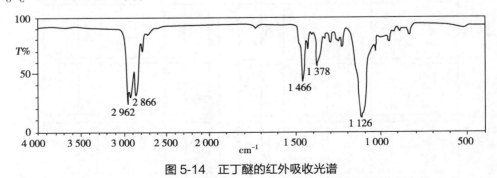

图 5-14　正丁醚的红外吸收光谱

五、羰基类化合物

羰基化合物的共同特征是在 1 900~1 650cm^{-1} 区间均含有羰基峰 $\nu_{C=O}$，它是红外光谱图

上的最强、最易识别的吸收峰,且很少与其他峰重叠,易于辨认。$v_{C=O}$ 峰在不同化合物中的顺序大体如下:酸酐(v^{as}1 810cm^{-1},谱带 I)、酰氯(1 800cm^{-1})、酸酐(v^s1 760cm^{-1},谱带 II)、酯(1 735cm^{-1})、醛(1 725cm^{-1})、酮(1 715cm^{-1})、羧酸(1 710cm^{-1})、酰胺(1 680cm^{-1})。

1. 酮类 饱和链状酮为 1 725~1 705cm^{-1},α,β- 不饱和酮为 1 685~1 665cm^{-1},而芳酮为 1 700~1 680cm^{-1}。这是由于芳香酮及 α,β- 不饱和酮形成共轭,羰基吸收峰向低波数方向移动。如图 5-15 所示。在环酮中,随环张力的增大,$v_{C=O}$ 峰频率增大。

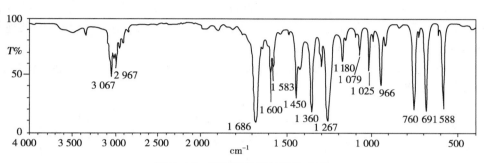

图 5-15 苯乙酮的红外吸收光谱

2. 醛类 主要特征峰:$v_{C=O}$~1 725cm^{-1}(s)及醛基氢 $v_{O=C-H}$~2 820cm^{-1} 与 2 720cm^{-1} 两个吸收峰。若羰基与双键或芳环共轭,将使 $v_{C=O}$ 峰向低波数方向移动至 1 710~1 685cm^{-1}。

醛基氢 2 820cm^{-1} 与 2 720cm^{-1} 的双峰是醛基中碳氢伸缩振动 $v_{O=C-H}$ 与其面内弯曲振动(~1 390cm^{-1})的倍频峰发生费米共振的结果。如图 5-16 所示。

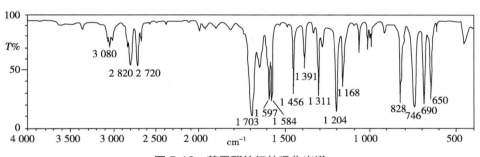

图 5-16 苯甲醛的红外吸收光谱

3. 酰氯 $v_{C=O}$ 位于 ~1 800cm^{-1} 左右,主要是因氯原子的诱导效应所致;不饱和酰氯因形成共轭,则 $v_{C=O}$ 位于 1 780~1 750cm^{-1} 之间。如图 5-17 所示。

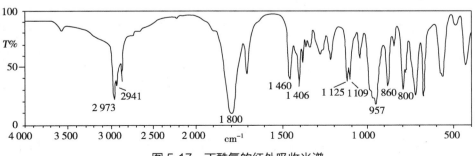

图 5-17 丁酰氯的红外吸收光谱

73

六、羧酸类化合物

主要特征峰有 $\nu_{C=O}$(1 740~1 650cm^{-1})、ν_{OH}(3 400~2 500cm^{-1})、γ_{OH}(955~915cm^{-1})。

1. ν_{OH} 峰　在气态和非极性稀溶液中,羧酸以单分子形式存在,其 ν_{OH} 为 ~3 550cm^{-1},峰强而尖锐;液态或固态的脂肪酸因氢键缔合,使 ν_{OH} 变宽,通常呈现以 3 000cm^{-1} 为中心的宽强吸收峰,附近烷基的碳氢伸缩振动峰常被它淹没,只露峰顶。

2. $\nu_{C=O}$ 峰　游离脂肪酸 $\nu_{C=O}$ 峰在 ~1 760cm^{-1};二聚体或多聚体脂肪酸 $\nu_{C=O}$ 峰由于强的氢键作用,其吸收频率降低,一般在 1 710~1 700cm^{-1};芳酸及 α,β 不饱和酸因共轭作用,$\nu_{C=O}$ 向低波移动至 1 710~1 685cm^{-1}。

3. γ_{OH} 峰　在 955~915cm^{-1} 有一特征性宽峰,是由羧酸二聚体 γ_{OH} 引起的,可用于确认羧基的存在。如图 5-18 所示。

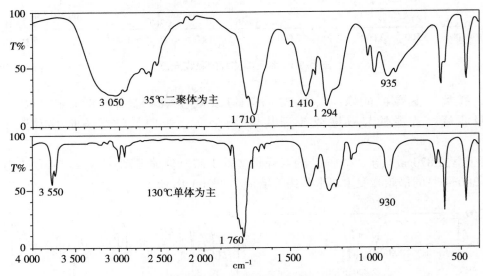

图 5-18　乙酸在不同温度的红外吸收光谱

七、酯类化合物

主要特征锋为 $\nu_{C=O}$ 峰 ~1 735cm^{-1}(s) 及 ν_{C-O-C} 峰 1 300~1 000cm^{-1}(s)。

1. $\nu_{C=O}$ 峰　饱和脂肪酸酯 $\nu_{C=O}$ 峰在 1 750~1 725cm^{-1} 区间;而甲酸酯、芳香酸酯及 α,β- 不饱和酸酯的 $\nu_{C=O}$ 峰在 1 730~1 715cm^{-1} 区间。

2. ν_{C-O-C} 峰　在 1 300~1 000cm^{-1} 区间有两个峰,其中 ν^{as} 峰在 1 300~1 150cm^{-1},峰强而宽;ν^{s} 峰在 1 150~1 000cm^{-1}。如图 5-19 所示。

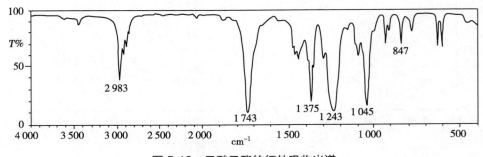

图 5-19　乙酸乙酯的红外吸收光谱

八、酸酐类化合物

主要特征峰为 $v_{C=O}$ 和 v_{C-O}。酸酐上两个连在同一个氧原子上的羰基振动耦合的结果产生两个 $v_{C=O}$ 吸收——1 860~1 800cm^{-1} 和 1 780~1 750cm^{-1}，相差约 60cm^{-1}。饱和脂肪酸酐 v_{C-O} 在 1 180~1 045cm^{-1} 有一个强吸收。图 5-20 所示。

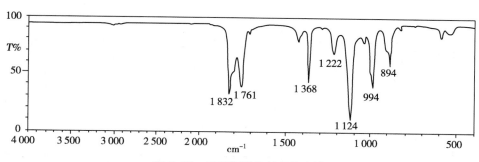

图 5-20 乙酸酐的红外吸收光谱

九、含氮化合物

含氮有机化合物主要包括胺类、酰胺类、硝基化合物、氨基酸及腈类化合物等，这里只讨论部分化合物的特征红外吸收。

（一）胺类化合物

主要特征峰：v_{NH} 峰 3 500~3 300cm^{-1}，δ_{NH} 峰 1 650~1 590cm^{-1}，以及 v_{C-N} 峰 1 360~1 020cm^{-1}。不同类别胺，其峰数、峰强及峰位均不同。

1. v_{NH} 峰　游离伯胺在 ~3 490、~3 400cm^{-1} 处出现双峰；氢键缔合向低波数方向移动，如图 5-21 所示。游离仲胺在 3 500~3 400cm^{-1} 区域出现单峰；氢键缔合也向低波数方向移动。叔胺无 v_{NH} 峰，脂肪胺峰弱，芳香胺峰强。

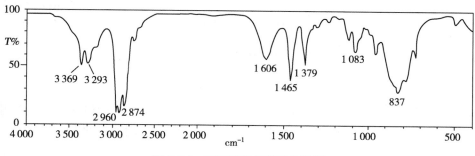

图 5-21 正丁胺的红外吸收谱图

2. δ_{NH} 峰　伯胺 δ_{NH} 峰在 1 650~1 570cm^{-1}，脂肪族仲胺的 δ_{NH} 峰很少看到，芳香族仲胺的 δ_{NH} 峰在 1 515cm^{-1} 附近。

3. v_{C-N} 峰　脂肪胺 v_{C-N} 峰在 1 250~1 020cm^{-1} 区域，峰较弱。芳香胺的 v_{C-N} 峰在 1 380~1 250cm^{-1} 区域，其强度比脂肪胺大，较易辨认。

（二）酰胺类化合物

主要特征峰：v_{NH} 3 500~3 100cm^{-1}；$v_{C=O}$ 1 680~1 630cm^{-1}；β_{NH} 1 670~1 510cm^{-1}。

1. v_{NH} 峰　伯酰胺游离态为 v_{NH}^{as} ~3 500cm^{-1} 及 v_{NH}^{s} ~3 400cm^{-1} 的双峰，峰强大致相等；氢键缔合后向低波移动为 v_{NH}^{as} 3 400~3 390cm^{-1} 及 v_{NH}^{s} ~3 180cm^{-1}；仲酰胺为单峰，游离态仲酰

胺 ν_{NH} 3 500~3 400cm^{-1}，缔合态使仲胺基移向 3 330~3 060cm^{-1}。叔酰胺无此峰。

2. $\nu_{C=O}$ 峰　即酰胺谱带 I，伯酰胺游离态 $\nu_{C=O}$ 在 ~1 690cm^{-1}，缔合态 ~1 650cm^{-1}；仲酰胺游离态 $\nu_{C=O}$ 在 ~1 680cm^{-1}，缔合态 ~1 640cm^{-1}；叔酰胺 ~1 650cm^{-1}。

3. β_{NH} 峰　即酰胺谱带 II，吸收较弱。伯酰胺 β_{NH} 出现在 1 640~1 600cm^{-1}，仲酰胺出现在 1 570~1 510cm^{-1}，与 $\nu_{C=O}$ 相似缔合态向低波移动。如图 5-22 苯甲酰胺的红外光谱所示。

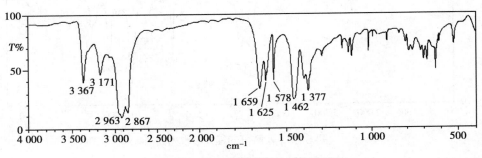

图 5-22　苯甲酰胺的红外吸收光谱

（三）硝基类化合物

硝基化合物有两个硝基伸缩振动特征峰，$\nu_{NO_2}^{as}$ 1 590~1 510cm^{-1} 及 $\nu_{NO_2}^{a}$ 1 390~1 330cm^{-1}，强度很大，很易辨认。ν_{C-N} 出现在 920~800cm^{-1}。如图 5-23 所示。

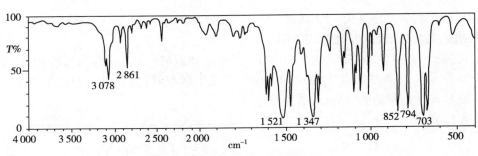

图 5-23　硝基苯的红外吸收光谱

（四）腈类化合物

腈类化合物的主要特征峰为 $\nu_{C\equiv N}$ 2 260~2 215cm^{-1}。其中饱和脂肪腈 $\nu_{C\equiv N}$ 2 260~2 240cm^{-1}，不饱和腈 $\nu_{C\equiv N}$ 2 240~2 225cm^{-1}，芳香腈 $\nu_{C\equiv N}$ 2 260~2 215cm^{-1}。如图 5-24 所示。

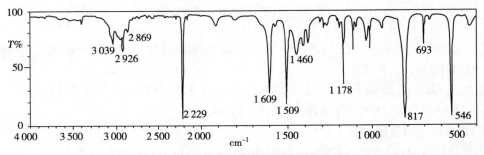

图 5-24　对甲基苯甲腈的红外吸收光谱

第五节　红外吸收光谱法的应用

红外吸收光谱法可用于定性分析、定量分析和结构分析。定量分析的理论依据是朗伯 - 比尔定律,但由于红外谱图复杂,相邻峰重叠多,难以区分检测峰以及灵敏度低等原因,应用意义上不如紫外 - 可见分光光度法,本书不详述。

一、定性分析

红外光谱特征性强,每个化合物都有其特征性红外吸收光谱,可对待检样品进行定性分析。定性分析主要有三方面:①根据红外光谱的特征峰可以确定化合物所含的官能团,从而鉴别其所属类型;②将试样与已知标准品在相同条件下测定红外光谱,比较光谱的异同;③将试样红外光谱与标准光谱对照(详见本章第三节),比较结果。

定性分析需要注意的是样品及标准物质的物态、结晶态和溶剂的一致性,以及一些其他因素,如有杂峰出现,应考虑到是否有水分、CO_2 等的影响。

如甾体激素类药物的定性鉴别,由于该类药物结构上仅有微小的差异,仅靠化学方法难以区别,而红外光谱法特征性强,可为该类药物的鉴别提供可靠手段。《中华人民共和国药典》2020 年版中,黄体酮的鉴别是按规定测定黄体酮的红外光谱图,然后与《药品红外光谱集》中黄体酮的标准谱图进行比较,两者应一致。

二、结构分析

红外吸收光谱图能提供化合物分子中的基团、化合物类别、结构异构等信息,可用于有机化合物结构解析。红外光谱的解析主要起确认官能团的作用,除用标准红外光谱、标准品对照鉴定外,很少单用红外光谱推测化学结构,往往要与元素分析、UV、NMR、X 线及 MS 等方法相结合进行波谱综合解析来确定结构。

(一)红外光谱解析的一般程序

1. 收集、了解样品的有关数据及资料　如对样品的来源、制备过程、外观、纯度,经元素分析后确定的化学式,以及诸如熔点、沸点、溶解性等物理性质作较为全面的了解,取得对样品初步的认识或判断。

2. 由分子式计算化合物的不饱和度(或称不饱和单元)　利用分子式计算有机化合物的不饱和度(Ω),从而估计分子结构中是否含有双键、三键及芳环等,并验证光谱解析结果的合理性。

不饱和度表示有机分子结构中碳原子的饱和程度,是指分子结构距离达到饱和时所缺少的一价元素原子的"对"数。

若分子中只含有一价、二价、三价、四价元素(H、O、N、C 等),不饱和度(Ω)按经验公式计算:

$$\Omega = \frac{2 + 2n_4 + n_3 - n_1}{2}$$　　　　　　式(5-8)

式(5-8)中,n_4、n_3 和 n_1 分别为分子中所含的四价、三价和一价元素原子的数目。二价原子,如 S、O 等不参加计算。但要注意结构中含有化合价高于四价的杂原子时,不能采用上述公式。

不饱和度(Ω)有如下规律:①链状饱和脂肪族化合物的 $\Omega = 0$;②一个双键或一个饱和

环的 $\Omega=1$ ；③一个三键的 $\Omega=2$ ；④苯环的 $\Omega=4$ 。

例 5-1　计算对甲基苯甲醛（C_8H_8O）的不饱和度。

解：$\Omega = \dfrac{2+2n_4+n_3-n_1}{2} = \dfrac{2+2\times 8-8}{2} = 5$

即：苯环 $\Omega=4$，羰基 $\Omega=1$。

3. 谱图解析原则　遵循由简单到复杂的顺序，解析基本原则如下：

(1) 红外吸收光谱解析的三要素：峰位、峰强和峰形为红外光谱解析的三要素。先看峰位，再观峰强，最后察峰形，三者缺一不可。例如 $\nu_{C=O}$，其特征是在 1 680~1 780cm^{-1} 范围内有很强的吸收峰。若吸收强度很弱，就不能判定此化合物含有羰基，而只能说明此样品中可能含有少量羰基化合物的杂质，或者可能为其他基团的相近吸收峰而非羰基吸收峰。根据峰形可以辅助判断基团的种类，如缔合羟基、缔合胺基及炔氢的吸收峰位置差异很小，但峰的形状相差很大：缔合羟基峰宽、圆滑而钝；缔合伯胺基吸收峰有一个小小的分叉；炔氢则显示尖锐的峰形。

(2) 由一组相关峰确定一个官能团的存在：如—CH$_3$ 约在 2 960cm^{-1} 和 2 870cm^{-1} 处有非对称和对称伸缩振动吸收峰，而在 1 450cm^{-1} 和 1 375cm^{-1} 处有弯曲振动吸收峰，四峰都出现才可断定结构中含甲基。

(3) 红外光谱图的解析顺序：遵循"四先四后相关法"的原则，即：先特征区，后指纹区；先最强峰，后次强峰；先粗查（查基团与特征频率的相关性表或基频峰分布略图），后细找（查附录一主要基团的红外特征吸收频率）；先否定，后肯定；并结合由一组相关峰确认一个官能团的存在的基本原则。因为吸收峰的不存在而否定官能团的存在，比吸收峰的存在而肯定官能团的存在更具说服力。解析步骤的最后环节是试样红外光谱与已知化合物或标准红外谱图对比，判断其结构。

4. 红外标准谱图的应用　必要时可查阅相关红外标准谱图（见本章第三节），另外，还可登录网站查阅化合物光谱数据与谱图（见本书第九章）。

(二) 解析示例

例 5-2　某化合物的红外光谱如图 5-25 所示，试判断该化合物是下列结构中的哪一个？

（Ⅰ）$CH_3(CH_2)_3OH$　　　（Ⅱ）$H_3C-\overset{\displaystyle CH_3}{\underset{\displaystyle CH_3}{\overset{|}{\underset{|}{C}}}}-OH$　　　（Ⅲ）$CH_2=CHCH_2CH_2OH$

图 5-25　某化合物的红外光谱

解：IR 谱图中在 3 360cm^{-1} 处有吸收峰，说明结构中—OH 的存在，3 个化合物都满足此条件。化合物Ⅲ结构中有 C=C，但 IR 谱图中在 3 100~3 000cm^{-1} 区间无吸收，而且在 ~1 650cm^{-1} 也无吸收，结构Ⅲ不符。IR 谱图中 1 395cm^{-1} 和 1 363cm^{-1} 表现为双吸收峰，且 1 363cm^{-1} 的峰强较 1 395cm^{-1} 的峰强大，为叔丁基的特征吸收，因此该化合物为结构Ⅱ。

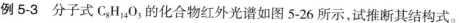

例 5-3 分子式 $C_8H_{14}O_3$ 的化合物红外光谱如图 5-26 所示,试推断其结构式。

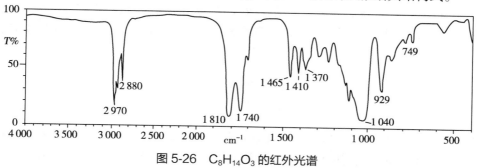

图 5-26 $C_8H_{14}O_3$ 的红外光谱

解:计算不饱和度 $\Omega = \dfrac{2+2\times8-14}{2} = 2$,则不饱和度为 2,提示分子含不饱和键或环结构。

2 400~2 100cm^{-1} 区域无吸收峰,说明结构中无三键。3 700~3 200cm^{-1} 区域无吸收峰,表明无羟基。1 680~1 450cm^{-1} 区域无吸收峰,表明无碳碳双键存在。1 900~1 650cm^{-1} 区域有强吸收,且裂分为双峰,加之在 1 040cm^{-1} 处有强吸收,表明结构中有酸酐结构。

3 000~2 700cm^{-1} 区域为 ν_{C-H} 吸收峰,1 465cm^{-1} 和 1 370cm^{-1} 为 δ_{C-H} 吸收峰,表明有甲基的存在,且 1 370cm^{-1} 峰没有发生分裂,表明结构中无偕二甲基或偕三甲基的存在。图中只产生一个甲基峰,因此结构具有对称性;谱图在指纹区 749cm^{-1} 处产生亚甲基 C—H 面外弯曲振动峰,表明 CH$_2$ 在结构中为 1~3 个的孤立存在。

由上所述,化合物结构为丁酸酐:

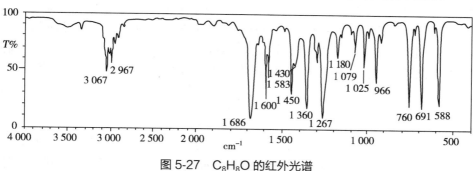

峰归属:酸酐的 $\nu_{C=O}$:1 810cm^{-1}、1 740cm^{-1};甲基的 δ_{C-H}:1 465cm^{-1}、1 370cm^{-1};孤立亚甲基的 γ_{C-H}:749cm^{-1}。

验证:核对不饱和度,正确;与 Sadtler 纯化合物标准红外光谱一致。

例 5-4 某未知物分子式为 C_8H_8O,红外光谱如图 5-27 所示,试推测其结构。

图 5-27 C_8H_8O 的红外光谱

解:$\Omega = \dfrac{2+2\times8-8}{2} = 5$,结构中可能有苯环。第一强峰为 1 686cm^{-1},为 $\nu_{C=O}$ 峰;但 IR 谱图中无 ~2 820cm^{-1}、~2 720cm^{-1} 双峰存在,因此不是醛;分子中只有 1 个氧,不可能为羧酸、酯及酸酐。而 $\nu_{C=O}$ 峰 1 686cm^{-1} 相对于 1 715cm^{-1} 向低波数移动,且 $\Omega > 4$,表明 C=O 与苯环共轭。

苯环的确认：苯环的骨架振动 $v_{C=C}$ 峰 1 600cm^{-1}、1 583cm^{-1} 和 1 450cm^{-1}（共轭环）；芳氢伸缩振动峰 3 067cm^{-1}；芳氢面外弯曲振动峰 760cm^{-1}、691cm^{-1}，表明是苯环单取代。C—C 伸缩振动峰：1 267cm^{-1}；甲基相关峰：面内对称振动 1 360cm^{-1}、面内不对称振动峰 1 430cm^{-1}；C—H 伸缩振动峰：3 000~2 850cm^{-1}。综上所述，该化合物结构为苯乙酮：

$$\text{（苯乙酮结构式）} \quad C-CH_3 \; \| \; O$$

峰归属：芳酮 C=O 伸缩振动峰：1 686cm^{-1}；共轭苯环的 C=C 伸缩振动峰：1 600cm^{-1}、1 583cm^{-1} 和 1 450cm^{-1}；甲基面内不对称和对称变形振动峰：1 430cm^{-1}、1 360cm^{-1}；芳酮 Ar—CO 的伸缩振动峰：1 267cm^{-1}；苯环芳氢面内振动峰：1 180cm^{-1}、1 079cm^{-1} 和 1 025cm^{-1}；苯环单取代面外振动峰：760cm^{-1}、691cm^{-1}；芳香甲酮特征峰：588cm^{-1}。

验证：核对不饱和度，正确；与 Sadtler 纯化合物苯乙酮的标准红外光谱一致。

第六节　近红外光谱法简介

近红外光谱法（near infrared spectrometry，NIRS）是通过测定物质在近红外光谱区［波长范围约在 0.78~2.5μm（12 820~4 000cm^{-1}）］的特征光谱并利用化学计量学方法提取相关信息，对物质进行定性定量分析的一种光谱分析技术。

一、近红外光谱法的基本原理

近红外和中红外光谱都是振动光谱，中红外光谱主要记录分子中单个化学键的基频振动信息，而近红外光谱主要是由于分子振动的非谐振性使分子振动从基态向高能级跃迁时产生的，记录分子中的 C—H、N—H、S—H 和 O—H 等含氢基团的倍频振动和合频振动信息。近红外光谱具有丰富的结构和组成信息，但由于倍频和合频跃迁概率低，其吸收强度远低于物质中红外光谱的基频振动，灵敏度相对较低，而且吸收峰较宽、重叠严重。因此，通常不能直接对其进行解析，而需要对测得的光谱数据进行数学处理后，才能进行定性定量分析。

近红外光谱分析中常采用透射或反射测量模式。透射模式主要用于分析液体样品，近红外光穿过样品，透射光强度（I）与波长或波数的函数为近红外光谱。定量分析的理论依据是朗伯 - 比尔定律。

反射模式（也称漫反射）主要用于分析固体样品，近红外光可穿至样品内部 1~3mm，未被吸收的近红外光从样品中反射出。分别测定样品的反射光强度（I）与参比反射表面的反射光强度（I_r），其比值为漫反射率 R。lg(1/R) 与波长或波数的函数为近红外光谱。

$$R = \frac{I}{I_r} \qquad\qquad 式（5-9）$$

$$A_R = \lg \frac{1}{R} = \lg \frac{I_r}{I} \qquad\qquad 式（5-10）$$

漫反射吸光度光谱与样品中吸光成分浓度之间的关系并不服从朗伯 - 比尔定律，即吸光度和浓度不呈线性关系。Kubelka-Munk 理论能基本解决此难题。该理论将漫反射光谱转换为 Kubekla-Munk 函数值，可将漫反射吸光度 A_R 与吸收系数 k（不同于透射光谱中的吸收系数，$k=\varepsilon c$）、散射系数 s 的关系用下式表示：

$$A_R = \lg(1/R_\infty) = -\lg\left[1+(k/s)-\sqrt{(k/s)^2+2(k/s)}\right] \qquad\qquad 式（5-11）$$

式(5-11)中，R_∞样品厚度为无穷时的漫反射率，由于R_∞不易测定，实际中用相对漫反射率替代。采用具有光滑表面的陶瓷或镀金材料(使$k \approx 0$)作为参比样品，使待测样品厚度足够厚，可得到待测样品无穷厚度的相对漫反射率。

由式(5-11)可以得出，样品的反射吸光度A_R与k/s的关系为对数曲线，在一定范围内两者近似地成直线相关关系，当散射系数s不变时，吸光度A_R与k近似成正比，所以吸光度A_R也近似与样品浓度c成正比。由于散射系数s与样品的颗粒大小、形状、紧密程度及其他物理性质相关，因此在分析时要注意条件的稳定性。

二、近红外光谱仪

近红外光谱仪可以设计为实验室通用式、便携、车载、专用和在线等类型(图5-28)。与中红外光谱仪相似，由光源、单色器(或干涉仪)、采样系统、检测器、数据处理器和评价系统等组成。

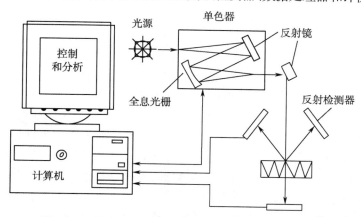

图5-28　单光路光栅扫描型近红外光谱仪的光路简图

光源一般为卤素-钨白炽灯。单色器有滤光片型、光栅扫描型、傅里叶变换型和声光可调型等。样品池、光纤探头、液体透射池、积分球是常用的采样装置。检测器有热检测器和量子检测器两大类，其中量子检测器更常用，由半导体材料构成，如硅、硫化铅、砷化铟、铟镓砷、汞镉碲和氘化三甘氨酸硫酸酯等。量子检测器具有体积小、噪声低、光谱响应速度快、响应范围宽等优点。检测器和采样系统需根据供试品的类型选择。

三、近红外光谱法的应用

近红外光谱法具有快速简便、对样品无破坏、操作方便等优点，能进行"离线"分析、"在线"过程控制，在农业科学、生物学、化学、环境科学、医药、食品科学、地质科学、农产品的品质分析、石油化工等领域得到较广泛应用。

如前所述，近红外光谱主要由含氢基团的倍频与合频吸收峰组成，吸收强度弱、灵敏度相对较低，吸收峰较宽且重叠严重。需要采用化学计量学方法通过建立多元校正模型对谱图进行预处理和降维处理，实现定性定量分析的目的。

（一）定性分析

定性分析的主要步骤包括：

1. 代表性样品的选择　选择适宜的代表性样品建立定性分析模型。

2. 谱图预处理和降维处理　为有效地提取有用信息，排除无效信息，在建立分类或校正模型时需要对谱图进行数学预处理。一般有归一化处理、导数处理方法。对固体样品，采用多元散射校正或标准正态变量变换校正可以消除或减弱光散射引入的基线偏移。

笔记栏

3. 建立定性分析模型　建立定性分析模型就是将样品的性质与光谱的变化相关联,用光谱的差异程度来区分样品的性质。定性分析中常采用模式识别的方法对具有相似特征的样品进行分组。常用的模式识别方法很多,有聚类分析、判别分析、主成分分析和人工神经网络方法。

4. 模型的验证　对定性分析模型,至少应进行模型的专属性和重现性两方面的验证。

(二) 定量分析

利用近红外光谱法进行定量分析的步骤与定性分析类似,主要包括:收集样品并进行检验,选择代表性样品,测定光谱,选择化学计量学方法对谱图进行预处理和降维处理,建立定量分析模型,对模型进行验证。

定量分析均利用多波长光谱数据,采用多元校正的方法,如多元线性回归、主成分回归、偏最小二乘回归和人工神经网络等建立分析模型。

🔍 知识拓展

近红外光谱在中药过程分析中的应用

20 世纪 90 年代以来,近红外光谱分析技术与过程分析技术紧密结合,作为一种行之有效的过程分析方法已经在医疗制药工程、农业、食品工业等领域得到广泛应用。在线近红外过程分析技术是将离线近红外光谱技术与工业化生产现场实时监测系统相结合,通过在线采集有代表性的近红外光谱及其对应基础数据,建立数学分析模型,通过模型分析产品有关的组成或性质等的数据,并将分析结果通过生产过程的控制系统从而最终实现整个生产工艺过程的优化控制。目前,近红外分析技术在我国中药领域的研究及应用主要有以下三方面:中药鉴定(中药材种类的鉴别、道地药材的鉴别和中药材真伪的鉴别);中药有效成分含量的测定(包括指标成分和伪品掺入量);中药制药过程的在线质量控制(优质原药材的快速定性与定量筛选、中药材提取过程、中药提取物浓缩过程、中药提取物纯化过程、中药提取物混合过程和中药提取物包衣过程)。

❤ 思政元素

近红外光谱技术与中药真伪鉴别

假劣药是世界各国特别是发展中国家共同面临的严峻问题之一。贵重中药材由于价格不菲,致使一些不法分子不择手段地进行造假以牟取暴利,市场上针对一些贵重药材的掺伪现象十分严重。目前,常规的中药材鉴别方法主要为性状鉴别、显微鉴别和理化鉴别,一般仅通过检测几项指标判断药物的真伪,而面对中药材中复杂的化学成分群,非全面的鉴别难免会有疏漏,且性状鉴别多凭借经验,显微鉴别和理化鉴别耗时较长、药材需前期处理,在药材交易过程中难以实施。近红外光谱法是一种通过快速扫描获取药物全面信息的方法,且具有高度的特异性,类似人的指纹,能有效实现药物的真伪鉴别,且整个过程快速无损,成为当前中药质量整体评价非常重要的鉴别手段。如对进口血竭与国产血竭的准确快速鉴别;对不同产地冬虫夏草、丹参、三七等中药材的辨识;对天然牛黄粉中人工牛黄粉掺入量的测定;等等。中国食品药品检定研究院将近红外识别系统与化学快速鉴别系统相结合并依靠授权方法建立快速检测平台,成功应用于药品检测车中,大大提高了假药识别的速度和识别能力,满足了基层现场快速鉴别的需要,维护了生产企业和消费者的权益,对稳定药品市场秩序起到了重要作用。在科学技术不断创新发展的今天,我们应主动探索,敢为人先,努力发掘符合时代特征并满足广大人民群众需求的切实可行的新方法,为中药的高质量发展保驾护航。

学习小结

1. 学习内容

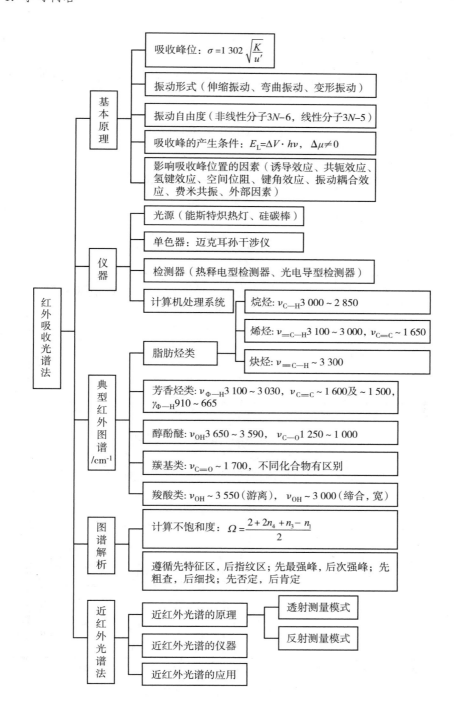

笔记栏

2.学习方法　本章学习的关键是熟悉常见官能团的红外特征峰及典型有机化合物的红外光谱,并利用附录一来解析红外光谱图。

（韦国兵）

复习思考题

1. 红外吸收光谱产生的条件是什么?
2. 影响红外光谱吸收峰位置的因素有哪些?
3. C—H、C—Cl 键的伸缩振动峰何者更强? 为什么?
4. 何谓红外吸收光谱解析的三要素?
5. 某化合物在 4 000~400cm⁻¹ 范围的红外吸收光谱如图 5-29 所示,试判断是下列化合物中的哪一个?

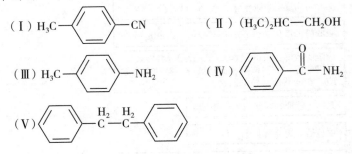

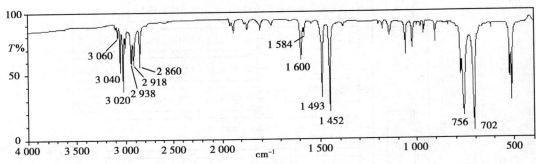

图 5-29　未知化合物的红外吸收光谱

6. 某试样通过 TLC 分析为纯物质,由质谱测得分子式为 $C_9H_{10}O_2$,红外吸收光谱如图 5-30 所示,试确定其结构。

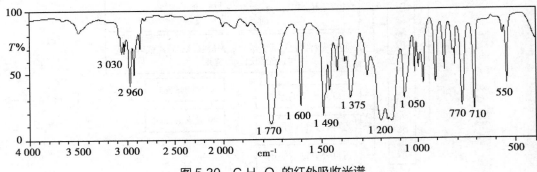

图 5-30　$C_9H_{10}O_2$ 的红外吸收光谱

7. 某未知物分子式为 $C_9H_{10}O$,红外吸收光谱如图 5-31 所示,试推测其结构。

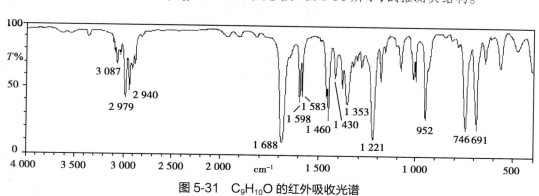

图 5-31 $C_9H_{10}O$ 的红外吸收光谱

第六章

原子光谱法

学习目标

1. 掌握原子光谱项的表示方法、影响原子吸收谱线轮廓的因素。
2. 熟悉原子吸收光谱法测定条件的选择，干扰及其抑制和定量分析方法；原子吸收值与原子浓度的关系（积分吸收与峰值吸收）。
3. 了解原子吸收光谱仪的主要部件和类型；原子发射光谱法的基本原理。

　　原子光谱是由气态原子外层电子能级跃迁产生的，而以测量原子光谱为基础的分析方法即为原子光谱法。属于原子光谱法的有原子发射光谱法、原子吸收光谱法、原子荧光光谱法及 X 射线荧光光谱法等。本章将重点介绍目前应用较多的原子吸收光谱法。原子发射光谱法和原子吸收光谱法的基本原理类似，因此本章对原子发射光谱法仅作简介。

　　原子吸收光谱法（atomic absorption spectrometry，AAS）又称原子分光光度法，是基于基态原子外层电子对其特征电磁辐射的吸收来进行元素含量测定的一种分析方法。

　　原子吸收光谱法具有以下优点：①检出限低，灵敏度高：如石墨炉原子吸收法的检出限可达到 $10^{-13} \sim 10^{-10}$ g/ml；②准确度好：火焰原子吸收法的相对误差小于 1%，石墨炉原子吸收法约为 3%~5%；③分析速度快：如自动原子吸收光谱仪可在 35 分钟内连续测定 50 个试样中的 6 种元素；④应用范围广：不仅可以测定金属元素，也可以测定非金属元素和有机化合物；⑤仪器比较简单，操作方便。

　　原子吸收光谱法具有以下局限性：①多数仪器每测一种元素必须使用与之对应的一个空心阴极灯，一次只能测一个元素，多元素同时测定尚有困难；②对于高熔点或形成氧化物、复合物、碳化物后难以原子化的元素分析灵敏度低，结果不太令人满意；③标准曲线线性范围窄，一般仅为 1 个数量级。

　　原子发射光谱法（atomic emission spectrometry，AES）是根据待测物质的气态原子或离子被激发时所发射的特征谱线的波长和强度，对元素进行定性和定量分析的方法，是光谱学各个分支中最为古老的一种。20 世纪 50 年代末、60 年代初，由于原子吸收光谱法（AAS）的崛起，AES 中的一些缺点，使它显得比 AAS 有所逊色，出现一种 AAS 欲取代 AES 的趋势。但是到了 20 世纪 70 年代以后，由于新的激发光源如电感耦合等离子体、激光等的应用、新的进样方式的出现，以及先进电子技术的应用，使古老的 AES 得到复苏，注入新的活力，仍然是仪器分析中的重要分析方法之一。

　　原子发射光谱法具有如下特点：①选择性好：每种元素都有一些可供选用且不受其他元素干扰的特征谱线，因此某些元素不需经过复杂分离就可同时测定；②检出限较低：大多数元素，检出限可达 $10^{-9} \sim 10^{-8}$ 数量级；③分析速度快：利用光电直读光谱仪可在 1~2 分钟内同时测定多种元素，如等离子体发射光谱可在 1 分钟内同时测定水中 48 种元素；④样品用量少：只需用几毫克至几十毫克就可完成样品元素的全分析；⑤应用范围广：能分析周期表中多达78种元素，可直接用于气体、液体和固体样品分析；⑥具有一定的局限性：在进行高含量样品分析时，误差较大，适用于微量及痕量元素的分析。

第一节　原子吸收光谱法的基本原理

一、共振吸收线

原子在两个能级之间的跃迁伴随着能量的发射和吸收。原子可具有多种能级状态，当原子受外界能量（光能、热能等）激发时，其外层电子可以吸收一定能量，从基态跃迁到不同能级，因此可能有不同的激发态，从而产生原子吸收谱线。一般外层电子从基态跃迁到第一激发态最易发生，这时所产生的吸收谱线称共振吸收线（简称共振线）。

由于不同元素的原子外层电子排布不同，原子从基态跃迁到第一激发态时所吸收的能量不同，共振线的频率也不一样，因而共振线是元素的特征谱线。对于多数元素的原子吸收光谱法分析，首先选用共振线作为吸收谱线，只有共振吸收线受到光谱干扰时才选用其他吸收谱线。

二、玻尔兹曼分布定律

按照热力学理论，在热力学平衡状态下，激发态原子与基态原子数的分布符合玻尔兹曼分布定律（Boltzmann distribution law）。即：

$$\frac{N_i}{N_0} = \frac{g_i}{g_0} e^{\left(-\frac{E_i - E_0}{kT}\right)} \qquad 式（6-1）$$

式（6-1）中，N_i、N_0分别代表激发态和基态的原子数目；g_i、g_0分别代表激发态和基态的统计权重；E_i、E_0分别为激发态和基态原子的能量；T为热力学温度；k为玻尔兹曼常数（Boltzmann constant），其值为1.38×10^{-23}J/K。

对共振线来说，电子由基态跃迁到第一激发态时，式（6-1）可写为：

$$\frac{N_i}{N_0} = \frac{g_i}{g_0} e^{\left(-\frac{VE_i}{kT}\right)} = \frac{g_i}{g_0} e^{\left(-\frac{h\nu}{kT}\right)} \qquad 式（6-2）$$

原子光谱中，对一定波长的谱线，g_i、g_0、E_i均为已知。若已知火焰的温度，就可以计算出N_i/N_0的值。温度T越高，N_i/N_0值越大，即激发态原子数随温度升高而增加，且按指数关系变大；在相同温度下，电子跃迁能级差越小，N_i/N_0值越大。在火焰法原子吸收光谱法中，原子化温度一般低于3 000K，且大多数元素的最强共振线都低于600nm，所以N_i/N_0一般均小于10^{-3}以下，即激发态的原子数N_i还不到基态原子数N_0的1%，甚至更小。因此，基态原子数N_0近似地等于被测原子的总数N。也可以认为，所有的吸收都是在基态进行的，这样就大大地减少了可以用于原子吸收的吸收谱线的数目。在紫外光谱区，每种元素仅有3~4个有用的吸收线，这是原子吸收光谱法灵敏度高、抗干扰能力强的一个重要原因。

三、原子吸收谱线的轮廓

（一）原子吸收谱线的轮廓

原子吸收所产生的谱线并不是严格几何意义上的线（几何线无宽度），而是呈现有一定宽度（有频率或波长范围）的谱线轮廓。如图6-1为透过光强I_ν对频率ν_0作图所得。在ν_0

处,透过光强度最小,为基态原子的最大吸收。

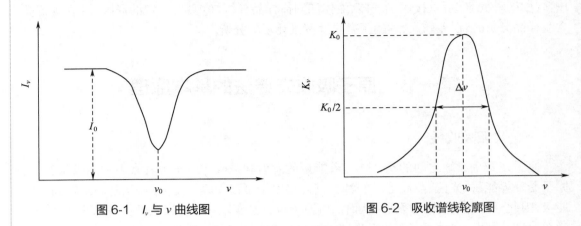

图 6-1　I_ν 与 ν 曲线图　　　　　　　　图 6-2　吸收谱线轮廓图

如图 6-2 为吸收系数 K_ν 对频率 ν 作图所得,称原子吸收谱线的轮廓。在频率 ν_0 处, K_ν 有极大值 K_0,K_0 称峰值吸收系数或中心吸收系数。ν_0 称中心频率,由原子能级决定。当 $K_\nu = K_0/2$ 时,所对应的吸收轮廓上两点间的距离称吸收峰的半宽度,用 $\Delta\nu$(或 $\Delta\lambda$)表示。ν_0 表明吸收线的位置,$\Delta\nu$ 表明了吸收线的宽度,因此,ν_0 及 $\Delta\nu$ 可表征吸收线的总体轮廓。原子吸收谱线的 $\Delta\nu$ 约为 0.001~0.005nm,比分子吸收带(紫外 - 可见吸收光谱是分子吸收)的半宽度(约 50nm)要小得多。

(二)谱线变宽的因素

原子吸收谱线变宽,一方面由激发态原子核外层电子的性质决定,如自然线宽;另一方面受外界因素的影响,如多普勒变宽和碰撞变宽等。

1. 自然线宽(natural line width, $\Delta\nu_N$)　在无外界条件影响下,谱线本身固有的宽度称自然线宽,以 $\Delta\nu_N$ 表示。它与原子核外层电子激发态的平均寿命有关,平均寿命越短,自然线宽越宽。自然线宽约为 10^{-5}nm 数量级。与其他变宽效应相比,$\Delta\nu_N$ 很小,可以忽略不计。

2. 多普勒变宽(Doppler broadening, $\Delta\nu_D$)　由原子无规则热运动引起,又称热变宽,以 $\Delta\nu_D$ 表示。原子吸收光谱法中,基态原子在高温环境下处于热运动状态。从物理学的多普勒效应可知,一个运动着的原子所发射出的光,若运动方向朝向观察者(检测器),则观测到光的频率较静止原子所发出光的频率高(波长更短);反之,则较静止原子所发出光的频率低(波长更长)。由于原子的热运动是无规则的,但在朝向、背向检测器的方向上总有一定的分量,所以检测器接收到光的频率(波长)总会有一定的范围,即谱线产生变宽。测定温度越高,被测元素原子质量越小,原子相对热运动越剧烈,多普勒变宽越大。多普勒变宽的频率分布与气态中原子热运动分布是相同的,具有近似的正态分布,所以多普勒变宽时,中心频率不变,只是两侧对称变宽。Doppler 变宽可达 10^{-3}nm 数量级,是谱线变宽的主要因素。

3. 碰撞变宽(collision broadening)　由吸光原子与蒸气中其他粒子相互碰撞而引起能级的微小变化,使发射或吸收的光量子频率改变而导致的变宽,也称压力变宽(pressure broadening)。根据与其碰撞粒子的不同,碰撞变宽又分为霍尔兹马克变宽和洛伦兹变宽。霍尔兹马克变宽(Holtsmark broadening,$\Delta\nu_R$)是由待测元素原子自身的相互碰撞而引起的,在通常实验条件下可以忽略不计。洛伦兹变宽(Lorentz broadening,$\Delta\nu_L$)源于待测元素原子与其他共存元素原子的相互碰撞。$\Delta\nu_L$ 随吸收区气体压力增大及温度增高而增大,约为 10^{-3}nm 数量级,是谱线变宽的主要因素。

4. 自吸展宽（self absorption broadening） 原子在高温时被激发，发射某一波长的辐射，而处于低温状态的同类原子又能吸收这一波长的辐射，这种现象称自吸现象。自吸现象会使谱线的半宽度变大。灯电流越大，产生热量越大，阴极周围的基态原子越多，自吸展宽就越严重。严重的谱线自吸就是谱线的"自蚀"。自吸现象使谱线强度降低，同时导致谱线轮廓变宽。谱线的自吸如图6-3所示。

5. 场致变宽 指在外界电场或磁场的作用下，原子核外电子能级分裂而使谱线变宽的现象。场致变宽包括斯塔克变宽（电场）和塞曼变宽（磁场）。若将光源置于磁场中，则原来表现为一条的谱线，将分裂为2条或2条以上的谱线，这种现象称塞曼效应（Zeeman effect）。当磁场影响不大，分裂线的频率差较小，仪器的分辨率有限时，表现为宽的一条谱线，称塞曼变宽（Zeeman broadening）；光源在电场中也能产生谱线的分裂，当电场不是十分强时，即表现为谱线的变宽，称斯塔克变宽（Stark broadening）。

在通常的实验条件下，多普勒变宽和洛伦兹变宽是主要影响因素。

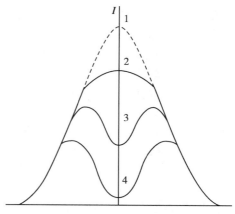

图6-3 谱线的自吸
1. 无自吸 2. 自吸 3. 自蚀 4. 严重自蚀

四、原子吸收值与原子浓度的关系

原子吸收谱线具有一定的宽度，但仅有 10^{-3} nm 数量级，用一般方法（如分子吸收的方法）得到入射光源，吸收定律将不能适用。因此，需要寻求新的理论和技术来解决原子吸收的测量问题。

（一）积分吸收

当光强为 I_0 的特征谱线通过厚度为 l 的原子蒸气时，一部分光被吸收，透过光的强度为 I_v，I_0 与 I_v 服从朗伯-比尔定律，即：

$$I_v = I_0 \cdot e^{-K_v l} \qquad 式（6-3）$$

或

$$A = -lg \frac{I_v}{I_0} = 0.434 \, K_v l \qquad 式（6-4）$$

式（6-3）和式（6-4）中，K_v 为吸收系数，它与入射光的频率、基态原子浓度及原子化温度等因素有关。

与分子吸收不同的是，原子吸收谱线轮廓是同种基态原子在吸收其共振辐射时被展宽了的吸收带，原子吸收谱线轮廓上的任意各点都与相同的能级跃迁相联系。因此，原子吸收光谱是测量气态原子吸收共振线的总能量，也就是吸收线的轮廓内吸收系数的积分面积，即积分吸收（integrated absorption）。根据经典爱因斯坦理论，积分吸收与基态原子浓度成正比，其数学表达式为：

$$\int K_v \mathrm{d}v = \frac{\pi(-e)^2}{mc} \cdot f \cdot N_0 \qquad 式（6-5）$$

式（6-5）中，e 为电子电荷；m 为电子质量；c 为光速；N_0 为单位体积原子蒸气中吸收辐射的基态原子数目，亦即基态原子密度；f 为振子强度，即能被辐射激发的每个原子的平均电子数，正比于原子对特定波长辐射的吸收概率。由式（6-5）可看出，若能测定积分吸收，即可求出原子浓度。但由于大多数元素的吸收线半宽度为 10^{-3} nm 左右，测定如此窄的积分吸收要求单色器分辨率达 50 万以上的色散仪,如此高的分辨率很难实现,因而一直未能在分析中得到实际应用。现代技术已解决了积分测量的技术问题,但为了降低成本,仍然采用低分辨率的色散仪,以峰值吸收测量法代替积分吸收法进行定量分析。

（二）峰值吸收

1955 年,澳大利亚科学家 Walsh.A. 提出,在温度不太高的稳定火焰条件下,峰值吸收系数与火焰中被测元素的原子浓度存在线性关系,可以测定吸收线中心波长的峰值吸收系数 K_0 来代替积分吸收系数的测定。K_0 的测定只需使用锐线光源,而不必使用高分辨率的单色器,因而解决了原子吸收光谱法的实际测量问题。当光源发射线的中心波长与吸收线中心波长一致,且发射线的半宽度比吸收线的半宽度小得多时,谱线变宽取决于多普勒（Doppler）宽度。K_v 与 K_0 的数学关系式为:

$$K_v = K_0 e^{-\left[\frac{2(v-v_0)\sqrt{\ln 2}}{\Delta v_b}\right]^2} \qquad \text{式（6-6）}$$

将式（6-6）代入式（6-5）积分后为:

$$\int_0^\infty K_v dv = \frac{1}{2}\sqrt{\frac{\pi}{\ln 2}} K_0 \Delta v_D \qquad \text{式（6-7）}$$

合并式（6-7）与式（6-6）,得:

$$K_0 = \frac{2}{\Delta v_D}\sqrt{\frac{\ln 2}{\pi}} \cdot \frac{\pi(-e)^2}{mc} \cdot f \cdot N_0 \qquad \text{式（6-8）}$$

用 K_0 代替式（6-4）中的 K_v,得:

$$A = 0.434 \times \frac{2}{\Delta v_0}\sqrt{\frac{\ln 2}{\pi}} \cdot \frac{\pi}{mc} \cdot f \cdot N_0 \cdot l \qquad \text{式（6-9）}$$

在原子吸收光谱分析条件下,处于激发态的原子数很少,基态原子数可近似等于吸收原子数,即试样中待测元素的浓度 c 与原子化器中基态原子的浓度 N_0 有恒定的比例关系,而式（6-9）的其他参数又都是常数,因此可将式（6-9）改写为:

$$A = K'c \qquad \text{式（6-10）}$$

式（6-10）中,K' 为常数。它是原子吸收光谱法定量分析的基础。

第二节　原子吸收光谱仪

原子吸收光谱仪（atomic absorption spectrometer）又称原子吸收分光光度计（atomic absorption spectrophotometer）,与紫外 - 可见分光光度计的结构相似,只是用锐线光源代替连续光源,用原子化器代替吸收池,如图 6-4 所示。其主要结构由四部分组成:光源、原子化器、单色器和检测系统。光源发射出待测元素特征谱线,被待测元素原子吸收后,经光学系统中的单色器,将特征谱线与原子化器在原子化过程中产生的复合光谱色散分离后,检测系统将特征谱线强度信号转换成电信号,通过模 / 数转换器转换成数字信号。计算机光谱工作站对数字信号进行采集、处理与显示,并对光谱仪各系统进行自动控制。

一、仪器的主要部件与工作原理

（一）光源

光源的作用是发射被测元素的特征共振辐射,称锐线光源（narrow-line source）。对光源的基本要求是:发射的共振辐射波长的半宽度要明显小于吸收线的半宽度,辐射强度大,稳定,寿命长,背景小。目前应用最为普遍的是空心阴极灯（hollow cathode lamp,HCL）,又称元素灯,其结构如图6-5所示。灯管由硬质玻璃制成,灯的窗口根据辐射波长的不同,选用不同的材料做成,可见光区(370nm以上)用光学玻璃片,紫外光区(370nm以下)用石英玻璃片。

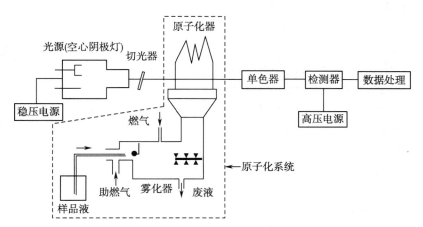

图6-4　原子吸收光谱仪基本构造示意图

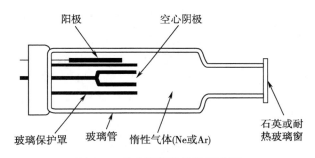

图6-5　空心阴极灯构造示意图

当阴极和阳极之间施加300~500V电压时,电子由阴极向阳极高速运动,并与惰性气体分子发生碰撞而使之电离。气体正离子在电场作用下,轰击阴极表面,使阴极表面的金属原子溅射。溅射出的原子与其他粒子碰撞而被激发,激发态元素的核外层电子瞬间以光辐射形式释放能量回到基态或低能态,发射出该元素的特征谱线。

空心阴极灯的优点是辐射光强度大而且稳定,谱线宽度窄,灯易于更换。缺点是每测一种元素需换一个灯,很不方便。现亦制成多元素空心阴极灯,但发射强度低于单元素灯,且如果金属组合不当,易产生光谱干扰,因此使用尚不普遍。

(二)原子化器

原子化器(atomizer)的功能是提供能量,使试样干燥、蒸发并原子化。试样中被测元素的原子化是整个分析过程的关键,元素测定的灵敏度、准确性及干扰情况,在很大程度上取决于原子化的情况。对原子化器的主要要求是:原子化效率高,稳定性好,干扰水平低,背景影响和噪声低,安全,耐用,适用范围广,便于清洗等。原子化器分为火焰原子化器和非火焰原子化器两大类。

1. 火焰原子化器　火焰原子化器是利用化学火焰的热能使试样原子化的一种装置,有全消耗型和预混合型两种。应用较多的是预混合型原子化器,结构如图6-6所示,主要由喷雾器、雾化室和燃烧器三部分组成。

(1)喷雾器:作用是吸入试液并将其雾化,且使雾滴均匀化。目前较多采用同心型气动喷雾器,喷出微米级直径雾粒的气溶胶。雾滴越小,在火焰中生成的基态原子就越多,即原子化效率就越高。喷雾器的雾化效率一般较低,在 10% 左右。

(2)雾化室:也称预混合室,作用是使气溶胶的雾粒更细微、均匀,并与燃气、助燃气混合均匀后进入燃烧器。雾化室中装有撞击球,其作用是把雾滴撞碎,还装有扰流器,可以阻挡大的雾滴进入燃烧器,使其沿室壁流入废液管排出,并可使气体混合均匀。目前,这种气动雾化器的雾化效率比较低,大约只能达到 5%~15%。雾化室还存在记忆效应。记忆效应又称残留效应,是指试液喷雾停止后,立即用蒸馏水喷雾,仪器读数返回至零点或基线的时间。记忆效应小,仪器返回零点或基线时间短,则测定的精密度高、准确度好。

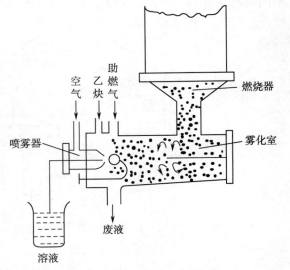

图 6-6　预混合型火焰原子化器

(3)燃烧器:作用是产生火焰,使进入火焰的试样气溶胶蒸发和原子化。一个良好的燃烧器应具有原子化效率高、噪声小、火焰稳定等特点。

(4)火焰:燃气和助燃气在雾化室中预混合后,在燃烧器缝口点燃形成火焰。燃烧火焰由不同种类的气体混合产生,火焰的组成关系到测定的灵敏度、稳定性和干扰等。因此对不同的元素,应选择不同的恰当的火焰。燃气和助燃气种类、流量不同,火焰的最高温度也不同,见表 6-1。

表 6-1　几种常用火焰的燃烧特性

燃气	助燃气	最高温度 /℃	燃烧速度 /(cm/s)
煤气	空气	1 840	55
氢气	空气	2 050	320
乙炔	空气	2 300	160
氢气	氧气	2 700	900
乙炔	氧化亚氮	2 955	180
乙炔	氧气	3 060	1 130
乙炔	氧化氮	3 095	90

原子吸收光谱法中最常用的是乙炔-空气火焰,火焰温度较高,燃烧稳定,具有较好的原子化能力,噪声小,重现性好,燃烧速度适当,能为 35 种以上元素充分原子化提供最适宜的温度。此外,应用较多的还有乙炔-氧化亚氮火焰、氢气-空气火焰。

火焰原子化器的优点是:①结构简单,操作方便,应用较广;②火焰稳定,重现性及精密度较好。缺点是:①雾化效率低,原子化效率低(一般低于 30%);②气态原子在火焰吸收区中停留的时间很短,约 10^{-4} 秒,通常只可以液体进样;③由于使用大量载气,起稀释作用,使试样原子浓度降低,因而限制了其灵敏度和检测限。

2. 非火焰原子化器　非火焰原子化器种类很多,发展也很快,主要有石墨炉原子化器、化学原子化器、阴极溅射原子化器、激光原子化器、等离子矩原子化器等,前两种应用较多。

(1)石墨炉原子化器:用电热能提供能量实现元素的原子化。在各种石墨炉原子化器中,最常用的是管式石墨炉原子化器,由电源、保护系统、石墨管炉等三部分组成,结构如图6-7所示。

石墨炉原子化过程分为4个阶段,即干燥、灰化、原子化和净化。干燥的目的是蒸发除去试样中的溶剂,以避免溶剂的存在导致灰化和原子化过程飞溅。灰化的目的是在不损失待测元素的前提下,尽可能除去试样中的溶剂及其他有机物,起到减少干扰物质、富集待测物质的作用。原子化的目的是使待测元素的化合物蒸发气化,然后解离为基态原子。净化也称除残,是在样品测定结束后,用比原子化阶段稍高的温度加热,以除去样品残渣,净化石墨炉,减少因样品残留所产生的记忆效应,以便下一个试样的分析。

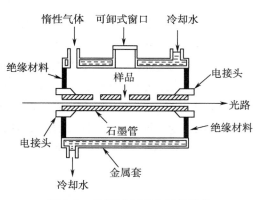

图6-7　石墨炉原子化器的结构

石墨炉原子化法的优点是:①原子化效率和测定灵敏度都比火焰法高得多,绝对检出限可达 10^{-14}~10^{-12}g 数量级;②原子化温度高,可用于分析较难挥发和原子化的元素;③试样用量少,液体试样一般 1~50μl,固体试样 0.1~10mg,均可直接进样,操作安全。缺点是:①基体效应和化学干扰较大,背景较强;②测定的精密度比火焰原子化法低;③仪器装置较复杂,价格较贵,需要水冷却。

(2)低温原子化法:指利用化学反应将样品溶液中的待测元素以气态原子或化合物的形式与反应液分离,引入分析区进行测定,又称化学原子化法。其原子化温度由室温到数百摄氏度之间,常用的有汞低温原子化法及氢化物原子化法。

1)汞低温原子化法:也称冷蒸气吸收法,只能测定汞元素。现已有专门的测汞仪出售。

2)氢化物原子化法:主要适用于 Ge、Sn、Pb、As、Sb、Bi、Se 和 Te 等元素的测定。这些元素在酸性条件下还原形成极易挥发与分解的氢化物,如 AsH_3、SnH_4、BiH_3 等。氢化物经载气送入石英管进行原子化与测定。氢化物原子化法检出限要比火焰法低 1~3 个数量级,有很高的测定灵敏度,且基体干扰少。

（三）单色器

单色器由入射狭缝、出射狭缝、反射镜和色散元件组成,其作用是将所需要的共振吸收线分离出来。由于原子吸收谱线本身比较简单,光谱仪采用锐线光源,吸收值测量采用峰值吸收测定法,因而对单色器分辨率的要求不是很高。单色器的关键部件是色散元件,现多用光栅。单色器置于原子化器与检测器之间(是与分子吸收分光光度计主要不同点之一),防止原子化器内的辐射干扰进入检测器,也避免了光电倍增管疲劳。

（四）检测系统

主要由检测器、放大器、计算机光谱工作站等组成。常用光电倍增管、电荷耦合器件(CCD)等作检测器,其作用是将经过原子蒸气吸收和单色器分光后的微弱信号转换为电信号。放大器的作用是将光电倍增管转换的电信号放大,计算机光谱工作站对数字信号进行采集、处理与显示,并对光谱仪各系统进行自动控制。

二、原子吸收光谱仪的类型

原子吸收光谱仪的类型较多,按光束分类有单光束型和双光束型;按波道数目分类有单道、双道和多道型;按调制方法分类有直流和交流型。下面介绍几种常用的类型。

（一）单道原子吸收光谱仪

此类仪器结构简单，仅有一个空心阴极灯、一个单色器和检测器。当外光路仅有一束光时为单光束原子吸收光谱仪，共振线在传播过程中辐射能损失小，单色器能获得较大亮度，因而灵敏度较高，应用广泛。但由于光源辐射不稳定，易造成基线漂移，元素灯往往要充分预热 20~30 分钟，测量中还需校正基线。

双光束原子吸收光谱仪结构如图 6-8 所示。由光源发出的共振线被切光器分成两束光，一束通过试样被吸收（S 束），另一束作为参比（R 束）不通过原子化器，两束光交替进入单色器和检测器。由于检测系统输出的信号是这两束光的信号差，光源的任何漂移及检测器灵敏度的变动，都将由此而得到补偿，其稳定性和检出限均优于单光束型仪器，但仍不能消除原子化系统的不稳定和背景吸收。

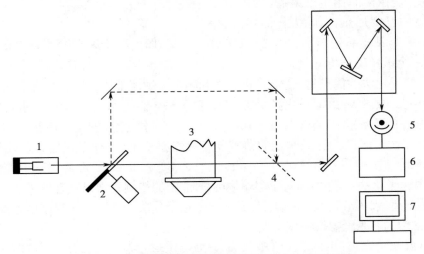

图 6-8　单道双光束原子吸收光谱仪基本构造示意图
1. 空心阴极灯　2. 切光器　3. 火焰　4. 半透半反射器
5. 光电倍增管　6. 同步放大器　7. 读数装置

（二）双道原子吸收光谱仪

此类仪器有两个不同的光源、两个单色器、两个检测显示系统，可以同时测定两种元素。其中，双道双光束原子吸收光谱仪能消除光源强度波动的影响及原子化系统的干扰，准确度高，稳定性好。

此外，还有多道双光束型仪器，可用来对 3 种或 3 种以上元素进行同时测定。

第三节　原子吸收光谱法分析条件的选择

一、测定条件的选择

测定条件的选择对测定的灵敏度、稳定性、线性和重现性等有很大影响。

（一）样品的制备

原子吸收光谱法的取样要有代表性，干燥充分，粉碎成一定粒度，混合均匀。取样量应根据试样中被测元素的性质、含量、分析方法和所要求的测量精度而定。制备好的样品要置于干燥器内保存，避免污染。

配制标准溶液时,其组成应尽可能接近未知试样,且不能含被测元素,若被测试样总盐量大于 0.1% 时,标准溶液也应加入等量的同一盐类。配制试样溶液时,被测样品应充分转化为溶液样品。无机试样多用去离子水、各类酸或混合酸溶解;有机试样多用甲基异丁酮或石油醚溶剂稀释,固体有机样品通常先用干式灰化法或湿式分解法进行消化,再溶于合适溶剂。

如果使用非火焰原子化法,如石墨炉原子化法,则可直接进固体试样,采用程序升温,以分别控制试样干燥、灰化和原子化过程,使易挥发或易热解基体在原子化阶段之前除去。

（二）分析线

由于共振吸收线一般也是最灵敏的吸收线,所以通常选择待测元素的共振线作为分析线。但并不是在任何情况下都一定要选用共振吸收线作为分析线。如当被测试样浓度较高时,有时选取灵敏度较低的谱线,这样能扩大测量浓度范围,减少试样不必要的稀释操作;又如,As、Se 等元素共振吸收线在 200nm 以下的远紫外区,火焰组分对其有明显吸收,故不宜选用共振线作为分析线,可选择非共振线作分析线或选择其他火焰进行测定;稳定性差时,也不宜选用共振线作为分析线,如 Pb 的灵敏线为 217.0nm,稳定性较差,若用 283.3nm 次灵敏线作为分析线,则可获得稳定结果;若被测元素的共振线附近有其他谱线干扰时,也不宜采用共振吸收线作分析线,而应视具体情况由实验决定。其方法是:首先扫描空心阴极灯的发射光谱,了解有哪些可供选用的谱线,然后喷入试液,通过观察选择出不受干扰而吸收强度适度的谱线作为分析线。

（三）狭缝宽度

由于吸收线的数目比发射线的数目少得多,光谱重叠干扰的概率相对较小,允许使用较宽的狭缝,可以增加光强与降低检出限。狭缝宽度的选择要能使吸收线与邻近干扰线分开。可通过实验进行选择,调节不同的狭缝宽度,测定吸光度随狭缝宽度的变化,当有其他的谱线或非吸收光进入光谱通带内时,吸光度值将立即减小,不引起吸光度减小的最大狭缝宽度,即为应选择的合适的狭缝宽度。在实验中,也要考虑被测元素谱线复杂程度,如碱金属、碱土金属谱线简单,可选用较大的狭缝宽度;过渡元素与稀土等谱线复杂的元素,则要选择较小的狭缝宽度。

（四）空心阴极灯的工作电流

空心阴极灯的发射光谱特性依赖于工作电流。选择灯电流时,应在保证有稳定和足够的辐射光通量情况下,尽量选用较低的灯电流,通常选用最大电流的 1/2~2/3 为工作电流。这是因为灯电流过小,放电不稳定,光输出的强度小;灯电流过大,灯丝发热量大,导致热变宽和碰撞变宽,并增加自吸收,使灵敏度下降,灯寿命缩短。

（五）原子化条件

1. 火焰原子化法　火焰的选择和调节是影响原子化效率的主要因素,火焰类型的选择是至关重要的。对一般元素,可选用中温火焰如空气-乙炔火焰;对在火焰中易形成难解离化合物及难熔氧化物的元素,可选用高温火焰如氧化亚氮-乙炔火焰;对极易原子化和分析线位于短波区(200nm 以下)的元素,则应使用空气-氢气火焰。火焰类型选定以后,还须调节燃气与助燃气比例、燃烧器的高度来获得所需要的火焰类型与特性。

2. 石墨炉原子化法　要合理选择干燥、灰化、原子化及除残净化等阶段的温度与时间。干燥应在稍低于溶剂沸点的温度下进行,以防止试样飞溅,一般每微升试液约需 1.5 秒干燥时间;灰化温度取决于试样的基体及被测元素的性质,最高灰化温度以不使被测元素挥发为准,时间为 0.5~1 分钟;原子化温度则随待测元素而异,原子化时间约为 3~10 秒,最佳原子化温度和时间可通过实验确定,时间应保证完全原子化为准,此阶段停止通入保护气体,以延长自由原子在石墨炉内的平均停留时间,有利于提高分析方法的灵敏度;净化(或称除残)温度应高于原子化温度,时间仅为3~5秒,以便除残和减少记忆效应。

(六)进样量

进样量过小会使信号太弱;进样量过大,在火焰原子化法中,对火焰会产生冷却效应;在石墨炉原子化法中,则会使除残产生困难。因此,在实际工作中,需通过实验测定吸光度值与进样量的变化,以选择合适的进样量。

二、干扰及其消除方法

原子吸收光谱法中,干扰效应按其性质和产生的原因,可以分为4类:光谱干扰、物理干扰、化学干扰和电离干扰。

(一)光谱干扰

光谱干扰(spectral interference)指与光谱发射和吸收有关的干扰,主要来源于光源和原子化器,也与共存元素有关,包括光谱线干扰和背景干扰。

光谱线干扰包括吸收线重叠和非吸收线干扰。当试样中共存元素的吸收线与被测元素分析线波长接近时,将产生吸收线的相互重叠或部分重叠,称吸收线重叠,这种干扰吸光度偏高。消除方法是另选分析线,若还未能消除干扰,则预先分离干扰元素;当光源不仅发射被测元素的共振线,还在其共振线的附近发射其他谱线时,则产生非吸收线干扰,降低检测灵敏度。消除干扰的方法是减小狭缝宽度,使光谱通带小到足以遮去多重发射的谱线。

光谱干扰中最重要的是背景干扰,主要来源于原子化过程中产生的物质对辐射吸收及微粒对光的散射、折射。如在波长小于250nm时,H_2SO_4和H_3PO_4有很强的吸收带,而HNO_3和HCl的吸收较小,因此原子吸收分析中多用HNO_3和HCl来配制溶液。利用空白试剂溶液进行背景扣除是一种简便、易行的方法,尤其是对于基体组分较为明确的样品,配制与其相同的试剂溶液,可以有效地进行背景扣除。

背景干扰也可采用仪器技术来校正背景,主要有邻近非共振线法、连续光源法和塞曼效应法等。邻近非共振法是用分析线测量原子吸收与背景吸收的总吸光度,在分析线邻近选一条非被测元素的共振线,用它来测量背景吸收的吸光度,两次测量值相减即得到校正背景之后的原子吸收吸光度。连续光源法是用锐线光源与氘灯,采用双光束外光路,以切光器使入射强度相等的两灯发出的光辐射交替地通过原子化器,锐线光源测定的吸光度值为原子吸收与背景吸收的总吸光度,而用氘灯测定的吸光度为背景吸收,计算两次测定吸光度之差,即可使背景吸收得到校正,如图6-9所示。塞曼效应校正法是利用磁场将吸收线分裂为具有不同偏振方向的组分,这些分裂的偏振成分可用来区分被测元素和背景吸收。

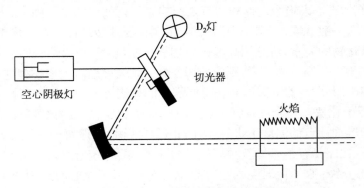

图6-9　氘灯背景校正装置示意图

（二）物理干扰

物理干扰（physical interference）指试样在转移、蒸发和原子化过程中,由于试样发生任何物理因素的变化而引起的原子吸收强度下降的效应,又称基体干扰。物理干扰是非选择性干扰,对试样中各元素的影响基本相似。消除干扰的方法为配制与被测试样组成相近的标准溶液或采用标准加入法。若试样浓度过高,也可采用稀释法。

（三）化学干扰

化学干扰（chemical interference）指被测元素原子与共存组分发生化学反应,生成热力学更稳定的化合物,影响被测元素的原子化,如 PO_4^{3-} 的存在会形成 $Ca_3(PO_4)_2$ 而影响钙的原子化。化学干扰具有选择性,是原子吸收光谱法中经常遇到的干扰。消除化学干扰应根据不同性质选择合适的方法,常用方法有:①化学分离,如溶剂萃取、离子交换、沉淀分离等;②提高原子化温度;③加入释放剂或保护剂;④使用基体改进剂等。

（四）电离干扰

电离干扰（ionization interference）指在高温条件下,待测元素在原子化过程中发生电离成为离子,使基态原子数减少,吸光度下降而引起的干扰效应。采用低温火焰并加入消电离剂（或称电离抑制剂）可以有效地抑制和消除电离干扰。常用的消电离剂是易电离的碱金属元素盐,如铯盐。

第四节 原子吸收光谱法的应用

原子吸收光谱法常用于测定试样中被测元素的含量,其定量分析方法有标准曲线法、标准加入法、内标法等。

一、定量分析

（一）标准曲线法

标准曲线法是最常用的分析方法。即配制一组合适的标准样品,在最佳测定条件下,由低浓度到高浓度依次测定它们的吸光度 A,以吸光度 A 对浓度 C 作图。在相同的测定条件下,测定未知样品的吸光度,从 A-C 标准曲线上用内插法求出未知样品中被测元素的浓度。此法简便、快速,但仅用于组成简单的试样。为减少测量误差,吸光度值应在 0.2~0.8 范围内。

（二）标准加入法

当配制与试样组成一致的标准样品遇到困难时,或测定纯物质中极微量的元素时,往往采用标准加入法,即分别取几份体积相同的待测试液,除 1 份外,其他均分别按比例加入不同量的待测元素的标准溶液,最后稀释至相同的体积,使加入的标准溶液浓度为 0、C_s、$2C_s$、$3C_s$、…,然后分别测定它们的吸光度值。以加入的标准溶液浓度与吸光度值绘制标准曲线,再将该曲线外推至与浓度轴相交。交点至坐标原点的距离 C_x 即是被测元素经稀释后的浓度。这种方法称作图外推法,如图 6-10 所示。

使用标准加入法时应注意:①被测元素的浓度应在通过原点的标准曲线线性范围内,最少采用 4 个点（包括不加标准溶液的试样溶液）来作外推曲线,其斜率不要太小,以免引入较大误差;②标准加入法应该进行试剂空白的扣除,且须用试剂空白的标准加入法进行扣除,而不能用标准曲线法的试剂空白值来扣除;③此法只能消除分析中的基体干扰,但不能消除背景干扰。因此使用标准加入法时,要考虑消除背景的影响。

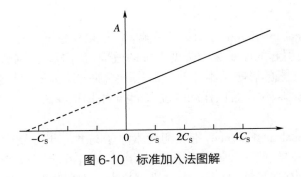

图 6-10　标准加入法图解

（三）内标法

内标法是在标准溶液和试样溶液中分别加入一定量的试样中不存在的元素作为内标元素，同时测定标准溶液中待测元素和内标元素的吸光度，并以吸光度比与被测元素含量或浓度绘制工作曲线。根据试样溶液中待测元素与内标元素吸光度比，从标准曲线上求出试样中被测元素的浓度。

内标法的关键是选择内标元素，要求内标元素与被测元素在试样基体内及在原子化过程中具有相似的物理及化学性质，如测定 Cu 可选 Cd、Mn、Zn 为内标元素，测定 Cd 可选 Mn 为内标元素，测定 Pb 可选 Zn 为内标元素等。内标法的应用需要使用双道或多道型原子吸收光谱仪，单道仪器上不能用。

除上述几种分析方法外，还有稀释法、浓度直读法和示差法等。

（四）分析方法的评价

灵敏度（sensitivity）和检出限（limit of detection）是评价分析方法与分析仪器性能的重要指标。IUPAC（国际纯粹化学和应用化学联合会）对此做了建议规定。

1. 灵敏度　灵敏度（S）被定义为在一定浓度时，测量值的增量（dA）与相应的待测元素浓度的增量（dc）之比。即 $S=\mathrm{d}A/\mathrm{d}c$，它表示当被测元素浓度或含量改变一个单位时吸收值的变化量。以浓度单位表示的灵敏度称相对灵敏度，以质量单位表示的灵敏度称绝对灵敏度。

在原子吸收光谱法中，习惯用 1% 吸收灵敏度表示，也称特征灵敏度（characteristic sensitivity），定义为能产生 1% 吸收（或 0.004 4 吸光度）信号时，所对应的被测元素的浓度或被测元素的质量，其单位为 μg/ml。1% 吸收灵敏度越小，表明该方法灵敏度越高。

2. 检出限　检出限（D）又称检测限，是指以特定的分析方法，适当的置信水平，能被检出的待测元素的最小浓度（相对检出限）或最小量（绝对检出限），可由最小测量值导出。

通常检出限取决于仪器的稳定性，并随样品基体的类型和溶剂的种类不同而变化。信号的波动来源于光源、火焰及检测器的噪声，因而不同类型的仪器检出限可能相差很大。两种不同的元素虽然灵敏度可能相同，但由于每种元素的光源噪声、火焰噪声及检测器噪声各不相同，检出限也可能很不一样，所以检出限是仪器性能的一个重要指标。只有存在量达到或高于检出限，才能可靠地将有效分析信号与噪声信号区分开，确定试样中被测元素具有统计意义的存在。"未检出"即指待测元素的量低于检出限。

3. 精密度　精密度用相对标准偏差（RSD）表示。在仪器最佳的工作条件下，对一定浓度的溶液进行多次重复测量（$n \geqslant 6$），火焰原子化法的 RSD 必须小于 3%，而石墨炉原子化法若采用自动进样器进样，RSD 必须小于 5%。

二、应用与示例

原子吸收光谱法具有灵敏度高、检测限低、干扰少、操作简单、快速等优点，已在地质、冶金、化工、环保、医药和科学研究等各个领域得到广泛应用,元素周期表中大多数元素都可用原子吸收光谱法直接或间接测定。

药物分析中,原子吸收光谱法可用于药品中杂质离子特别是碱金属离子的限度检查、药物的含量测定、药物中重金属的测定等。

例 6-1 原子吸收光谱法测定巴戟天、大黄、陈皮、板蓝根、茯苓 5 种中药材中 7 种金属微量元素的含量。

(1)样品的制备:采用微波消解处理样品,标准曲线法测定含量。

(2)原子化方法:石墨炉原子化法测定铅、镉含量;火焰原子化法测定铜、锌、锰、铁、铬等含量。

实验结果表明,5 种药材中铜均超标,茯苓中发现少量镉超标;铁、锌、锰和铬作为人体必需的 4 种微量元素,其中铁的含量最高,尤以巴戟天中最高,锌和锰含量次之,铬含量最少。

第五节 原子发射光谱法

一、原子发射光谱法的基本原理

(一) 原子发射光谱的产生

原子核外的电子处于不同能量轨道运动时,即处于不同的能级,其能量的变化符合量子化特征。通常情况下,原子以能量最低的状态(基态)存在;当原子受到外界一定频率的辐射(如热能、电能、光能)时,电子由低能级跃迁至高能级(激发态),处于高能级状态的原子不稳定,大约经过 10^{-8} 秒的时间,电子由高能级向低能级(或基态)跃迁,释放多余的能量,并以一定波长的电磁波发射,形成发射光谱。

(二) 谱线的强度

谱线的强度是原子发射光谱定量分析的依据。

热力学平衡状态下,激发态原子与基态原子数的分布符合玻尔兹曼分布定律(见本章式 6-1)。当低能级为基态 N_0 时,$E_0=0$,则激发态的原子数为:

$$N_i = N_0 \frac{g_i}{g_0} e^{-\frac{E_i}{kT}}$$
式(6-11)

两个能级 i、j 之间跃迁所产生的发射谱线强度 I_{ij} 表达式为:

$$I_{ij} = N_i A_{ij} h v_{ij}$$
式(6-12)

式(6-12)中,A_{ij} 表示两个能级间的跃迁概率;h 为普朗克常数;v_{ij} 表示发射谱线的频率。

将式(6-11)代入式(6-12),则谱线强度为:

$$I_{ij} = A_{ij} h v_{ij} N_0 \frac{g_i}{g_0} e^{-\frac{E_i}{kT}}$$
式(6-13)

合并式(6-13)中各常数,则原子谱线强度为:

$$I_{ij} = k' N_0 \frac{g_i}{g_0} e^{-\frac{E_i}{kT}} = k' N_i$$
式(6-14)

由式(6-14)可知,谱线的发射强度与许多因素有关,在一定的实验条件下,谱线强度只与实验中原子的浓度有关。谱线强度与物质浓度的关系用赛伯 - 罗马金(Schiebe-Lomakin)公式可表示为:

$$I = KC^b \qquad\qquad 式(6-15)$$

式(6-15)中,I 为谱线强度,C 为物质浓度,b 为自吸系数,K 为比例系数。

对式(6-15)取对数,则得到原子发射光谱定量分析的基本公式:

$$\lg I = b\lg C + \lg K \qquad\qquad 式(6-16)$$

二、原子发射光谱仪

原子发射光谱法的仪器结构包括激发光源、分光系统及检测系统三大部分。图 6-11 所示为电感耦合等离子体发射光谱仪示意图。

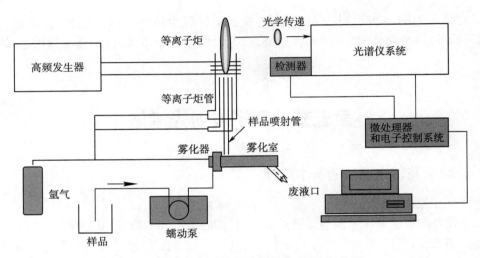

图 6-11 电感耦合等离子体发射光谱仪示意图

(一) 激发光源

激发光源的作用是提供试样蒸发、解离、原子化和激发所需的能量。常用的经典光源有火焰、直流电弧、交流电弧、电火花等,20 世纪 70 年代出现了电感耦合等离子体(inductively coupled plasma,ICP)、激光等新型激发光源。其中,ICP 是目前原子发射光谱分析最常用的光源,下面作重点介绍。

ICP 装置的原理如图 6-12 所示,由高频发生器、等离子炬管和雾化器三部分组成。等离子炬管由 3 层同心石英管组成,各层均通以氩气,外层气体起冷却作用,第二层气体用以点燃等离子体,内层气体作为载气,将试样气溶胶引入等离子体中。

将高频发生器(图中未画出)与石英管外层的高频线圈接通后,在石英管内产生一个轴向高频磁场。如果利用电火花引爆第二层炬管中的气体,则会产生气体电离,当电离产生的电子和离子足够多时,会产生一股垂直于管轴方向的环形涡电流,几百安的强大感应电流瞬间将气体加热至 10 000K,在管口形成一个火炬状的稳定的等离子炬。由雾化器供给的试样气溶胶经过该通道由载气带入等离子炬中,进行蒸发、原子化和激发,产生特征光谱。

ICP 光源工作温度高,有利于难激发元素的测定;稳定性好,检测限低,精密度、准确度高,工作曲线线性范围宽;自吸现象小、无电极污染、光谱背景干扰小、灵敏度高;基体和共存元素干扰小,可以同时测定几十种元素。但 ICP 雾化效率低,对气体和一部分非金属测定灵敏度低,仪器价格昂贵,维护费用较高。

（二）分光系统

分光系统的作用是将光源发射出的具有不同波长的复合光分散成按波长顺序排列的单色光。常用的元件有棱镜和光栅。

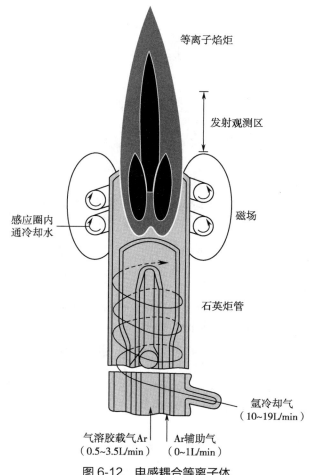

图 6-12 电感耦合等离子体

（三）检测系统

1. 摄谱法 用感光板记录光谱，映谱仪放大谱片上的光谱图像，用测微光度计测量谱片上光谱图像的黑度，根据黑度与浓度的关系进行定量分析。摄谱法烦琐、费时，已逐渐被光电法取代。

2. 光电法 是利用光电效应将不同波长光的辐射能转化成光电流信号。有光电倍增管和固态成像系统两类。固态成像系统是一类以半导体硅片为基材的光敏元件制成的多元阵列集成电路式的焦平面检测器，如电荷耦合器件（charge coupled device，CCD）、电荷注入器件（charge injection device，CID）等，具有多谱线同时检测能力，检测速度快，动态线性范围宽，灵敏度高等特点。

3. 质谱法 质谱（mass spectrum，MS）分析法主要是通过对样品的离子的质荷比的分析而实现对样品进行定性和定量的一种方法。质谱法用于电感耦合等离子体为激发光源的检测器，称为电感耦合等离子体质谱法（ICP-MS）。它是将被测物质用 ICP 离子化后，按离子的质荷比分离，测量各种离子谱峰的强度的一种分析方法。

ICP-MS 一般由进样系统、ICP 离子源、质量分析器和检测器组成，将 ICP 的高温电离特性与质谱仪的灵敏快速扫描的优点相结合,形成一种新型的元素和同位素分析技术。质量分析器一般用四级杆质量分析器(详见本书第八章)。ICP-MS技术发展相当迅速,具有灵敏度高、检出限低、选择性好、可测元素覆盖面广、线性范围宽、能进行多元素检测和同位素比测定等优点,适用于各类药品从痕量到微量的元素分析,尤其是痕量重金属元素的测定,并可与其他色谱分离技术联用,进行元素形态及其价态分析。

三、原子发射光谱法分析条件的选择

(一)光源

根据被测元素的特征、含量及分析要求等选择合适的光源。

(二)狭缝宽度

为了提高灵敏度,在定量分析中宜使用较宽的狭缝;在定性分析中,为了提高分辨率,应使用较窄的狭缝。

(三)内标元素和内标线

外加内标元素应为样品中不存在或含量极少可忽略;如果样品中基体元素的含量稳定时,也可以用该基体元素作内标。

内标线应选择激发能尽量接近、波长与强度与分析线接近;无自吸现象且不受其他元素干扰;背景应尽量小。

(四)光谱缓冲剂

试样组成会影响弧焰温度,弧焰温度又直接影响待测元素谱线的强度。为了使弧焰温度稳定,需要向试样中加入一种或几种辅助物质,减少试样组分对弧焰温度的影响,这些物质称光谱缓冲剂。光谱缓冲剂应具有适当的电离能、适当的熔点和沸点、谱线简单的特点。常用的缓冲剂有碱金属盐类、碱土金属盐类和碳粉。

ICP光源的基体效应较小,一般不需要添加光谱缓冲剂。但为了减小干扰,标准溶液的组成与试样溶液的基体组成也应保持大致相同。

四、原子发射光谱法的应用

(一)定性分析

根据原子发射光谱中各元素固有的一系列特征谱线的存在与否可以确定供试品中是否含有相应元素。元素特征光谱中强度较大的谱线称元素的灵敏线。常用的分析方法是铁光谱比较法、标准试样比较法。

铁光谱比较法是以铁的光谱为参比,通过比较光谱的方法检测试样的谱线。由于铁元素的光谱非常丰富,在210~660nm范围内有几千条谱线,谱线间相距都很近,分布均匀,并且铁元素的谱线波长均已准确测定,在各个波段都有一些易于记忆的特征谱线,所以是很好的标准波长标尺。

标准试样光谱比较法是将待测元素的纯物质与分析试样在相同条件下并列摄谱于同一感光板上,比较纯物质与分析试样的谱图,若试样光谱中出现与纯物质具有相同特征的谱线,则表明试样中存在该元素。

(二)定量分析

光谱定量分析是根据试样中被测元素特征谱线的强度来确定其浓度,有标准曲线法和标准加入法等。

1. 标准曲线法　原子发射光谱法的标准曲线法与原子吸收光谱法相似。

2. 内标法　是在被测元素中选择一条分析线,又在"内标元素"的谱线中选择一条内标线,组成"分析线对",分别测量分析线和内标线的谱线强度,根据二者相对强度与待测元素浓度的定量关系测得被测元素含量的方法。

内标法要求内标元素与分析元素的蒸发性质接近,以保证蒸发速度的比值恒定。当找不到合适的内标元素时,可以选择待测元素本身作为"内标物",向样品中加入不同已知量的待测元素来测定试样中被分析元素的含量,这种方法称标准加入法。

(三)应用实例

电感耦合等离子体质谱法(ICP-MS)灵敏度高,适用于各类药品从痕量到微量元素的分析,特别是痕量重金属元素的测定。

例 6-2　采用电感耦合等离子体质谱仪测定中药中的铅、砷、镉、汞、铜。分别精密量取铅、砷、镉、汞、铜单元素标准溶液适量,用 10% 硝酸溶液稀释制成不同浓度的标准溶液。精密量取锗、铟、铋单元素标准溶液适量,用水稀释制成每 1ml 各含 1μg 的混合溶液,制得内标溶液。

取供试品于 60℃ 干燥 2 小时,粉碎,取约 0.5g,精密称定,结合实验室条件以及样品基质类型选用合适的消解方法。消解完全后,定容。

测定时选取的同位素为 ^{63}Cu、^{75}As、^{114}Cd、^{202}Hg 和 ^{208}Pb,其中 ^{63}Cu、^{75}As 以 ^{72}Ge 作为内标,^{114}Cd 以 ^{115}In 作为内标,^{202}Hg、^{208}Pb 以 ^{209}Bi 作为内标。以标准溶液待测元素分析峰响应值与内标元素参比峰响应值的比值为纵坐标,浓度为横坐标,绘制标准曲线,计算回归方程。

例如:三七药材中,铅不得超过 5mg/kg;镉不得超过 1mg/kg;砷不得超过 2mg/kg;汞不得超过 0.2mg/kg;铜不得超过 20mg/kg。

冬虫夏草中,铅不得超过 5mg/kg;镉不得超过 1mg/kg;汞不得超过 0.2mg/kg;铜不得超过 20mg/kg。

珍珠中,铅不得超过 5mg/kg;镉不得超过 0.3mg/kg;砷不得超过 2mg/kg;汞不得超过 0.2mg/kg;铜不得超过 20mg/kg。

知识链接

原子荧光光谱法

原子荧光光谱法是在 1964 年以后发展起来的分析方法。原子荧光光谱法是以原子在发射能激发下发射的荧光强度进行定量分析的发射光谱分析法。

原子荧光光谱法有较低的检出限,灵敏度高,且干扰较少,分析校准曲线线性范围宽。由于原子荧光是向空间各个方向发射的,比较容易制作多道仪器,因而能实现多元素同时测定。上述优点使原子荧光光谱法有了较快的发展,而且有多种类型的商品原子荧光光度计,在地质、冶金、环境科学、材料科学、生物医学、石油、农业等领域内得到了日益广泛的应用。但原子荧光光谱法存在荧光猝灭效应、散射光的干扰等问题,且对于高含量和基体复杂的样品分析,也存在一定的困难,从而限制了原子荧光光谱法的应用。

笔记栏

学习小结

1. 学习内容

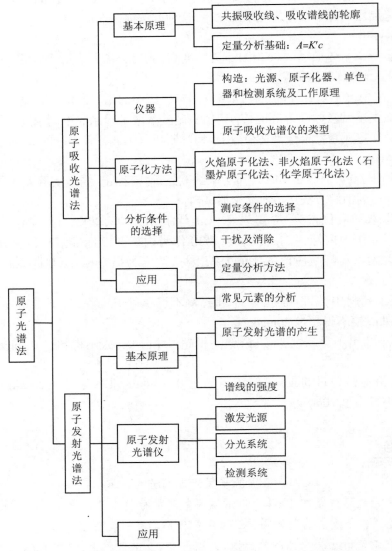

2. 学习方法　学习本章要重点理解原子吸收和原子发射的基本原理；熟悉原子吸收光谱仪和原子发射光谱仪的工作原理；结合相关实验,学会选择合适的分析条件并进行定量分析。

(陈　晖　姚慧琴)

复习思考题

1. 原子吸收光谱法对光源的基本要求是什么?

2. 石墨炉原子化法与火焰原子化法相比较,有什么优缺点?

3. 原子吸收光谱法有哪些干扰? 如何消除?

4. 原子吸收光谱仪和紫外 - 可见分光光度计在仪器装置上有哪些异同点？为什么？

5. 浓度为 $0.2\mu g/ml$ 的镁溶液，在原子吸收光谱仪上测得的吸光度为 0.258，试计算镁元素的灵敏度。

6. 用原子吸收法测锑，用铅作内标，取 5.00ml 未知锑溶液，加入 4.13mg/ml 的铅溶液 2.00ml 并稀释至 10.0ml，测得 $A_{Sb}/A_{Pb}=0.808$，另取相同浓度的锑和铅溶液，测得 $A_{Sb}/A_{Pb}=1.31$，计算未知锑溶液中锑的质量浓度。

第七章

核磁共振波谱法

学习目标

1. 掌握自旋核在磁场中的行为以及核磁共振的产生；化学位移的表示以及影响化学位移的因素；自旋耦合，自旋分裂和 $n+1$ 规律。

2. 熟悉自旋系统及其命名原则；核磁共振氢谱一级图谱的解析。

3. 了解碳谱及二维核磁共振谱。

核磁共振谱（nuclear magnetic resonance spectrum，NMR spectrum）是由具有磁矩的原子核（也称磁性核或自旋核），在一定强度的磁场作用下，吸收射频辐射，引起核自旋能级跃迁所产生的波谱。利用核磁共振谱进行结构鉴定、定性及定量分析的方法，称核磁共振波谱法（nuclear magnetic resonance spectroscopy，NMR spectroscopy）。

1946 年，美国科学家 Bloch 和 Purcell 发现了核磁共振现象。1953 年，世界上第一台30MHz 商品化的 NMR 仪问世。从此，NMR 技术开始在化学领域得到应用。

随着超导磁体和脉冲傅里叶变换核磁共振波谱技术的发展和普及，NMR 技术从最初的一维 ^1H 谱发展到 ^{13}C、^{15}N、^{19}F 和 ^{31}P 等核磁共振谱、二维核磁共振谱（2D-NMR spectrum，2D-NMR）等高级技术。核磁共振氢谱（^1H nuclear magnetic resonance spectroscopy，^1H-NMR）能够给出含质子官能团的信息，包括质子类型、质子所处的化学环境、质子分布及各质子之间的关系；核磁共振碳谱（^{13}C nuclear magnetic resonance spectroscopy，^{13}C-NMR）可给出丰富的碳骨架信息。天然有机物主要由碳、氢、氧组成，故 ^1H-NMR 和 ^{13}C-NMR 可互为补充，用于化合物的结构解析，但解析复杂化合物时还需 2D-NMR 技术加以辅助。

知识链接

核磁共振技术与诺贝尔奖

迄今为止，已有多位科学家因在核磁共振技术领域的卓越贡献而荣获诺贝尔奖。如 1946 年美国科学家 Felix Bloch 和 Edward Purcell 因发展了核磁精密测量的新方法及由此发现了核磁共振现象，而获得 1952 年诺贝尔物理学奖；1991 年，瑞士物理化学家 Richard R.Ernst 因发明傅里叶变换核磁共振法和二维及多维的核磁共振技术而荣获诺贝尔化学奖；2002 年，瑞士科学家 Kurt Wüthrich 发明了利用核磁共振技术测定溶液中生物大分子三维结构的方法而分享诺贝尔化学奖；2003 年，诺贝尔生理学或医学奖授予了美国化学家 Paul Lauterbur 和英国物理学家 Paul Mansfield，以表彰他们在核磁共振成像技术领域的突破性成就。

第一节 核磁共振波谱法的基本原理

一、原子核的自旋与磁矩

（一）原子核的自旋分类

原子核的自旋特征用自旋量子数（spin quantum number）I 来描述。I 通常为整数或半整数。根据 I 的数值，可将原子核分为 3 类：

1. 质量数和电荷数（原子序数）均为偶数的原子核，$I=0$，如 $^{12}_{6}C$、$^{16}_{8}O$、$^{32}_{16}S$ 等。
2. 质量数为奇数的原子核，I 为半整数（$I=1/2$、$3/2$、$5/2$、$\cdots$），如 $^{1}_{1}H$、$^{13}_{6}C$、$^{15}_{7}N$、$^{19}_{9}F$ 等。
3. 质量数为偶数，电荷数为奇数的原子核，I 为整数（$I=1$、2、$\cdots$），如 $^{2}_{1}H$、$^{14}_{7}N$ 等。

（二）原子核自旋角动量

原子核做自旋运动时，具有自旋角动量（spin angular momentum）P。根据量子力学理论，P 与 I 及普朗克常数 h 的关系表达式为：

$$P=\sqrt{I(I+1)}\,\frac{h}{2\pi} \qquad\qquad 式(7\text{-}1)$$

（三）核磁矩

原子核是带正电的粒子，其自旋运动将产生磁矩（μ）。μ 为表示自旋核磁性强弱的矢量参数，其方向服从右手螺旋法则（图 7-1）。角动量和磁矩方向平行，并成正比关系：

$$\mu=\gamma\cdot P=\gamma\cdot\sqrt{I(I+1)}\,\frac{h}{2\pi} \qquad\qquad 式(7\text{-}2)$$

式(7-2)中，γ 是核磁旋比（nuclear magnetogyric ratio），为原子核的特征常数。γ 值大的核，检测灵敏度高，共振信号易于被观察。常见元素原子核的性质见表 7-1。

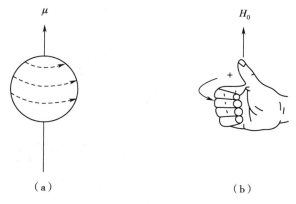

（a）
（b）

图 7-1 原子核的自旋

（a）核自旋方向与核磁矩方向 （b）右手螺旋法则

表 7-1 常见元素原子核的性质

原子核	核自旋量子数 I	磁旋比 γ/(rad/Ts)	核磁共振信号	天然丰度/%	核的相对灵敏度	受天然丰度影响核的相对灵敏度
^{1}H	1/2	26.752	有	99.985	1.000	1.00
^{2}H	1	4.107	有	0.015	0.010	1.45×10^{-6}
^{12}C	0		无	98.892		

续表

原子核	核自旋量子数 I	磁旋比 γ/(rad/Ts)	核磁共振信号	天然丰度/%	核的相对灵敏度	受天然丰度影响核的相对灵敏度
^{13}C	1/2	6.728	有	1.108	0.016	1.76×10^{-4}
^{14}N	1	1.934	有	99.634	0.001	1.01×10^{-3}
^{15}N	1/2	−2.712	有	0.366	0.001	3.85×10^{-6}
^{16}O	0		无	99.76		
^{17}O	5/2	−3.628	有	0.038	0.029	1.08×10^{-5}
^{19}F	1/2	25.181	有	100.0	0.833	0.83
^{31}P	1/2	10.841	有	100.0	0.066	0.07

由表 7-1 及式（7-2）可知，$I=0$ 的核没有自旋运动，不产生 NMR 信号；$I>1/2$ 的核，电荷分布不均匀，有电四极矩（两个大小相等、方向相反的电偶极矩相隔一个很小的距离排列着，就构成了电四极矩）存在，核磁共振信号非常复杂，谱线宽，不利于检测；$I=1/2$ 的核，由于其谱线窄，易于检测，是核磁共振谱的重点研究对象。

二、核磁矩的空间量子化与原子核的自旋能级裂分

（一）核磁矩在外磁场中的取向

无外加磁场时，由于原子核自旋运动的随机性，核磁矩的取向是任意的。若将原子核置于磁场中，核磁矩将有序排列，共有 n 个取向（$n=2I+1$）。以磁量子数（magnetic quantum number）m 来表示每一种取向，则 $m=I,I-1,I-2,\cdots,-I+1,-I$。每个自旋取向分别代表原子核的某个特定的能级状态。

以 ^{1}H 为例，其 $I=1/2$，取向数 $n=2\times 1/2+1=2$，如图 7-2 所示。在无外加磁场时，^{1}H 核磁矩的取向是任意的。当有外加磁场 H_0 存在时，只有两种取向，$m=+1/2$ 时，为顺磁场方向；$m=-1/2$ 时，为逆磁场方向。

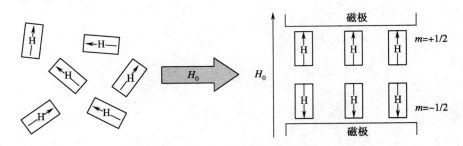

图 7-2　^{1}H 核在外加磁场 H_0 中的取向

（二）原子核的自旋能级分裂

核磁矩在外加磁场的取向是空间量子化的，其在磁场 Z 轴方向的投影取决于核自旋角动量在 Z 轴上的投影（P_z）。$P_z=m\cdot\dfrac{h}{2\pi}$，代入式（7-2）得：

$$\mu_z=\gamma\cdot P_z=\gamma\cdot m\cdot\frac{h}{2\pi} \qquad 式（7-3）$$

核磁矩能量 E 与 μ_z 及外磁场的强度 H_0 关系：

$$E=-\mu_z H_0=-\gamma\cdot m\cdot\frac{h}{2\pi}\cdot H_0 \qquad 式（7-4）$$

由式(7-4)可计算出 ^{1}H 在外加磁场 H_0 中,两种取向的能级差 ΔE:

$$\Delta E=E_2-E_1=-\gamma\cdot\frac{h}{2\pi}\cdot H_0\left(-\frac{1}{2}-\frac{1}{2}\right)=\gamma\cdot\frac{h}{2\pi}\cdot H_0 \qquad \text{式(7-5)}$$

由式(7-5)可知,ΔE 的大小随外加磁场强度(H_0)增大而增大,这种现象称能级分裂,如图 7-3 所示。

三、原子核的共振吸收

(一)原子核的进动

自旋核在外加磁场的作用下,除绕自旋轴自旋外,还绕顺磁场方向的一个假想轴进动,称拉莫尔进动(Larmor precession),如图 7-4 所示。

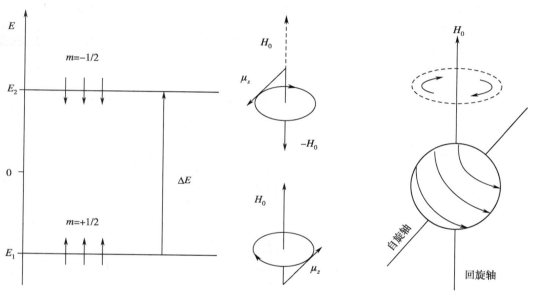

图 7-3　^{1}H 核在外加磁场 H_0 中的能级分裂　　　　图 7-4　原子核的进动

原子核进动频率(ν)与外加磁场强度(H_0)之间的关系可用拉莫尔方程(Larmor equation)表示:

$$\nu=\frac{\gamma}{2\pi}\cdot H_0 \qquad \text{式(7-6)}$$

式(7-6)说明,对于某一特定核,进动频率与外加磁场强度成正比;不同核在同一外加磁场中的进动频率不同。

(二)产生核磁共振吸收的必要条件

1. 原子核为磁性核。

2. 磁性核置于强磁场中。

3. $\nu_0=\nu$:磁性核在外加磁场中所吸收电磁波的能量 $h\nu_0$ 等于能级能量差 ΔE 时,才能发生能级跃迁。对于 $I=1/2$ 的核,依据式(7-5)可知:

$$\nu_0=\frac{\gamma}{2\pi}\cdot H_0 \qquad \text{式(7-7)}$$

式(7-7)与式(7-6)相比较可知,当电磁波照射频率 ν_0 与核进动频率 ν 相匹配时,低能级核吸收能量跃迁至高能级,呈现共振吸收信号。因此,实现核磁共振就是通过改变照射频率或磁场强度,以满足式(7-7)的要求。

四、原子核的自旋弛豫

(一) 玻尔兹曼分布

在外加磁场作用下,自旋核在两个能级间的定向数目遵从玻尔兹曼分布定律。对 ^{1}H 核来说,当外磁场强度 H_0=1.409 2T(即共振频率为 60MHz)、温度 300K 时,低能态核(N_+)与高能态核(N_-)的数目之比为:

$$\frac{N_+}{N_-}=e^{\frac{\Delta E}{kT}}=e^{\frac{\gamma hH_0}{2\pi kT}}=1.000\ 009\ 9 \qquad \text{式(7-8)}$$

式(7-8)中 k 为玻尔兹曼常数,其余符号含义同前。式(7-8)表明低能态比高能态核的数目多十万分之一,核磁共振信号就是依靠这部分多出的低能态核的净吸收而产生的。随着射频对核持续照射,低能态的核数将会越来越少,当 N_+=N_- 时,跃迁不再发生,则 NMR 信号消失,这种现象称"饱和"。

根据玻尔兹曼分布定律,提高外磁场强度和降低温度,可增大 N_+ 与 N_- 的比值,提高 NMR 信号的灵敏度。

(二) 原子核的自旋弛豫

在核磁共振过程中,被照射的核经过非辐射途径将其获得的能量释放到周围环境中,回到低能态,这一过程称弛豫。弛豫包含自旋 - 晶格弛豫(spin-lattice relaxation)及自旋 - 自旋弛豫(spin-spin relaxation)两种形式。

高能态核将能量转移至周围环境(固体的晶格、液体中同类分子或溶剂分子)回到低能态的过程称自旋 - 晶格弛豫,也称纵向弛豫。弛豫所需时间用半衰期 T_1 表示。固体物质的 T_1 值较大,有时可达几小时或更长,而液体和气体的 T_1 值很小,一般为 10^{-2} 秒至数秒。

高能态核将能量转移至邻近低能态同类磁性核的过程称自旋 - 自旋弛豫,也称横向弛豫。弛豫所需时间用半衰期 T_2 表示。固体或黏稠样品中分子运动受到限制,核的相互位置比较固定,有利于核间的能量转移,T_2 很小,一般为 10^{-4}~10^{-5} 秒,而气体和液体的 T_2 约为 1 秒。

各种不同样品的实际弛豫时间取决于 T_1 和 T_2 中较小者。共振谱线的宽度与弛豫时间成反比。由于固体样品的 T_2 很小,所以谱线很宽。为得到高分辨的谱图,一般配成均匀的溶液进行测定。

第二节 化 学 位 移

一、化学位移的产生

根据上节讨论的共振条件,分子结构中所有质子在 1.409 2T 的外磁场中,应该只吸收 60MHz 的电磁波,发生自旋跃迁,进而产生单一的信号。但实验表明,处于不同化学环境中的质子,共振吸收频率略有不同,彼此之间的差异仅为十万分之一左右。

共振频率之所以有微小差别,是因为质子并非裸核,邻近其他不同原子的存在使得其所处化学环境,即电子云密度不尽相同。例如,绕核电子由于外部磁场 H_0 的影响产生环状电子流,此环状电子流将产生与外加磁场方向相反的感应磁场 H_e,如图 7-5 所示,结果使质子实受磁场强度稍有降低,该现象称局部抗磁屏蔽效应。它是屏蔽效应(shielding effect)的一种。屏蔽效应的存在使原子核实受磁场强度（H_{eff}）为：

$$H_{eff}=(1-\sigma)H_0 \qquad \text{式（7-9）}$$

σ 为屏蔽常数，正、负值都可能。因屏蔽效应的存在，拉莫尔方程修正为：

$$\nu=\frac{\gamma}{2\pi}(1-\sigma)H_0 \qquad \text{式（7-10）}$$

由式（7-10）可知：在 H_0 一定时（扫频法仪器中），屏蔽常数 σ 大的质子，进动频率小，共振信号出现在核磁共振谱的低频端；反之，出现在高频端。而当 ν 一定时（扫场法仪器中），σ 大的质子只有在较大 H_0 下才能发生共振，共振信号出现在高场；反之，出现在低场。

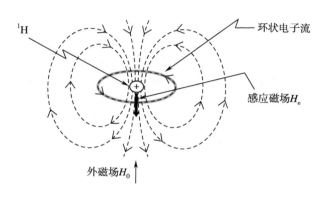

图 7-5　核外电子的局部抗磁屏蔽效应

二、化学位移的表示方法

由于屏蔽效应的存在，所处化学环境不同的同种核共振频率不同的现象称化学位移（chemical shift）。

化学位移一般以共振频率的相对差值 δ 表示。这主要是因为原子核的进动频率很大，但屏蔽常数很小，由化学环境不同引起的原子核进动频率的差值很小，测定相对值比测定绝对值准确。另外，核的进动频率与外磁场强度 H_0 有关，H_0 不同，测得的进动频率不同，而相对差值与 H_0 无关。

若固定磁场强度 H_0（扫频法），则：

$$\delta=\frac{\nu_{样品}-\nu_{标准}}{\nu_{标准}}\times 10^6=\frac{\Delta\nu}{\nu_{标准}}\times 10^6 \qquad \text{式（7-11）}$$

式（7-11）中，$\nu_{样品}$ 及 $\nu_{标准}$ 分别为待测样品与标准物的共振频率。

若固定照射频率 ν_0（扫场法），则：

$$\delta=\frac{H_{标准}-H_{样品}}{H_{标准}}\times 10^6=\frac{\Delta H}{H_{标准}}\times 10^6 \qquad \text{式（7-12）}$$

式（7-12）中，$H_{样品}$ 及 $H_{标准}$ 分别为待测样品与标准物的共振磁场强度。

实际应用中，因为 $\nu_{标准}$ 与仪器照射频率 ν_0 相差很小，故式（7-11）可改写为：

$$\delta=\frac{\nu_{样品}-\nu_0}{\nu_0}\times 10^6=\frac{\Delta\nu}{\nu_0}\times 10^6 \qquad \text{式（7-13）}$$

常用标准物（内标物）包括四甲基硅烷 $[(CH_3)_4Si]$（tetramethylsilane，TMS）和 4,4- 二甲基 -4- 硅代戊磺酸钠（sodium 4,4-dimethyl-4-silapentanesulfonate，DSS）。

以有机溶媒为溶剂的样品，常用 TMS 为标准物。主要是因为：① TMS 的 12 个质子处于完全相同的化学环境,只产生一个尖峰;②因为硅的电负性(1.8)比碳(2.5)小,TMS中质子处于高电子密度区,屏蔽效应强烈,化学位移最小,与有机化合物中的质子峰不重叠;③ TMS为化学惰性试剂,且性质稳定;④ TMS易溶于有机溶剂,沸点低,易回收。

由于TMS不溶于水,因此以重水为溶剂的样品,采用DSS作为标准物。

这两种标准物的质子所受屏蔽效应都很强,共振信号出现在高场,规定它们的δ为0.00。一般质子的共振峰出现在它们的左侧。

例7-1 在60MHz和100MHz的仪器上,某化合物质子的共振频率与标准物TMS质子的频率差分别为162Hz和270Hz,试求其在不同仪器上测定时的化学位移(δ)。

解:在60MHz下:$\delta = \dfrac{162}{60 \times 10^6} \times 10^6 = 2.70$

在100MHz下:$\delta = \dfrac{270}{100 \times 10^6} \times 10^6 = 2.70$

从上述计算可知,原子核的振动频率与外加磁场强度H_0有关,但化学位移(δ)不受H_0的影响。因此,δ可以作为化合物在核磁共振谱测定中的定性参数。同一物质在相同试剂及相同温度下测得的δ应基本一致。

核磁共振谱的横坐标用δ表示,标准物的δ定为0(谱图的右端)。从右向左,δ增大,如图7-6所示。氢谱的δ范围一般为0~10,最大可达20。

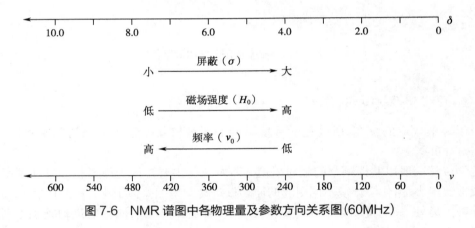

图7-6 NMR谱图中各物理量及参数方向关系图(60MHz)

三、化学位移的影响因素

影响质子化学位移值的因素主要分为两类,一是内部因素,包括电荷分布(电性效应)、磁各向异性效应、杂化效应、立体效应、分子内氢键、范德华效应等;二是外部因素,包括分子间氢键及溶剂效应等。

(一)电荷分布的影响

1. 诱导效应 又称电负性原子的负屏蔽效应(电负性基团的诱导效应)。当被研究的质子附近有较大的原子或电负性基团时,其周围的电子云密度降低,所受屏蔽效应减弱,化学位移(δ)增大。如卤代甲烷(CH_3X)的δ随X电负性的增大而增大,见表7-2。

表7-2 CH_3X型化合物的化学位移

CH_3X	CH_3F	CH_3OH	CH_3Cl	CH_3Br	CH_3I	CH_4	$(CH_3)_4Si$
X的电负性	4.0	3.5	3.1	2.8	2.5	2.1	1.8
δ	4.26	3.40	3.05	2.68	2.16	0.23	0

此外,取代基的诱导效应是通过成键电子传递的,随着与电负性取代基距离的增大而降低,如 $CH_3CH_2CH_2Br$ 中 1、2 和 3 位质子的 δ 分别为 3.39、1.88 和 1.03。

取代基的吸电子诱导效应还具有加和性。随着电负性基团引进的增多,取代基的吸电子诱导效应增强,δ 增大。见表 7-3。

表 7-3 卤代甲烷的 ^1H 化学位移

	CH_3X	CH_2X_2	CHX_3		CH_3X	CH_2X_2	CHX_3
X=F	4.26	5.45	6.49	X=Br	2.68	4.94	6.83
X=Cl	3.05	5.30	7.24	X=I	2.16	3.90	4.91

2. 共轭效应 共轭效应也会改变磁性核周围的电子云密度,使其化学位移发生变化。如与苯环相连的供电子基团(—CH_3、—OR、—OCH_3、—NH_2、—OCOR 等),由于 p-π 共轭作用,使其邻、对位质子周围的电子云密度增大,δ 减小,向高场位移。而吸电子基团(—NO_2、—CHO、—COR、—COOH 等),由于 π-π 共轭作用,将使得其邻、对位质子周围的电子云密度降低,δ 增大,向低场位移。

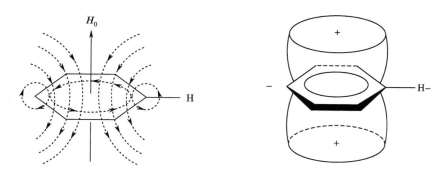

(二)磁各向异性的影响

磁各向异性(magnetic anisotropy)是一种空间屏蔽效应,是指化学键在外磁场作用下,环电流所产生感应磁场的强度和方向在化学键的周围具有各向异性,使分子中所处空间位置不同的质子所受屏蔽作用不同的现象。不饱和键、三元环及环状共轭体系的磁各向异性尤为明显。

1. 苯环 具有大 π 键的苯环在外磁场诱导下,很容易形成 π 电子环流,产生感应磁场。在苯环的上下方以及中心,感应磁场的磁力线与外磁场的磁力线方向相反,使处于这一区域质子实受磁场强度降低,这种作用称抗磁屏蔽效应,相应的空间称正屏蔽区,以"+"表示。处于正屏蔽区质子的 δ 降低,向高场位移。而在平行于苯环平面四周的空间,次级磁场的磁力线与外磁场一致,使处于此空间的质子实受磁场强度增加,这种作用称顺磁屏蔽效应。相应的空间称负屏蔽区或去屏蔽区,以"–"表示。苯环质子的化学位移值为 7.27,就是因为它们处于负屏蔽区之故。如图 7-7 所示。

图 7-7 苯环的磁各向异性

2. 双键（C=O 和 C=C） 双键的 π 电子形成结面,结面电子在外磁场诱导下形成电子环流,产生感应磁场。其屏蔽情况如图 7-8 所示,结面之上下方为正屏蔽区,在平行于结面四周的空间为负屏蔽区。乙烯质子处于负屏蔽区,δ 5.25。醛基质子与烯烃质子的磁各向异性类似,但受氧原子强电负性影响,共振吸收峰移向更低场 δ 9.69。

3. 三键 碳 - 碳三键的 π 电子以键轴为中心呈圆桶状对称分布,在外磁场的诱导下,π 电子可以形成绕键轴的电子环流,从而产生次级磁场。如图 7-9 所示,在键轴方向上下为正屏蔽区,与键轴垂直方向为负屏蔽区。乙炔质子与碳原子在同一直线上,处于三键电子环流的正屏蔽区,δ 2.88。

（三）氢键的影响

氢键对质子的 δ 影响很大,主要表现为氢键对质子起去屏蔽作用;形成氢键后,质子的 δ 显著增大。

影响氢键形成的因素主要有温度、浓度以及溶剂的极性。一般来说,活泼氢质子在溶液中形成分子间氢键,随着试样被惰性溶剂稀释,分子间氢键的缔合程度降低,使质子的 δ 减小。而分子内氢键的缔合程度不随惰性溶剂的稀释而改变其缔合程度。

四、不同类别质子的化学位移

各类质子由于所处化学环境不同,具有不同的化学位移值。一般来说,化学位移值的大小规律为芳烃＞烯烃＞炔烃＞烷烃,次甲基＞亚甲基＞甲基,COOH＞ArOH＞ROH ≈ RNH₂。

各类质子 δ 的大体范围如图 7-10 所示。某些类别质子的 δ 也可通过不同的经验公式作出估算,请见附录二。

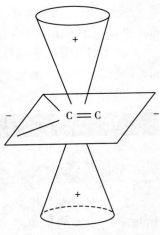

图 7-8 双键的磁各向异性

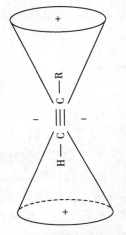

图 7-9 三键的磁各向异性

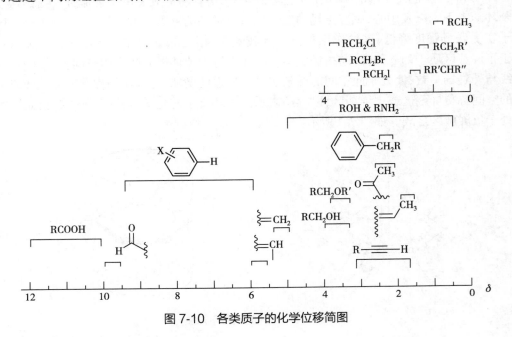

图 7-10 各类质子的化学位移简图

第三节　自旋耦合与自旋系统

一、自旋耦合与自旋裂分

屏蔽效应使处于不同化学环境的质子产生不同的化学位移。各核之间核磁矩的相互作用虽对化学位移没有影响,但影响着谱图的峰形。如化合物 1,1- 二氯 -2,2- 二乙氧基乙烷的 ^{1}H-NMR 中,H_a、H_b 各为二重峰,H_c、H_d 分别为四重峰和三重峰,如图 7-11 所示。

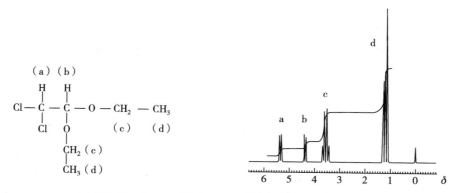

图 7-11　1,1- 二氯 -2,2- 二乙氧基乙烷及其 ^{1}H-NMR

(一)自旋裂分的产生

核自旋产生的核磁矩之间的相互干扰称自旋 - 自旋耦合(spin-spin coupling),简称自旋耦合。由自旋耦合引起共振峰裂分的现象称自旋 - 自旋裂分(spin-spin splitting),简称自旋裂分。

自旋耦合是通过组成核间的成键电子传递的,在饱和化合物中,一般只考虑相隔 1~3 根键的核间耦合。

下面以 1,1- 二氯 -2,2- 二乙氧基乙烷中 H_a、H_b 以及 H_c、H_d 的裂分为例说明自旋裂分的机制。

1. H_a(CH)、H_b(CH)的裂分　H_a 二重峰的原因在于 H_b 在外加磁场中两种自旋取向($m=+1/2,-1/2$)对 H_a 产生不同的局部磁场(H_{local})。当 H_b 的自旋取向 $m=+1/2$ 时,产生的 H_{local} 与外磁场 H_0 方向相同($\uparrow$),则 H_a 实受场强为 H_0+H_{local},受此影响,H_a 的共振吸收峰与 H_b 不存在时相比向低场位移;当 H_b 自旋取向 $m=-1/2$ 时,情况正好相反,产生的 H_{local} 与外磁场 H_0 方向相反($\downarrow$),则 H_a 实受场强为 H_0-H_{local},受此影响,H_a 的共振吸收峰与 H_b 不存在时相比向高场位移。由于 H_b 核两种自旋取向的概率近乎相等,结果观测到 H_a 的谱图为两个强度相等的小峰(二重峰)。双峰以未裂分单峰的峰位为中心,呈对称、均匀分布。如图 7-12 所示。

同理,H_b 受 H_a 的干扰也裂分为二重峰。

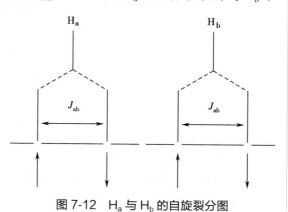

图 7-12　H_a 与 H_b 的自旋裂分图

2. $H_c(CH_2)$、$H_d(CH_3)$的裂分 H_c四重峰的来源:对于甲基上的3个H_d来说,自旋状态可以有8种组合(2^3),在外加磁场中产生4种不同效应,一是↑↑↑,产生的局部磁场与外磁场同向,使得H_c向低场位移;二是↑↑↓、↑↓↑、↓↑↑,移向较低场;三是↑↓↓、↓↑↓、↓↓↑,移向较高场;四是↓↓↓,使得H_c移向高场。结果使亚甲基质子H_c的共振吸收峰呈强度比为1:3:3:1的四重峰。如图7-13所示。

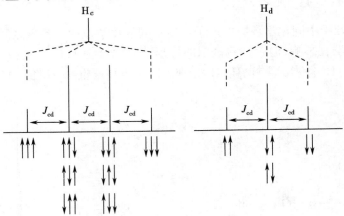

图7-13 H_c与H_d的自旋裂分图

H_d三重峰的来源:亚甲基两个质子H_c的自旋状态可以有4种组合(2^2),在外加磁场中产生3种不同效应,一是↑↑,使得H_d移向低场;二是↑↓、↓↑,两种组合自旋作用相互抵消,对H_d没有影响,信号仍处于原来位置;三是↓↓,使得H_d移向高场。结果使甲基质子H_d的共振吸收峰呈强度比为1:2:1的三重峰。

(二)自旋裂分规律

自旋裂分具有一定规律:某基团的质子与n个磁等价质子耦合时,将被裂分为$n+1$重峰,而与该基团本身的质子数无关,此规律称$n+1$律。服从$n+1$律的多重峰峰高比为二项式展开式的系数比,见表7-4。

表7-4 服从$n+1$律的质子多重峰的裂分情况及其峰高比

相邻 ^1H 数目(n)	峰裂分数目($n+1$)	峰裂分模式名称及简称		各小峰的峰高比
0	1	单峰	Singlet(s)	
1	2	二重峰	Doublet(d)	1:1
2	3	三重峰	Triplet(t)	1:2:1
3	4	四重峰	Quartet(q)	1:3:3:1
4	5	五重峰	Quintet(quin)	1:4:6:4:1
5	6	六重峰	Sextet(sex)	1:5:10:10:5:1
6	7	七重峰	Septet(sept)	1:6:15:20:15:6:1
...	...			
$m-1$	m	多重峰	Multiple(m)	

$n+1$律是$2nI+1$律的特殊形式。只有在$I=1/2$(如^1H),简单耦合及耦合常数(即峰裂距,用J表示)相等时才适用。例如氟化氢(HF),由于^{19}F的$I=1/2$,在外加磁场中有两种自旋取向,则HF中^1H核裂分为二重峰,峰高比为1:1。

对于 $I \neq 1/2$ 的核,峰裂分服从 $2nI+1$ 律。以氘核为例,其 $I=1$,如在二氘代碘甲烷(HD_2CI)中,氢受 2 个氘核的干扰,裂分为 $2 \times 2 \times 1+1=5$ 重峰($2nI+1$ 律)。氘核受 1 个氢的影响,裂分为 $1+1=2$ 重峰($n+1$ 律)。

但并非所有的原子核对相邻氢核都有自旋耦合干扰作用。如 ^{35}Cl、^{79}Br、^{127}I 等原子核,虽然 $I \neq 0$,却因它们的电四极矩很大,会引起相邻氢核的自旋去耦作用,观察不到耦合裂分现象。

若某基团与 $n, n', \cdots$ 个氢核相邻,发生简单耦合,有下列两种情况:

(1)峰裂距相等(耦合常数相等):仍符合 $n+1$ 律,分裂峰数为 $(n+n'+\cdots)+1$ 个子峰。如,1- 溴丙烷 $CH_{3(a)}CH_{2(b)}CH_{2(c)}Br$ 中 H_a、H_b、H_c 均为非等价氢,但 $J_{ab}=J_{bc}$,所以,H_b 受甲基 3 个氢及相邻亚甲基 2 个氢影响,裂分为 $(3+2)+1=6$,共六重峰,峰高比为 $1:5:10:10:5:1$。

(2)峰裂距不等(耦合常数不等):则裂分成 $(n+1)(n'+1)\cdots$ 重峰。

如图 7-14 所示,丙烯腈中有 3 种化学环境不同的质子 H_a、H_b 和 H_c,其化学位移值分别为 6.25、6.10 和 5.68。其中,H_b 受 H_c 的干扰,裂分为二重峰,$J_{bc}=11.5Hz$。同样,H_a 受 H_c 的干扰,裂分为二重峰,$J_{ac}=18.0Hz$。而对于 H_c,既受 H_a 的干扰,又受 H_b 的干扰,此裂分过程可分解为两个步骤:H_c 受 1 个 H_b 的干扰,裂分为二重峰($1+1$),峰高比为 $1:1$;接下来,这 2 个小峰各受 1 个 H_a 的干扰,各自裂分为二重峰($1+1$),结果,产生了 4 个小峰($1+1)\times(1+1)$。它们的峰高比不符合二项式展开式系数比($1:3:3:1$),而为 $1:1:1:1$(dd 峰),裂分后的耦合常数为 12.0Hz 和 18.0Hz。

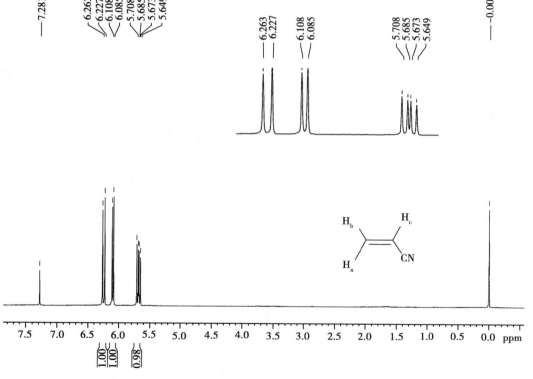

图 7-14　丙烯腈的 ^{1}H-NMR(500MHz,in CDCl$_3$)

二、耦合常数及其影响因素

如上所述,磁核之间自旋耦合的结果产生了自旋裂分。由裂分所产生的裂距称耦合常

数,单位为 Hz,用 $^nJ_c^s$ 表示,n 代表耦合核之间相隔的键数,s 代表结构关系,c 代表相互耦合的核。J 等于化学环境不同的两核相互耦合、自旋裂分所产生的任意相邻两小峰化学位移值之差的绝对值与测定用核磁共振波谱仪电磁波频率(MHz)的乘积。如,用 60MHz 核磁共振波谱仪测定 1,1- 二氯 -2,2- 二乙氧基乙烷时,H_a 受 H_b 的影响裂分为二重峰(图 7-12),其化学位移值分别为 5.411 和 5.311,则 H_a 共振信号的 J 为 $|5.411–5.311| \times 60=6.0Hz$。$J$ 反映了磁核之间相互耦合作用的强弱,其大小与外磁场无关,取决于耦合核的局部磁场(耦合核之间的距离、键长、键角、二面角及电负性)。

1. 耦合核间的距离　一般来说,相互耦合核间距离越远,耦合常数的绝对值越小。根据耦合核之间间隔的键数,耦合可分为偕耦(geminal coupling)、邻耦(vicinal coupling)及远程耦合(long range coupling)。

(1) 偕耦:同一碳原子上两个质子之间的耦合,也称同碳耦合,用 ^2J 或 J_{gem} 表示,一般为负值,其大小与结构密切相关。饱和烃的 ^2J 一般为 $-10\sim-15Hz$,而烯氢的 ^2J 一般为 $0\sim5Hz$。

(2) 邻耦:相邻碳上质子间的耦合,用 ^3J 或 J_{vic} 表示,一般为 $0\sim16Hz$。

邻耦的耦合常数规律:$J_{烯}^{trans}>J_{烯}^{cis} \approx J_{炔}>J_{链烃}$(自由旋转)。

(3) 远程耦合:相隔 4 个或 4 个以上键的质子之间的耦合,J 值可为负值或正值,其绝对值大小一般为 $0\sim3Hz$。在链状饱和化合物中,远程耦合由于小于 1Hz 而观测不到。在不饱和体系(烯、炔、芳香族)、杂环及张力环(小环或桥环)体系中该耦合最易出现。

在烯丙化合物中可以观测到 ^4J。

$^4J_Z \approx 0\sim1.5Hz$
$^4J_E \approx 1.6\sim3.0Hz$

2. 键角　键角的变化对耦合常数影响很大。如环烯烃 ^3J 随键角(α)减小而增大。

| ^3J | 2.8Hz | 5.1Hz | 8.8Hz |

$\longleftarrow$ 键角增大 $\longrightarrow$

3. 电负性　耦合作用一般靠价电子传递,在 H—C—CH—X 结构中,取代基的电负性越强,^3J 越小。如,杂原子的电负性为 O>N>S,受此影响,呋喃、吡咯、噻吩中质子 $^3J_{AB}$ 的大小变化如下:

$^3J_{AB}$　1.8Hz　　　　2.6Hz　　　　4.8Hz

三、核的等价性质

核磁共振中,核的等价性包括化学等价和磁等价。

1. 化学等价　化学等价(chemical equivalence)核是指分子中化学环境相同,化学位移相等的一组核。例如溴乙烷(CH_3CH_2Br)甲基上 3 个质子为化学等价核,亚甲基上两个质子也为化学等价核。

2. 磁等价 分子中化学等价的一组核,若它们每个核对组外任何一个磁核的耦合常数彼此也相同,则这组核称磁等价(magnetic equivalence)核,或称磁全同核(磁全同质子,简称全同质子)。

溴乙烷中甲基 3 个质子及亚甲基两个质子 δ 分别为 1.69 及 3.38。甲基质子与亚甲基质子相互耦合的 ^3J 均为 7.5Hz,显然甲基 3 个质子是磁等价核,亚甲基两个质子也是。

磁等价核的特征如下:①组内核化学位移相同;②与组外核的耦合常数相同;③在无组外核干扰时,组内虽耦合,但不裂分。

注意:磁等价必定化学等价,化学等价并不一定磁等价,但化学不等价时磁一定不等价。化学等价但磁不等价的情况很常见。例如:1,1- 二氟乙烯分子中 H_1 和 H_2 是化学等价的,但 $J_{H_1F_1} \neq J_{H_2F_1}$,$J_{H_1F_2} \neq J_{H_2F_2}$,所以 H_1 和 H_2 是磁不等价核,这是由于双键不能自由旋转造成的双键同碳质子的磁不等价。对羟基苯甲酸中 H_A 与 $H_{A'}$、H_B 与 $H_{B'}$ 也是化学等价但磁不等价。

四、自旋系统分类

1. 自旋系统的定义 分子中相互耦合的几个核组构成的独立体系称自旋系统。系统内的核组相对独立,系统与系统之间的核不发生耦合。

例如,乙基异丁基醚 $CH_3CH_2OCH_2CH(CH_3)_2$ 中,CH_3CH_2- 与 $-CH_2CH(CH_3)_2$ 两基团间因相隔一个氧原子,不能相互耦合,故分为 CH_3CH_2- 和 $-CH_2CH(CH_3)_2$ 两个自旋系统。

2. 自旋系统的分类 自旋系统分类方法较多。按耦合强弱分为一级耦合(弱耦合)和高级耦合(强耦合)。一般规定 $\Delta v/J > 10$ 为一级耦合,$\Delta v/J < 10$ 为高级耦合。

3. 自旋系统命名原则

(1)化学等价核构成一个核组,用一个大写的英文字母表示,如 A。

(2)若组内核为磁全同质子,则将核组的核数标在大写英文字母的右下角。如 CH_3CH_2I 中亚甲基的两个质子为磁全同质子,记作 A_2。

(3)几个核组之间若化学位移相差较大($\Delta v/J > 10$),用不连续的字母 A、M、X 表示,如 CH_3CH_2I 中乙基用 A_2X_3 表示;若核组之间化学位移相近($\Delta v/J < 10$),用连续的字母 A、B、C 表示。如 1,2,4- 三氯苯中 3 个质子相互耦合,构成 ABC 自旋系统。

(4)核组中化学等价而磁不等价的核,在相同的大写英文字母右上角加撇号,如 A'、A''。如对羟基苯甲酸的 4 个质子构成的自旋系统命名为 AA'BB'。

五、核磁共振氢谱的类型

核磁共振氢谱根据复杂程度可分为一级图谱和高级图谱。

(一) 一级图谱

一级耦合过程中产生的图谱,称一级图谱(first order spectrum)。其特征如下。

(1)磁全同质子之间彼此耦合,但不引起峰裂分。

(2)服从 $n+1$ 律。

(3) 多重峰的峰面积比为二项式展开式的各项系数比。

(4) 耦合作用弱，$\Delta v/J>10$，且耦合作用随距离增加而降低。

(5) 相互作用的一对质子，其耦合常数相等。

(6) 化学位移为多重峰的中间位置。

(7) 峰裂距为耦合常数。

(8) 两组相互耦合的信号彼此具有倾向性。

图 7-15 为溴乙烷（CH_3CH_2Br）的氢谱。甲基、亚甲基的 δ 分别为 1.69 及 3.38，$J=7.5Hz$。计算 $\Delta v/J=(3.38-1.69)\times 60/7.5 \approx 13.5>10$，是典型的一级图谱，亚甲基和甲基构成了 A_2X_3 自旋系统。图中甲基三重峰左侧峰高于右侧峰，亚甲基四重峰右侧峰高于左侧峰。这种相互耦合的质子峰，裂分后内侧峰高于外侧峰的现象称"倾向性"。在利用氢谱进行结构解析过程中，根据倾向性，并与耦合常数相结合，可判断哪些是相互耦合的质子。

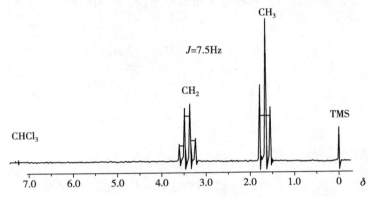

图 7-15　溴乙烷的 ^{1}H-NMR（内标：TMS；溶剂：$CDCl_3$；60MHz）

（二）高级图谱

由高级耦合形成的图谱称二级图谱（second order spectrum），又称高级图谱。其特征为：

(1) 谱线裂分不服从 $n+1$ 律。

(2) 多重峰的强度比不符合二项式展开式的各项系数比。

(3) 耦合作用强，$\Delta v/J<10$。

(4) 耦合常数与峰裂距不等。

(5) δ 和 J 一般无法从谱图直接读出，通常需要计算求得。

二级图谱一般包括 AB、AB_2、ABC、ABX、AA′BB′、AA′XX′ 等。

二级谱的分析要比一级谱分析困难得多，计算也比较复杂。但随着高磁场强度核磁共振波谱仪的发展与普及（400MHz 以上都已非常普遍），往往可以使复杂的二级谱简化为一级近似谱。这是因为化学位移的频率差 Δv 是随着仪器的磁场强度增高而直线增加，耦合常数 J 基本不变，$\Delta v/J$ 增大。具体实例将在本章第四节核磁共振谱图的简化方法中描述。

第四节　核磁共振波谱仪

一、核磁共振波谱仪

核磁共振波谱仪按扫描方式不同分为两大类——连续波核磁共振波谱仪和脉冲傅里叶变

换核磁共振波谱仪。

（一）连续波核磁共振波谱仪

连续波核磁共振波谱仪（continuous wave nuclear magnetic resonance spectrometer, CW-NMR）是通过连续改变射频的频率或外磁场的强度，从而依次激发被观测的核，使之产生核磁共振信号。其基本结构如图7-16所示，由磁铁、探头、射频振荡器、射频接收器、信号放大及记录仪组成。

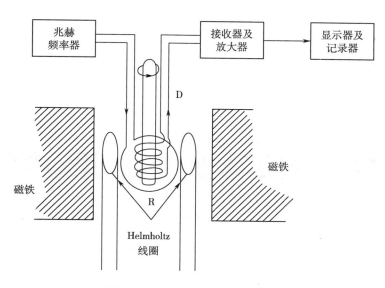

图7-16 核磁共振波谱仪示意图

磁铁是核磁共振波谱仪中最重要的部分之一。核磁共振波谱仪的灵敏度和分辨率主要取决于磁铁的质量和强度。磁铁的作用是提供一均匀强磁场，在NMR中通常用对应的质子共振频率来描述不同场强。核磁共振波谱仪常用的磁铁有3种：永久磁铁、电磁铁和超导磁铁。高分辨核磁共振波谱仪需要超导磁场，采用液氦冷却。

探头是一种用来使样品管保持在磁场中某一固定位置的器件。探头中不仅包含样品管，而且包括扫描线圈和接收线圈，以保证测量条件的一致性。

图7-16中R为照射线圈，D为接收线圈，亥姆霍兹线圈（Helmholtz coils）为扫场线圈，通直流电以调节磁铁的磁场强度。R、D及磁场方向相互垂直，互不干扰。

装有试样溶液的样品管在磁场中匀速旋转以保障所受磁场的均匀性。由照射频率发生器产生射频，通过照射线圈R作用于试样上。用扫场线圈调节外加磁场强度，若满足某种化学环境原子核的共振条件时，则该核产生能级跃迁，核磁矩方向改变，在接收线圈D中产生感应电流。感应电流被读数系统放大、记录，即得NMR信号。若依次改变磁场强度，满足不同化学环境核的共振条件，即获得完整的NMR图谱。这种固定照射频率，改变磁场强度获得NMR图谱的方式称扫场（swept field）法。若固定磁场强度，改变照射频率而获得不同化学环境核的共振信号的方法称扫频（swept frequency）法。用扫场法或扫频法观察NMR信号时，由于每一时刻只有一种核处于共振状态，只能观察到一条谱线，因此扫描速度慢，效率低。尤其对核磁共振信号弱、化学位移范围宽的核，如^{13}C、^{15}N等，一次扫描所需时间长，信号需要多次累加。随着脉冲傅里叶变换核磁共振波谱仪的发展，这类仪器的应用逐渐减少。

（二）脉冲傅里叶变换核磁共振波谱仪

脉冲傅里叶变换核磁共振波谱仪（pulsed Fourier transform NMR spectrometer, PFT-NMR）

是采用一个强的射频,用强而短的射频脉冲方式(一个脉冲中同时包含了一定范围的各种频率的电磁波)照射样品,使不同化学环境的核同时激发,发生共振,由接收线圈接收自由感应衰减信号(FID),通过傅里叶(Fourier)变换,得到普通的 NMR 谱。

脉冲傅里叶变换核磁共振波谱仪与连续波核磁共振波谱仪相比,测定速度快;仪器有很强的累加信号能力,能够对核磁共振信号弱的原子核如 ^{13}C、^{15}N 等进行测定。

二、样品的制备

核磁共振谱测定通常在液体状态下进行,测定氢谱时常用不含质子的溶剂(如 CCl_4 和 CS_2 等)及氘代溶剂[$CDCl_3$、D_2O、CD_3COCD_3(丙酮 $-d_6$)、CD_3OD(甲醇 $-d_4$)、C_6D_6(苯 $-d_6$)及 CD_3SOCD_3(二甲基亚砜 $-d_6$)]等溶解样品。测定用氘代试剂中残存 1% 左右 ^1H 核,未被完全氘代的 ^1H 核在 ^1H-NMR 中会出现共振信号,解谱时应注意识别。常用氘代溶剂中残留 ^1H 的共振吸收见表 7-5。

表 7-5 常用核磁测定用溶剂中残留 ^1H 的共振吸收

氘代试剂	化学位移	氘代试剂	化学位移
CCl_4	—	氘代 1,1,2,2- 四氯乙烷($C_2D_2Cl_4$)	6.00
CS_2	—	氘代乙腈(CD_3CN)	1.93
氘代氯仿($CDCl_3$)	7.24	氘代乙醚($C_4D_{10}O$)	1.07、3.34
氘代甲醇(CD_3OD)	3.35	氘代四氢呋喃(C_4D_8O)	1.73、3.58
氘代丙酮(CD_3COCD_3)	2.04	氘代二氧六环($C_4D_8O_2$)	3.58
氘代苯(C_6D_6)	7.27	氘代二甲基亚砜(CD_3SOCD_3)	2.49
氘代环己烷(C_6D_{12})	1.42	氘代吡啶(C_5D_5N)	7.19、7.55、8.71
氘代甲苯($C_6D_5CD_3$)	2.30、7.19	氘代水(D_2O)	4.65
氘代硝基苯($C_6D_5NO_2$)	7.50、7.67、8.11	氘代醋酸(CD_3COOD)	2.03、11.53
氘代二氯甲烷(CD_2Cl_2)	5.32	氘代三氟乙酸(CF_3COOD)	11.50
氘代溴仿($CDBr_3$)	6.83		

核磁共振谱一般要求样品纯度 >98%。用脉冲傅里叶变换核磁共振波谱仪测定 ^1H-NMR 时,为了保证分辨率,样品浓度一般配制为 0.01~0.1mmol/L;测定 ^{13}C-NMR 时,为了缩短测定时间,在溶解度允许的条件下,尽量加大浓度。

制备样品溶液时,还需加入标准物质,以便进行零点校准。以有机溶媒为溶剂的样品,常用 TMS 为标准物;以重水为溶剂的样品,因 TMS 不溶于水,可采用 DSS。如没有内标物,也可利用氘代试剂的残存氢信号作为参照进行标定。例如,使用 CD_3OD 作为溶剂时,将残存的甲醇质子共振信号的化学位移值标定为 3.35,则可得到相应待测物各质子的化学位移值。

样品溶解后需装在样品管中测定。样品管的材料一般为石英和普通玻璃两种,内径 5mm。其内壁和外壁一定要保持干净且无磨损,否则会干扰匀场。

采用不同溶剂对同一化合物进行测定,测得的化学位移值会有所不同。因此,当化合物信号峰重叠时,可更换溶剂进行测定。根据 ^1H-NMR 测定目的不同,可选用相应的溶剂,如

C_5D_5N 为含有磁各向异性官能团样品的适宜溶剂,CD_3SOCD_3 可以延迟羟基质子交换速度,是观测羟基质子耦合情况的适宜溶剂。

三、核磁共振谱图的简化方法

对复杂谱图常需采用一些特殊技术,使复杂的谱线简化。常用方法包括使用高磁场的核磁共振波谱仪、使用溶剂位移及试剂位移、双照射去耦及重水交换等。

（一）高磁场的核磁共振波谱仪的使用

前已述及,使用高磁场强度核磁共振波谱仪测定化合物,可以改善信号与信号之间的分离度,使信号之间的高级耦合转变为一级耦合,以简化谱图。

图 7-17 是阿司匹林的 ^{1}H-NMR。从图中可看出,阿司匹林苯环上的 4 个质子在 60MHz 仪器上呈现为难以直接分析的二级复杂谱,而在 250MHz 仪器上已经还原为一级图谱。谱图可以用自旋裂分图解方法进行分析:以 H_A 的裂分为例,$J_{AB} \neq J_{AC}$,H_A 受 1 个 H_B 的影响裂分为 d 峰,每个子峰又受 1 个 H_C 的影响,各自裂分为 d 峰,总称 dd 峰;对 H_B 而言,受 H_A、H_C 和 H_D 的影响,$J_{AB}=J_{BC} \neq J_{BD}$,$H_A$ 和 H_C 使其裂分为 t 峰,每个子峰又受 H_D 的影响,各自裂分为 d 峰,总称 dt 峰。用同样的图解方法可对 H_C、H_D 进行分析。

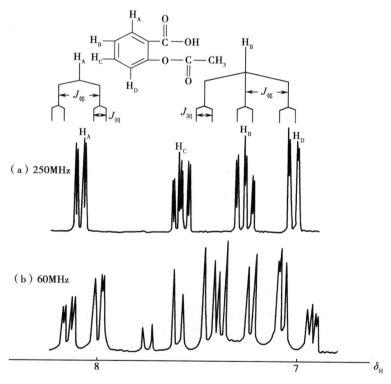

图 7-17 阿司匹林的 ^{1}H-NMR（in CDCl$_3$）

（二）溶剂位移

在不具备高磁场核磁共振波谱仪的条件下,最简单的简化谱图的方法就是改变测定用溶剂。如图 7-18 所示,用 $CDCl_3$（A）测定硫代苯乙酸甲酯,甲氧基与亚甲基质子共振信号完全重叠,δ 4.05;而选用 C_6D_6（B）为溶剂时,两共振信号得到了很好分离,甲基质子 δ 3.53,亚甲基质子 δ 3.86。

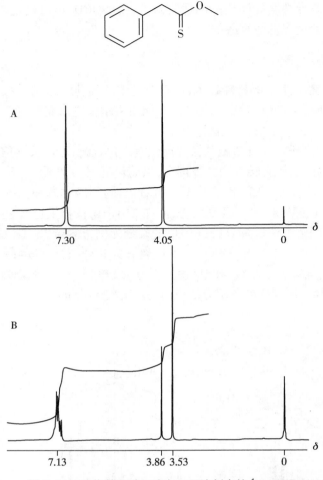

图 7-18　硫代苯乙酸甲酯在不同溶剂中的 ^{1}H-NMR

A. CDCl$_3$　　　B. C$_6$D$_6$

（三）双照射去耦

在 NMR 测定过程中,除激发核共振的射频场(H_{01})外,还可施加另外一个射频场(H_{02}),这样的照射称双照射(double irradiation)。代表性的双照射去耦主要包括 ^{1}H-NMR 中的同核去耦及 ^{13}C-NMR 中的质子噪声去耦、偏共振去耦、选择性去耦,后三种去耦技术将在第六节加以详述。使用双照射去耦技术可使谱图解析大为简化,进一步了解结构信息。

1. 自旋去耦(spin decoupling)　相互耦合的核 H$_a$、H$_b$,由于 H$_b$ 有两种自旋取向,对 H$_a$ 裂分成两重峰。当用 H_{01} 扫描时,同时再以强功率射频 H_{02} 照射 H$_b$ 核,使其达到自旋饱和,H$_b$ 核高速往返在两种自旋状态之间,此时 H$_b$ 对 H$_a$ 不再有两种不同的影响,使 H$_a$ 双峰变成了单峰,这种实验技术称自旋去耦。双照射自旋去耦可使谱图简化,可以找出相互耦合的峰和隐藏在复杂多重峰中的信号。

图 7-19 为乙酸异丙酯的自旋去耦实验谱图:a 为正常谱;b 为照射异丙基中次甲基质子得到的去耦谱。观察 a 谱,异丙基中次甲基质子受对称的两个甲基 6 个质子的干扰裂分为七重峰,甲基受次甲基 1 个质子干扰裂分为二重峰。当使用某一频率对乙酸异丙酯所有质子进行测定的同时,再采用与次甲基质子共振频率相等的电磁波持续照射该质子,使次甲基质子达到自旋饱和状态,共振信号消失。此时的次甲基质子对与之邻近的甲基质子不再有

耦合作用,甲基质子呈现单峰,强度增加。

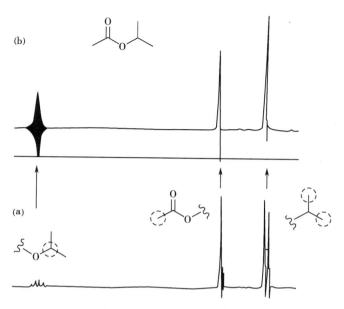

图 7-19 乙酸异丙酯的自旋去耦实验

2. 核欧沃豪斯效应 分子内空间接近的两个质子,若用双照射法照射其中一个核使其饱和,另一个核的信号就会增强,这种现象称核欧沃豪斯效应(nuclear Overhauser effect,NOE)。在实际工作中,NOE 常常是确定某些基团的位置、相对构型和优势构象的重要手段之一。

已知异香夹兰醛结构中除含醛基外,还有 1 个甲氧基和 1 个酚羟基,在其 ^{1}H-NMR 谱图(图 7-20)中,δ 3.91(3H,s)、6.92(1H,d,J=8.4Hz)、7.24(1H,d,J=2.1Hz)及 7.38(1H,dd,J=2.1,8.4Hz)分别归属为—OCH$_3$、H$_c$、H$_b$ 及 H$_a$ 的共振信号。为了确定甲氧基的连接位置,进行了 NOE 实验,照射 δ 3.91 处的甲氧基信号时,H$_c$ 信号强度增加了 30%,据此,判断该甲氧基连接在了如图所示 H$_c$ 的邻位。

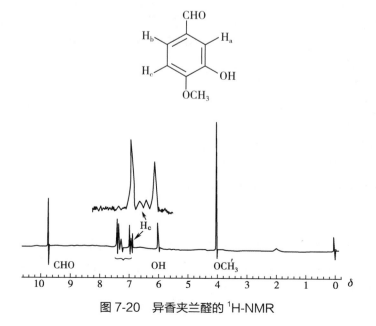

图 7-20 异香夹兰醛的 ^{1}H-NMR

随着核磁共振技术的发展,重水交换及试剂位移简化谱图技术在简单化合物的结构解析过程中应用较少,这里不再赘述。

第五节　核磁共振氢谱的解析

一、核磁共振氢谱图提供的主要信息

核磁共振氢谱主要提供以下信息:

1. 化学位移　提供各类型质子(各基团)所处化学环境的信息,因为不同类型的质子有其特定的化学位移范围。

2. 多重峰峰形、裂分情况及耦合常数　可以说明含氢基团的连接情况以及立体结构的信息。

3. 各组峰的相对强度　提供各类型质子的数量比,说明化合物的氢分布情况。氢分布指的是氢谱中每个核磁共振信号所代表的质子个数。氢谱中,各吸收峰所覆盖的峰面积与引起该吸收的质子数成正比,常以积分曲线高度表示,其总高度和吸收峰的总峰面积相当,由共振信号的起点画至终点。目前的核磁共振波谱仪提供的谱图峰面积一般用数字标在横坐标下方(图 7-21)。如化合物含氢数已知,根据积分曲线高度就可以计算出谱图中各峰所对应的氢原子的数目。

谱图解析就是综合利用这些信息进行定性分析和结构分析。

二、核磁共振氢谱解析的一般程序

1. 首先区分出内标峰、溶剂峰。内标峰一般出现在谱图的最右端,在谱图测定过程中多使用 TMS 作为内标,其共振吸收峰为一尖锐的呈正态分布的单峰。另外,根据表 7-5 常见氘代溶剂残留 ^1H 的共振吸收位置,可区分溶剂峰。

2. 若已知分子式,计算不饱和度。

3. 根据峰面积积分曲线计算氢分布,需注意考虑分子的对称性问题。

4. 对每个峰组的 δ 进行分析,判断质子类型。先解析孤立甲基峰,确定甲基类型;再解析容易判断的低场共振峰,如醛基质子 δ 9~10、普通酚羟基质子 δ 8~11、形成分子内氢键的酚羟基质子 δ 11~17、羧基质子 δ 10~12。

5. 计算 $\Delta v/J$,确定自旋系统及耦合类型。

6. 含有活泼氢的未知物,可通过重水交换,观察谱图变化情况,来确定活泼氢峰位及类型。

7. 根据各组峰的 δ 及耦合关系,组合可能的结构式。

8. 查表或计算各基团的 δ,核对耦合关系与耦合常数的合理性。参考其他谱图(如 ^{13}C-NMR、UV、IR、MS 等)对推出的结构进行"指认"。

三、解析示例

例 7-2　化合物 $C_8H_{12}O_4$ 的 ^1H-NMR 如图 7-21 所示,已知 δ_a 1.30(t,J=7.5Hz)、δ_b 4.20(q,J=7.5Hz)、δ_c 6.73(s),峰面积积分比 a:b:c=3:2:1,而红外光谱显示有羰基及碳碳双键官能团。试解析其结构。

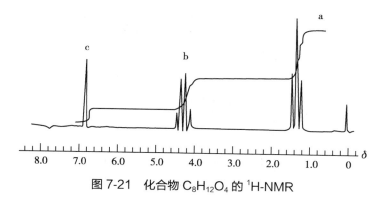

图 7-21 化合物 $C_8H_{12}O_4$ 的 ^{1}H-NMR

解:(1)不饱和度 $\Omega = \dfrac{2+2\times 8-12}{2} = 3$。结合题意提示含羰基及碳碳双键。

(2)峰面积积分比 a:b:c=3:2:1,分子式中共有 12 个氢,则可知分子含有对称结构,a、b、c 对应的氢数分别为 6、4、2。

(3)δ_a 1.30(t,J=7.5Hz)及 δ_b 4.20(q,J=7.5Hz)提示结构中存在—OCH_2CH_3 片段;δ_c 6.73(s)提示结构中存在与具有负屏蔽作用基团相连的烯氢质子,结合分子式与红外光谱信息,推测该基团可能为:

（4）综上所述,推测未知物结构式为:

（Ⅰ） 　　　　　　　（Ⅱ）

(5)查对 Sadtler 标准 NMR 谱,鉴定该化合物为反式丁烯二酸二乙酯（Ⅱ）。

例 7-3 某无色针状结晶(甲醇)的分子式为 $C_8H_{10}O_2$,其 ^{1}H-NMR(300MHz,DMSO-d_6)如图 7-22 所示,试解析其结构。

解:(1)不饱和度 $\Omega = \dfrac{2+2\times 8-10}{2} = 4$,结合 δ 6~7 的吸收峰,提示结构中可能含有 1 个苯环的芳香化合物。

(2)^{1}H-NMR 中 δ 9.11(1H,s)信号提示结构中可能含有 1 个酚羟基或醛基;δ 6.98(2H,d,J=8.4Hz)、δ 6.66(2H,d,J=8.4Hz)信号提示结构中含有 1 个 AA′BB′ 自旋耦合系统的苯环片段;δ 4.56(1H,t,J=5.4Hz)、δ 3.52(2H,dt,J=5.4,7.2Hz)、δ 2.60(2H,t,J=7.2Hz)等信号提示结构中可能存在—CH_2—CH_2—OH 片段。

(3)综上所述,并结合文献报道推测未知物结构式为对羟基苯乙醇。

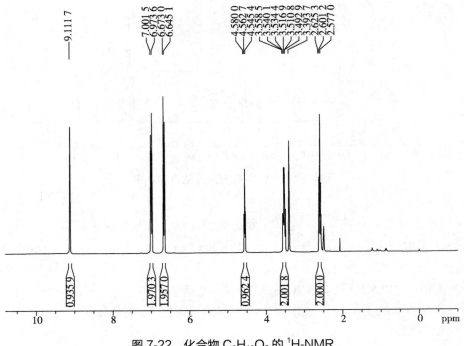

图 7-22 化合物 $C_8H_{10}O_2$ 的 ^{1}H-NMR

（4）其 ^{1}H-NMR 具体信号归属如下：δ 9.11（1H，s，H-f）、δ 6.98（2H，d，J=8.4Hz，H-a）、δ 6.66（2H，d，J=8.4Hz，H-b）、δ 4.56（1H，t，J=5.4Hz，H-e）、δ 3.52（2H，dt，J=5.4，δ 7.2Hz，H-d）、2.60（2H，t，J=7.2Hz，H-c）。

第六节　核磁共振碳谱

1957 年，Lauterbur 首次观察到天然有机物的核磁共振碳谱，简称碳谱。但因碳谱信号很弱，其应用受到很大限制。直到 1970 年脉冲傅里叶变换核磁共振谱得到应用后，才逐渐成为可实用的测试手段。近年来，碳谱技术有了飞跃发展，成为化学、生物、医学、制药及化工等领域不可缺少的分析工具。

一、碳谱的特点

1. 碳谱的特点

（1）信号强度低：测定常需多次扫描累加才能得到满意的谱图，耗时长。

（2）化学位移范围宽，分辨率高：碳谱的化学位移范围为 0~250，减少了信号间的重叠，便于峰归属。

（3）给出结构信息比较全面：能给出化合物分子骨架信息，同时能够给出季碳信号，如 C≡O、C≡N 等。

（4）弛豫时间长：^{13}C 的弛豫时间比 ^{1}H 慢得多，能够准确测定，便于进行构象测定。

（5）共振方法多、谱线简单。

2. 核磁共振碳谱的信号强度　影响碳信号强度（信噪比，S/N）各因素之间的关系可表示为：

$$S/N \propto \frac{\gamma^3 \cdot H_0^2 \cdot n \cdot I \cdot (I+1)}{T}$$

式（7-14）

式(7-14)中,T 为绝对温度,n 为跃迁的核数,γ 为磁旋比。

^1H 核的 γ 约是 ^{13}C 核的 4 倍(表 7-1),而 ^1H 核的自然丰度为 ^{13}C 核的 100 倍左右,所以,在同样 H_0 和 T 的情况下,碳谱灵敏度约为氢谱灵敏度的 1/6 000。通过以下途径可提高信噪比:①降低测定温度;②提高外磁场强度,用高磁场强度的超导核磁共振波谱仪进行测定;③提高低能态核与高能态核数目的差值;④多次扫描累加,由于信号 S 正比于扫描次数,而噪声 N 正比于扫描次数的平方根,所以 S/N(信噪比)是扫描次数的平方根。若扫描累加 100 次,S/N 增大 10 倍。

二、碳谱的化学位移及影响因素

碳谱与氢谱的基本原理相同,化学位移(δ_C)定义及表示法与氢谱基本一致。测定时一般用 TMS 作内标。

影响碳谱化学位移值的因素与氢谱类似,主要有杂化效应、诱导效应、磁各向异性及氢键效应等。

(一)杂化效应

碳谱化学位移值受碳原子轨道杂化 3 种基本状态(sp^3、sp、sp^2)影响。一般来说,sp^3 杂化碳 δ_C 在 0~60 范围;sp 杂化碳 δ_C 在 60~90 范围;sp^2 杂化碳 δ_C 在 100~200 范围。

(二)诱导效应

吸电子基团的诱导效应与氢谱类似,碳原子上连接基团的电负性越强,去屏蔽作用越强,δ_C 越大,$\delta_{C-F} > \delta_{C-Cl} > \delta_{C-Br} > \delta_{C-I}$,见表 7-6。

表 7-6 卤代甲烷的 ^{13}C 化学位移

化合物	X=F	X=Cl	X=Br	X=I
CH_3X	75.0	24.9	9.8	−20.8
CH_2X_2	109.0	54.0	21.4	−54.0
CHX_3	116.4	77.0	12.1	−139.0
CX_4	118.6	96.5	−29.0	−292.5

需要指出的是,碘代甲烷中 δ_C 位于高场,这是由于碘原子核周围有丰富的电子,碘的引入对与其相连的碳核产生抗磁屏蔽作用,碘取代越多,这种屏蔽作用越大。碘为重原子,有时把以上现象称重原子效应。

(三)共轭效应

与氢谱相似,碳谱中共轭效应也会使电荷分布发生变化,如芳香环上供电基团的 p-π 共轭作用,使其邻、对位碳的 δ 减小;而吸电基团的 π-π 共轭作用,使其邻、对位碳的 δ 增大,其中邻位碳的 δ 显著增大。

碳谱的化学位移受核所处的化学环境的影响,变化幅度较大,其化学位移值的幅度比氢谱宽得多,信号重叠少。常见有机化合物的碳谱化学位移值如图 7-23 所示。

三、碳谱中的耦合

碳谱中主要存在 3 种耦合方式,分别为 $^{13}C—^1H$、$^{13}C—^{13}C$、$^{13}C—X$(X 为其他 $I=1/2$ 的自旋核)之间的耦合。由于 ^{13}C 的天然丰度只有 1%,则 ^{13}C 与其近旁 ^{13}C 的耦合概率只有万分之一。一般来说,在碳谱中观测不到它们之间的耦合裂分。由于 D、^{15}N 天然丰度低,$^{13}C—X$ 中 $^{13}C—D$、$^{13}C—^{15}N$ 的耦合可忽略不计,含氟、磷化合物在天然产物中又不常见,故下面只简单讨论 $^{13}C—^1H$ 耦合。

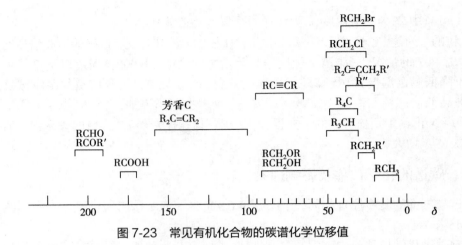

图 7-23　常见有机化合物的碳谱化学位移值

^{13}C—^{1}H 耦合最重要的是 $^{1}J_{C-H}$，其大小主要受杂化效应及取代基电性效应的影响。其中，C—H 键的 s 电子成分与 $^{1}J_{C-H}$ 之间的关系可用经验式来求算：

$$^{1}J_{C-H}=5\times(s\%)　　　　　　　式(7-15)$$

式(7-15)中，$s\%$ 为 C—H 键 s 电子所占的百分数，sp^3、sp^2、sp 杂化碳的 $s\%$ 分别为 25、33、50。如乙烷、乙烯、乙炔中 $^{1}J_{C-H}$ 实际测定值分别为 124.9Hz、156.4Hz 及 248.0Hz。

此外，结构中引入电负性基团，使 $^{1}J_{C-H}$ 增大，如甲烷、一氟甲烷的 $^{1}J_{C-H}$ 分别为 124.9Hz 和 149Hz；且随电负性基团的增多，$^{1}J_{C-H}$ 将会增大，如一氯甲烷、二氯甲烷、三氯甲烷的 $^{1}J_{C-H}$ 分别为 150Hz、177Hz 及 209Hz。

一般来说，J_{C-H} 与 C—H 间隔的键数有关，$^{1}J_{C-H}$ 为 100~320Hz，$^{2}J_{C-H}$ 为 –20~70Hz，$^{3}J_{C-H}<15$Hz。

四、碳谱的类型

如上所述，碳谱中主要考虑 ^{13}C—^{1}H 之间的耦合。由于氢的 $I=1/2$，谱线裂分仍符合 $n+1$ 律。这些裂分将使 ^{13}C 谱变得非常复杂，强度变低。为了消除这种耦合，往往采用一些去耦技术，使 ^{1}H 核对 ^{13}C 核的耦合部分或全部消失，以简化谱图。常用质子去耦技术主要包括质子宽带去耦（proton broad band decoupling）、偏共振去耦（off-resonance decoupling，OFR）、选择质子去耦（selective proton decoupling）及无畸变极化转移增强（distortionless enhancement by polarization transfer，DEPT）等。相应的出现了质子宽带去耦谱（即常说的碳谱）、偏共振去耦谱及 DEPT 谱。

（一）质子宽带去耦谱

质子宽带去耦也称全氢去耦（proton complete decoupling，COM），是对 ^{13}C 核进行扫描时，同时采用一个强的去耦射频（频率可使全部质子共振）进行照射，使全部质子达到"饱和"后测定 ^{13}C-NMR。此时，^{1}H 对 ^{13}C 的耦合完全消失，每种碳核均出现 1 个单峰，故无法区别伯、仲、叔、季不同类型的碳。此外，因照射 ^{1}H 后产生的 NOE 效应，连有 ^{1}H 的 ^{13}C 信号强度将会明显增强，但季碳信号强度基本不变。

（二）偏共振去耦谱

偏共振去耦谱是在对 ^{13}C 核进行扫描时，采用 1 个略高于待测样品所有 ^{1}H 核的共振频率（该照射频率不在 ^{1}H 的共振区中间，比 TMS 的 ^{1}H 共振频率高 100~500Hz）对 ^{1}H 核进行照射得到谱图。在此过程中，消除了 $^{2}J~^{4}J$ 的弱耦合，而保留直接相连的 ^{1}H 核的耦合，$^{1}J_{C-H}$ 减小。偏共振去耦谱中，季碳、次甲基、亚甲基及甲基分别呈现单峰、二重峰、三重峰、四重峰，但裂距变小。它弥补了质子宽带去耦谱的不足。

（三）选择质子去耦谱

选择质子去耦谱是用与某个或某几个质子共振频率相等的射频对它们进行选择性照射，以消除其对碳的耦合影响。此时，只有与被照射质子有耦合的碳，其碳谱峰形发生改变，强度增大。在质子信号归属明确的情况下，可作为相应碳归属的依据，它是偏共振的特例。

（四）DEPT 谱

偏共振去耦谱中因保留着质子的耦合影响，故 ^{13}C 信号的灵敏度会降低，加之各信号裂分导致的部分重叠，给解析造成一定困难，近年来已逐渐被 DEPT 谱所取代。DEPT 法是通过改变 ^{1}H 核的第三脉冲宽度（θ），使不同类型的 ^{13}C 信号在谱上以单峰形式分别向上或向下伸出。θ 可以设置为 45°、90°、135°。在各种 DEPT 谱中季碳均不出峰；在 DEPT 45° 谱中 CH、CH_2、CH_3 均为正峰；90° 谱中 CH 为正峰；135° 谱中 CH、CH_3 为正峰，CH_2 为负峰。3 种谱中，DEPT 135° 谱最常用。

草苁蓉苷的 DEPT 谱及 ^{13}C-NMR 如图 7-24 所示。通过比较 ^{13}C-NMR 与 DEPT 45° 谱，可知 δ_C 125.9 为季碳信号；由 DEPT 90° 谱可知 δ_C 193.1（注：按论文发表习惯，δ_C 仅保留小数点一位）、164.1、99.6、97.4、78.0、77.6、74.4、71.3、43.7、36.8 及 32.0 为次甲基碳信号；由 DEPT 135° 谱可知 δ_C 62.6、33.3 及 31.0 为亚甲基碳信号；比较 DEPT 90° 及 DEPT 135° 谱，可知 δ_C 16.6 为甲基碳信号。

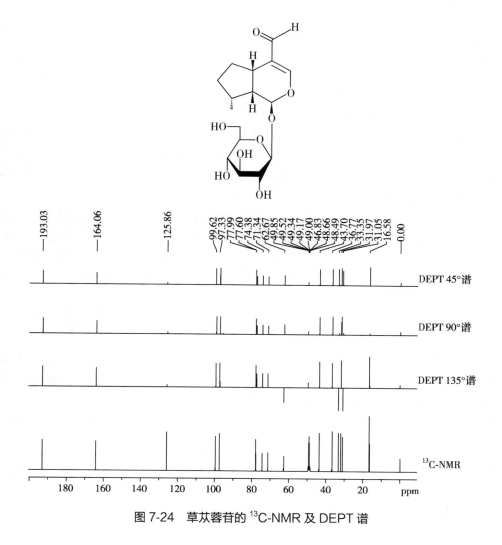

图 7-24 草苁蓉苷的 ^{13}C-NMR 及 DEPT 谱

五、碳谱的解析

在核磁共振碳谱的解析中,质子宽带去耦谱及 DEPT 135° 谱最为常用。根据质子宽带去耦谱给出的碳信号个数,可推测化合物分子结构中含有的碳原子数目;根据各碳信号化学位移值的大小,可推测基团类型及连接的取代基类型。而对天然产物结构解析的过程中,若了解各类型天然产物的骨架类型,还可依据碳原子的数目推测可能为哪一类化合物。质子宽带去耦谱与 DEPT 135° 谱相结合,可用于鉴别碳的类型。碳谱的解析并无固定的程序,要视具体情况而定。这里只简单介绍解析的一般程序。

(一)核磁共振碳谱解析的一般程序

1. 首先区分出内标峰和溶剂峰 与 ^{1}H-NMR 类似,内标峰一般出现在谱图最右端,在谱图测定过程中一般使用 TMS 作为内标。另外,测定过程中所选用溶剂为氘代试剂,D 核对 ^{13}C 核的耦合裂分符合 $2nI+1$ 律,即 $2n+1$ 律,根据裂分情况及信号峰出现的位置,可判断谱图中何者为溶剂峰。如 CD_3OD 在碳谱上的溶剂峰将裂分为七重峰。

2. 若已知分子式,计算不饱和度。

3. 确定谱线数目,推断碳原子数 除去内标及溶剂所代表的碳信号,碳谱中出现的谱线数目应和结构中碳原子个数相等。如果谱线数目少于碳原子数,说明分子中可能含有对称结构片段。如 AA'BB' 自旋耦合系统苯环片段中共有 6 个碳,但在碳谱只出现 4 个信号峰。如果谱线数目多于碳原子数,大体有 3 种情况存在:①存在异构体,这时在碳谱中出现的谱线数目应该是结构中碳原子数目的 2 倍;②存在杂质,此时碳谱中出现的谱线数目一定,但作为杂质峰,应能找到一组相关碳信号,且其强度较弱;③存在天然丰度较高的耦合核,如 ^{19}F、^{31}P 等,在有机合成产物中较常见。

4. 确定各种碳的类型 根据 DEPT 谱提供的信息可确定各碳的类型。

5. 根据碳原子的化学位移,判断其类型及连接取代基的类型 一般将核磁共振碳谱划分为 4 个区域:①饱和碳区 δ 0~40;②与 N、O、S 等杂原子相连的烷基碳区 δ 40~90;③芳碳及烯碳区 δ 90~160;④羰基碳区或个别连氧芳香碳区 δ>160。其中,δ 60~110 区域通常被称为糖区,因为糖上各碳信号基本上在此范围出现。

6. 推测可能的结构骨架或可能结构式 在对天然产物结构解析的过程中,多数情况不知道化合物分子式,但如果对各类型天然产物的骨架类型有所了解,又能从碳谱信号中区分糖基信号,则可根据剩余碳原子的数目推测可能为哪一类化合物。例如,天然产物中常见的黄酮类化合物,其母核一般含有 15 个碳原子,且其 δ 均处于较低场。如果已知分子式,则可根据碳谱信息,推测可能的结构式。

7. 参考其他谱图(如 ^{1}H-NMR、2D-NMR、UV、IR、MS 等)对推导的结构进行"指认"。

(二)解析示例

例 7-4 某未知物为一白色无定形粉末,分子式为 $C_7H_6O_5$,^{13}C-NMR(DMSO-d_6 中测定)如图 7-25 所示,已知其 ^{1}H-NMR 中除活泼氢信号外,只有一单峰,δ 为 6.97,氢分布为 2;DEPT 135° 谱中只观测到 1 个正峰,δ_C108.6,试解析该化合物的结构。

解:(1)首先观察 ^{13}C-NMR 最右端的共振信号,为内标物 TMS 的吸收峰。δ 38.8~39.8 范围内共出现 7 个信号峰,且呈对称分布,为 DMSO-d_6 的溶剂峰。

(2)不饱和度 $\Omega = \dfrac{2+2 \times 7-6}{2} = 5$,提示结构中可能含苯环及 1 个不饱和基团,为芳香族化合物。

(3)化合物分子式为 $C_7H_6O_5$,但除 TMS、溶剂信号外,在 ^{13}C-NMR 中只出现 5 个共振吸收峰,提示结构中有 4 个碳原子两两对称。其中 δ 145.3 及 108.6 信号明显强于其他碳信号,推测二者为对称碳原子所对应的吸收峰。在 DEPT 135° 谱中只观测到 1 个正峰,δ 为 108.6,则推断其为苯环上连氢碳信号。根据化学位移值可推测:①δ 167.4 为羧基碳信号;②δ 145.3 及 137.9 为连氧芳香碳信号;③δ 120.4 为与羧基相连的芳香碳信号。

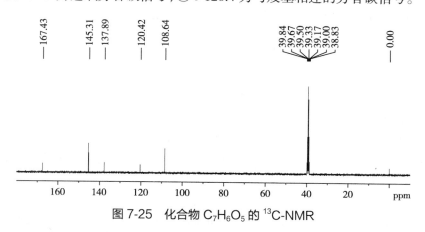

图 7-25 化合物 $C_7H_6O_5$ 的 ^{13}C-NMR

(4)综上所述,未知物的可能结构有两种:

（Ⅰ） （Ⅱ）

该化合物的碳谱数据与对照品没食子酸的碳谱数据基本一致,故鉴定其结构为没食子酸(Ⅰ)。

第七节　二维核磁共振谱简介

　　二维核磁共振谱(2D-NMR)在解析分子结构方面比一维谱提供更多的信息,特别是用一维谱解析复杂分子结构遇到困难时,二维谱尤为重要。历史上首个二维谱实验方法由比利时布鲁塞尔自由大学教授 Jean Jeener 于 1971 年提出,之后其实验操作由 Walter P.Aue、Enrico Bartholdi 及 Richard R.Ernst 完成,并于 1976 年发表。二维谱技术自 20 世纪 80 年代后开始得到应用。

　　NMR 一维谱图的信号是一个频率变量的函数,共振峰分布在一条频率轴(横轴)上,纵轴方向为信号强度。而二维谱图是两个独立频率变量的函数,共振信号分布在两个频率(横轴、纵轴)组成的平面上。也就是说,2D-NMR 将化学位移、耦合常数等 NMR 常数在二维平面上展开,于是在一维谱中重叠在一个坐标轴上的信号,被分散到由两个独立的频率轴构成的平面上,使谱图解析和寻找核之间的相互作用更为容易。

一、二维核磁共振谱的表现形式

　　1. 堆积图　堆积图(stacked trace plot)也称堆叠立体图,由很多条"一维"谱线紧密排列构成。堆积图的优点是直观,有立体感;缺点是难定出吸收峰的频率、大峰后面可能隐藏较小的峰,比较少用。

2. 等高线图　等高线图(contour plot)类似于等高线地图,它是将堆积图平切后得到的。最中心的圆圈表示峰的位置,圆圈的数目表示峰的强度。这种图的优点是易于找出峰的频率,作图快;缺点是低强度的峰可能被遗漏。化学位移相关谱全部采用等高线图(图7-26a,图7-26b,图7-26c)。

二、二维核磁共振谱的分类

2D-NMR 一般分为二维 J 分解谱、化学位移相关谱及多量子谱等 3 类。

(一) 二维 J 分解谱

二维 J 分解谱(J resolved spectroscopy)也称 J 谱,或称 δ-J 谱。它把化学位移 δ 和耦合常数 J 在两个频率轴上展开,使重叠在一起的 δ-J 分解在平面上,便于解析。包括同核 J 谱及异核 J 谱。

(二) 化学位移相关谱

化学位移相关谱(chemical shift correlation spectroscopy,COSY)也称 δ-δ 谱,是 2D-NMR 的核心,表明共振信号的相关性。化学位移相关谱主要包括同核耦合、异核耦合、NOE 谱,应用最多的是 ^{1}H-^{1}H 化学位移相关谱、^{13}C-^{1}H 化学位移相关谱及 ^{13}C-^{1}H 远程相关谱。

(1) ^{1}H-^{1}H 化学位移相关谱(^{1}H-^{1}H chemical shift correlated spectroscopy,^{1}H-^{1}H COSY):是 ^{1}H 核和 ^{1}H 核之间的化学位移相关谱。在通常的横轴和纵轴上均设定为 ^{1}H 的化学位移值,两个坐标轴上则画有通常的一维 ^{1}H 谱。图 7-26a 所示为乙酸乙酯的 ^{1}H-^{1}H 化学位移相关谱。

在该谱图中出现了两种峰,分别为对角峰(diagonal peak)及相关峰(cross peak 或 correlation peak)。同一质子信号将在对角线上相交,称对角峰[如图 7-26a 所示信号(1)(2)];图上对角线两侧呈对称分布的两信号称相关峰(如图 7-26a 所示信号 A、A′)。相互耦合的两个 / 组质子信号将在相关峰上相交。

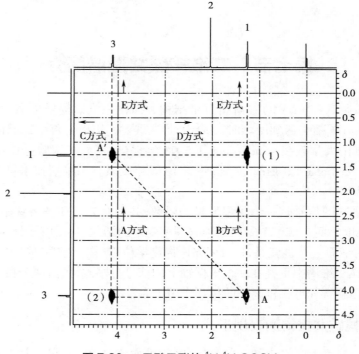

图 7-26a　乙酸乙酯的 ^{1}H-^{1}H COSY

耦合关系的查找共有 5 种方式：

A 方式：从高场信号读起，即从信号 1 向下引垂线和相关峰 A 相遇，从 A 向左画一水平线和对角峰（2）相交，再由（2）向上引垂线至信号 3，则提示信号 1 和 3 之间存在耦合关系。

B 方式：按照 A 方式相反的方向进行。

C 方式：从信号 3 向下引垂线和相关峰 A′ 相遇，再从 A′ 向左画一水平线和信号 1 相遇。

D 方式：从信号 3 向下引垂线和相关峰 A′ 相遇，从 A′ 向右画一水平线和对角峰（1）相遇，再由（1）向上引垂线至信号 1。

E 方式：连接两相关峰 A 及 A′，由 A 及 A′ 向上引垂线，分别和信号 1 及 3 相交。

通过 ^{1}H-^{1}H COSY 的解析，可知结构中存在 CH$_3$CH$_2$O—片段。

(2)^{13}C-^{1}H 化学位移相关谱：主要包括异核多量子相关谱（heteronuclear multiple quantum coherence spectroscopy, HMQC）或异核单量子相干谱（heteronuclear single quantum coherence spectroscopy, HSQC）。与 ^{1}H-^{1}H 化学位移相关谱不同，横轴和纵轴上分别设定为 ^{1}H 和 ^{13}C 的化学位移值，即两个坐标轴上画有通常的一维 ^{1}H 和 ^{13}C 谱。相关峰将出现在 ^{13}C 化学位移及与该碳原子直接结合的 ^{1}H 的化学位移的交点处。

以乙酸乙酯为例，如图 7-26b 所示，横轴为乙酸乙酯的 ^{1}H 谱，纵轴为其 ^{13}C 谱。从横轴的信号 1（δ 1.26）向下引一条垂线与相关峰相交，再从相关峰向左画一水平线，即可与 ^{13}C 谱上 δ 为 14.23 的信号相交，提示该相关峰为信号 1 与 δ 为 14.2 的 ^{13}C 信号之间相互耦合所产生的信号峰，即该氢与该碳直接相连。依此类推，可以找到 ^{1}H-NMR 中信号 2（δ 2.04）、3（δ 4.12）所对应的碳信号分别为 δ_C21.0 和 δ_C60.4。需要指出的是，季碳信号（δ_C171.1）在 ^{13}C-^{1}H 化学位移相关谱中找不到相关峰。可以说，^{13}C-^{1}H 化学位移相关谱是 DEPT 谱的进一步完善，是异核相关谱中最主要的一类。

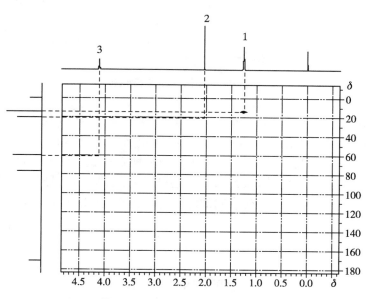

图 7-26b　乙酸乙酯的 HSQC

(3)^{13}C-^{1}H 远程相关谱：也称异核多键相关谱（heteronuclear multiple bond correlation spectroscopy, HMBC），是一种异核远程相关谱。在 ^{1}H-^{1}H 耦合场合中，间隔 3 根键以上的耦合称远程耦合，而在 C-H 耦合场合中间隔 2 根键以上的耦合即称远程耦合。

对于质子数目少，不饱和程度高的化合物的结构解析来说，^{13}C-^{1}H 远程耦合将提供重要的信息,给出分子的骨架信息。

仍以乙酸乙酯为例,^{13}C-^{1}H 化学位移相关谱可推知其中关联碳氢的信息,即由 ^{13}C-^{1}H 化学位移相关谱可以得到分子结构中部分点的信息,即结构中存在 2 个 CH_3、1 个 CH_2;由 ^{1}H-^{1}H 化学位移相关谱给出的相关信号,结合 ^{1}H 的化学位移值,只能得到分子结构的片断信息;由图 7-26a 可知,结构中存在 CH_3CH_2O— 片段。而用 ^{13}C-^{1}H 远程耦合相关谱能解决碳谱中出现的另外一个 CH_3 及 $C\!=\!O$ 与 CH_3CH_2O—如何连接的问题。

与 ^{13}C-^{1}H 化学位移相关谱相同,^{13}C-^{1}H 远程相关谱在横轴和纵轴也分别画有通常的一维 ^{1}H 谱和 ^{13}C 谱。但相关峰将出现在 ^{1}H 的化学位移及该氢原子相隔 2 根键或 3 根键的 ^{13}C 化学位移的交点处。乙酸乙酯的 ^{13}C-^{1}H 远程相关谱如图 7-26c 所示。

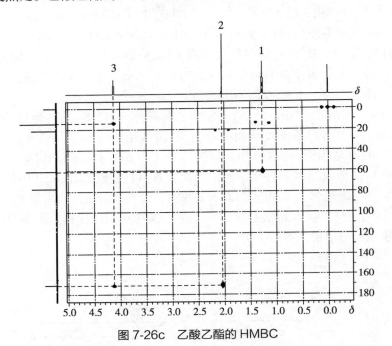

图 7-26c　乙酸乙酯的 HMBC

从横轴的信号 3 向下引一条垂线与两个相关峰相交,再从这两个相关峰分别向左画水平线,即可与 ^{13}C 谱上 δ 为 14.2 及 171.1 的信号相交,提示这两个相关峰分别为信号 3 与 $δ_C$ 14.2(CH_3CH_2O)及 171.1($C\!=\!O$)之间远程相关所产生的信号峰,故推测结构中存在 CH_3CH_2O—CO—结构片段;此外,从 HMBC 中还可观测到甲基氢信号(2)与 $δ_C$ 171.1($C\!=\!O$)之间的远程相关。综上所述,确定化合物的结构为乙酸乙酯($CH_3COOCH_2CH_3$)。

知识拓展

核磁共振成像技术

核磁共振成像(nuclear magnetic resonance imaging,NMRI)也称磁共振成像(magnetic resonance imaging,MRI)。它是利用核磁共振原理,通过外加梯度磁场检测所发射出的电磁波,绘制成物体内部的结构图像,在物理、化学、医疗、石油化工、考古等方面获得了广泛的应用。

人体各种组织含有大量的由氢元素组成的水和碳氢化合物,由于质子的核磁共振灵敏度高、信号强,是人体成像的首选核种。NMR 信号强度与样品中质子密度有关。

人体不同组织之间、正常组织与该组织中的病变组织之间质子密度、弛豫时间 T_1、弛豫时间 T_2 三个参数的差异,是 MRI 用于临床诊断最主要的物理基础。

　　MRI 图像清晰,不使用对人体有害的 X 射线和易引起过敏反应的造影剂,可对人体各部位多角度、多平面成像,其分辨力高,对全身各系统疾病的诊断,尤其是早期肿瘤的诊断很有价值。

学习小结

1. 学习内容

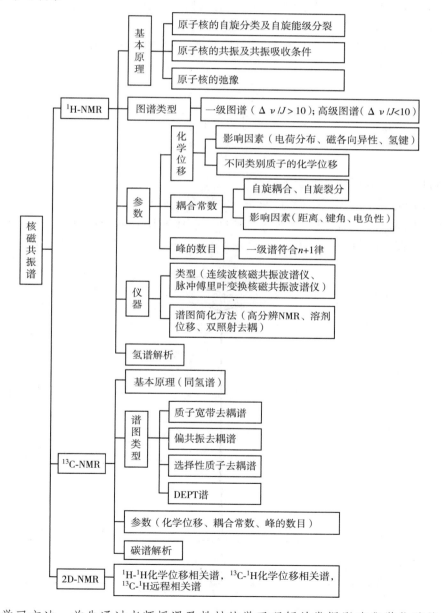

2. 学习方法　首先通过老师授课及教材的学习理解并掌握影响化学位移值、耦合

笔记栏

常数的各种因素,了解各种质子的化学位移值范围,在此基础上,结合课后复习思考题及课外习题对本章内容加以巩固。

—————————————— ● （张 玮 杨连荣）

复习思考题

1. 为什么用 δ 表示化学位移,而不用共振频率的绝对值表示?

2. 乙烯、乙炔质子的化学位移值分别为 5.25 和 2.88,试解释乙炔质子化学位移值低的原因。

3. ^{1}H-NMR 图可得到哪些信息?

4. 在 ^{1}H-NMR 中,如何区分内标 TMS 及测定用溶剂的共振信号?

5. 用 H_0 为 2.348 7 T 的仪器测定 ^{19}F 及 ^{31}P,已知它们的磁旋比 γ 分别为 2.518 1 × 10^8 $T^{-1}S^{-1}$ 及 1.084 1 × 10^8 $T^{-1}S^{-1}$,试计算其共振频率。

6. 如图所示化合物,已知用 100MHz 仪器测得:δ_a=6.72,δ_b=7.26,$J_{a,b}$=8.5Hz。则:

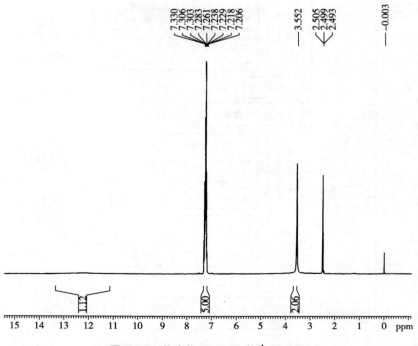

（1）判断 H_a、H_b 的耦合及自旋系统类型。

（2）当仪器的频率增加至多少时,两质子之间的耦合变为一级耦合。

7. 某白色无定形粉末的分子式为 $C_8H_8O_2$,其 ^{1}H-NMR（300MHz,DMSO-d_6）如图 7-27 所示,已知 δ_H 12.25（1H,br.s）,试解析其结构。

图 7-27 化合物 $C_8H_8O_2$ 的 ^{1}H-NMR

8. 已知某白色无定形粉末(甲醇)的分子式为 $C_{10}H_{13}NO$，图 7-28 所示为其 ^1H-NMR (600MHz, DMSO-d_6)，已知 δ_H 7.93(1H, t, J = 1.8Hz)，试解析其结构。

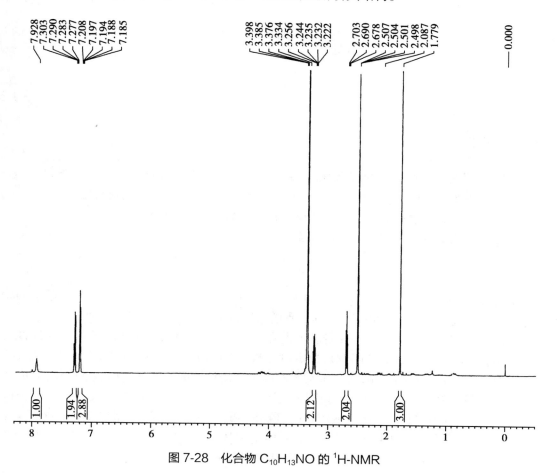

图 7-28　化合物 $C_{10}H_{13}NO$ 的 ^1H-NMR

◇◇◇ **第八章** ◇◇◇

质 谱 法

> **学习目标**
>
> 　1. 掌握质谱法的基本原理及特点；主要离子类型及其在结构分析中的作用；常见阳离子裂解类型及在结构解析中的应用；分子离子峰的判断及分子式的测定。
> 　2. 熟悉常见有机化合物的质谱裂解规律；质谱解析基本顺序。
> 　3. 了解质谱仪主要部件的工作原理。

　　质谱法(mass spectrometry, MS)是利用电磁学原理将被测物质电离，然后按质荷比(m/z)大小进行分离、检测与记录，根据所得到的质谱图进行定性、定量与结构分析的方法。

　　1912 年，英国学者 J.J.Thomson 研制了世界上第一台质谱仪，并用于非放射性同位素的测定；F.W.Aston 用质谱法发现同位素及定量分析，并于 1922 年获得诺贝尔奖。20 世纪 40 年代采用质谱法分析石油产品，大大推动了商品化质谱仪器的发展和应用。近些年，质谱技术得到飞速发展和完善，如使用计算机控制操作、采集、处理谱图和数据，大幅提高了分析速度；各种联用仪器如色谱 - 质谱联用(气相色谱 - 质谱、液相色谱 - 质谱等)、串联质谱等发展，使复杂试样的分离分析更加便利；许多新的电离技术如基质辅助激光解吸电离、电喷雾电离、大气压化学电离等技术的出现，扩大了其应用范围。

　　质谱分析法具有许多优点：①分析速度快，几分钟即可完成一个样品的测试；②灵敏度高，检出限可达 $10^{-11} \sim 10^{-9}$g，样品用量少；③信息量丰富，能同时提供相对分子质量、分子式及结构信息；④可与多种色谱仪器在线联用。

　　质谱仪种类很多，工作原理和应用范围也有很大的不同，按其研究对象可分为同位素质谱仪、无机质谱仪和有机质谱仪；按质量分析器不同，可分为磁式单聚焦质谱仪、四极杆质谱仪、飞行时间质谱仪等。

第一节　质谱仪及其工作原理

一、质谱仪及其工作原理

　　质谱仪主要由进样系统、离子源、质量分析器、检测器、真空系统、计算机系统等构成，如图 8-1、图 8-2 所示。其工作原理是由进样系统导入样品并使其瞬间气化，气态分子在离子源中被电离成分子离子，同时也可断裂为碎片离子等。这些离子在高压电场中加速后通过质量分析器，按质荷比(m/z)的大小进行分离，并依次到达检测器而被检测，记录各种质荷比的离子及其信号强度，得到质谱图。

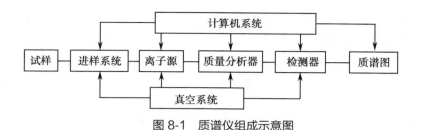

图 8-1　质谱仪组成示意图

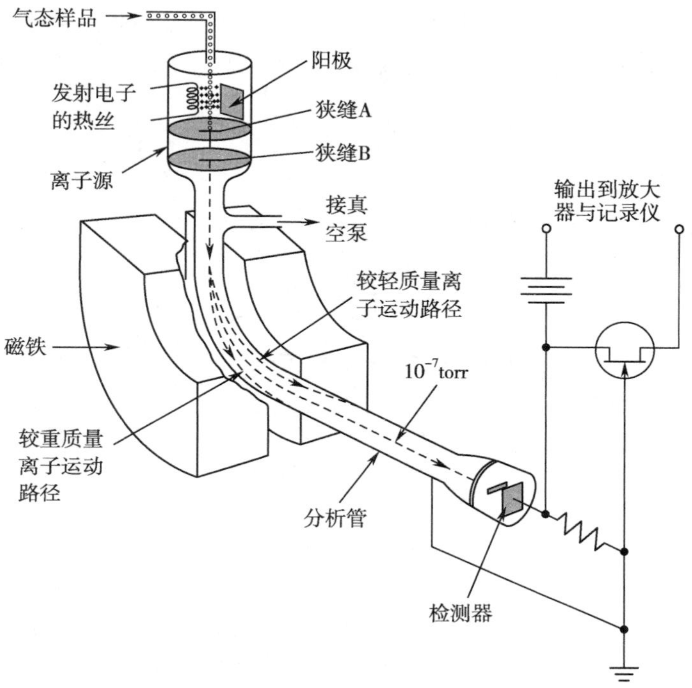

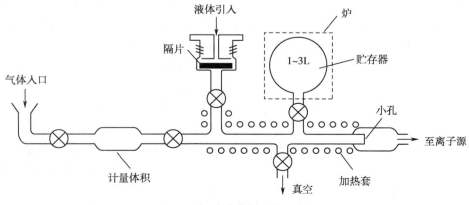

图 8-2　单聚焦质谱仪结构示意图

（一）进样系统

进样系统的作用是将被测样品导入离子源。不同状态和性质的试样需采用不同的进样方式，同时还应满足电离方式的要求。通常有以下 3 种进样系统。

1. 间歇式进样系统　又称加热进样系统，该系统可用于气体、液体和具有中等蒸汽压的固体样品进样。典型的设计如图 8-3 所示。

图 8-3　间歇式进样系统示意图

通过可拆卸式的试样管,将少量(10~100μg)固体或液体试样引入试样贮存器中,由进样系统的低压强及贮存器的加热装置,使试样保持气态,要求试样在操作温度下具有0.13~1.3Pa的蒸汽压。由于进样系统的压强比离子源的压强大,样品分子可以通过分子漏隙(通常是带有一个小针孔的玻璃或金属膜),以分子流的形式渗透入高真空的离子源中。

2. 直接探针进样系统 该系统适用于单一组分的固体或高沸点液体样品进样。进样时将样品直接装在探针上,通过真空隔离阀将探针插入到高真空的离子源附近,然后对探针施加强电流加热,使探针的温度急剧上升至数百摄氏度(一般不超过400℃),样品分子受热后挥发气化,受离子源内真空梯度的作用被直接引入到离子源中。如图8-4所示。

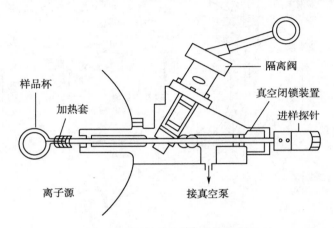

图8-4 直接探针进样系统示意图

3. 色谱进样系统 该系统适用于多组分复杂混合物试样的进样分析。它是将样品先经色谱分离,分离后的各组分依次通过色谱仪与质谱仪之间的"接口"进入到质谱仪中被检测。相关内容将在第十五章色谱联用技术中介绍。

(二) 离子源

离子源(ion source)的作用是将被分析的样品电离成离子,并被加速和聚焦。除使分子电离为分子离子外,多余的能量使分子离子发生化学键断裂,形成各种低质量数的碎片离子等,这种电离方法称硬电离方法。而给样品施加较低能量的电离方法为软电离方法,试样分子被电离后,主要以分子离子或准分子离子形式存在。离子源种类很多,其原理各不相同,下面介绍几种常用的离子源。

1. 电子轰击离子源(electron impact ion source,EI) 气化后的样品分子进入离子源中,受到炽热灯丝发射的高能电子束的轰击而离子化,生成各种碎片离子,离子在电场力作用下被加速和聚集成离子束进入质量分析器。如图8-5所示。

电离过程可表示为:

$$M+e(高速) \longrightarrow M^{+} +2e(低速)$$

上式中的M表示分子,M^{+}表示分子丢失1个外层电子而形成的带正电荷的离子,称分子离子。

电子轰击离子源的优点:①离子化效率高;②产生的碎片离子多,提供的结构信息丰富,有利于结构分析;③产生的离子束比较稳定,质谱图重现性较好,可用标准谱图库检索。缺点:①不适用于难挥发和热不稳定的样品;②由于电子轰击能量比较高,分子离子峰的强度低,甚至消失,不利于测定相对分子质量。

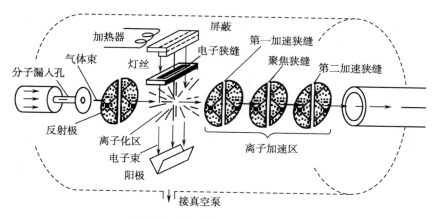

图 8-5 电子轰击离子源示意图

2. 化学电离源(chemical ionization source,CI) 离子源中的试剂分子(如甲烷、氨等)受高能电子轰击而离子化,进一步发生离子-分子反应,使待测化合物离子化。离子化过程如下:

(1)反应气体受到电子轰击生成初级离子:

$$CH_4 + e \longrightarrow CH_4^{+\cdot} + 2e$$
$$CH_4^{+\cdot} \longrightarrow CH_3^+ + H\cdot$$

(2)初级离子与 CH_4 分子反应生成次级离子:

$$CH_4^{+\cdot} + CH_4 \longrightarrow CH_5^+ + CH_3\cdot$$
$$CH_3^+ + CH_4 \longrightarrow C_2H_5^+ + H_2$$

(3)次级离子与试样分子(M)发生离子分子反应:

$$M + CH_5^+ \longrightarrow [M+H]^+ + CH_4$$
$$M + C_2H_5^+ \longrightarrow [M+H]^+ + C_2H_4$$
$$M + C_2H_5^+ \longrightarrow [M-H]^+ + C_2H_6$$

化学电离源可产生待测化合物 M 的[M+H]⁺ 或[M−H]⁻特征离子(称准分子离子),或待测化合物与试剂气体分子产生的加合离子。

化学电离源的优点:①属于软电离方式,适宜于采用电子轰击离子源无法得到分子质量信息的易挥发、热稳定的化合物分析,借助准分子离子峰可推断相对分子质量;②谱图相对简单。缺点:①不适用于难挥发和热不稳定的样品;②碎片离子较少,提供的结构信息不多,不利于结构分析;③谱图重现性较差,无化学电离源的标准谱图库。

EI 与 CI 谱示例谱图比较如图 8-6 所示。

3. 快速原子轰击离子源(fast atom bombardment ion source,FAB) 通过高速电子轰击惰性气体如氩或氙使之电离,经电场加速后轰击置于金属表面或分散于惰性黏稠基质(如甘油)中的待测化合物,使之离子化,产生[M+H]⁺ 或[M-H]⁻特征离子,或待测化合物与基质分子的加合离子。如图 8-7 所示。

样品分子在电离过程中不必加热气化,因此,适合于分析相对分子质量大、难气化、热稳定性差的样品。例如肽类、低聚糖、天然抗生素、有机金属络合物等。

4. 基质辅助激光解吸电离(matrix-assisted laser desorption ionization,MALDI) 将溶于适当基质(如 2,5-二羟基苯甲酸、芥子酸、烟酸、α-氰基-4-羟基肉桂酸等)中的供试品涂布于金属靶上,用高强度的紫外或红外脉冲激光照射,使待测化合物离子化。MALDI 属于软电离技术,与飞行时间质量分析器(time-of-flight mass analyzer,TOF)联用组成 MALDI-TOF,适合分析生物大分子,如肽、蛋白质、核酸等。

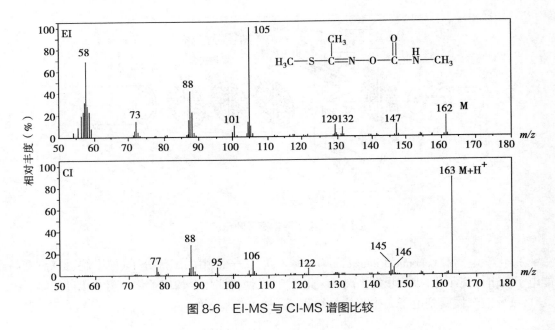

图 8-6　EI-MS 与 CI-MS 谱图比较

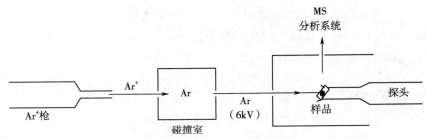

图 8-7　快速原子轰击离子源示意图

除以上介绍的电离源外,随着液相色谱 - 质谱联用技术的发展,电喷雾电离(electrospray ionization,ESI)和大气压化学电离(atmospheric pressure chemical ionization,APCI)等也得到广泛应用,既可用作液相色谱 - 质谱的接口,又是一种软电离技术,相关内容请参见第十五章色谱联用技术。

（三）质量分析器

质量分析器的作用是将离子源中产生的离子按质荷比(m/z)大小进行分离。质量分析器有磁式质量分析器、四极杆质量分析器、离子阱质量分析器、轨道阱质量分析器、飞行时间质量分析器以及傅里叶变换离子回旋共振质谱分析器等。

1. 磁式质量分析器（magnetic mass analyzer）　分为磁式单聚焦与电磁式双聚焦两种不同的质量分析器。

（1）磁式单聚焦质量分析器：离子源中产生的质量为 m、电荷数为 z 的离子经电压 V 加速后,获得的动能等于电势能的增量 zV,即:

$$\frac{1}{2}mv^2=zV \qquad 式(8-1)$$

式(8-1)中 v 为离子被加速后运动的速度。加速后的离子垂直于磁场方向进入分析器后,受到磁场力(即洛伦兹力 $f=Hzv$)的作用,做匀速圆周运动,圆周运动的向心力等于磁场力。

$$m\frac{v^2}{R}=Hzv \qquad 式(8-2)$$

式(8-2)中 H 为磁场强度,R 为离子偏转半径,此式可变换为:

$$v = \frac{HR_Z}{m}$$ 式(8-3)

代入式(8-1),整理后得:

$$\frac{m}{z} = \frac{H^2R^2}{2V}$$ 式(8-4)

或 $$R = \sqrt{\frac{2V}{H^2} \cdot \frac{m}{z}}$$ 式(8-5)

式(8-4)、式(8-5)为磁式质量分析器质谱方程。从式中可看出,在一定的 H、V 条件下,不同 m/z 的离子运动半径不同。由离子源产生的离子,经过分析器后可实现质量分离,即磁场对不同质量的粒子具有"质量色散"作用。如果分析管的曲率半径不变(即 R 不变),连续改变 V 或 H 可以使不同 m/z 的离子依次进入检测器,实现质量扫描,得到样品的质谱。前者称电压扫描,后者称磁场扫描。如图 8-8 所示。

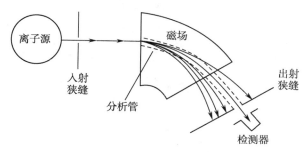

图 8-8 磁式单聚焦质量分析器质量色散示意图

磁场不但能使离子束按质荷比的大小分离开,而且还能使离开离子源时方向有一定发散的相同质荷比的离子重新汇聚在检测器的狭缝处,这称为方向(角度)聚焦,如图 8-9 所示。上述质量分析器只包含一个磁场,只有方向聚焦的作用,故称单聚焦质量分析器。单聚焦质量分析器的优点:结构简单、体积小。缺点:分辨率低,不能满足有机物分析要求,目前只用于同位素质谱仪和气体质谱仪。

单聚焦质谱仪分辨率低的主要原因在于它不能克服离子初始能量分散对分辨率造成的影响。式(8-1)是假设离子源产生的离子初始动能为零的理想情况,但事实上,离子在被

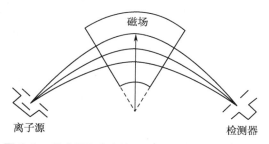

图 8-9 磁式单聚焦(方向聚焦)质量分析器示意图

加速之前,其动能并非绝对为零,而是在某一较小的动能值之内有一个分布。同一质荷比的离子,由于初始动能略有差别,加速后的速度也略有差异,经过磁场后其偏转半径也不同,会以能量大小顺序分开,即磁场具有能量色散作用。这样就使得相邻两种质量的离子很难分离,从而降低了分辨率。

(2)电磁式双聚焦质量分析器:为了消除离子能量分散对分辨率的影响,通常再加上一个具有固定曲率半径的扇形电场(又称静电分析器),这个扇形电场是一个能量分析器,不起质量分离作用。质量相同而能量不同的离子经过静电电场后会彼此分开,即静电场有能量色散作用。设法使静电场的能量色散作用和磁场的能量色散作用大小相等、方向相反,离子在通过扇形静电场和扇形磁场后,即达到能量聚焦。所以,双聚焦质量分析器达到了方向聚焦、能量聚焦和能量色散的作用。如图 8-10 所示。

其优点是分辨率高。缺点是扫描速度慢，操作、调整比较困难，而且仪器造价也比较昂贵，主要用于无机材料和有机物结构分析。

2. 四极杆质量分析器（quadrupole mass analyser, QMA）　由 4 根平行排列的圆柱形金属杆状电极组成，在相对方向的金属杆上分别施加直流电压 U 和射频电压 $V\cos\omega t$，构成一个高频振荡电场〔四极场，正电极电压为 $U+V\cos\omega t$，负电极电压为 $-(U+V\cos\omega t)$〕。如图 8-11 所示。

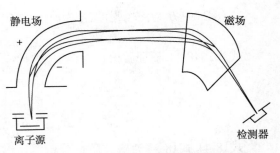

图 8-10　电磁式双聚焦质量分析器示意图

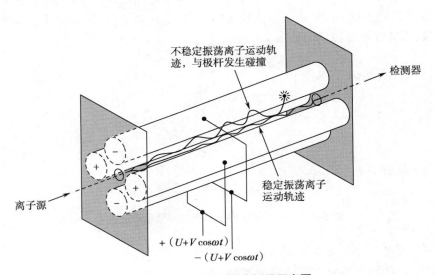

图 8-11　四极杆质量分析器示意图

混合质量的离子流经加速后进入该射频振荡电场，保持 U/V 比值及射频频率不变，同时增加或降低 U 与 V（射频电压的幅值）。在某一数值的 U 与 V 下，该分析器只允许一种质荷比的离子作"稳定振荡"，通过四极杆到达检测器被检测，其余离子则因振幅不断增大，终因碰撞（非弹性碰撞）四极杆，损失能量后被真空系统抽走。线性变化 U 与 V，并以 V 作为扫描参数，就可以使不同质荷比的离子依次通过四极杆到达检测器被检测。

优点：①结构简单、容易操作、价格便宜；②仅有电场而无磁场，故无磁滞现象，扫描速度快，适合用于色谱 - 质谱联用仪器之中。缺点是分辨率不高。

3. 离子阱质量分析器（ion trap mass analyser, Trap）　与四极杆的工作原理类似，结构如图 8-12 所示。它由一个双曲面的圆环电极和两个呈双曲面形的端盖电极组

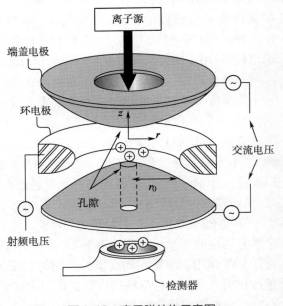

图 8-12　离子阱结构示意图

成,上下两个端盖电极接地,离子被约束在 3 个电极包围的空间内,故称三维离子阱(简称 3D 阱)。选择适当的射频电压,离子阱可以储存质荷比大于某特定值的所有离子。提高射频电压值,可以将离子按质量从高到低依次射出离子阱。

三维离子阱的特点是:结构小巧、灵敏度高、可做多级质谱分析。其不足主要表现在定量线性范围窄,易受实验条件的影响而导致质谱图的二维坐标值不稳定等。后续发展的二维离子阱质量分析器(two-dimensional linear ion trap,LIT)克服了这些缺陷,具有更好的离子储存效率和储存容量、更快的扫描速度和更高的检测灵敏度。

4. 飞行时间质量分析器(time-of-flight mass analyzer,TOF)　是一个无场离子漂移管,获得相同能量的离子在无场的空间漂移,不同质量的离子,其速度不同,行经同一距离后到达检测器的时间不同,得以分离。如图 8-13 所示。

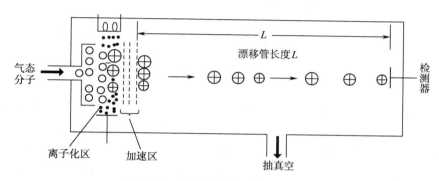

图 8-13　飞行时间质量分析器示意图

如前所述,离子经电压 V 加速后获得动能,式(8-1)经变换可得:

$$v=\sqrt{\frac{2zV}{m}}$$ 式(8-6)

离子在长度为 L 的漂移管内飞行到达检测器的时间为:

$$t=\frac{L}{v}=L\sqrt{\frac{m}{2zV}} \text{ 或 } \frac{m}{z}=\frac{2t^2V}{L^2}$$ 式(8-7)

从式(8-7)可知,不同质荷比(m/z)的离子因到达检测器的时间不同而得到分离。

TOF 的优点:①检测离子的质荷比范围非常宽;②可以精确测定化合物的相对分子质量;③扫描速度快;④灵敏度高,仪器相对简单。

5. 傅里叶变换离子回旋共振质谱分析器(Fourier transform ion cyclotron resonance mass analyzer,FT-ICR;质谱仪简称 FT-ICR-MS)　离子进入磁场后,受到洛伦兹力影响,沿着垂直于磁场的方向做圆周运动。式(8-3)变换得到离子回旋频率 ω:

$$\omega=\frac{v}{R}=\frac{Hz}{m}$$ 式(8-8)

由式(8-8)可以看出,离子的回旋频率 ω 与离子的质荷比 m/z 成线性关系。当磁场强度固定后,只需精确测得离子的回旋频率,就能得到准确的离子质量。

FT-ICR 分析器由 3 对相互垂直的平行电极板组成,如图 8-14 所示,垂直于磁场方向的一对电极板是捕集板,用于将离子限制在 FT-ICR 室内,平行于磁场的两对电极板分别是用于激发离子的激发板和用于诱导像电流检测的检测板。高真空状态下,在超导磁场中做回旋运动的离子在特定的外加交变激发电场的作用下,运行轨道发生改变。当激发板上施加的高频电信号和离子回旋频率相同时,离子吸收其能量被稳定加速,回旋运动半径逐渐加大。高频激发电信号消失,这些离子将以较大的固定半径运动。离子集群近距离地从检测板旁边回旋通过,检测板被感应而产生高频电信号,其频率与离子回旋运动频率一致。某段质量范围内的离子同时被激发到半径较大的回旋运动轨道上,这些离子以各自的回旋频率运动,检测板感应到多种频率叠加的电信号,以时域的形式记录下来。利用计算机进行傅里叶变换,将记录下来的时域信号转换为频谱,并进一步转换获得质谱。

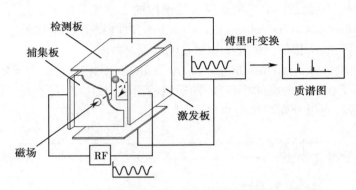

图 8-14 傅里叶变换离子回旋共振质谱分析器示意图

FT-ICR-MS 具有超高分辨率、高灵敏度以及多级质谱功能等优点,但扫描速度慢,且对真空度要求极高,同时需要定时不断补充液氦以提供维持超导强磁场所必需的超低温环境(接近绝对零度),仪器成本、售价和运行费用都比较高。

6. 轨道阱质量分析器(orbitrap mass analyzer,质谱仪简称 Orbitrap) 它由纺锤状的中心电极和筒状的外电极所组成,如图 8-15 所示,采用静电场捕获离子,场的电位分布可表示为四级电位和对数电位的结合,形成四级对数场(quadro-logarithmic field)。离子围绕中心电极旋转并在轴向(或称 z 向)做谐波振荡,其振荡频率与离子的 m/z 相关。离子被局限在阱内,并因振荡在外电极上产生镜像电流信号,最终转变为质谱图。它与二维线性离子阱结合形成了具有高分辨率、高质量测定精度,可实现多级扫描的 LTQ-Orbitrap 质谱联用系统。轨道阱的基本性能向 FT-ICR-MS 靠拢,但不需要使用磁场和高频电场,仪器使用成本相对较低,更易普及使用。

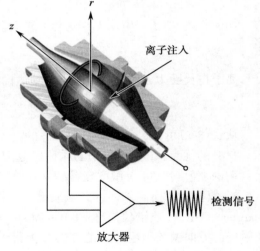

图 8-15 轨道阱质量分析器示意图

需要指出的是,单用一种(或一个)质量分析器难以分析复杂混合物,目前在色谱-质谱联用仪中已广泛采用将几个质量分析器串联,达到对多个目标物进行定性、定量的目的,相关内容将在第十五章色谱联用技术中详细介绍。

(四) 检测器

检测器用于接收经质量分离器分离的离子,放大和测量离子强度。早期的质谱检测器主要记录直接打在感光板上的离子。随着技术的进步,当前的检测器会对接收离子进行电学放大,主要包括法拉第杯(Faraday cup)、电子倍增器、隧道电子倍增器及闪烁光电倍增器(Daly)等。法拉第杯结构简单,直接收集离子的电荷,经转换成电压后进行放大记录,线性动态范围大,但由于未经过信号增益,灵敏度不高。电子倍增检测器是目前使用比较广泛的检测器,能高倍放大微弱的离子信号,其工作原理与光电倍增管相似。当一定能量的离子轰击第一个倍增器电极后,会激发出大量的二次电子,这些电子在电场作用下继续轰击倍增器电极,产生更多的电子,如此相继轰击倍增器电极,可以实现电子信号的几何级数放大,放大倍数可达 $10^5 \sim 10^8$ 倍,且电子通过电子倍增器的时间很短,从而实现高灵敏、快速测定的目的。隧道电子倍增器工作原理与电子倍增器相似,但其体积小,且多个隧道电子倍增器可串联使用,同时检测多个质荷比不同的离子,从而提高分析效率。闪烁光电倍增器与电子倍增器的区别在于,离子轰击倍增器电极产生相应电子后,再由电子轰击一块闪烁晶体,产生和电子强度相应的光子,最后通过光电倍增管放大信号,具有高增益、低噪声及线性好的特点。

（五）真空系统

质谱仪中的进样系统、离子源、质量分析器与检测器都必须处于高真空状态(离子源真空度应达到 $1.3 \times 10^{-5} \sim 1.3 \times 10^{-4}$ Pa,质量分析器应达到 1.3×10^{-6} Pa)。若真空度不足,则会造成离子源灯丝损坏,副反应过多、本底增高、谱图复杂化等一系列问题。一般质谱仪都采用机械泵预抽真空后,再用高效率扩散泵连续地运行,以保持高真空状态。现代质谱仪采用涡轮分子泵可获得更高的真空度。

（六）计算机系统

现代质谱仪均配有计算机系统,能自动监控仪器各部分工作状态,优化操作条件,快速采集数据,完成对试样的分析工作。

二、质谱仪的主要性能指标

1. 质量范围　指质谱仪能检测到的离子质荷比的范围。通常采用原子质量单位(amu)进行度量。质量范围的大小取决于质量分析器的种类。例如,电磁式双聚焦质谱仪的质量范围一般为 1~15 000amu;四极杆质谱仪质量范围一般为 10~2 000amu,也有的可达4 000amu;飞行时间质谱仪无上限。

2. 质量精度　质量精度是指质量测定的精确程度。一般有以下两种表示方法:

(1)绝对质量之差(Δm)表示法: $\Delta m = m_{实测} - m_{真实}$ 。例如电磁式双聚焦质谱仪的离子质量精度为 ±0.000 1amu,四极杆质谱仪的离子质量精度为 ±0.1amu,飞行时间质谱仪的离子质量精度为 ±0.000 1amu。

(2)相对质量之差表示法: $\dfrac{|m_{实测} - m_{真实}|}{m_{真实}} \times 10^6$ (ppm),一般在 1~10ppm 范围之内。

3. 分辨率(resolution)　指质谱仪分开相邻质量离子的能力,通常用 R 表示。

$$R = \frac{M}{\Delta M} \qquad\qquad 式(8\text{-}9)$$

式(8-9)中,M 为相邻两离子的平均质量,ΔM 为相邻两离子的质量差。

例 8-1　CO 和 N_2 所形成的离子,其质量分别为 27.994 9 和 28.006 1,若某仪器能够刚好分离开这两种离子,则该仪器的分辨率为:

$$R = \frac{M}{\Delta M} = \frac{28.000\ 5}{28.006\ 1 - 27.994\ 9} \approx 2\ 500$$

一般 $R < 1\ 000$ 为低分辨质谱仪,$R = 1\ 000 \sim 3\ 000$ 为中分辨质谱仪,$R > 10\ 000$ 为高分辨质谱仪。高分辨仪器可给出精密质量,精确到小数点后 4~6 位。

三、质谱的表示方法

质谱的表示方法主要有棒图(质谱图)及质谱数据表两种形式。

1. 棒图　质谱仪直接记录的是系列尖锐峰,计算机将质谱原始峰形图转化为棒图(条图)输出。棒图的横坐标为质荷比（m/z），纵坐标为百分相对强度。规定最强的离子峰作为基峰（base peak），其他离子峰是相对于基峰的百分比，这种表示法称"相对丰度法"。如图 8-16 所示。

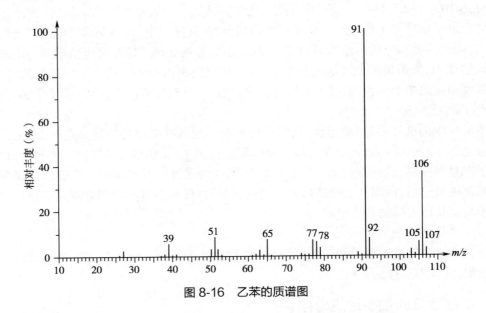

图 8-16　乙苯的质谱图

2. 质谱数据表　质谱数据表是指以表格形式列出各峰的 m/z 值和对应的相对丰度。见表 8-1。

表 8-1　乙苯质谱表（部分）

m/z 值	39	51	65	77	78	91	92	105	106	107
相对丰度 /%	5.6	8.8	7.7	7.1	6.5	100	7.9	6.4	37.2	3.4

第二节　质谱中的主要离子类型

质谱图中出现的主要离子类型有分子离子、碎片离子、同位素离子、亚稳离子、多电荷离子等。了解这些离子的形成规律对质谱的解析十分重要。

一、分子离子

样品分子受高能电子轰击后,失去一个电子形成的正离子称分子离子（molecular ion）或母体离子,用 M^{+} 表示,相应的质谱峰称分子离子峰。由于电子质量相对于整个分子而言可忽略不计,M^{+} 的质荷比 m/z 即为相对分子质量,这就是利用质谱仪来确定有机化合物相对分子质量的依据。

有机分子受到电子轰击后,最容易失去的是 n 电子,其次是 π 电子与 σ 电子。失去电子的位置能准确定位时,应清晰地画出,否则用 $[\ M\ ]^{+}$ 或 M^{+} 来表示,如:

$$R-CH_2-\overset{\cdot\cdot}{O}H \qquad \left[\right]^{+\cdot}$$

分子离子峰的强度取决于分子离子结构的稳定性,稳定性越高,分子离子峰越强。不同有机化合物分子离子峰的稳定性有如下规律:芳香族化合物 > 共轭多烯 > 脂环化合物 > 羰基化合物 > 醚 > 酯 > 羧酸 > 醇 > 高度分支烷烃。

二、碎片离子

通常有机化合物的电离能为 7~15eV,质谱中常用的电子轰击能量为 70eV,超过分子离子化所需的能量,使某些共价键发生断裂,产生各种不同质量的碎片离子(fragment ion)。根据碎片离子提供的结构信息,可分析化合物的结构。分子离子丢失的常见中性碎片见附录三,一些常见的碎片离子见附录四。裂解规律将在本章第三节中讨论。

三、同位素离子

自然界中,多数元素是具有一定自然丰度的同位素,如元素碳具有 ^{12}C(轻质同位素)和 ^{13}C(重质同位素)两种稳定的同位素。这些轻、重同位素以恒定的比例稳定地存在于自然界与有机化合物分子中,见表 8-2。

表 8-2 常见元素稳定同位素的天然丰度比

同位素	$^{13}C/^{12}C$	$^{2}H/^{1}H$	$^{17}O/^{16}O$	$^{18}O/^{16}O$	$^{33}S/^{32}S$	$^{34}S/^{32}S$	$^{15}N/^{14}N$	$^{37}Cl/^{35}Cl$	$^{81}Br/^{79}Br$
丰度比 /100%	1.08	0.016	0.040	0.20	0.80	4.44	0.37	32.39	97.86

由于同位素的存在,质谱图中除分子离子峰外,还可以看到比分子离子大 1 到几个质量单位的峰,这是由重同位素形成的离子峰,称同位素峰(isotope peak)。质量比分子离子峰 M 大 1 个质量单位的峰用 M+1 表示,大 2 个质量单位的峰用 M+2 表示。

甲烷的质谱图,如图 8-17 所示。m/z 16 的分子离子峰,是由最大丰度同位素组成的分子离子 $[^{12}C^{1}H_4]^{+}$产生的;m/z17 即 M+1 的同位素峰,是由 $[^{13}C^{1}H_4]^{+}$和 $[^{12}C^{1}H_3^{2}H]^{+}$共同贡献的结果。

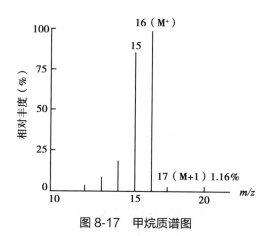

图 8-17 甲烷质谱图

对于简单的小分子,用公式可较方便地计算出同位素峰簇的相对强度,但对大分子则需要计算机程序帮助。

(1)当有机分子中含有 n 个 C、H、O、N、S,可用下面经验公式计算同位素峰[M+1]、[M+2]对分子离子峰[M]的相对强度。

$$\frac{[M+1]}{[M]} \times 100\% = 1.08n_C + 0.37n_N + 0.80n_S \qquad 式(8\text{-}10)$$

$$\frac{[M+2]}{[M]} \times 100\%=0.006n_C^2+0.20n_O+4.44n_S \qquad \text{式(8-11)}$$

式(8-10)、式(8-11)中,n_C、n_N、n_O、n_S 分别表示碳、氮、氧及硫原子的个数。

1963 年,Beynon 等应用比式(8-10)与式(8-11)更精确的公式,计算了相对质量在 250 以内的碳、氢、氧、氮的各种可能组合式的同位素丰度比,并编制成书(*Mass and abundance tables for use in Mass spectrometry*,简称 Beynon 表)。

质谱解析中,以所测定到的同位素峰丰度比,应用式(8-10)与式(8-11)计算或查 Beynon 表,来确定化合物的分子式。详见本章第四节。

(2)当有机分子中含有 Cl、Br 时,可以利用同位素峰对分子离子峰的相对强度推测分子式中是否含有 Cl、Br 原子及数目。自然界中 ^{35}Cl 与 ^{37}Cl 的相对丰度比约为 3:1;^{79}Br 与 ^{81}Br 的相对丰度比约为 1:1。

分子中含有 1 个氯原子,则 [M]:[M+2]=100:32.39 ≈ 3:1

分子中含有 1 个溴原子,则 [M]:[M+2]=100:97.86 ≈ 1:1

如果一个化合物中含有多个氯或溴原子时,可以用 $(a+b)^n$ 来计算 M+2、M+4、…同位素的强度(a 与 b 为轻质与重质同位素的丰度比;n 为原子数目)。例如邻二氯苯分子中含有 2 个氯原子,$C_6H_4^{35}Cl_2$、$C_6H_4^{35}Cl^{37}Cl$、$C_6H_4^{37}Cl_2$ 分别代表 M(m/z146)、M+2(m/z148)、M+4(m/z150),如图 8-18 所示。

因 $n=2$、$a=3$,$b=1$

故 $(a+b)^2=a^2+2ab+b^2=9+6+1$ 所以同位素峰强度比:

[M]:[M+2]:[M+4]=9:6:1

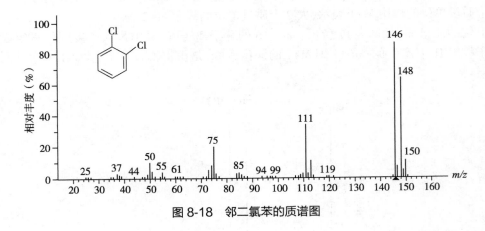

图 8-18 邻二氯苯的质谱图

四、亚稳离子

离子源中生成的 m_1^+ 离子,其中一部分可完整无缺地到达检测器而被检测;一部分可在离子源中继续裂解产生质荷比为 m_2^+ 的离子;也有少量的离子在离开离子源后进入检测器之前的飞行过程中,由于碰撞等原因,失去中性碎片而形成低质量的离子,一部分能量被中性碎片所带走,此时的离子比 m_2^+ 离子能量低,且不稳定,这种离子称亚稳离子(metastable ion),用 m^* 表示。m^* 为亚稳离子的“表观质量”,与 m_1^+、m_2^+ 的关系式如下:

$$m^*=\frac{(m_2^+)^2}{m_1^+} \qquad \text{式(8-12)}$$

亚稳离子峰的特点是:①强度低,仅为 m_1 峰的 1%~3%;②峰形钝,一般可跨 2~5 个质量单位;③亚稳离子的质荷比一般都是非整数值。

亚稳离子峰可用于证明 $m_1^+ \to m_2^+$"亲缘关系"。如图 8-19 对氨基茴香醚质谱中的 m/z 94.8、59.2 两个峰。

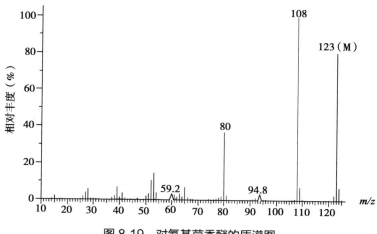

图 8-19　对氨基茴香醚的质谱图

根据式(8-12)可得:

$$\frac{108^2}{123}=94.8 \quad \frac{80^2}{108}=59.2$$

因此,可以确定对氨基茴香醚存在如下裂解过程:

$$m/z\ 123 \to m/z\ 108 \to m/z\ 80$$

五、多电荷离子

有些化合物在电离过程中可能失去两个或更多的电子而成为多电荷离子(multiple-charged ion),如吡啶电离后,氮原子失去孤对电子(两个电子)仍保持芳环大 π 结构,出现 $m/nz=m/2z=79/2=39.5$ 的离子峰。多电荷离子峰的出现大幅增加了质谱仪可测定的质量范围,尤其适合含氮的大分子蛋白质、多肽研究。

第三节　离子的裂解

如前所述,质谱中常用的电子轰击能量大于分子离子化所需的能量,使某些共价键发生断裂,产生各种不同质量的碎片离子。很多离子的产生是有一定规律的,了解质谱的裂解规律和类型,有助于质谱图的解析及化合物的结构推测。

一、共价键的开裂方式

1. 均裂(homolysis) 共价键断裂时,成键的一对电子平均分给两个原子或基团。均裂生成含有奇电子的自由基。

$$X \overset{\frown}{\dashv} Y \longrightarrow X \cdot + Y \cdot$$

如:

$$R_1 \overset{\frown}{\frown} CH_2 \overset{\frown}{\dashv} \ddot{X} - CH_2 - R_2 \longrightarrow CH_2 = \overset{+}{X} - CH_2 - R_2 + \cdot R_1$$

用鱼钩形的半箭头"⌢"表示一个电子的转移。均裂正电荷的位置保持不变。

2. 异裂(heterolysis) 共价键断裂时,成键的一对电子为某一原子或基团所占有。

$$X \dashv Y \longrightarrow X^+ + \ddot{Y} \quad \text{或} \quad X \dashv Y \longrightarrow \ddot{X} + Y^+$$

如:

$$R_1 \overset{\frown}{\frown} \ddot{O} - R_2 \longrightarrow R_1^+ + \cdot OR_2 \quad \text{或} \quad R_1 O \cdot + R_2^+$$

用整箭头形式"⌒"表示一对电子的转移。异裂伴随正电荷的转移。

3. 半异裂(hemi-heterolysis) 已电离的 σ 键发生断裂时,仅有的一个电子转移到某一个碎片。

$$X + \overset{\frown}{\cdot Y} \longrightarrow X^+ + \cdot Y$$

二、离子的裂解类型

离子的裂解类型通常可以分为简单裂解、复杂裂解。仅有一个共价键发生断裂的裂解,称简单裂解。复杂裂解则断裂两个或两个以上的共价键,最常见的是重排裂解。

(一)简单裂解

简单裂解的机制有 3 种:①自由基引发(α 裂解),发生均裂,反应的动力是自由基强烈的配对倾向;②电荷引发的裂解(诱导裂解),发生异裂;③没有杂原子或不饱和键时,发生 C—C 之间的 σ 半异裂。但第 3 周期以后的杂原子与碳之间的 C—Y 也可以发生 σ 断裂。

所有裂解中,α、β、γ 键的键位定义如下:

$$\begin{array}{cccc} C - C - C - 基团 \\ \uparrow \ \uparrow \ \uparrow \\ \gamma \ \ \beta \ \ \alpha \ \ 原子 \end{array} \qquad \begin{array}{cccc} C - C - C - 基团 \\ \uparrow \ \uparrow \ \uparrow \\ \gamma \ \ \beta \ \ \alpha \ \ 键 \end{array}$$

1. α 裂解(α-cleavage) 分子中若含有 C=O、CH=CH$_2$、⬡、OR、NR$_2$、SR 及卤素等基团,则与这些基团相连的 α 键发生均裂。如:

$$R_1 \overset{\overset{+\cdot}{O}}{\underset{\|}{C}} - R_2 \longrightarrow \cdot R_1 + \overset{\overset{+}{O}}{\underset{\||}{C}} - R_2$$

上式正电荷中心易吸引一对电子,造成 α 键异裂,同时正电荷位置发生转移,文献称诱导裂解(即 i 裂解,i-cleavage)。

$$R_1 \overset{+\cdot}{\underset{\parallel}{O}}{C}{-}R_2 \longrightarrow R_1^+ + \overset{\cdot}{\underset{\parallel}{O}}{C}{-}R_2$$

2. β 裂解(β-cleavage) 分子中若含有 C=O、CH=CH₂、⟨⟩、OR、NR₂、SR 等基团,则与这些基团相连的 β 键(即 Cα—Cβ)发生均裂。如:

$$CH_2\overset{+\cdot}{-}CH-CH_2\overset{\cdot}{|}CH_3 \longrightarrow \overset{+}{C}H_2-CH=CH_2 + \cdot CH_3$$

$$\text{(苄基结构)} \longrightarrow \text{(环己二烯结构)} + \cdot CH_3$$

$$CH_3\overset{}{-}CH_2\overset{\cdot+}{-}OH \longrightarrow \cdot CH_3 + H_2C=\overset{+}{O}H$$

3. γ 裂解(γ-cleavage) 对于酮及其衍生物,以及含 N 杂环的烷基取代物,容易发生 γ 键的均裂生成稳定的四元环。如:

$$R\overset{+\cdot}{\underset{\parallel}{O}}{C}{-}CH_2\overset{\gamma}{\underset{}{CH_2-R'}} \longrightarrow R\overset{+}{\underset{\parallel}{O}}{C}{-}CH_2{-}CH_2 + \cdot R'$$

$$\text{(吡啶环 R)} \longrightarrow \text{(吡啶并四元环)} + \cdot R$$

4. σ 裂解 烷烃类化合物通常会发生 C—C 之间的 σ 半异裂,且较易失去较大的侧链。如:

$$
\begin{array}{l}
\cdot C_4H_9 \longrightarrow C_2H_5\overset{+}{C}HCH_3 \quad m/z\ 57\ (74.6\%)\\
\cdot C_2H_5 \longrightarrow CH_3\overset{+}{C}HC_4H_9 \quad m/z\ 85\ (47.9\%)\\
\cdot CH_3 \longrightarrow C_2H_5\overset{+}{C}HC_4H_9 \quad m/z\ 99\ (0.5\%)\\
\cdot H \longrightarrow C_2H_5\overset{+}{C}(CH_3)C_4H_9 \quad m/z\ 113\ (0\%)
\end{array}
$$

$$C_2H_5\overset{CH_3}{\underset{H}{-C-}}C_4H_9 \rceil^{+\cdot}$$

$$m/z\ 114\ (1.2\%)$$

支链烷烃,裂解时优先丢失较大烃基,这就是质谱裂解反应中的最大烃基丢失规则。

上述裂解(除诱导裂解)的规律是含奇电子(odd electron,OE)的母离子,在简单裂解中产生含偶电子(even electron,EE)的子离子,脱去的中性碎片是自由基。即:

$$OE^{+\cdot}_{母} \longrightarrow EE^+_{子} + \text{自由基}$$

(二)重排裂解

断裂 2 个或 2 个以上的共价键,且结构重新排列形成的裂解称重排裂解,产生的离子称重排离子(rearrangement ion)。如 McLafferty 重排(麦氏重排)、逆第尔斯 - 阿尔德重排(RDA 重排)、四元环过渡态重排等,它们有规律可循,对推断结构很有价值。

1. **McLafferty 重排** 化合物中如含有 C = E(E 为 O、N、S、C 等)或苯环等不饱和基团,并且与这个基团相连的链上有 γ 氢原子时,可发生 McLafferty 重排(麦氏重排)。重排时,分子形成六元环过渡态,γ 氢原子转移到 E 原子上,同时 β 键发生断裂(图中以 γH+β 表示),脱去一个中性分子。

麦氏重排 β 键断裂方式不同,分为均裂与异裂两种。两者产生的重排离子与丢失的中性碎片均不相同,通常前者发生的概率大于后者。

β 键均裂麦氏重排通式:

由简单裂解或重排产生的碎片若还能满足麦氏重排条件,可进一步发生麦氏重排。

2. **逆第尔斯 - 阿尔德重排(RDA 重排)** 这种重排是第尔斯 - 阿尔德反应(Diels-Alder reaction)的逆向过程。

凡具有环己烯结构类型的化合物可发生 RDA 裂解,产物一般为一个共轭二烯阳离子自由基及一个烯烃中性碎片。

如:

3. **四元环过渡态重排** 这种重排是 β 氢原子转移到饱和杂原子上,随之 α 键断裂(图中以 βH+α 表示)。常见化合物类型有醚、酯、酚、胺、酰胺等。

R:Ar、R;   Y:O、S、N;   Z:CH₂、C=O

如奇电子离子的四元环过渡态重排：

$$苯-CH_2-\overset{+\cdot}{O}-C(=O)-CH_2-H \xrightarrow[\text{四元环重排}]{\beta H+\alpha} 苯-CH_2-\overset{+}{O}H + O=C=CH_2$$

m/z 108

而 β 裂解产生的偶电子离子的四元环过渡态重排为：

$$RCH_2-CH_2OCH_2CH_3 \xrightarrow[RCH_2\cdot]{\beta\,裂解} H_2C=\overset{+}{O}\cdots CH_2CH_2 \xrightarrow[\text{四元环重排}]{\beta H+\alpha} H_2C=\overset{+}{O}H$$

m/z 31

4. 芳环的邻位效应 含有杂原子取代基的邻二取代苯通常会发生芳环的邻位效应的重排。

$$\rightarrow + HYZ（H_2O、H_2S、NH_3、ROH、RSH、RNH_2）$$

$$\rightarrow + H_2O$$

以上裂解的规律可用下式表示：

$$OE_母^{+\cdot} \longrightarrow EE_子^+ + 中性分子$$

三、各类有机化合物的裂解方式与规律

各类有机化合物由于结构上的差异,质谱中具有不同的裂解方式和裂解规律,即呈现出不同的质谱特征。了解这些信息对未知化合物的结构解析具有重要意义。以下是各类有机化合物的裂解特征。

(一) 烷烃类

1. 分子离子峰较弱,随碳链增长,强度降低以至消失,如图 8-20 所示。

2. 直链烷烃具有一系列 m/z 相差 14 的 C_nH_{2n+1} 碎片离子峰（m/z = 29、43、57、71、⋯）。其中 $C_3H_7^+$（m/z 43）或 $C_4H_9^+$（m/z 57）的碎片离子峰很强,通常构成基峰。

$$CH_3-CH_2-CH_2-CH_2-CH_2-CH_2-CH_2-CH_2-CH_3$$

烷基碎片离子峰群（29+14n）

3. 在 C_nH_{2n+1} 峰的两侧,伴随着质量数大一个质量单位的同位素峰及质量小一个或两个

单位的 C_nH_{2n} 或 C_nH_{2n-1} 等小峰,组成各峰群。

4. 支链烷烃在分支处优先裂解,形成稳定的仲碳或叔碳正离子。分子离子峰比相同碳数的直链烷烃弱。其他特征与直链烷烃类似。

图 8-20 正十六烷的质谱图

(二) 烯烃类

1. 分子离子峰较强,但强度随分子相对质量的增加而减弱,如图 8-21 所示。

2. 烯烃易发生双键的 β 裂解,有一系列 C_nH_{2n-1} 的碎片离子(27+14n,$n=1,2,\cdots$)。其中 m/z 41 峰较强(烯丙基正离子共振较稳定),是链烯的特征峰之一。还有烷基碎片离子峰群(29+14n)。

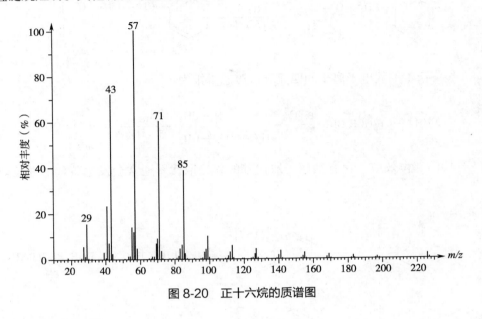

3. 如果烯烃分子中含有 γ-H,则可发生麦氏重排。

4. 环己烯类易发生 RDA 重排。

图 8-21 中,29+14n 峰群为 1-辛烯烷基碎片离子峰群;27+14n 峰群为烯烃 β 裂解碎片离子峰群;m/z 42、70 分别为第一、二种麦氏重排的产物;m/z 56 为四元环过渡态重排产物。

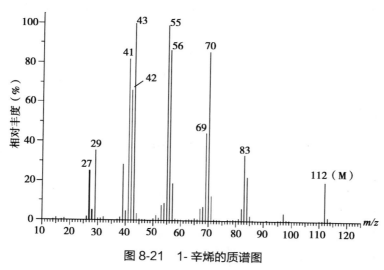

图 8-21 1- 辛烯的质谱图

（三）芳烃类

1. 分子离子稳定,大多数芳烃的分子离子峰很强,如图 8-22 所示。

2. 烷基取代苯易发生 β 裂解经重排产生䓬鎓离子（m/z 91,基峰）,许多取代苯如甲苯、二甲苯、乙苯、正丙苯等都有此特征峰。

䓬鎓离子可进一步裂解生成环戊二烯及环丙烯正离子。

3. 取代苯能发生 α 裂解产生苯基正离子（m/z 77）,进一步裂解生成环丙烯离子及环丁二烯离子。

4. 具有 γ 氢的烷基取代苯,能发生麦氏重排裂解,产生 m/z 92($C_7H_8^{\ddagger}$)的重排离子。

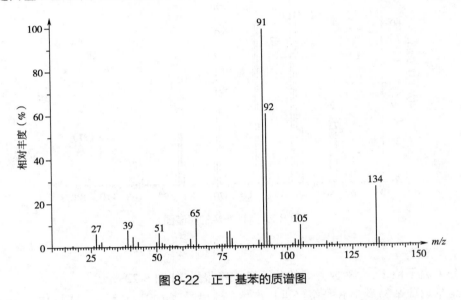

芳烃类的质谱中,m/z 39、51、77 是苯环的特征离子;m/z 65、91 是苄基的特征离子;m/z 92 是丙基以上取代苯的特征离子。

图 8-22 正丁基苯的质谱图

(四) 醇、酚和醚类

1. 醇类

(1) 伯醇和仲醇的分子离子峰很弱,叔醇一般无分子离子峰。随碳链的增长,分子离子峰的强度逐渐减弱以至消失,如图 8-23 所示。

(2) 易发生 β 裂解,生成含氧碎片离子峰群:伯醇(31+14n);仲醇(45+14n);叔醇(59+14n)。其中,伯醇 m/z 31、仲醇 m/z 45、叔醇 m/z 59 是强峰,可用于识别醇的类型。仲醇生成的 $RCH{=}\overset{+}{O}H$ 也能进一步裂解生成 $CH_2{=}\overset{+}{O}H$(m/z 31),但其强度比伯醇弱。β 裂解还可产生 M-1 峰。

伯醇　　$CH_3{\frown}CH_2{-}\overset{+\cdot}{O}H \xrightarrow{\text{β裂解}} H_2C{=}\overset{+}{O}H + \cdot CH_3$
　　　　　　　　　　　　　　　　　　m/z 31

仲醇　　$H_3C{-}\underset{H}{\overset{R}{C}}{-}\overset{+\cdot}{O}H \xrightarrow{\text{β裂解}} CH_3{-}CH{=}\overset{+}{O}H + \cdot R$
　　　　　　　　　　　　　　　　　　　m/z 45

叔醇　　$H_3C{-}\underset{CH_3}{\overset{R}{C}}{-}\overset{+\cdot}{O}H \xrightarrow{\text{β裂解}} \underset{CH_3}{\overset{CH_3}{C}}{=}\overset{+}{O}H + \cdot R$
　　　　　　　　　　　　　　　　　　　m/z 59

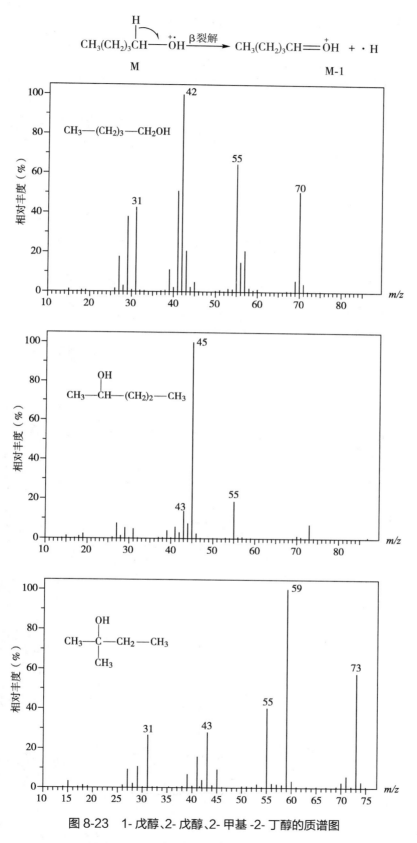

图 8-23 1- 戊醇、2- 戊醇、2- 甲基 -2- 丁醇的质谱图

（3）在气化室中可发生 1,2 脱水的重排反应,然后以烯烃形式进入离子源,裂解产生系

列链烯基离子峰群（m/z 27、41、55 等，即 27+14n）。

2. 酚类

(1)酚类的分子离子峰很强,常为基峰,如图 8-24 所示。

(2)苯酚的 M-1 峰不强,而对甲苯酚和苄醇的 M-1 峰很强,因能产生较稳定的䓬鎓离子。

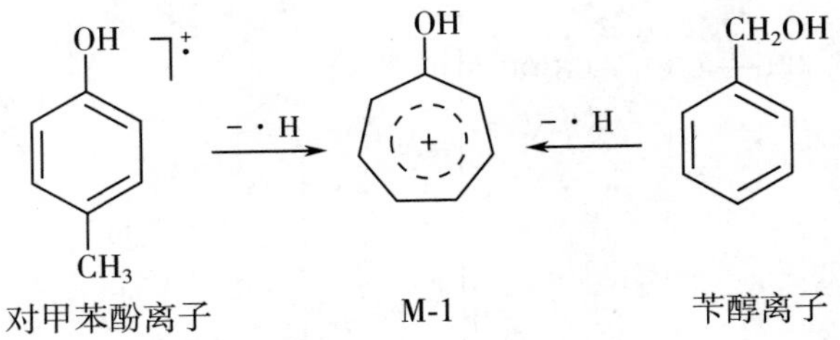

对甲苯酚离子　　　　　M-1　　　　　苄醇离子

(3)酚类失去 CO 形成 M-28 峰和苄醇失去 HCO 形成 M-29 峰很有特征。

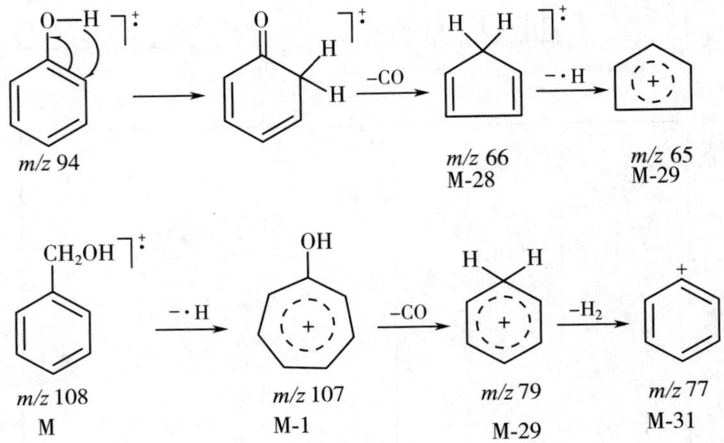

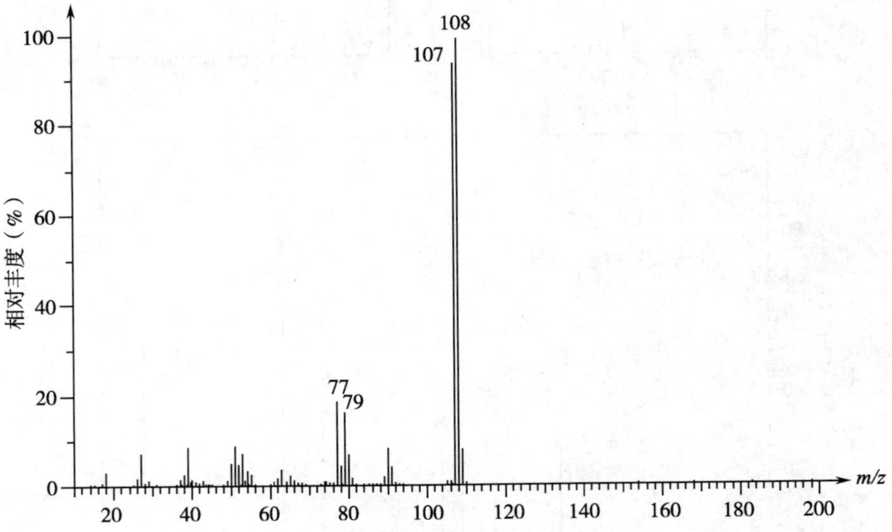

m/z 94　　　　　　　　　　　　m/z 66　　　m/z 65
　　　　　　　　　　　　　　　　M-28　　　M-29

m/z 108　　　　m/z 107　　　　m/z 79　　　m/z 77
M　　　　　　　M-1　　　　　M-29　　　　M-31

图 8-24 对甲苯酚的质谱图

3. 醚类

(1)除芳香醚外,醚类化合物的分子离子峰均较小,如图 8-25 所示。

(2)芳香醚通常产生 α 裂解(均裂),正电荷保留在氧原子上,再进一步脱去 CO。

(3)脂肪醚则发生 i 裂解(α 键异裂),正电荷通常保留在烷基碎片上,产生 m/z 29、43、57、71、…烷基正离子碎片峰群。

$$R'\!-\!\overset{+\cdot}{O}\!-\!R \longrightarrow R'\!-\!O\cdot + R^+$$

(4)β 裂解与四元环过渡重排裂解产生 m/z 31、45、59、…含氧碎片离子峰群。

(5)分子离子的四元环过渡重排:

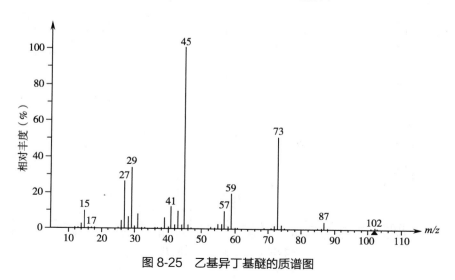

图 8-25 乙基异丁基醚的质谱图

（五）醛与酮类

1. 醛类

（1）醛类分子都有较明显的分子离子峰,芳醛比脂肪醛的分子离子峰更强,如图8-26所示。

（2）α裂解产生 M-1 峰、M-29 峰、m/z 29 的特征峰。

$$
\begin{array}{c}
\overset{+\cdot}{O} \\
\parallel \\
R\text{---}C\text{---}H \\
(Ar)
\end{array}
\quad
\begin{array}{l}
\xrightarrow[\alpha\ \text{均裂}]{-H\cdot} R\text{---}C\!\equiv\!\overset{+}{O} \quad M\text{-}1 \\[2mm]
\xrightarrow[\alpha\ \text{均裂}]{-R\cdot} H\text{---}C\!\equiv\!\overset{+}{O} \quad m/z\ 29 \\[2mm]
\xrightarrow[\alpha\ \text{异裂}]{-\cdot CHO} R^{+} \quad M\text{-}29
\end{array}
$$

（3）具有 γ-H 的醛,若 α 位无取代基,第一种麦氏重排产生 m/z 44 离子峰;第二种麦氏重排产生 M-44 离子峰。

第一种麦氏重排 → m/z 44 + CH₂＝CH₂

第二种麦氏重排 → CH₂＝CH—OH + $\overset{\cdot CH_2}{HC^+}$ M-44

（4）β 键异裂,产生 M-43 峰。

$$R\text{---}CH_2\text{---}\overset{+\cdot}{C}H\longrightarrow R^{+}+\dot{C}H_2\text{---}CH\!=\!O\longleftrightarrow CH_2\!=\!CH\text{---}\dot{O}$$
M-43

（5）醛的脱水重排裂解。

$$CH_3\text{---}CH_2\text{---}CH_2\text{---}\overset{+\cdot}{C}\text{---}H \longleftrightarrow CH_3\text{---}CH_2\text{---}CH\!=\!\overset{+OH}{C}\text{---}H \xrightarrow[1,4\ \text{脱水}]{-H_2O} \left[\begin{array}{c}CH_2\text{---}CH_2\\ \parallel\\ CH_2\text{---}CH\end{array}\right]^{+\cdot}$$
M-18

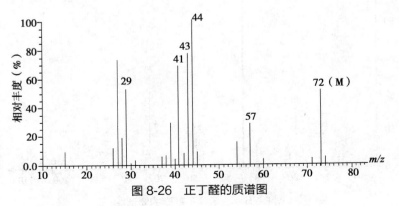

图 8-26 正丁醛的质谱图

2. 酮类

（1）酮类的分子离子峰明显,如图 8-27 所示。

（2）α 裂解,酮的羰基两侧都可发生,遵守丢失烃基最大原则:

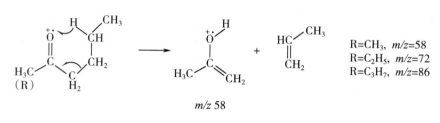

（3）含有 γ-H 的酮可发生麦氏重排,若 α 位无取代基,随 R 不同生成 58、72 或 86 的离子。

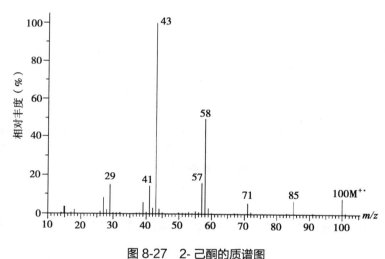

$m/z\ 58$

R=CH$_3$, m/z=58
R=C$_2$H$_5$, m/z=72
R=C$_3$H$_7$, m/z=86

图 8-27 2-己酮的质谱图

（六）羧酸与羧酸酯类

1. 羧酸类

（1）一元饱和羧酸的分子离子峰一般都较弱,芳香酸的分子离子峰则较强,如图 8-28 所示。

（2）α 裂解产生 M-17（失去 OH）, m/z 45（HO—C≡$\overset{+}{O}$）的峰。

（3）i 裂解,产生 M-45 的峰（失去 COOH）。

（4）含有 γ-H 羧酸能发生麦氏重排,产生 m/z 60 的峰。当 α-碳上有 R 基取代时,产生 m/z（60+14n）的峰。

2-甲基丁酸的主要裂解过程如下:

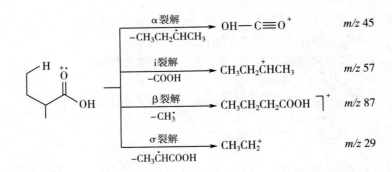

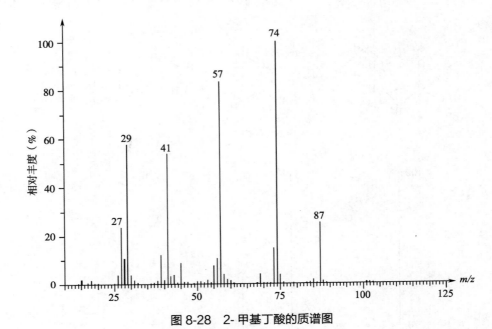

图 8-28 2- 甲基丁酸的质谱图

2. 羧酸酯类

(1) 一元饱和羧酸酯的分子离子峰一般都较弱,芳香酸酯的分子离子峰强,如图 8-29 所示。

(2) 易发生 α 裂解与 i 裂解。

166

(3)酯结构中酸部分含有 γ-H 发生麦氏重排时,若酸的部分 α- 碳上无取代基,产生的碎片离子规律为甲醇酯 m/z 74,乙醇酯 m/z 88,丙醇酯 m/z 102, …。利用它可判断酯中醇部分的组成。

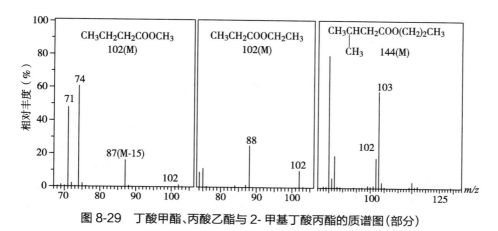

图 8-29 丁酸甲酯、丙酸乙酯与 2- 甲基丁酸丙酯的质谱图(部分)

(4)四元环过渡重排,如乙酸苯甲酯 m/z 108(裂解过程见本节"二、离子的裂解类型")

（七）胺类

1. 胺类化合物的分子离子峰较弱,含奇数个氮的胺分子离子峰是奇数值,如图 8-30 所示。

2. 有 M-1 峰,且 M-1 峰可发生麦氏重排。

$$R-\overset{\overset{H}{\mid}}{C}H-\overset{+\cdot}{N}H_2 \xrightarrow{-H\cdot} R-CH=\overset{+}{N}H_2$$

3. β 键断裂,产生(30+14n)含氮特征碎片峰。伯胺 m/z 30,仲胺(44+14n),叔胺(58 +14n)。

伯胺　$R-H_2C-CH_2-\overset{+\cdot}{N}H_2 \xrightarrow{\beta裂解} H_2C=\overset{+}{N}H_2 + RCH_2\cdot$
m/z 30

仲胺　$R-H_2C-CH_2-\overset{+\cdot}{N}HR' \xrightarrow{\beta裂解} H_2C=\overset{+}{N}HR' + RCH_2\cdot$
m/z 44+14n

叔胺　$R-H_2C-CH_2-\overset{+\cdot}{N}RR' \xrightarrow{\beta裂解} H_2C=\overset{+}{N}RR' + RCH_2\cdot$
m/z 58+14n

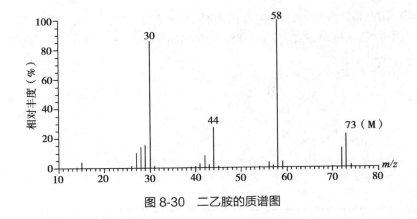

图 8-30 二乙胺的质谱图

第四节 质 谱 解 析

质谱解析是利用质谱提供的数据推测未知物的结构。结构简单的未知物用质谱的方法可确定其分子结构,但结构复杂的未知物,需采用多谱(UV、IR、^{1}H-NMR、^{13}C-NMR、二维谱、MS)联用的方法推测其结构,其中质谱既可以提供相关结构信息又可以用来验证推出结构的正确性。质谱对化合物的相对分子质量测定、分子式确定及结构解析都有重要意义。

一、确定相对分子质量

分子离子峰的质荷比等于化合物的相对分子质量,辨认质谱图中的分子离子峰是关键。

(一) 分子离子峰的辨认方法

通常,质谱中质荷比最大的质谱峰即为分子离子峰,但由于受到分子离子的重同位素峰、准分子离子峰的出现及未检测出分子离子峰等种种因素的影响,质荷比最大的峰有时不是分子离子峰。高质量端正确辨认分子离子峰的方法如下。

1. 分子离子必须是奇电子离子(M^+)。有机分子都含有偶电子,失去一个电子生成的分子离子一定含有奇电子(OE^+),所以含偶电子(EE^+)的离子不是分子离子。

2. 分子离子峰的质量应服从氮律。不含氮原子或含有偶数个氮原子的有机分子,其相对分子质量应为偶数;而含奇数个氮原子的分子,其相对分子质量应为奇数,这个规律称"氮律"。凡不符合氮律的质谱峰,就不是分子离子峰。如甲苯的分子离子峰 m/z 为 92,而苯胺的分子离子峰的 m/z 应为 93。但符合"氮律"的离子不一定都是分子离子,因为重排离子、消去反应所产生的离子也会得到奇电子离子。

3. 分子离子峰与邻近碎片离子峰的质量差(Δm)应该合理。分子离子和邻位差 4~14 个质量单位,为不合理丢失,因为这需要很高的能量。

例 8-2 图 8-31 中 m/z 98 的峰不是分子离子峰,因为在该峰的左侧出现了比 m/z 98 小 13、14 个质量单位的峰,即质量差不合理。

4. 注意与 M±1 峰相区别:某些化合物质谱中分子离子峰很小或根本找不到,而 M±1 等准分子离子峰却很强。如醚、酯、胺、氰化物等的分子离子峰很小,而 M+1 峰相当大;醛、醇或含氮的化合物易失去 1 个氢出现 M-1 峰。

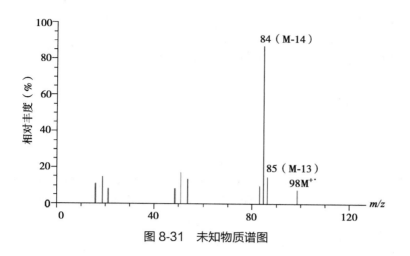

图 8-31 未知物质谱图

（二）获得分子离子峰的方法

1. 降低电子轰击能量。可避免分子离子进一步裂解，增加分子离子的稳定性。

2. 制备易挥发的衍生物。如某些有机酸和醇的挥发性小，热稳定性差，此时可以把酸制备为酯，把醇制备为醚再进行测定。

3. 采用各种软电离技术。如采用 CI、FAB、ESI、APCI 等技术，可得到较强的分子离子峰。

二、确定分子式

利用质谱确定化合物分子式的方法有同位素丰度法与高分辨质谱法两种。

（一）同位素丰度法

同位素丰度法适用于低分辨的质谱仪，又分为查 Beynon 表法与计算法。

1. 查 Beynon 表法　将测定的同位素峰丰度比 $\{[M+1]/[M](\%)、[M+2]/[M](\%)\}$ 与 Beynon 表中各数据进行对比，找出数据最接近的化学式，即为该化合物的分子式。

例 8-3　测得某化合物质谱中 M、M+1 与 M+2 的百分相对丰度之比如下，试确定该化合物的分子式。

m/z 122（M）　　　　　　　　$[M]=100\%$

m/z 123（M+1）　　　　　　　$[M+1]/[M]=8.68\%$

m/z 124（M+2）　　　　　　　$[M+2]/[M]=0.56\%$

解：由 $[M+2]/[M]$ 为 0.56%，可知该化合物不含 S、Cl、Br 等元素。从 Beynon 表中查得质量为 122 的化学式共有 24 个，见表 8-3。

表 8-3　Beynon 表（M=122 部分）

化学式	M+1	M+2	化学式	M+1	M+2	化学式	M+1	M+2	化学式	M+1	M+2
$C_2H_6N_2O_4$	3.18	0.84	$C_4N_3O_2$	5.54	0.53	$C_6H_2O_3$	6.63	0.79	$C_7H_{10}N_2$	8.49	0.32
$C_2H_8N_3O_3$	3.55	0.65	$C_4H_2N_4O$	5.92	0.35	$C_6H_4NO_2$	7.01	0.61	$C_8H_{10}O$	8.84	0.54
$C_2H_{10}N_4O_2$	3.93	0.46	C_5NO_3	5.90	0.75	$C_6H_6N_2O$	7.38	0.44	$C_8H_{12}N$	9.22	0.38
$C_3H_8NO_4$	3.91	0.86	$C_5H_2N_2O_2$	6.28	0.57	$C_6H_8N_3$	7.76	0.26	C_9H_{14}	9.95	0.44
$C_3H_{10}N_2O_3$	4.28	0.67	$C_5H_4N_3O$	6.65	0.39	$C_7H_6O_2$	7.74	0.66	C_9N	10.11	0.45
$C_4H_{10}O_4$	4.64	0.89	$C_5H_6N_4$	7.02	0.21	C_7H_8NO	8.11	0.49	$C_{10}H_2$	10.84	0.53

从表 8-3 中可以看出,化合物的数据与表中 $C_8H_{10}O$ 的数据最接近,因此可以确定该化合物的分子式为 $C_8H_{10}O$。

例 8-4 测得某化合物的 M、M+1 与 M+2 的百分相对丰度之比如下,试确定该化合物的分子式。

m/z	百分相对丰度之比
104(M)	100
105(M+1)	6.24
106(M+2)	4.50

解:由 [M+2]/[M]=4.50>4.44,可知分子中含有 1 个 S,不含 Cl 和 Br。而 Beynon 表中只有 4 种元素(碳、氢、氧、氮)的各种可能组合式的同位素丰度比,化学式的质量与百分相对丰度之比均不包含其他元素的贡献,所以应先分别扣除,再去查表。

(1)分子离子峰质量的扣除:104−32=72(M)

(2)百分相对丰度之比的扣除:

[M+1]/[M]　　6.24−0.8=5.44(^{33}S 贡献 0.8%)

[M+2]/[M]　　4.50−4.40=0.10(^{34}S 贡献 4.40%)

再查 Beynon 表,质量为 72 的百分相对丰度之比数据与上述数据接近的化学式有以下 3 个:

化学式	M+1	M+2	说明
$C_4H_{10}N$	4.864	0.094 2	M=104,应不含氮或含偶数氮
C_5H_{12}	5.595	0.127 3	正确
C_6	6.484	0.175 2	不构成分子

所以该化合物的分子式为 $C_5H_{12}S$。

2. 计算法　没有 Beynon 表时,可采用式 8-10 及式 8-11 计算求出被测物质的分子式。

例 8-5 某化合物质谱中各同位素峰百分相对丰度之比如下,试推测该化合物的分子式。

m/z	百分相对丰度之比
164(M)	100
165(M+1)	11.00
166(M+2)	1.00

解:由 [M+2]/[M]=1.00%,可知该化合物不含 S、Cl、Br 原子。又因 M 为偶数,说明该化合物不含或含有偶数个 N 原子。

先假设化合物不含 N 原子,只含有 C、H、O。

由式 8-9 得:含碳数 $n_C = \dfrac{\dfrac{[M+1]}{[M]}\%}{1.08} = \dfrac{11.00}{1.08} \approx 10$

由式 8-10 得:含氧数 $n_O = \dfrac{\dfrac{[M+2]}{[M]}\%-0.006n_C^2}{0.20} = \dfrac{1.00-0.006\times10^2}{0.20} \approx 2$

含氢数:$n_H = M-(12n_C+16n_O) = 164-(12\times10+16\times2) = 12$

再假设化合物分子式中含有 2 个 N 原子,将 $n_N=2$ 代入式 8-10 可计算得 n_C 为 9,再用

$n_C=9$ 代入式 8-11 计算得 n_O 为 2,此时化合物中 N、C、O 的质量总和已超出 164,说明样品的分子中不可能含 2 个或 2 个以上 N 原子,故该化合物的分子式只能为 $C_{10}H_{12}O_2$。

（二）高分辨质谱法

利用高分辨质谱仪测定分子离子的精确质量,查 Beynon 表或应用"Molecular Formula Calculator""Elemental Composition Calculator"软件计算处理,确定化合物的分子式。

例 8-6 用高分辨质谱测得某样品分子离子峰的质量数为 150.104 5,质量测定误差为 ±0.006,红外光谱显示有羰基吸收峰(1 730cm^{-1}),试求它的分子式。

解： 当质量测定误差为 ±0.006 时,小数部分的波动范围将在 0.098 5~0.110 5 之间。查 Beynon 表,质量数为 150,小数部分在这个范围内的式子有以下 4 个：

(1) $C_3H_{12}N_5O_2$ 150.099 093

(2) $C_5H_{14}N_2O_3$ 150.100 435

(3) $C_8H_{12}N_3$ 150.103 117

(4) $C_{10}H_{14}O$ 150.104 459

第(1)和第(3)式不符合"氮律",第(2)式为饱和化合物(不饱和度 $\Omega=0$),与红外光谱数据不符。因此,该分子式为 $C_{10}H_{14}O$。

目前,高分辨质谱仪附带的计算机系统可给出分子离子峰的元素组成、分子式,同时也可给出质谱图中各碎片峰的元素组成、质量数。

三、结构解析

在一定的实验条件下,各种化合物分子有自身特征的裂解模式和途径,根据质谱峰的信息,可以推测化合物的结构,也可作为光谱解析结论的佐证。

（一）解析程序

1. 正确辨认分子离子峰,确定相对分子质量。

2. 用高分辨质谱法或同位素丰度法确定分子式。

3. 计算化合物不饱和度,初步判断化合物类型。

4. 根据低质量端的特征碎片离子(或峰群)推测碎片离子结构和化合物类型,常见的碎片离子见附录四。根据高质量端母体离子丢失的中性碎片可确定化合物中含有哪些取代基,经常丢失的碎片见附录三。

5. 根据分子式以及已推出的结构单元,计算剩余结构单元的元素组成。

6. 正确组合各结构单元,推断可能的结构式。

7. 验证结构式的正确性。将所得结构式按质谱裂解规律写出合理的裂解方程,考察所得离子是否与谱图一致,或查阅化合物的标准质谱图进行对比。

（二）解析示例

例 8-7 某化合物的分子式为 $C_8H_8O_2$,质谱如图 8-32 所示,红外光谱数据表明该化合物在 3 100~3 700cm^{-1} 有吸收,试确定其结构式。

解析：(1)该化合物相对分子质量为 136;不饱和度 $\Omega=5$,由 IR 可知含—OH。

(2) m/z 39、51、77,可推测该化合物含有苯环。

(3)因图中无 m/z 91 峰,所以 m/z 105 为苯甲酰离子峰,来源于分子离子的简单裂解。丢失的自由基的质量为 31,对应结构是—CH_2OH 而不是 CH_3O—。

(4)可能的结构：该化合物是 2-羟基-1-苯基乙酮。

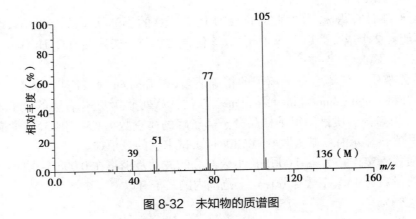

图 8-32 未知物的质谱图

(5)结构验证：

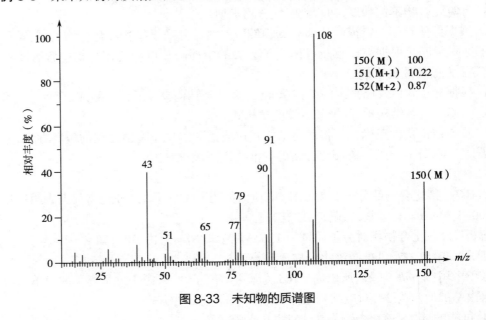

(6)结果与结论：谱图中各峰由以上裂解式给予了合理的解释,所以推测的结构正确。

例 8-8 某未知物的质谱如图 8-33 所示,试确定其结构式。

150(M)	100
151(M+1)	10.22
152(M+2)	0.87

图 8-33 未知物的质谱图

解析:(1) m/z 150 : 由氮律可知含偶数 N 或不含 N,由 M+2 同位素峰说明不含 S、Br、Cl 等。

(2)计算法确定分子式:应为 $C_9H_{10}O_2$。

(3)不饱和度:$\Omega=(2+2\times9-10)/2=5$,示含苯环与一个双键。

(4)特征离子与结构单元:① m/z 51、65、79 为苯环特征离子峰;② m/z 43 为 $CH_3C\equiv O^+$ 特征离子峰;③ m/z 91,为䓬鎓离子峰,说明含有苄基;④ m/z 150($OE^{+\cdot}$)→ m/z 108($OE^{+\cdot}$),重排裂解,$\Delta m=42$。

(5)可能的结构:该化合物结构应为乙酸苄酯。

(6)结构验证:

$$\begin{array}{c}\text{(结构裂解反应式)}\end{array}$$

(7)结果与结论:谱图中各峰由以上裂解式给予了合理的解释,所以推测的结构正确。

学习小结

1. 学习内容

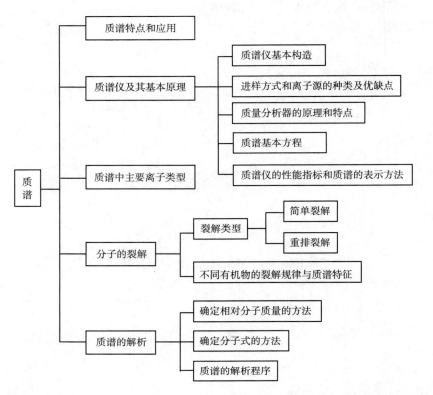

2. 学习方法　本章在了解质谱仪的工作原理基础上,以有机物的裂解规律与质谱特征为重点,学习利用质谱数据推测化合物结构的方法,学习过程中要与以前有机化学内容密切关联。

（尹计秋　王新宏）

复习思考题

1. 质谱仪由哪几部分组成?
2. 质谱仪为什么需要高真空条件?
3. 试简述电子轰击离子源的离子化原理及优缺点。
4. 什么是准分子离子峰? 哪些离子源容易得到准分子离子?
5. 质谱仪中常见的质量分析器有哪些?
6. 质谱仪的性能指标有哪些?
7. 某庚酮的质谱如图 8-34 所示,试确定羰基的位置。

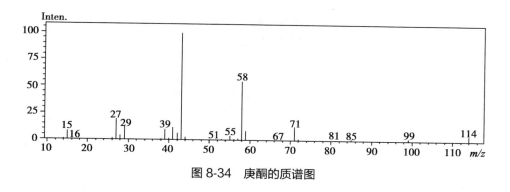

图 8-34　庚酮的质谱图

8. 正丁基苯（M=134）的质谱如图 8-35 所示，试写出主要碎片离子的断裂机制。

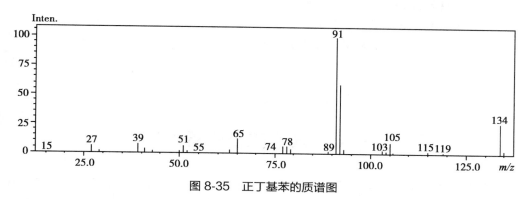

图 8-35　正丁基苯的质谱图

9. 已知某未知物的分子式为 C_7H_8O。在 ^{1}H-NMR 中共出现 4 组氢信号，分别为 δ 9.83（1H，s），δ 6.89（2H，d，J=8.4Hz），δ 6.61（2H，d，J=8.4Hz）及 δ 2.25（3H，s）；其质谱如图 8-36 所示。试推测其结构，并对各主要离子峰进行归属。

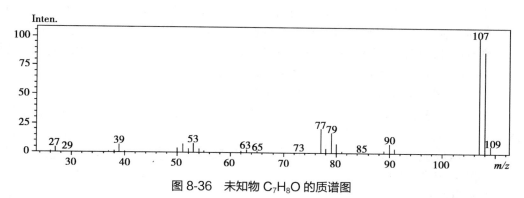

图 8-36　未知物 C_7H_8O 的质谱图

第九章

波谱综合解析

学习目标

1. 掌握波谱综合解析方法、程序。
2. 熟悉常见化合物的各波谱特征。
3. 了解简单有机化合物的波谱综合解析过程。

第一节 波谱综合解析程序

对于结构复杂的未知物,仅靠一种波谱技术很难解析其化学结构,需要 UV、IR、NMR、MS 等 4 种波谱结合起来,起到彼此相互补充、相互验证的目的。这种综合运用多种波谱学技术对有机化合物进行结构解析的过程,称波谱综合解析。

一、解析方法

前面几章分别介绍了紫外 - 可见光谱法、红外光谱法、核磁共振波谱法和质谱法的基本原理及其在有机物结构分析中的应用。不同波谱方法提供的有机结构信息各有侧重,必须十分熟悉每种波谱方法在结构解析中所起的作用,充分掌握各类化合物的四大波谱特征(表 9-1),并通过实践将几种波谱方法合理结合、熟练运用。

4 种波谱法在结构解析中所起的作用分别如下:

1. 紫外 - 可见吸收光谱 主要用于判断结构中是否存在共轭体系及芳香环。给出的结构信息量少,在波谱综合解析中应用较少。

2. 红外吸收光谱 主要用于提供官能团信息,确定化合物的类别(如芳香族、脂肪族、羰基化合物、羟基化合物、胺类等)。

3. 核磁共振谱

(1)核磁共振氢谱:主要提供有关质子类型、氢分布及峰裂分等三方面的结构信息。

(2)核磁共振碳谱:判定碳的个数,并由各碳的化学位移,确定碳的杂化方式及归属。

(3)二维核磁共振谱:对推测结构复杂的化合物尤显重要。^1H-^1H COSY 可以得到分子中相邻碳上的质子之间的耦合关系,从而给出结构中的片段信息;HMQC 可以把一键相连的碳氢关联起来;HMBC 可以给出碳氢远程耦合信息,用于推测结构片段与片段或官能团之间的连接顺序,从而给出分子的平面结构。

4. 质谱 主要用于测定化合物的相对分子质量,确定分子式,通过解析质谱图中各主要离子峰推测可能的结构单元。另外,质谱法还可以验证其他 3 种波谱法推测结果的正确性。

表 9-1　各类化合物四大波谱特征

化合物		UV	IR/(cm⁻¹)	¹H-NMR	¹³C-NMR	MS/(m/z)
烷烃	CH₃	无吸收	v_{C-H} 2960、2870、1460、1380；异丙基 1385、1375；叔丁基 1395、1365	在 δ 0~5 之间，从质子数可确定碳的类型，当呈现一级图谱时，由分裂谱线和化学位移值，可推测其相邻官能团的信息。也可由 2D-NMR 直接确定	δ 0~60，可由 DEPT 谱确定其类型	有 29+14n 碎片离子峰群，支链上有甲基时有 15 或 M-15 峰
	CH₂ CH	无吸收	CH₂ v_{C-H} 1470，由于相邻官能团的不同会有一些位移 难以得到 CH 的信息			有 CH₂，则有相差 14 的峰
	季碳	无吸收	难以得到直接信息	无共振信号	DEPT 谱中无共振信号	叔丁基 57、41
烯烃		孤立双键无吸收，共轭双键有 K 带吸收	$v_{C=C}$ ~1650（分子对称时不出现），根据 $\gamma_{=C-H}$ 峰位（1000~650）可推断出各种取代类型	烯碳若有氢，δ 4~8。由质子数和裂分情况能推断出各种取代类型及烯键的几何构型	δ 100~200	27+14n 碎片离子峰群 麦氏重排离子峰
炔烃		无吸收	$v_{\equiv C-H}$ ~3300 $v_{C\equiv C}$ 2270~2100	若有氢，δ 2~3	δ 60~90	26
芳烃		B 带，E₂ 带	$v_{\Phi-H}$ 3100~3030；$\gamma_{\Phi-H}$ 910~665 可推断苯环的取代类型	苯环上质子 δ 6~9，从裂分情况大致能推断出取代基及取代方式	δ 100~175，根据其 δ 可大致推断出取代基种类	有苯环时，出现 77、65、51、39 峰
羰基化合物	羧酸	R 带	$v_{C=O}$ 1740~1685 v_{OH} 3300~2500	羧酸质子 δ 10~13	羰基碳 δ 160~185(s)	麦氏重排：60、74、… M-17、M-45
	酯	R 带	$v_{C=O}$ ~1735 v_{C-O-C} 1300~1000	与 R—COO(酯基)相连的烷基质子 δ 2.0~5	羰基碳 δ 150~175(s)	R 若是烷基，则 43、57、71、……其中之一肯定有一个强峰 麦氏重排：甲醇酯 74，乙醇酯 88、丙醇酯 102 M+1 麦氏重排：乙酸酯 61，丙酸酯 75，丁酸酯 89
	酰胺	R 带	$v_{C=O}$ 1630~1680；v_{NH} 3500~3100；伯酰胺双峰、仲酰胺单峰、叔酰胺无峰	酰胺质子 δ 5~8.5	羰基碳 δ 160~180(s)	30,44 麦氏重排：59+14n
	醛	R 带	$v_{C=O}$ ~1725 α,β- 不饱和醛 $v_{C=O}$ ~ 1690 醛基氢 2820、2720 费米共振双峰	醛基质子 δ 9~10	羰基碳 δ 175~205	29,44+14n 碎片离子峰 M-1、M-29、M-43
	酮	R 带	$v_{C=O}$ ~1715 α,β- 不饱和酮 $v_{C=O}$ 1685~1665	与羰基碳相连的烷基质子 δ 2.1~2.5	羰基碳 δ 175~225(s)	43,57,71,…； 麦氏重排：58+14n

化合物	UV	IR/(cm^{-1})	^{1}H-NMR	^{13}C-NMR	MS/(m/z)
醇	无吸收或有末端吸收	v_{OH} 3550~3100 有很强的吸收；v_{C-O} 1300~900 能确定出各种醇的类型；伯醇(1050)、仲醇(1100)、叔醇(1150)	OH 在 δ 0.5~5.5 有吸收峰。加入重水，吸收峰消失	与 OH 相连的碳 δ 45~110	伯醇(31+14n)、仲醇(45+14n)、叔醇(59+14n) 含氧碎片离子峰群；M-1、M-18、M-(18+28)、M-(18+15)、M-(18+R)
醚	无吸收	烷基醚 v^{as}_{C-O-C} 1150~1070 芳香醚 v^{as}_{C-O-C} 1275~1200(s) 1075~1020(s)	与氧原子相邻碳上的氢与烷基质子相比，向低场位移	有两种与其相连的碳原子的吸收峰，与烷基碳原子相比，向低场位移	31+14n 含氧碎片离子峰群
胺	无吸收或有末端吸收	v_{NH} 3500~3300 有中等强度或强的窄的吸收带，伯胺双峰、仲胺单峰、叔胺无峰	NH 在 δ 0.5~5.0 有吸收峰，加入重水，吸收峰消失	与 N 相连的碳原子的吸收峰与烷基碳原子相比，向低场位移	30+14n、M-1
腈	无吸收或有末端吸收	$v_{C≡N}$ 2260~2215	无共振信号	δ 117~126	40+14n 碎片离子峰群 麦氏重排：41
硝基化合物	R 带	$v^{as}_{NO_2}$ 1590~1510 $v^{a}_{NO_2}$ 1390~1330 v_{C-N} 920~800	NO$_2$ 无共振信号	NO$_2$ 无共振信号	脂肪族硝基化合物有很强的 30、46；芳香族硝基化合物有很强的 M-46、M-30 的质谱峰
卤化物	无吸收	有各种吸收谱带，但不特征	卤素原子无共振信号	卤素原子无共振信号	有明显的 M-X、M-R、M-HX、M-H$_2$X；^{35}Cl：^{37}Cl=3：1；^{79}Br：^{81}Br=1：1

二、解析程序

1. 了解样品信息　包括样品来源、熔点、沸点、溶解度等理化性质以及用其他分析手段测定得到的数据。确保用于测定各种谱图的样品是高纯度(>98%)的物质，否则会得出错误的解析结果。

2. 确定相对分子质量　用质谱确定待测物质的相对分子质量。

3. 确定分子式　有以下几种方法。

(1)用高分辨质谱法或同位素丰度法确定分子式。

(2)综合利用各种波谱方法提供的信息确定分子式：从 ^{1}H-NMR 的积分曲线高度比得到 H 原子数目(注意分子结构对称时，H 原子数可能是计算值的整数倍)；从 IR、MS 与 NMR 确定 O、N、S、Cl、Br 等杂原子的类型与数目；由 ^{13}C-NMR 的谱线数可得到 C 原子数(结构对称时，C 原子数 > 谱线数)。

$$C\ 原子数 = \frac{相对分子质量 - H\ 原子质量 - 杂原子质量}{12} \qquad 式(9\text{-}1)$$

式(9-1)的计算值应为整数,否则应检查 H 原子数或其他杂原子数是否有误。

4. 计算化合物的不饱和度 Ω　根据不饱和度判断化合物中是否含有双键、三键、芳环等。

5. 找出结构单元(基团)　从 4 个波谱中提取有关结构的信息,列出可能的结构单元(基团)。

6. 计算剩余基团　有的基团波谱特征性不强,有时候分子中含有 1 个以上的相同基团,为防止遗漏这些基团,需将分子式与已确定的所有结构单元的元素组成作一比较,计算出差值,该差值就是剩余基团。

7. 将小的结构单元(基团)组合成较大的结构单元　根据 ^{1}H 谱和 ^{13}C 谱的化学位移和耦合常数,找出基团间相互连接的重要线索,确定基团连接顺序。应用二维谱可简便地确定基团间的关联关系。质谱碎片峰可提供基团连接的重要信息。紫外光谱可判断结构中有无共轭体系。红外光谱某些基团的吸收位置可反映该基团与其他基团间的连接关系。

8. 提出可能的结构式,用波谱数据进行核对,排除不合理结构　①核对已找出的结构单元中的不饱和基团的数目和分子的不饱和度是否相符;②注意不饱和键和杂原子的位置;③对推出的可能结构用各种谱图进行指认;④利用各种经验公式计算核磁共振的化学位移、耦合常数以及紫外吸收带的位置等,以质谱裂解机制推测裂解途径及碎片质荷比。由计算值与实测值比较的结果,确定可能的结构。

9. 结构验证

(1)质谱验证:运用质谱裂解机制验证结构的正确性。

(2)标准谱图验证:将各种波谱方法测得的谱图与相应的标准谱图进行对照,借以验证结构的正确性。

1)常用的标准光谱:① *The Sadtler standard Spectra* 即《萨德勒标准光谱》,包含《红外光谱(棱镜)》《红外光谱(光栅)》《^{1}H 核磁共振》《高分辨(300MHz)^{1}H 核磁共振》《^{13}C 核磁共振》《荧光光谱》《紫外光谱》《差热分析》等;② *Wiley/NBS registry of mass spectral data.*,由美国威利 / 国家统计局建立的大规模质谱数据库;③ *Eight peak index of mass spectra of compounds of forensic interest* 提供 8 万多张质谱图。

2)免费查阅化合物光谱数据与谱图的网站

A. spectral Database for Organic Compounds SDBS(有机化合物光谱数据),由日本国立高级工业科学与技术研究院 National Institute of Advanced Industrial Science and Technology (AIST)建立,提供免费查询有机化合物 6 种波谱:EI-MS、FT-IR、^{1}H NMR、^{13}C NMR Raman 和 ESR。

网址:http://riodb01.ibase.aist.go.jp/sdbs/cgi-bin/direct_frame_top.cgi。

B. NIST Chemistry WebBook(化学互联网手册),由美国 The National Institute of Standards and Technology(NIST,国家标准与技术研究院)建立,提供化学热力学参数和各种波谱(IR、MS、UV、GC 等)数据及谱图。

网址:http://webbook.nist.gov/chemistry/。

C. 化学专业数据库,由中国科学院上海有机化学研究所建设。目前已建设完成 19 个方面的数据库,注册后可免费使用。

网址:http://202.127.145.134/default.htm。

第二节　波谱综合解析示例

例 9-1　某化合物的 MS、IR、NMR 谱图如图 9-1~图 9-4 所示,试推断该化合物的结构。

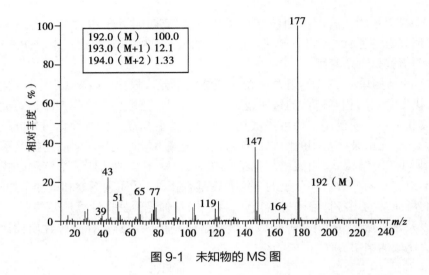

图 9-1　未知物的 MS 图

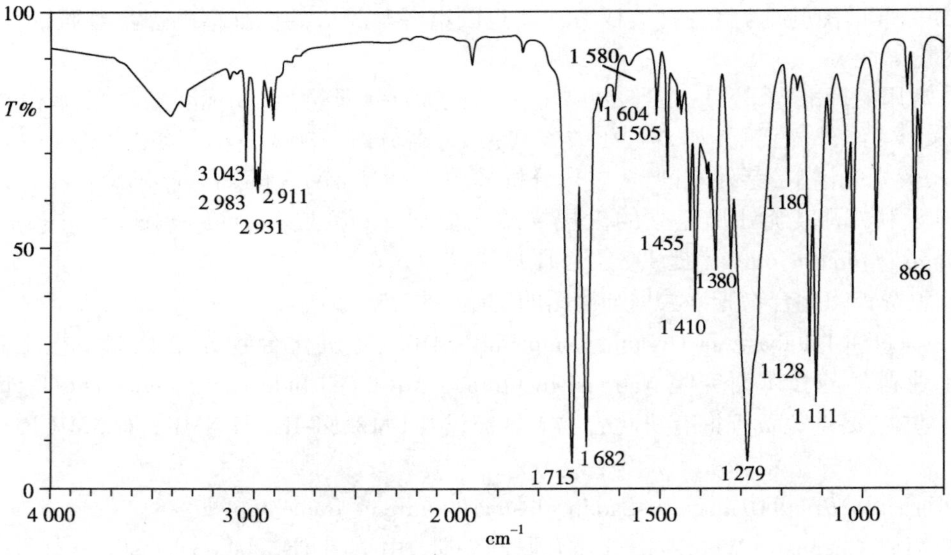

图 9-2　未知物的 IR 图

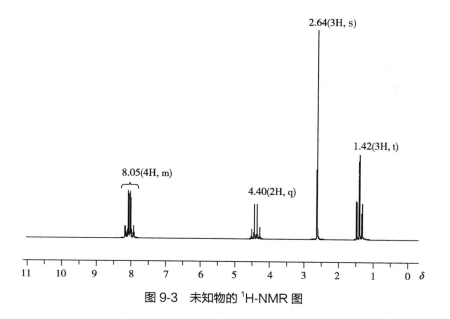

图 9-3 未知物的 ^{1}H-NMR 图

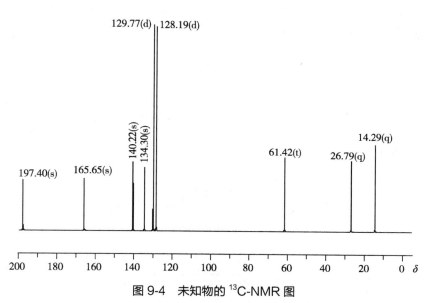

图 9-4 未知物的 ^{13}C-NMR 图

解:(1)求分子式:由 M+2 相对丰度可知不含硫,由质谱可知不含氮或含偶数氮,设 $n_N=0$ 时,含碳数与含氧数计算如下:

$$n_C = \frac{\dfrac{[M+1]}{[M]} \times 100\%}{1.08} = \frac{12.1}{1.08} = 11.2 \approx 11$$

$$n_O = \frac{\dfrac{[M+2]}{[M]} \times 100\% - 0.006 n_C^2}{0.20} = \frac{1.33 - 0.006 \times 11^2}{0.20} \approx 3$$

求得分子式为 $C_{11}H_{12}O_3$,结合 ^{1}H-NMR 中积分给出 12 个氢,^{13}C-NMR 中给出 11 个碳信

号,故所求分子式合理,不含氮。不饱和度 $\Omega=6$,提示含有 1 个苯环与 2 个不饱和基团。

(2)谱图解析

1)IR:3 043cm^{-1} 为苯环 $\nu_{\phi-H}$ 峰;2 983cm^{-1}、2 931cm^{-1}、1 455cm^{-1}、1 410cm^{-1}、1 380cm^{-1} 为甲基及亚甲基的 ν_{C-H}、δ_{C-H} 峰;1 715cm^{-1}、1 682cm^{-1} 提示含 2 个羰基,其中 1 682cm^{-1} 为共轭羰基;1 604cm^{-1}、1 580cm^{-1}、1 505cm^{-1}、1 455cm^{-1} 为苯环 $\nu_{\phi C=C}$ 特征峰;1 279cm^{-1} 为 ν^{as}_{C-O-C} 峰;1 111cm^{-1} 为 ν^{s}_{C-O-C} 峰;866cm^{-1} 为苯环对位取代 $\gamma_{\Phi-H}$。

2)MS:低质量端 m/z 39、51、65、77 为苯环碎片离子峰,提示含有苯环;m/z 43 提示含有乙酰基;高质量端 m/z 192(OE‡)→177(EE$^+$),$\Delta m=15$,为脱去甲基的简单裂解;m/z 192(OE‡)→164(OE‡),$\Delta m=28$,为经四元环过渡重排脱去乙烯;m/z 192(OE‡)→147(EE$^+$),$\Delta m=45$,为脱去乙氧基的简单裂解;m/z 192(OE‡)→119(EE$^+$),$\Delta m=73$,为脱去 —COOCH$_2$CH$_3$ 的简单裂解。

3)^{1}H-NMR:δ 1.42(3H,t)、4.40(2H,q)提示结构中存在 A$_3$X$_2$ 系统,含 CH$_3$CH$_2$O—结构单元;δ 2.64(3H,s)提示结构中含孤立甲基且与不饱和基团羰基相连;δ 8.05(4H,m),提示结构中呈现 AA′BB′ 自旋系统,苯环对位取代。

4)^{13}C-NMR:δ 14.3(q)与 61.4(t)进一步验证结构中含 CH$_3$CH$_2$O—结构单元;δ 26.8(q)为与羰基相连的甲基碳信号;根据 δ 128.2(d)、129.8(d)及强度判断为苯环上对称的 4 个叔碳信号;δ 134.3(s)、140.2(s)为苯环上 2 个季碳信号;δ 165.7(s)为酯羰基碳信号;δ 197.4(s)为酮羰基碳信号。

(3)综合上述信息,其结构为:

H$_3$C—C(=O)—〔苯环〕—C(=O)—OCH$_2$CH$_3$

(4)结构验证:

结论:经验证,推断的结构正确。

例 9-2 某化合物的 MS、IR、NMR 谱图如图 9-5~图 9-8 所示,查 Beynon 表,与 M+1、M+2 相对丰度比接近的式子有以下 5 个,试推断该化合物的结构。

序号	分子式	M+1	M+2
1	C$_5$H$_{10}$N$_2$O$_2$	6.40	0.58
2	C$_5$H$_{12}$N$_3$O	6.78	0.40
3	C$_6$H$_{10}$O$_3$	6.76	0.79
4	C$_6$H$_{12}$NO$_2$	7.14	0.62
5	C$_5$H$_{14}$N$_4$	7.15	0.22

笔记栏

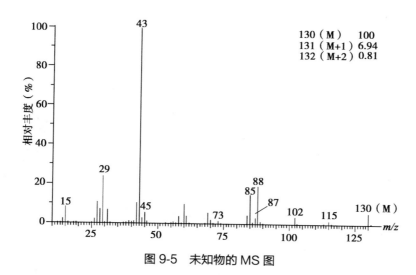

130（M） 100
131（M+1） 6.94
132（M+2） 0.81

图 9-5 未知物的 MS 图

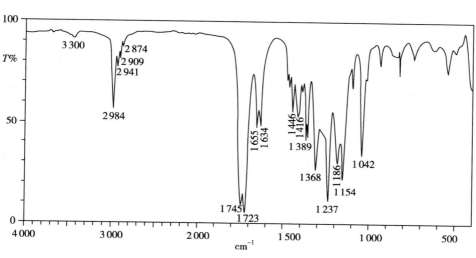

图 9-6 未知物的 IR 图

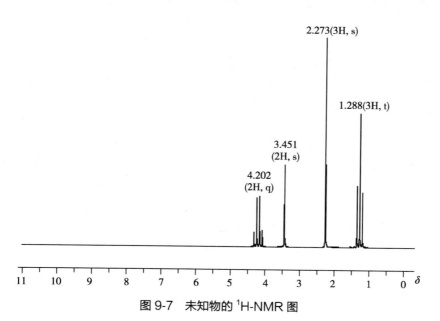

图 9-7 未知物的 ¹H-NMR 图

183

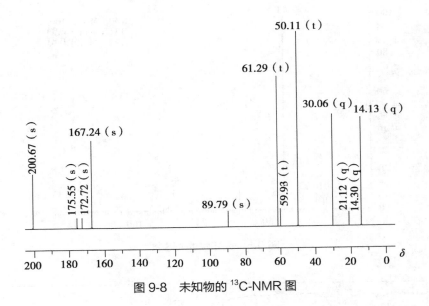

图 9-8　未知物的 ^{13}C-NMR 图

解:(1)求分子式:Beynon 表中第 2、4 式不符合氮律,剩余 3 个分子式中与 M+1、M+2 相对丰度比最接近的式子为 $C_6H_{10}O_3$。不饱和度 $\Omega = \dfrac{2+2\times 6-10}{2}=2$,提示含有 2 个双键或 1 个三键。

(2)谱图解析

1)IR:3 300cm^{-1} 提示结构中可能存在羟基;2 984cm^{-1}、2 941cm^{-1}、2 909cm^{-1}、2 874cm^{-1} 为甲基及亚甲基的 ν_{C-H}^{as}、ν_{C-H}^{s} 峰;1 446cm^{-1}、1 416cm^{-1}、1 389cm^{-1}、1 368cm^{-1} 为甲基及亚甲基的 δ_{C-H}^{as}、δ_{C-H}^{s} 峰;1 745cm^{-1}、1 723cm^{-1} 为两羰基峰,且结构中无醛基氢及羧基氢的相关峰,因此排除了醛与酸的可能性,提示 1 745cm^{-1} 可能为酯羰基,1 723cm^{-1} 为酮羰基。1 634cm^{-1}、1 655cm^{-1} 为 $\nu_{C=C}$ 特征峰,提示可能含碳碳双键。1 237cm^{-1}、1 186cm^{-1}、1 154cm^{-1}、1 042cm^{-1} 为 ν_{C-O-C}^{as} 及 ν_{C-O-C}^{s} 特征吸收,进一步说明含酯结构。

2)^{1}H-NMR:δ 1.29(3H,t)、4.20(2H,q)提示结构中存在 CH_3CH_2O—结构单元;δ 2.27(3H,s),提示结构中含有与羰基相连的甲基;δ 3.45(2H,s),提示结构中含孤立亚甲基,且亚甲基位于 2 个羰基之间。

3)^{13}C-NMR 中共给出 6 种碳信号,δ 14.1(q)与 61.3(t)进一步验证结构中含 CH_3CH_2O—结构单元;δ 30.1(q)为与季碳相连的甲基碳;δ 50.1(t)为位于 2 个羰基之间的亚甲基碳;δ 167.2(s)为酯羰基碳;δ 200.7(s)为酮羰基碳。

4)MS:低质量端 m/z 29 为乙基碎片离子峰,m/z 43 提示含有乙酰基;m/z 45 为乙氧基碎片离子峰;m/z 73 为乙氧酰基碎片离子峰。高质量端 m/z 130(OE$^+$)→ 115(EE$^+$),Δm=15,为脱去甲基的简单裂解;m/z 130(OE$^+$)→ 102(OE$^+$),Δm=28,为经四元环过渡重排脱去乙烯,提示含乙基结构单元;m/z 130(OE$^+$)→ 88(OE$^+$),Δm=42,为经麦氏重排脱去乙烯酮,提示含乙酰基结构单元。

(3)综合上述信息,推测该化合物结构可能为:

$$CH_3 - \overset{\displaystyle O}{\overset{\|}{C}} - CH_2 - \overset{\displaystyle O}{\overset{\|}{C}} - O - CH_2CH_3$$

（4）结构验证：

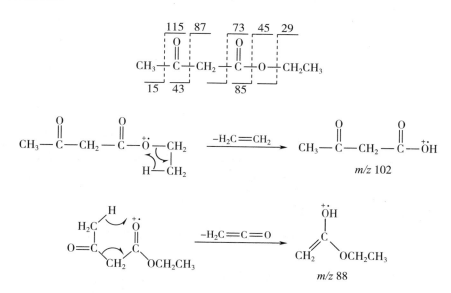

结论：经验证，推导的结构正确。

例 9-3 某白色针状结晶的分子式为 $C_8H_8O_3$，其 MS 以及 NMR 谱（^1H-NMR、^{13}C-NMR、HMQC 及 HMBC）如图 9-9~ 图 9-13 所示，试解析其结构。

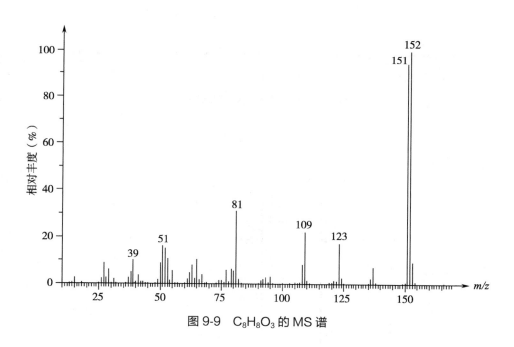

图 9-9 $C_8H_8O_3$ 的 MS 谱

笔记栏

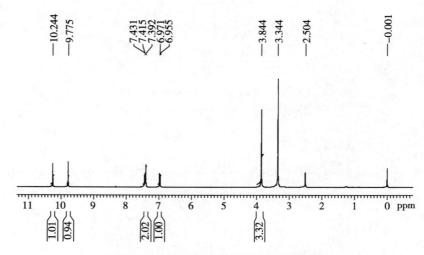

图 9-10　$C_8H_8O_3$ 的 ^1H-NMR（500MHz，DMSO-d_6）

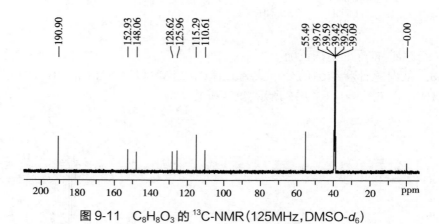

图 9-11　$C_8H_8O_3$ 的 ^{13}C-NMR（125MHz，DMSO-d_6）

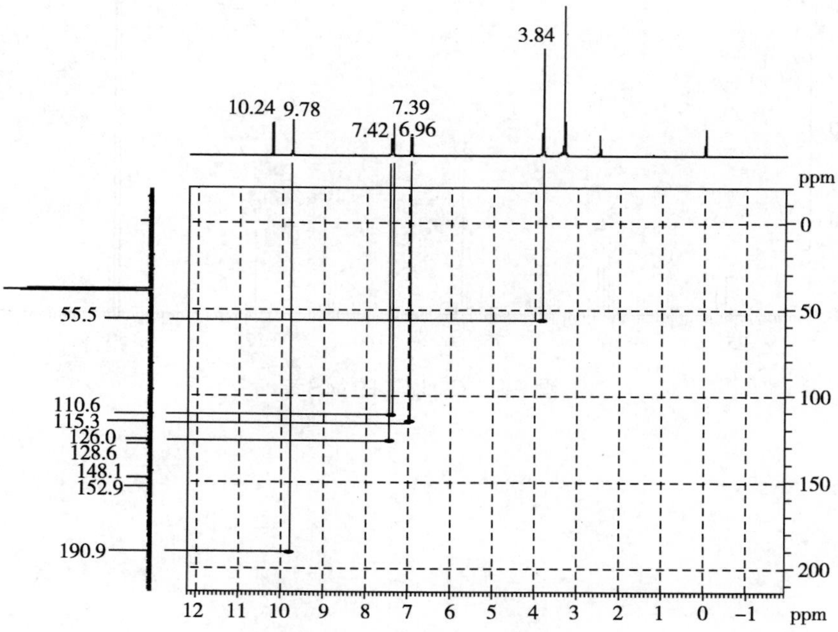

图 9-12　$C_8H_8O_3$ 的 HMQC（DMSO-d_6）

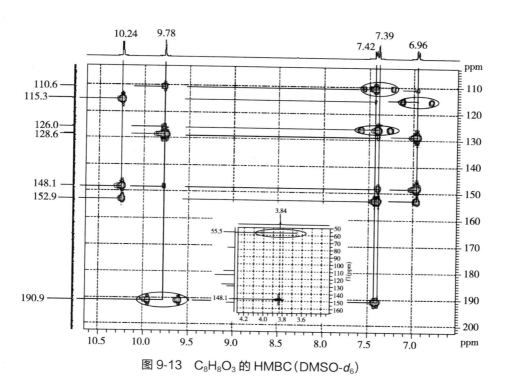

图 9-13　$C_8H_8O_3$ 的 HMBC（DMSO-d_6）

解:(1)不饱和度 $\Omega = \dfrac{2+2 \times 8-8}{2} = 5$,提示结构中含有 1 个苯环及 1 个不饱和基团。

(2) ^{1}H-NMR 与 ^{13}C-NMR: δ_H 10.24(1H,s)为酚羟基质子信号; δ_H 9.78(1H,s)结合 δ_C 190.9 信号,提示结构中存在 1 个醛基官能团; δ_H 7.42［1H,br.d(宽双峰)］,J=8Hz(计算值)、7.39［1H,br.s(宽单峰)］、6.96(1H,d,J=8.0Hz)等芳香质子信号结合 δ_C 153~110 范围内的 6 个芳香碳信号,提示结构中存在 1 个 ABX 自旋耦合系统的苯环; δ_H 3.84(3H,s)结合 δ_C 55.5 信号,提示结构中存在 1 个甲氧基。

(3) HMQC: 与 δ_H 7.42、7.39、6.96 等芳香质子直接相连碳的信号可通过碳氢相关(HMQC)谱来确定。在 HMQC(图 9-12)中,δ_H 7.42、7.39、6.96 分别与 δ_C 126.0、110.6、115.3 相关,说明 δ_C 126.0、110.6、115.3 均为芳香叔碳信号,余下 δ_C 128.6、148.1、152.9 为芳环季碳信号。

(4) HMBC: 酚羟基、醛基及甲氧基在苯环上的具体取代位置可以通过碳氢远程相关(HMBC)谱来确定。在 HMBC(图 9-13)中,可以观测到 δ_H 3.84(3H,s)与 δ_C 148.1 相关,表明甲氧基与苯环 δ_C 148.1 的季碳直接相连; δ_H 10.24(1H,s)与 δ_C 152.9、148.1 及 115.3 相关,表明酚羟基与苯环 δ_C 152.9 的季碳直接相连,且该季碳的邻位分别为甲氧基及无取代的叔碳(δ_C 115.3); δ_H 9.78(1H,s)与 δ_C 148.1、128.6、126.0 及 110.6 相关,表明醛基与苯环 δ_C 128.6 的季碳直接相连,与 δ_C 148.1 的相关信号较弱,推测为四键相关,因此醛基的邻位为 2 个无取代的叔碳(δ_C 126.0、110.6)。由上可知,甲氧基、酚羟基分别位于醛基的间位和对位。此外,三者的取代位置还可以通过 δ_H 7.42、7.39 及 6.96 与相关碳原子远程相关信号得到验证。

图 9-13 中还可以发现 δ_H 3.84 信号的反向延长线与 δ_C 55.5 的 C 信号反向延长线的交点两侧,有 2 个对称的卫星峰,表明 δ_H 3.84 的 H 与 δ_C 55.5 的 C 直接相连。图中其余四处情况类似。

(5)综合上述信息,确定该结构式为 3- 甲氧基 -4- 羟基 - 苯甲醛(香草醛),其 ^{1}H-NMR 和 ^{13}C-NMR 信号归属如下:

H 9.78 (1H, s)
190.9 C=O
7.39 (1H, br. s) H 128.6
110.6 126.0 H 7.42 (1H, br. d, ca. J = 8Hz)
148.1 115.3
152.9 H 6.96 (1H, d, J = 8.0Hz)
O 55.5 CH₃ OH 10.24 (1H, s)
3.84 (3H, s)

(6)结构验证

137 [H₃C—O / 123 29 / HO C=C—H / 151]

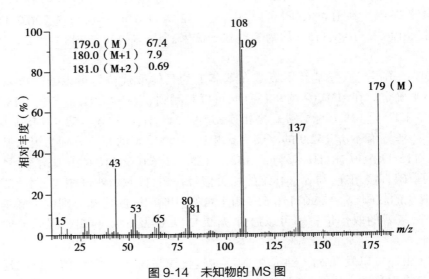

m/z 137 m/z 109 m/z 81

结论:经验证,推断的结构正确。

例 9-4 某化合物的 MS、IR、NMR 谱图如图 9-14~ 图 9-17 所示,试推测该化合物的结构。

179.0(M) 67.4
180.0(M+1) 7.9
181.0(M+2) 0.69

图 9-14 未知物的 MS 图

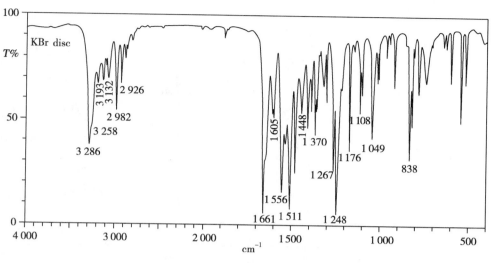

图 9-15 未知物的 IR 图

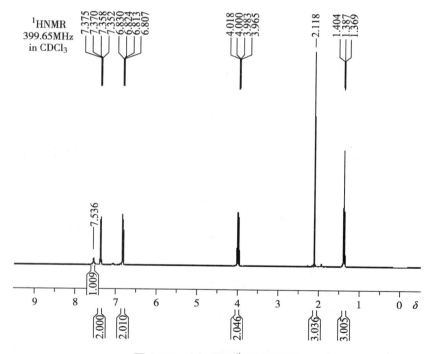

图 9-16 未知物的 ¹H-NMR 图

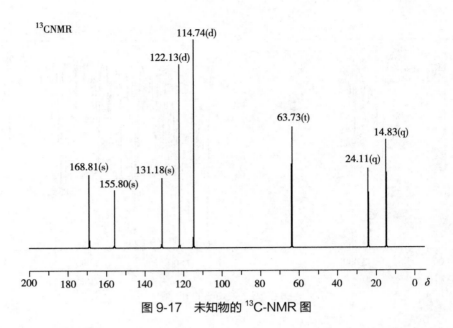

图 9-17 未知物的 ^{13}C-NMR 图

解:(1)求分子式:将[M]:[M+1]:[M+2]=67.2:7.9:0.69 相对于基峰的丰度之比转换为相对于分子离子峰的百分丰度之比:

179(M)	$67.4 \rightarrow 67.4 \times \dfrac{100}{67.4} = 100.0$

180(M+1)	$7.9 \rightarrow 7.9 \times \dfrac{100}{67.4} = 11.7$

181(M+2)	$0.69 \rightarrow 0.69 \times \dfrac{100}{67.4} = 1.02$

由 M+2 相对丰度可知不含有硫,由分子离子峰可知含有奇数个氮,设 $n_N=1$ 时,含碳数与含氧数计算如下:

由式(8-9)得:含碳数 $n_C = \dfrac{\dfrac{[M+1]}{[M]} \times 100\% - 0.37}{1.08} = \dfrac{11.7 - 0.37}{1.08} \approx 10$

由式(8-10)得:含氧数 $n_O = \dfrac{\dfrac{[M+2]}{[M]} \times 100\% - 0.006 n_C^2}{0.20} = \dfrac{1.02 - 0.006 \times 10^2}{0.20} \approx 2$

含氢数 $n_H = M - (12n_C + 16n_O + n_N) = 179 - (12 \times 10 + 16 \times 2 + 14) = 13$

求得分子式为 $C_{10}H_{13}NO_2$,含有 1 个氮。不饱和度 $\Omega = 5$,提示含有 1 个苯环与 1 个双键。

(2)谱图解析

1)IR:3 286cm^{-1}、3 258cm^{-1}、3 193cm^{-1}、3 132cm^{-1}为缔合状态的仲酰胺 N—H 伸缩振动所产生的多条谱带,由于仲酰胺基中氮与羰基的 p→π 共轭效应,致 C—N 旋转受阻而产生顺式与反式异构体,缔合状态时顺式形成二聚体,反式形成多聚体,故产生多条谱带;2 982cm^{-1}、2 926cm^{-1},提示含甲基与亚甲基;1 661cm^{-1},为 $v_{C=O}$,提示含酰胺基(酰胺 I 带);1 605cm^{-1}、1 511cm^{-1},提示含非共轭苯环;1 556cm^{-1},为 β_{N-H}(酰胺 II 带);1 448cm^{-1}、1 370cm^{-1},

为甲基与亚甲基面内弯曲振动;1 267cm^{-1},为v_{C-N}(酰胺Ⅲ带);1 248cm^{-1}为v_{R-O-Ar}^{as};1 049cm^{-1}为v_{R-O-Ar}^{s};838cm^{-1},提示苯环对位取代。

2)MS:m/z 65 为苯环碎片离子峰,提示含有苯环;m/z 43 提示含有乙酰基;m/z 179(OE‡)→137(OE^{+}),Δm=42,重排裂解,脱去乙烯酮,提示含有乙酰基;m/z 137(OE‡)→109(OE‡),Δm=28,四元环过渡重排,脱去乙烯,提示含有乙基;m/z 137(OE‡)→m/z 108(EE^{+}),Δm=29,简单裂解,脱去乙基。

3)^{1}H-NMR:δ 1.39(3H,t)、3.99(2H,q) 提示结构中含 A_3X_2 自旋耦合系统,根据δ应含 CH$_3$CH$_2$O—结构单元;δ 6.82(2H,m)、7.37(2H,m) 为低分辨氢谱中的 AA′BB′ 自旋耦合系统,提示苯环对位取代。δ 7.54(1H,s) 提示为 R—CO—NH—Ar 结构单元中氮上的质子。

4)^{13}C-NMR:δ 14.8(q)、63.7(t)进一步提示结构中含 CH$_3$CH$_2$O—结构单元;δ 24.1(q) 为甲基碳信号,且该甲基与不饱和基团羰基相连;δ 114.7(d)、122.1(d) 为苯环上 2 个叔碳信号;δ 131.2(s)、155.8(s) 为苯环上 2 个季碳信号;δ 168.8(s) 为酰胺羰基碳信号。

(3)综合上述信息,其结构为:

CH$_3$—CH$_2$—O—〈苯环〉—NH—C(=O)—CH$_3$

(4)结构验证:

结论:经验证,推断的结构正确。

学习小结

1. 学习内容

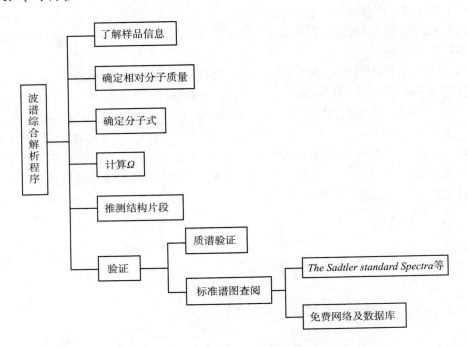

2. 学习方法 本章学习过程中需要通过解谱实践将几种波谱方法合理结合并熟练运用。

（尤丽莎）

复习思考题

1. 已知某未知物的波谱如图 9-18~ 图 9-21 所示,试解析其结构。

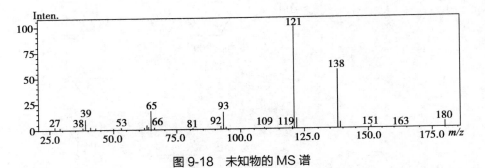

图 9-18 未知物的 MS 谱

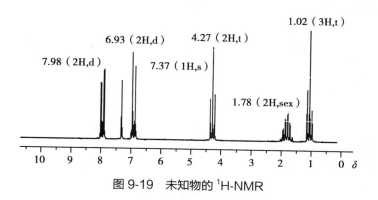

图 9-19 未知物的 ^{1}H-NMR

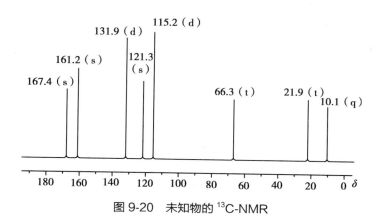

图 9-20 未知物的 ^{13}C-NMR

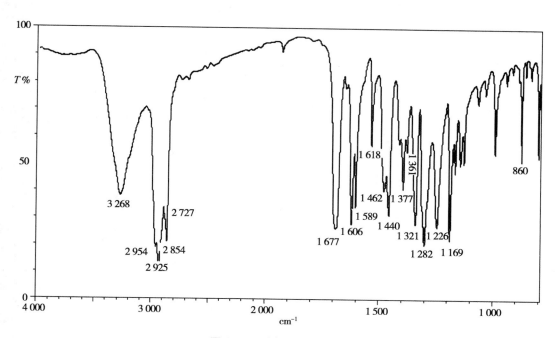

图 9-21 未知物的 IR 谱

2. 已知某未知物的波谱如图 9-22~ 图 9-24 所示,试解析其结构。

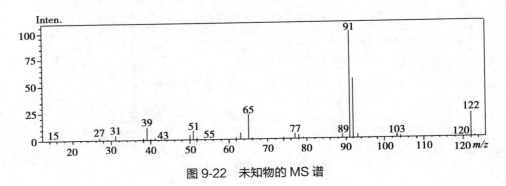

图 9-22　未知物的 MS 谱

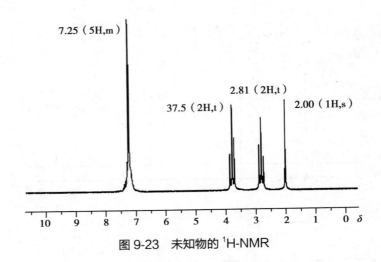

图 9-23　未知物的 ¹H-NMR

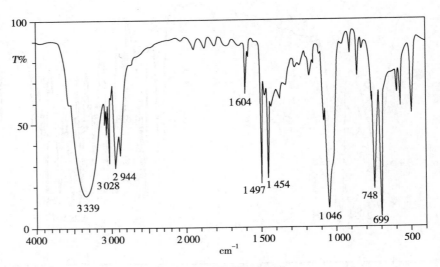

图 9-24　未知物的 IR 谱

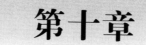

第十章

色谱分析法基本理论

　色谱分析法简称色谱法（chromatography），是一种物理或物理化学分离分析方法。基于混合物各组分在固定相、流动相两相中吸附、分配、离子交换、分子排阻等作用的差异而实现分离，再进行定性定量分析，因此，色谱法是分离分析中药（天然药物）、食品、生物样品等多组分复杂样品体系的主要分析方法，具有高分离效能、高灵敏度、高选择性、分析速度快及应用范围广等特点。

　色谱法是仪器分析中发展最快、应用最广的方法之一。现代色谱法同时兼具分离与在线分析功能，不仅能解决复杂物质的分离、定性和定量分析问题，而且还具有分离制备纯物质的功能。色谱法对复杂样品的分离分析具有其他分析方法和技术所不可取代的强大优势，使其得到了迅猛发展。目前，色谱法已成为生命科学、材料科学、环境科学等领域不可或缺的重要分析手段，在药物分析中占据着极其重要的地位，成为各国药典及其他标准的法定分析方法。近十多年来，随着色谱分析方法的发展及分析技术、分析仪器的普及，历版《中华人民共和国药典》的修订，一部、二部各药品项下新增或完善的鉴别、检查和含量测定方法大多为色谱法，尤其是中药材、中药饮片及中药制剂，其成分复杂、含量低，使色谱法成为中药质量控制与评价的主导分析方法。

🔍 **知识链接**

色谱法的起源

　色谱法起源于 20 世纪初。1903—1906 年俄国植物学家茨维特（M.Tswett）在研究植物色素时，在一根直立的玻璃管的底部塞上少许棉花，把细粒状碳酸钙填充于柱管内，将植物叶子的石油醚提取液从顶端倾入管中，然后加入石油醚自上而下淋洗，随着连续淋洗，植物叶中的各种色素由于在碳酸钙吸附剂上吸附力大小不同，向下移动速率不同，逐渐分离形成了胡萝卜素、叶黄素、叶绿素 A、叶绿素 B 等的一圈圈连续色带，这种连续色带称色层或色谱，色谱法由此得名。色谱分离过程中所使用的玻璃管称色谱柱（chromatographic column），管内填充的碳酸钙等材料称固定相（stationary phase),加入的石油醚淋洗液称流动相(mobile phase)。色谱法发展到现在,不仅用于有色物质的分离,更广泛应用于无色物质的分离分析,但色谱法的名称一直沿用至今。

第一节 色谱分析法概述

一、色谱法的分类

色谱法可以按两相的状态、分离机制、操作形式等的不同进行分类,因此一种色谱方法可能有几种不同的名称。

(一) 按两相状态分类

色谱法中的流动相可以是气体、液体或超临界流体。根据流动相的分子聚集状态,色谱法可分为气相色谱法(gas chromatography,GC)、液相色谱法(liquid chromatography,LC)和超临界流体色谱法(supercritical fluid chromatography,SFC);再按固定相为固体或液体(固定液加载体),气相色谱法又可分为气固色谱法(gas-solid chromatography,GSC)和气液色谱法(gas-liquid chromatography,GLC),液相色谱法又可分为液固色谱法(liquid-solid chromatography,LSC)和液液色谱法(liquid-liquid chromatography,LLC)。目前,在气液色谱和液液色谱中,为了防止固定液的流失,常常将固定液化学键合在毛细管壁或载体上,称键合相色谱法(bonded phase chromatography,BPC)。

(二) 按分离机制分类

按色谱过程的分离机制,色谱法可分为吸附色谱法(adsorption chromatography)、分配色谱法(partition chromatography)、离子交换色谱法(ion exchange chromatography,IEC)、分子排阻色谱法(molecular exclusion chromatography,MEC;又称空间排阻色谱法,steric exclusion chromatography,SEC)4种基本类型,以及毛细管电泳法、亲和色谱法、手性色谱法等。需要说明的是,大部分色谱过程并不是仅一种分离机制起作用,而是多种机制共同作用的结果,上述分类只是基于分离过程中起主导作用的机制,或是根据被分离物质与固定相的主要相互作用。

1. 吸附色谱法 利用被分离组分对固定相(吸附剂)表面活性吸附中心吸附能力的差别,即吸附系数的差别而实现分离。大部分 GSC 和 LSC 都属于吸附色谱法,主要用于脂溶性物质、尤其是异构体的分离分析。

2. 分配色谱法 利用被分离组分在固定相、流动相中分配系数的差别,或溶解度的差别而实现分离。一般固定相为液体,GLC 和 LLC 都属于分配色谱法范畴,是色谱法中应用最广泛的分离分析方法。

3. 离子交换色谱法 利用被分离组分对离子交换剂离子交换能力的差别,或选择性系数的差别而实现分离,主要用于离子型化合物的分离分析。

4. 分子排阻色谱法 利用被分离组分分子渗透到凝胶内部孔穴程度的不同或渗透系数的差别而实现分离,主要用于高分子化合物的分离分析和相对分子质量的测定,其分离主要取决于被分离组分的线团尺寸和凝胶孔穴大小的相对关系。

(三) 按操作形式分类

按操作形式,色谱法可分为柱色谱法(column chromatography)、平面色谱法(planar

chromatography）。

　　柱色谱法是将固定相装于柱管内构成色谱柱,色谱过程在色谱柱内进行。气相色谱法、高效液相色谱法、毛细管电泳法及超临界流体色谱法都属于柱色谱法范畴。按色谱柱的粗细和装填特点,又可分为填充柱色谱法（packed chromatography）、毛细管柱色谱法（capillary chromatography）、微填充柱色谱法（micro packed chromatography）等。

　　平面色谱法是指色谱过程在固定相构成的平面层内进行的色谱方法,分为纸色谱法（paper chromatography,PC;用滤纸作固定液的载体）、薄层色谱法（thin layer chromatography,TLC;将固定相涂布在玻璃板或铝箔板上）和薄膜色谱法（thin film chromatography,TFC;将高分子固定相制成薄膜）。

　　色谱法分类简单总结如下:

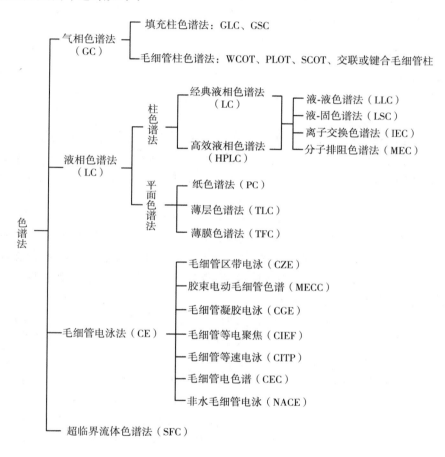

二、色谱法的发展

（一）色谱法的发展历史

　　Tswett 发明的经典液相柱色谱法,由于分离速度慢、分离效率低,长时间内未引起人们的重视。直到 1931 年,德国化学家 Kuhn R 应用 Tswett 的装置,从 100 年来被公认为单一成分的胡萝卜素中分离出 α、β 异构体并发现多种类胡萝卜素,这种分离技术才受到化学工作者的重视,并在理论、仪器和技术上不断发展起来。20 世纪 40 年代,瑞典生物学家 Tiselius AWK 等在分配液相色谱、吸附液相色谱和电泳等研究领域取得了创造性成果,1940 年成功地采用电泳法分离血清中的白蛋白,α、β 和 γ 球蛋白,于 1948 年获得诺贝尔化学奖。20 世纪 40 年代,出现了以滤纸为固定相的纸色谱;50 年代出现了简便的薄层色谱。在色谱技术发展过程中,最重要的贡献是 1941 年英国的 Martin AJP 和 Synge RLM 发明的液液分配色谱,提出了色谱塔板理论和预见采用气体流动相的优点,为此获得了 1952 年诺贝尔化学奖。1952 年,Martin 和 James AT 发明气相色谱法,采用仪器方法完成色谱分离和检测的全过程,并迅速成为石油化工、环境检测的主要分离分析方法,开创了现代色谱法的新时期,使色谱法成为仪器分析的重要分支学科。1956 年,范第姆特(van Deemter)等发表了描述色谱过程的速率理论,并将其应用到气相色谱中;1956 年,Golay 提出了开管柱色谱理论,次年诞生了毛细管柱气相色谱法;20 世纪 60 年代气相色谱 - 质谱联用技术(GC-MS)的推出,有效地弥补了色谱法定性特征性差的弱点。1965 年,Giddings 总结和扩展了前人的色谱理论,提出了液相色谱的速率方程;20 世纪 70 年代高效液相色谱法(HPLC)迅速崛起,采用高压泵、高效固定相和高灵敏度在线检测器,极大地提高了分离效率、分析速度和检测灵敏度,为难挥发、热不稳定及高分子样品的分析提供了有力手段,迅速成为生物医学、药学、食品等领域的重要分离分析技术,大大扩展了色谱法的应用范围,将色谱法推入了一个新的里程碑。20 世纪 80 年代是色谱技术蓬勃发展的时期,液相色谱的各种联用技术相继出现,还诞生了兼具 GC 和 HPLC 优点的超临界流体色谱(SFC);80 年代末飞速发展起来的高效毛细管电泳(HPCE),集合了 CE 和 HPLC 的优点,对生物大分子的分离分析具有独特的优势。

气相色谱法、高效液相色谱法、薄层扫描法、超临界流体色谱法、高效毛细管电泳等应用仪器完成色谱分离分析的色谱法被称为现代色谱法,具有高灵敏度、高选择性、高分离效能、分析速度快和应用范围广等特点,已广泛应用于各个领域,成为多组分混合物最重要的分离分析方法。

(二)色谱法的发展趋势

经过一个多世纪的发展,色谱法的理论、技术和方法已趋于成熟,高效液相色谱法、气相色谱法已成为常规分析技术。色谱法的发展主要体现在开发新型固定相和检测器、建立和完善各种联用技术、开发色谱新方法新技术、实现色谱分析的自动化智能化等方面,以适应日渐扩大的分析对象和应用领域的需求。

1. 开发新型固定相和检测器　虽然目前已有众多的色谱固定相,但对新型固定相的研究仍方兴未艾,以满足特殊样品分析的需要。如各种手性固定相的研制简化了手性药物的分离分析;内表面反相固定相等浸透限制性固定相可实现血浆等体液的直接进样分析;基于生物反应的生物色谱固定相也十分活跃。被称为第四代色谱填料的整体柱技术是近年来高效液相色谱发展的一个热点。整体柱(又称棒柱、连续固定相)是将填料单体、引发剂、制孔剂等混合后,通过原位聚合或固化在柱管中而形成的多孔结构的棒状整体式柱体,有极好的通透性,高流速下仍具有低柱压、高柱效、适于梯度洗脱等特点,在提高柱效和重现性、实现高通量分析和快速分析方面有明显的优势。

新型检测器也在不断研制和应用中,如 HPLC 的蒸发光散射检测器(ELSD)可用于检测紫外 - 可见光区无明显吸收的物质;半导体激光荧光检测器灵敏度比普通紫外检测器提高 2 个数量级。

2. 建立和完善色谱联用技术　色谱联用技术是分析方法发展的重要趋势,包括色谱 - 光谱(质谱)联用和色谱 - 色谱联用。色谱 - 光谱(质谱)联用兼具色谱分离和光谱检测鉴定的优势,能在复杂样品混合组分分离的基础上,进一步对其结构作出合理判断,获得更多的定性定量信息。目前已有 GC-MS、HPLC-MS、CE-MS、GC-FTIR、HPLC-ICP-MS、HPLC-NMR 等商品化联用仪。色谱 - 色谱联用技术是将两种色谱法联用,又称二维或多维色谱法,可以分离分析复杂样品中的众多成分,常见的有 GLC-GSC、HPLC-GC、LC-SFC 等,能获得更多的定性信息,同时提高定量的准确度。有关色谱联用技术的方法和应用,将在本教材第十五章系统介绍。

3. 色谱新方法新技术的研究　具有更好选择性、更高灵敏度、更快分析速度的新型色谱技术和方法一直是研究的热点。超高效液相色谱法(ultra performance liquid chromatography, UPLC)采用粒径 1.7μm 的高效填料,并解决了仪器耐高压问题,使 HPLC 的分离效能、分析速度和选择性又上了一个新台阶,在食品、药品分析中具有广阔的应用前景。基于毛细管电泳的微全分析系统(miniaturized total analysis system,μ-TAS)是 20 世纪 90 年代末才发展起来的分析技术,能在芯片上实现样品处理系统、成分分离系统、检测系统等分析实验室的整体功能,因此又称芯片实验室(lab-on-a-chip)。芯片实验室不仅可用于药物分析、环境监测、基因组学等样品分析,还可用于有机合成和药物筛选,因而备受各学科的关注,目前的研究主要集中在理论、机制和仪器方面,实际应用尚有待开发。

4. 分析自动化智能化　色谱分析正向着智能化、自动化和微型化发展。色谱专家系统的应用技术是一个重要研究领域。色谱专家系统包括柱系统推荐和评价、样品预处理方法推荐、分离条件推荐与优化、在线定性定量分析、数据处理及结果解析等功能,其应用对色谱分析方法的建立、优化和实验数据处理、分析具有明显的指导作用,尤其对初学者受益匪浅。对于复杂样品的整体分析,如中药指纹图谱、代谢组学的分析和数据处理,由于样本的信息量非常大,往往需要将色谱或色谱联用技术与主成分分析(PCA)、人工神经网络(ANN)等化学计量学技术结合,应用统计学软件处理和分析数据,这也是现代色谱法的前沿研究领域之一。

第二节　色谱流出曲线及有关概念

一、色谱过程

所有的色谱分离体系均由两相组成,即固定不动的固定相和在外力作用下携带样品组分向前移动通过固定相的流动相。色谱过程是物质分子在相对运动的两相间分配"平衡"的过程。混合物中的各组分随流动相经过固定相时,与固定相发生吸附、分配等作用,由于各组分结构和性质的不同,造成与固定相、流动相作用力的差别,在两相间分配系数不等,结果使其在固定相上滞留程度不同,被流动相携带向前移动的速度不等,即形成差速迁移,从而实现分离。

以吸附柱色谱法为例说明色谱过程(图 10-1):将含有 A、B 两组分($K_B > K_A$)的样品加到色谱柱的顶端,组分均被吸附到固定相吸附剂上,用适当的流动相洗脱,当流动相通过时,被吸附在固定相上的组分又重新溶解于流动相中而被解吸,并随流动相向前移动;遇到新的吸附剂颗粒,又再次被吸附;如此,在色谱柱上不断发生吸附、解吸、再吸附、再解吸……的过程。由于 A、B 两组分的结构和理化性质存在微小差别,因此吸附剂表面对组分的吸附能力和流动相对组分的洗脱能力也存在微小差别,吸附力弱的 A 组分比吸附力强的 B 组分相对移动得快些,经过反复多次的吸附 - 解吸 - 再吸附 - 再解吸,使微小的差异逐渐积累起来,最终吸附力较弱的 A 组分先流出色谱柱,吸附力较强的 B 组分后流出色谱柱,实现了 A、B 两组分的分离。

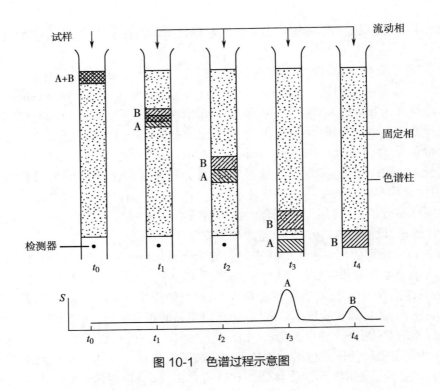

图 10-1　色谱过程示意图

二、色谱流出曲线

1. 色谱流出曲线　经色谱柱分离的组分依次流出色谱柱进入检测器,检测器的响应信号对时间或流动相体积作图得到的曲线,称色谱流出曲线,又称色谱图,如图 10-2 所示。色谱图是色谱分析的主要技术资料,目前大多由色谱工作站或色谱计算机系统显示和记录。从色谱图上可以得到许多重要的色谱信息:

(1)根据色谱峰的数目,可判断样品中的最低组分数。

(2)根据色谱峰的保留值及区域宽度,可评价色谱柱的柱效。

(3)根据色谱峰的峰间距,可评价相邻物质对的分离情况。

(4)根据各组分色谱峰的保留值,可进行定性分析。

(5)根据各组分色谱峰的峰面积或峰高,可进行定量分析。

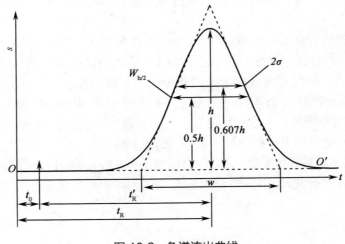

图 10-2　色谱流出曲线

2. 基线　在一定色谱条件下,仅有流动相通过检测器时所产生信号的流出曲线,称基线。稳定的基线应是一条平行于横坐标的水平直线,如图 10-2 中 OO' 所示。基线反映了仪器(主要是检测器)的噪声随时间的变化。发生偏离时常用基线漂移表示,可衡量检测器的稳定状况。

3. 色谱峰　色谱流出曲线上的突起部分,即组分流经检测器所产生的信号,称色谱峰。正常色谱峰为对称的正态分布曲线。组分的色谱峰可以用峰位(保留值)、峰面积或峰高、峰宽 3 项参数表示,分别用于定性定量分析和衡量柱效。

4. 拖尾因子　拖尾因子(tailing factor,T)用于评价色谱峰的对称性,可根据图 10-3 计算。计算式为:

$$T = \frac{W_{0.05h}}{2A} = \frac{A+B}{2A}$$

式(10-1)

式(10-1)中,$W_{0.05h}$ 为 0.05 倍峰高处的色谱峰宽,A、B 分别为该处的色谱峰前沿、后沿与色谱峰顶点至基线的垂线之间的距离。T 在 0.95~1.05 之间的色谱峰为对称峰(正常峰),小于 0.95 为前延峰,大于 1.05 为拖尾峰。

《中华人民共和国药典》2020 年版要求:除另有规定外,峰高法定量时 T 应在 0.95~1.05 之间;峰面积法定量时,一般的峰拖尾或前伸不会影响峰面积积分,但严重拖尾会影响基线、色谱峰起止的判断和峰面积积分的准确性,此时应对拖尾因子作出规定。

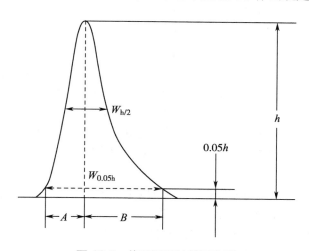

图 10-3　拖尾因子计算示意图

三、色谱峰区域宽度

色谱峰的区域宽度是衡量柱效的重要参数之一。区域宽度有标准差、半峰宽、峰宽 3 种表示方法。区域宽度越小,柱效越高。峰宽除用于衡量柱效外,还是计算峰面积的依据。

1. 标准差 σ　正态分布色谱流出曲线上两拐点间距离的一半,即 0.607 倍峰高处峰宽的一半,如图 10-2 所示。σ 的大小表示组分流出色谱柱的分散程度。σ 值越大,流出的组分越分散,分离效果差;反之,流出组分越集中,分离效果好。

2. 半峰宽 $W_{h/2}$　峰高一半处的峰宽,如图 10-2 所示。半峰宽与标准差的关系为:

$$W_{h/2} = 2\sigma\sqrt{2\ln2} = 2.355\sigma$$

式(10-2)

3. 峰宽 W　通过色谱峰两侧的拐点作切线,在基线上的截距称峰宽,又称基线宽度,如图 10-2 所示。峰宽与标准偏差和半峰宽的关系为:

笔记栏

$$W = 4\sigma = 1.699W_{h/2} \qquad 式(10\text{-}3)$$

因标准差和峰宽不易测量,故区域宽度常用半峰宽 $W_{h/2}$ 表示。

四、定性参数

保留值是样品各组分在色谱体系中保留行为的度量,是重要的色谱定性参数。保留值通常通过实验测定,用时间或相应的流动相体积表示(平面色谱中用比移值 R_f 表示,详见第十一章)。

1. 保留时间 t_R 某组分从进样开始到色谱柱后出现浓度极大值时所需要的时间,即组分从进样开始到色谱峰顶点的时间间隔,称保留时间,以 t_R 表示,也可理解为组分通过色谱柱所需要的时间。

保留时间是色谱的基本定性参数,主要用于定距洗脱(定距展开)。定距洗脱是记录组分通过一定长度的色谱柱所需要的时间,如 GC、HPLC 即采用定距洗脱方式;而定时洗脱则是记录组分在同一展开时间内的迁移距离,多用于薄层色谱和纸色谱。

2. 死时间 t_0 不被固定相吸附或溶解的组分从进样开始到出现峰最大值所需的时间,称死时间,以 t_0 表示。一般采用与流动相性质相近、不与固定相发生作用的物质测定,气相色谱一般用空气;液相色谱的正相色谱用烷烃,反相色谱用甲醇、乙醇、硝酸盐水溶液等。

3. 调整保留时间 t'_R 组分由于与固定相作用(溶解、吸附等),比不作用的组分在柱中多停留的时间,称调整保留时间,以 t'_R 表示,即组分在固定相中滞留的时间,或保留时间扣除死时间。调整保留时间与保留时间和死时间有如下关系:

$$t'_R = t_R - t_0 \qquad 式(10\text{-}4)$$

实验条件一定时,调整保留时间仅取决于组分的性质,因此,调整保留时间是色谱法定性的基本参数。但组分的保留时间受流动相流速的影响,因此又常用保留体积来表示保留值。

4. 保留体积 V_R 某组分从进样开始到色谱柱后出现浓度极大值所通过的流动相体积,称保留体积,以 V_R 表示。保留体积与保留时间和流动相流速(F_C,ml/min)有如下关系:

$$V_R = t_R F_C \qquad 式(10\text{-}5)$$

若流动相流速增大,保留时间缩短,但两者的乘积不变,因此 V_R 与流动相流速无关。

5. 死体积 V_0 从进样器至检测器的流路中未被固定相占有的空间体积,称死体积,以 V_0 表示。死体积一般指色谱柱内固定相的孔隙及颗粒间间隙的体积、进样器至色谱柱间导管的容积、柱出口导管及检测器内腔容积的总和。死体积与死时间和流动相流速(F_C,ml/min)有如下关系:

$$V_0 = t_0 F_C \qquad 式(10\text{-}6)$$

若死体积大,则色谱峰展宽,柱效降低。死时间则相当于流动相充满死体积所需的时间。在色谱理论研究中,常将平衡时流动相在色谱柱中占有的体积用 V_M 表示,流动相流经色谱柱所需的时间用 t_M 表示,虽然 V_0 与 V_M、t_0 与 t_M 的物理意义不同,但多数情况下,往往忽略柱外死体积(即导管和检测器内腔的容积),视为近似相等。

6. 调整保留体积 V'_R 某组分的保留体积扣除死体积后的体积,称调整保留体积,以 V'_R 表示。

$$V'_R = V_R - V_0 = t'_R F_C \qquad 式(10\text{-}7)$$

V'_R 与流动相流速无关,与 V_R 均为常用的色谱定性参数。

7. 相对保留值 $r_{2,1}$ 两组分调整保留值的比值,称相对保留值,也可以是分配系数、保留因子之比。

$$r_{2,1} = \frac{t'_{R2}}{t'_{R1}} = \frac{V'_{R2}}{V'_{R1}} = \frac{K_2}{K_1} = \frac{k_2}{k_1}$$ 式（10-8）

$r_{2,1}$ 只与柱温、固定相和流动相的性质有关，与柱径、柱长、填充均匀程度和流动相流速等无关，因此，$r_{2,1}$ 是色谱定性的重要参数，也可作为固定相或色谱柱对组分的分离选择性指标。

当 $r_{2,1}$ 用于表示相邻组分时，也称分离因子 α 或选择性因子。作为分离因子时，α 总是大于1，用于衡量色谱柱的选择性。α 越大，色谱柱的选择性越好。

8. 保留指数 I_x 将组分的保留行为换算成相当于几个碳的正构烷烃的保留行为，即以正构烷烃系列作为标准，定义正构烷烃的保留指数为 $100z$（碳原子数的100倍），用2个保留时间紧邻被测组分的正构烷烃来标定被测组分，这个相对值称保留指数。定义式如下：

$$I_x = 100 \left[z + n \frac{\lg t'_{R(x)} - \lg t'_{R(z)}}{\lg t'_{R(z+n)} - \lg t'_{R(z)}} \right]$$ 式（10-9）

式（10-9）中，I_x 为被测组分的保留指数，z、$z+n$ 为正构烷烃对的碳原子数，n 可为1，2，…，通常为1；x 为被测组分具有相同调整保留时间所假想的正构烷烃碳原子数，$z+1>x>z$。

I_x 在气相色谱中也称 Kovats 指数，并已推广到高效液相色谱，采用正构烷基苯为标准物。保留指数实质上是以正构烷烃系列或相应衍生物作为度量各种物质相对保留值的标尺，对研究分子结构与保留行为关系、色谱分离作用力类型或保留机制具有理论和应用价值。

五、定量参数

1. 峰高 h 组分在色谱柱后出现浓度极大时的检测信号，即色谱峰顶点与基线之间的垂直距离，以 h 表示。要求拖尾因子 T 在 0.95~1.05 之间的正常峰才可用峰高定量。

2. 峰面积 A 组分色谱峰曲线与基线间所包围的面积。目前大多由色谱工作站通过自动或手动积分获得峰面积。峰面积定量对色谱峰对称性的要求不是很高，因此，色谱分析中一般采用峰面积定量。

六、相平衡参数

1. 分配系数 K 在一定温度和压力下，达到分配平衡时，组分在固定相和流动相中平衡浓度的比值，称分配系数，以 K 表示。其表达式为：

$$K = \frac{C_s}{C_m}$$ 式（10-10）

式（10-10）中，C_s 为组分在固定相中的平衡浓度，C_m 为组分在流动相中的平衡浓度。分配系数仅与组分、固定相和流动相的性质及温度有关。在一定条件（固定相、流动相、温度）下，分配系数是组分的特征常数。

不同分离机制的色谱中，K 均可用式（10-10）表示，但名称有所不同，吸附色谱称吸附系数，分配色谱称分配系数，离子交换色谱称选择性系数，分子排阻色谱称渗透系数，其物理意义均表示在平衡状态下，组分在固定相和流动相中的浓度之比，也称平衡常数或广义的分配系数。

2. 保留因子 k 在一定温度和压力下，达到分配平衡时，组分在固定相和流动相中的质量之比，又称分配比、容量因子。其表达式为：

$$k = \frac{m_s}{m_m} = \frac{C_s V_s}{C_m V_m} = K \frac{V_s}{V_m} \qquad 式(10-11)$$

式(10-11)中,m_s为组分在固定相中的质量,m_m为组分在流动相中的质量。V_s为色谱柱中固定相的体积,V_m为色谱柱中流动相的体积,可近似等于死体积V_0。k越大,表示组分在色谱柱固定相中的量越大,柱容量越大。

k也可为组分在固定相中停留时间与组分在流动相中停留时间的比值,即:

$$k = \frac{t'_R}{t_0} = \frac{t_R - t_0}{t_0} \qquad 式(10-12)$$

实际分析中,常通过测定t_R和t_0,按式(10-12)计算k。k与组分、固定相和流动相的性质及温度、压力等有关,反映组分和固定相、流动相分子间作用力的大小。保留因子与柱效参数、定性参数密切相关,且比分配系数更易于测定,故色谱分析中一般都用保留因子表示。

3. 保留值与保留因子、分配系数的关系　由式(10-12)、式(10-11)和式(10-5)、式(10-6)可导出保留时间(保留体积)与保留因子、分配系数的关系:

$$t_R = t_0(1+k) = t_0\left(1 + K\frac{V_s}{V_m}\right) \qquad 式(10-13)$$

$$V_R = V_0(1+k) = V_0 + KV_s \qquad 式(10-14)$$

式(10-13)称色谱过程方程,是色谱法的基本公式之一。在色谱柱一定时,V_s、V_m一定,若温度、流速一定,则t_0一定,此时$t_R(V_R)$仅取决于保留因子k或分配系数K。k大的组分在柱中滞留时间长,较晚流出色谱柱;反之,则较早流出色谱柱。

A、B两组分的混合物通过色谱柱,若要使两组分能被分离,则其迁移速度必须不同,即保留时间不等。其保留时间的差值为:

$$\Delta t_R = t_{RB} - t_{RA} = t_0(k_B - k_A) = t_0(K_B - K_A)\frac{V_s}{V_m}$$

因此,实现色谱分离的前提条件是组分的保留因子不等或分配系数不等。

七、分离参数

分离度R　相邻两组分色谱峰的保留时间之差与两色谱峰平均峰宽的比值,即峰间距比平均峰宽,又称分辨率,以R表示,如图10-4所示。

$$R = \frac{t_{R_2} - t_{R_1}}{(W_1 + W_2)/2} = \frac{2(t_{R_2} - t_{R_1})}{W_1 + W_2} \qquad 式(10-15)$$

式(10-15)中,t_{R_1}、t_{R_2}分别为组分1、2的保留时间,W_1、W_2分别为组分1、2色谱峰的峰宽。分离度用于评价待测组分与相邻组分或难分离物质对之间的分离程度,是衡量色谱系统效能的关键指标。两组分保留值的差别,主要决定于固定相的热力学性质;色谱峰的宽窄则反映了色谱过程的动力学因素,柱效能的高低,因此,分离度是柱效能、选择性影响因素的总和,可作为色谱柱的总分离效能指标。

R越大,表明相邻两组分分离越好。设色谱峰为正常峰,且$W_1 \approx W_2 = 4\sigma$,当$R=1$时,两色谱峰峰基略有重叠,被分离的峰面积达95.4%,称基本分离;当$R=1.5$时,两峰完全分开,被分离的峰面积达99.7%,称基线分离或完全分离,通常用$R \geqslant 1.5$作为相邻两组分完全分离的标志。

《中华人民共和国药典》2020年版规定,色谱定性鉴别和定量测定时,均要求被测组分与相邻组分的分离度大于1.5,达到基线分离。实际分析中,分离度往往由色谱工作站或色谱软件给出,需注意分离度应包括被测组分与前、后相邻色谱峰的分离(R_1/R_2),而仪器默认的分离度往往是指目标峰(被测组分)与相邻的前一色谱峰的分离度。

八、等温线与色谱峰形的关系

在一定条件下,组分在固定相和流动相之间分配达到平衡时,在两相间浓度的比值 K 为常数($K=C_s/C_m$),由此绘制的 C_s-C_m 关系曲线应为一条直线,称等温线,如图 10-5 中曲线 a 所示。线性等温线为 K 固定不变时得到的理想等温线,对应的色谱峰为正常峰(对称峰)。但实际分析中,完全对称的色谱峰很少,一般只能得到非线性等温线,如图 10-5 中曲线 b 或曲线 c 所示。曲线 b 为凸形等温线,产生拖尾峰;曲线 c 为凹形等温线,产生前延峰。

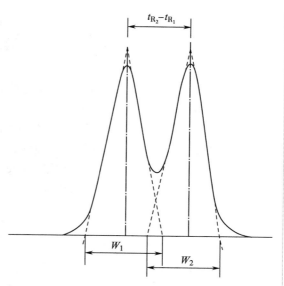

图 10-4 分离度的计算示意图

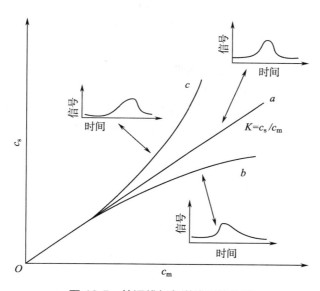

图 10-5 等温线与色谱峰形的关系

由图 10-5 还可看出,无论是凸形等温线还是凹形等温线,当浓度较低时都接近线性,其流出曲线近似于正常峰。因此,在色谱分析中,应注意控制样品的进样量,防止超载形成非线性等温线,造成不对称峰。

吸附色谱常呈现凸形等温线,因而常见色谱拖尾峰;而分配色谱因分配系数 K 在一定温度、压力下为定值,所以色谱峰基本为对称峰,这也是目前分配色谱应用最广,许多以前用吸附色谱分离的组分现在改用分配色谱分离的原因之一。

第三节 色谱法基本理论

色谱分析要使两组分实现完全分离,首先其保留时间要有足够的差值(即有足够的峰间距),而保留时间的差值取决于分配系数或保留因子,即与色谱的热力学过程有关;其次要使色谱峰宽足够窄,而色谱峰的展宽由组分在色谱柱中的传质和扩散行为所决定,即与色谱的动力学过程有关。因此,色谱理论的研究包括热力学和动力学两方面,热力学理论是从相平衡观点研究色谱分离过程,以塔板理论(plate theory)为代表;动力学理论是从动力学观点研究各种动力学因素对色谱峰展宽的影响,以速率理论(rate theory)为代表。

一、塔板理论

色谱分离的塔板理论始于马丁(Martin)和辛格(Synge)提出的塔板模型。塔板理论将色谱柱看作一个分馏塔,设想其中有许多塔板,在每个塔板的间隔内,样品组分按分配系数的大小在两相间分配并达到平衡。经过多次分配平衡后,分配系数小的组分先到达塔顶流出色谱柱,而分配系数大的组分晚流出色谱柱,实现组分的分离。有多少层塔板就有多少次分配平衡,塔板数越多分离能力就越强。色谱柱的塔板数 n(number plate)往往高达几千甚至几万,因而分配系数有微小差别的组分能获得良好的分离。

(一)塔板理论的基本假设

塔板理论是在如下基本假设的前提下提出的。

1. 色谱柱是由一系列连续、等距的水平塔板组成,在柱内每层塔板内部,组分可以在流动相和固定相两相中瞬间达到分配平衡。

2. 流动相流经色谱柱不是连续的,而是脉冲式的间歇过程,且每次进入一个塔板体积。

3. 样品和新鲜流动相同时加在第一个塔板上,且样品的纵向扩散可以忽略。

4. 分配系数在各塔板上是常数。

这些假设实际上是将组分在两相间的连续转移过程,分解为间歇地在单个塔板中的分配平衡过程,即用分离过程的分解动作说明色谱过程。

(二)理论塔板高度和理论塔板数

塔板理论中,将每层塔板的高度(每达到一次分配平衡所需的柱长)称理论塔板高度(height equivalent to a theoretical plate,HETP),用 H 表示。用塔板数 n 和塔板高度 H 作为衡量柱效的指标。

色谱过程组分分子迁移是无规则随机运动过程,导致组分分子在色谱柱内呈正态分布,引起色谱峰展宽。由于标准差 σ 是峰宽的评价,反映柱分离效率的高低,因此常用方差 σ^2 作为组分分子在色谱柱内离散程度的度量。总的分子离散度 σ^2 应是单位柱长内分子离散的累积,且与柱长 L 成正比,即 $\sigma^2=HL$。因此,将理论塔板高度 H 定义为单位柱长的方差,即:

$$H=\frac{\sigma^2}{L}$$

设理论塔板数为 n,则有:

$$n=\frac{L}{H} \qquad \text{式(10-16)}$$

若将柱长和峰宽单位统一为时间,则得:

$$n = \left(\frac{t_{\mathrm{R}}}{\sigma}\right)^2 = 5.54 \left(\frac{t_{\mathrm{R}}}{W_{\mathrm{h/2}}}\right)^2 = 16 \left(\frac{t_{\mathrm{R}}}{W}\right)^2 \qquad \text{式 (10-17)}$$

式(10-17)说明,在 t_{R} 一定时,色谱峰越窄,理论塔板数 n 越大,或理论塔板高度 H 越小,柱的分离效率越高。因此,一般用理论塔板数或理论塔板高度作为评价柱效的指标。通常气相色谱填充柱的 n 为 $3 \times 10^3/\mathrm{m}$ 以上,H 为 1mm 左右;毛细管柱的 n 为 $10^5\sim10^6/\mathrm{m}$,H 在 0.5mm 左右;高效液相色谱柱的 n 为 $(2\sim8) \times 10^4/\mathrm{m}$ 以上,H 约为 0.02mm 或更小。

（三）有效板高和有效板数

有时,虽然计算出的理论塔板数 n 很大,但实际分离效果并不理想,特别是对保留因子 k 小的组分更是如此,这是因为计算理论塔板数时采用保留时间 t_{R},它包括未参与组分与固定相作用的死时间,因此,扣除对色谱分离没有贡献的死时间的影响,以调整保留时间 t'_{R} 代替 t_{R},计算出的塔板数称有效板数 (n_{eff}) 或有效塔板数(effective plate number),相应的塔板高度称有效板高 (H_{eff}) 或有效塔板高度(effective plate height),能更合理地衡量色谱柱的实际柱效。

$$n_{\mathrm{eff}} = \left(\frac{t'_{\mathrm{R}}}{\sigma}\right)^2 = 5.54 \left(\frac{t'_{\mathrm{R}}}{W_{\mathrm{h/2}}}\right)^2 = 16 \left(\frac{t'_{\mathrm{R}}}{W}\right)^2 \qquad \text{式 (10-18)}$$

$$H_{\mathrm{eff}} = L/n_{\mathrm{eff}} \qquad \text{式 (10-19)}$$

理论塔板数的计算是色谱分析者必须掌握的基础知识,现在的色谱仪数据处理软件可测定计算出理论塔板数,但需注意的是:同一色谱柱上,不同组分的理论塔板数不相等;同一组分在不同色谱条件下的理论塔板数也不相等。因此,说明柱效时除注明色谱条件外,还应指出是对什么物质而言。建立色谱分析方法时,常需在同一色谱条件下用标准物(对照品)测定理论塔板数,以评价色谱柱的优劣;用被测组分(试样)测定不同色谱条件下的理论塔板数,以考察所建立的色谱系统,作为色谱条件优化的依据之一。

（四）塔板理论的成就和局限性

塔板理论是半经验性理论,在解释色谱流出曲线的形状、浓度极大点的位置及评价柱效方面是成功的。但塔板理论存在一定的局限性,它的某些假设与实际色谱过程不完全相符,如组分在塔板内瞬间达到分配平衡及纵向扩散可以忽略等,色谱是一个动态过程,不可能实现组分在两相间真正分配平衡;忽略扩散、传质、瞬间实现平衡的假设也不符合色谱过程分子运动规律。塔板理论没有考虑各种动力学因素对色谱柱内传质过程的影响,因此,塔板理论无法解释谱带展宽的原因;也无法解释柱效与流动相流速的关系;不能深入探讨色谱柱结构、色谱操作条件等对理论塔板数或塔板高度的影响,因而对色谱柱制备、操作条件优化等色谱实践的指导作用有限。

二、速率理论

1956 年,荷兰学者范第姆特(van Deemter)等在研究气液色谱时,充分考虑了组分在两相间的扩散和传质过程,以动力学观点深入研究了影响色谱峰展宽的一系列因素,提出了色谱过程的动力学理论——速率理论(rate theory)。其后,又有不少学者对此理论进行了补充和修正,使之成为被普遍接受的色谱学理论。

（一）速率理论方程(范第姆特方程)

范第姆特等在塔板理论基础上研究了影响板高的因素,通过色谱实验证实:在低流速时,增加流速,色谱峰变锐,即柱效增加;当超过一定流速时,流速增加,色谱峰反而变钝,柱效降低。以塔板高度 H 对流动相流速 u 作图为二次曲线(图 10-6),曲线最低点对应的塔板高度最小,柱效最高,此时的流速称最佳流速。其数学表达式为:

$$H=A+B/u+Cu \qquad \text{式}(10\text{-}20)$$

式(10-20)中,H 为塔板高度;A、B、C 为常数,分别代表涡流扩散系数、纵向扩散系数(或分子扩散系数)、传质阻力系数,其单位分别为 cm、cm^2/s、s;u 为流动相的线速度(cm/s),可由柱长 L(cm)和死时间 t_0(s)近似计算($u=L/t_0$)。式(10-20)称速率理论方程,又称范第姆特方程(van Deemter equation)或范氏方程。

速率方程中各项的具体意义阐述如下。

1. 涡流扩散项 A　也称多径项。在色谱填充柱中,由于填料粒度的不均一性和填充不均匀,使同一组分的分子在色谱柱内经过不同长度的迁移路径流出色谱柱,一些分子沿较短的

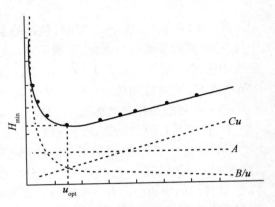

图 10-6　范第姆特方程的 H-u 曲线

路径运行(如图 10-7 ①),较早流出色谱柱;另一些分子则沿较长的路径运行,较晚流出色谱柱(如图 10-7 ③),从而使色谱峰展宽,如图 10-7 所示。涡流扩散项 A 可由式(10-21)表示:

$$A=2\lambda d_P \qquad \text{式}(10\text{-}21)$$

式(10-21)中,λ 为填充不规则因子,与填料颗粒大小、分布范围及填充均匀性有关;d_P 为填料(固定相)粒径。

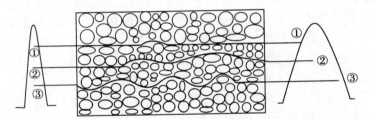

图 10-7　涡流扩散(eddy diffusion)对峰展宽的影响

由式(10-21)可知,d_P 和 λ 越小,A 就越小,柱效就越高。细粒径填料有助于降低 A,但易造成高柱压,对仪器耐压要求增高。气相色谱填充柱常用的填料粒度一般为 80~120 目(180~125μm),液相色谱一般为 3~5μm。提高填料粒度的均一性是改善柱性能的另一个主要方面,填料粒度分布越窄,λ 越小。故为了减少涡流扩散,提高柱效,应使用细而均匀的填料颗粒,且填充均匀。

2. 纵向扩散项 B/u　也称分子扩散项。纵向扩散是由浓度梯度造成的分子自发运动过程。色谱柱内溶质分子在流动相和固定相中都存在浓度趋向均一的分子扩散,由于固定相静止不动,且扩散系数远远小于流动相,因此固定相中纵向扩散可以忽略,纵向扩散引起的谱带展宽主要是溶质组分在流动相中产生。组分进入色谱柱时,由于浓度梯度的存在,流动相中溶质组分从浓度中心向流动方向相同和相反的区域扩散,形成溶质分子超前和滞后,造成谱带展宽,如图 10-8 所示。纵向扩散系数 B 可由式(10-22)表示:

$$B=2\gamma D_m \qquad \text{式}(10\text{-}22)$$

式(10-22)中,γ 为弯曲因子,也称扩散阻碍因子,与填充物有关,反映填料(固定相)颗粒不均一使柱内扩散路径弯曲对组分分子扩散的阻碍,填充柱 γ 一般为 0.5~0.7;而开管毛细管柱不存在路径弯曲,$\gamma=1$。D_m 为组分在流动相中的扩散系数,与流动相及组分性质有关。D_m 与温度成正比,与流动相相对分子质量的平方根成反比。

纵向扩散与组分在流动相中的扩散系数 D_m 成正比，与流动相的线速度 u 成反比，所以使用较高流速、降低柱温和采用相对分子质量较大的流动相，都能减小纵向扩散。因此，GC 中流动相载气线速度不宜过低，流速较低时宜采用相对分子质量较大的氮气，流速较高时宜用氦气或氢气。

3. 传质阻力项 Cu　色谱过程处于连续流动状态，由于溶质（组分）分子与固定相、流动相分子间存在相互作用，有限传质速率阻碍溶质分子快速传递实现平衡（限制传质速率的作用力称传质阻力），导致溶质分子不可能在两相中瞬间建立分配平衡，有些溶质分子未能进入固定相就随流动相前进，发生分子超前；而有些溶质分子则在固定相中未能及时解吸进入流动相，发生分子滞后，从而引起色谱峰的展宽，如图 10-9 所示。

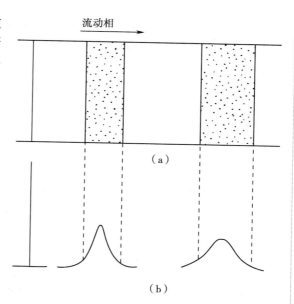

图 10-8　纵向扩散（longitudinal diffusion）对峰展宽的影响
（a）柱内谱带构型　（b）相应的色谱峰

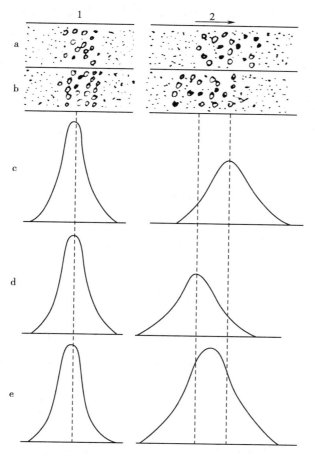

图 10-9　传质阻力（mass transfer resistance）对峰展宽的影响
1. 无传质阻力　2. 有传质阻力
a. 流动相　b. 固定相　c. 流动相中组分的分布　d. 固定相中组分的分布　e. 色谱峰形状

传质阻力包括流动相传质阻力和固定相传质阻力。传质阻力系数 C 为流动相传质阻力系数 C_m 与固定相传质阻力系数 C_s 之和,即:

$$C = C_m + C_s \qquad 式(10\text{-}23)$$

(1)流动相传质阻力系数 C_m:是保留因子 k 的复杂函数 $f_m(k)$,与柱填料粒径 d_p 的平方成正比,与组分在流动相中的扩散系数 D_m 成反比。

$$C_m = \frac{f_m(k)d_p^2}{D_m} = 0.01 \frac{k^2}{(1+k)^2} \cdot \frac{d_p^2}{D_m} \qquad 式(10\text{-}24)$$

式(10-24)中,d_p 为柱填料粒径,D_m 为组分在流动相中的扩散系数。

(2)固定相传质阻力系数 C_s:也是保留因子 k 的复杂函数 $f_s(k)$,与载体上固定液液膜厚度 d_f 的平方成正比,与组分在固定相中的扩散系数 D_s 成反比。

$$C_s = \frac{f_s(k)d_f^2}{D_s} = q \frac{k}{(1+k)^2} \cdot \frac{d_f^2}{D_s} \qquad 式(10\text{-}25)$$

式(10-25)中,d_f 为固定液的液膜厚度,D_s 为组分在固定相中的扩散系数。q 是由固定相颗粒形状和孔结构决定的结构因子,若固定相填料为球形,q 为 $8/\pi^2$;若为不规则无定形,则 q 为 $2/3$。

(二)气相色谱的速率理论方程

1. 气液填充柱色谱的速率方程　对于气液色谱,传质阻力系数 C 包括气相传质阻力系数 C_g 和液相传质阻力系数 C_l,即:$C=C_g+C_l$。分别用 D_g、D_l 代替 D_m、D_s,将式(10-21)、式(10-22)、式(10-24)、式(10-25)代入式(10-20)中,即可得到球形填料气液填充柱的速率方程:

$$H = 2\lambda d_p + \frac{2\gamma D_g}{u} + 0.01 \frac{k^2}{(1+k)^2} \cdot \frac{d_p^2}{D_g}u + \frac{8}{\pi^2} \frac{k}{(1+k)^2} \cdot \frac{d_f^2}{D_l}u \qquad 式(10\text{-}26)$$

由式(10-26)可知,气相传质阻力与柱填料粒径 d_p 的平方成正比,与组分在流动相载气中的扩散系数 D_g 成反比,因此,采用粒度小的载体和选择相对分子质量小的气体(如氢气)做载气,可减小 C_g,提高柱效。同时液相传质阻力与固定液液膜厚度 d_f 的平方成正比,与组分在固定液中的扩散系数 D_l 成反比,因此,适当降低固定液的液膜厚度,提高柱温,可以减小 C_l,提高柱效。

在气相色谱中,由于气体的扩散系数 D_g 很大,则 C_g 很小,往往可忽略不计,故 $C \approx C_l$,式(10-26)可简化为:

$$H = 2\lambda d_p + \frac{2\gamma D_g}{u} + \frac{8}{\pi^2} \frac{k}{(1+k)^2} \cdot \frac{d_f^2}{D_l}u \qquad 式(10\text{-}27)$$

综上,速率方程说明了色谱柱填充均匀程度、载体的性质与粒度、流动相的种类及流速、柱温、固定相的液膜厚度等对柱效的影响,对色谱分离条件的选择具有实际指导意义。

2. 开管毛细管柱色谱的速率理论方程(戈雷方程)　毛细管柱色谱理论与填充柱的理论基本相同,但由于柱结构不同,因而两者有一些差异。1958 年,戈雷(Golay)在范第姆特方程的基础上,提出影响毛细管柱峰扩张的主要因素是纵向扩散项、流动相传质阻力项和固定相传质阻力项,并导出了开管(空心)毛细管柱的速率理论方程,称戈雷方程(Golay equation):

$$H = B/u + C_g u + C_l u \qquad 式(10\text{-}28)$$

即:

$$H = \frac{2D_g}{u} + \frac{1+6k+11k^2}{24(1+k)^2} \cdot \frac{r^2}{D_g}u + \frac{2}{3} \frac{k}{(1+k)^2} \cdot \frac{d_f^2}{D_l}u \qquad 式(10\text{-}29)$$

式(10-29)中,r 为毛细管柱内半径。

与填充柱速率方程相比较,其主要差别为:①由于开管毛细管柱是空心的,只有一个流路,故涡流扩散项 $A=0$。②柱内没有填充物,纵向扩散项中的弯曲因子 $\gamma=1$。③以毛细管柱内半径 r 代替柱填料粒径 d_p,且气相传质阻力系数 C_g 与填充柱不同。传质阻力项中液相传质阻力系数 C_l 与填充柱的速率方程相同,但一般较填充柱小;气相传质阻力在填充柱中往往忽略不计,而毛细管色谱中则不能忽略。对于高效薄液膜毛细管柱,液相传质阻力项很小,影响柱效的主要是气相传质阻力项,为降低此项,常采用高扩散系数和低黏度的氦气或氢气作载气。在高载气流速下,开管毛细管柱的柱效降低不多,比填充柱更适合于快速分析。

(三) 液相色谱的速率理论方程

高效液相色谱与气相色谱速率理论方程的主要差别是液体与气体性质的差异,如组分在液体中的扩散系数比在气体中小 10^5 左右,液体黏度比气体大 10^2 倍,这些差异对液体中扩散和传质的影响很大,液相色谱传质过程对板高的影响尤为显著。因此,HPLC 速率理论方程的表现形式及某些参数的含义与 GC 有些差别,主要表现在纵向扩散项 (B/u) 和传质阻力项 (Cu) 的差别上。1958 年,Giddings、Snyde 等提出了液相色谱速率理论方程:

$$H=A+B/u+C_mu+C_{sm}u+C_su \qquad 式(10\text{-}30)$$

式 $(10\text{-}30)$ 中,C_{sm} 为静态流动相传质阻力系数,其余各项与范第姆特方程含义相同。具体说明如下:

1. 涡流扩散项 A　与气相色谱相同,$A=2\lambda d_p$,为了减小 A,提高柱效,可从两方面采取措施:①降低 d_p,采用小粒度固定相,目前 HPLC 商品柱多采用 3~5μm 粒径的固定相;②降低 λ,采用球形、窄粒度分布 $(RSD<5\%)$ 的固定相及高压匀浆装柱。3~5μm 粒径球形固定相柱效一般为 5×10^4~8×10^4/m,最高可达 1×10^5/m。

2. 纵向扩散项 B/u　与气相色谱相同,$B=2\gamma D_m$,但 HPLC 中流动相为液体,黏度比气体大得多,柱温又比 GC 低得多(LC 常采用 25℃),且 $D_m\propto T/\eta$,故组分在流动相中的扩散系数 D_l 比 GC 中约小 10^5 倍;其次,为节约分析时间,HPLC 所采用的流动相流速一般至少是最佳流速的 3~5 倍,因此 HPLC 中纵向扩散项 B/u 很小,一般可以忽略不计。

3. 流动相传质阻力项 C_mu　流动相传质阻力系数 C_m 与气相色谱不同,表达式如下:

$$C_m=\frac{\omega_m d_p^2}{D_m} \qquad 式(10\text{-}31)$$

式 $(10\text{-}31)$ 中,ω_m 是由色谱柱及填充状况决定的因子(与柱内径、形状、填料性质有关),C_m 与 k 无关,因此,减小固定相粒径及流动相液体的黏度,可以减小峰展宽,提高柱效。

4. 静态流动相传质阻力项 $C_{sm}u$　液相色谱柱中装填的无定形或球形全多孔微粒固定相,其颗粒内部的孔洞充满了静态流动相。组分分子由于进入滞留在固定相微孔内的静态流动相中,与固定相进行分配,因而相对晚回到流路中,引起峰展宽。C_{sm} 表达式如下:

$$C_{sm}=\frac{(1-\varepsilon_i+k)^2}{30(1-\varepsilon_i)(1+k)^2}\cdot\frac{d_p^2}{\gamma D_m} \qquad 式(10\text{-}32)$$

式 $(10\text{-}32)$ 中,ε_i 是固定相的孔隙度,其他影响 C_{sm} 的因素与 C_m 相同,所以减小固定相颗粒及流动相的黏度,可以减小峰展宽,提高柱效。

5. 固定相传质阻力项 C_su　固定相传质阻力系数 C_s 与气相色谱相同,在 HPLC 中,只有在使用厚涂层并具有深孔的离子交换色谱法中 C_s 才起作用;由于 HPLC 目前大都采用化学键合相,其"固定液"是键合在载体表面的单分子层,即固定液液膜厚度 d_f 很小,因此固定相传质阻力 C_s 可以忽略不计。

图 10-10 模拟了涡流扩散和 3 种传质阻力对液相色谱峰展宽的影响。

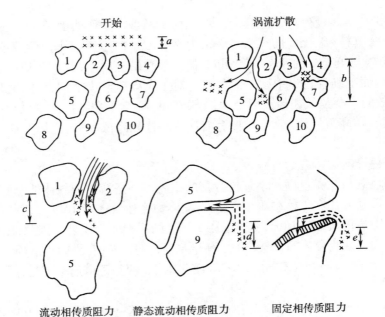

图 10-10 涡流扩散与各种传质阻力对液相色谱峰展宽的影响

"×"表示组分分子 a 为原始样品带宽

b、c、d、e 分别为各影响因素造成的谱带展宽

综上,得到液相色谱的速率理论方程如下:

$$H = 2\lambda d_\text{p} + \omega_\text{m} \frac{d_\text{p}^2}{D_\text{m}} u + \frac{(1 - \varepsilon_\text{i} + k)^2}{30(1 - \varepsilon_\text{i})(1 + k)^2} \cdot \frac{d_\text{p}^2}{\gamma D_\text{m}} u + q \frac{k}{(1 + k)^2} \frac{d_\text{f}^2}{D_\text{s}} u \qquad \text{式(10-33)}$$

在 HPLC 中,当使用化学键合固定相时,速率方程的表现形式为:

$$H = A + C_\text{m} u + C_\text{sm} u \qquad \text{式(10-34)}$$

即:

$$H = 2\lambda d_\text{p} + \omega_\text{m} \frac{d_\text{p}^2}{D_\text{m}} u + \frac{(1 - \varepsilon_\text{i} + k)^2}{30(1 - \varepsilon_\text{i})(1 + k)^2} \cdot \frac{d_\text{p}^2}{\gamma D_\text{m}} u \qquad \text{式(10-35)}$$

将塔板高度 H 对流动相线速度 u 作图,可得到与气相色谱相似的板高 - 流速曲线,曲线的最低点对应最低理论塔板高度 H_min 和流动相的最佳线速 u_opt。

(四) 影响柱效的主要变量

范第姆特方程将色谱柱有关参数(如 d_p、d_f)、组分有关特性(D_m、D_s、k)和色谱操作参数(u、T)关联起来,较好地描述了影响色谱峰展宽的因素,因此,对色谱实践有很好的指导意义。根据速率方程可进一步探讨影响柱效,即色谱峰展宽的主要变量。

1. 流动相流速 u 图 10-11 是典型的气相色谱 H-u 关系曲线。A 只与色谱柱填充状态有关,与流动相流速无关。曲线有一最低点,此时纵向扩散和传质阻力对峰展宽的影响最小,柱效最高。可求得柱效最高时的最佳流速 u_opt 及对应的最小理论板高 H_min,令 $dH/du = -B/u^2 + (C_\text{m} + C_\text{s}) = 0$,则:

$$u_\text{opt} = \sqrt{B/(C_\text{m} + C_\text{s})} \qquad \text{式(10-36)}$$

$$H_\text{min} = A + 2\sqrt{B(C_\text{m} + C_\text{s})} \qquad \text{式(10-37)}$$

流动相流速对纵向扩散和传质阻力的作用不同,当 $u < u_\text{opt}$ 时,纵向扩散是色谱峰展宽的主要因素,传质阻力可以忽略,速率方程简化为 $H = A + B/u$,气相色谱可观察到这种情况。

当 $u>u_{opt}$ 时，传质阻力是引起色谱峰展宽的主要因素，纵向扩散可以忽略，速率方程简化为 $H=A+(C_m+C_s)u$，由于气体扩散系数大，传质速率高，H 随 u 升高速率较慢，曲线上升斜率较小。

虽然 $u=u_{opt}$ 时，H 最小，柱效最高，但一般色谱分析所用流速均高于 u_{opt}，主要是基于分离度满足要求前提下提高分析速度的考虑。

图 10-12 是典型的液相色谱 H-u 关系曲线，与图 10-11 相比，液相色谱由于组分在液体中扩散系数很小，B/u 趋近于零，纵向扩散可忽略，速率方程为 $H=A+(C_m+C_s)u$。u_{opt} 趋近于零，一般难以观察到最低板高对应的最佳流速；当 $u>u_{opt}$，传质阻力引起的色谱峰展宽比气相色谱显著，与 GC 相比，H 随 u 升高速率较快，曲线上升斜率较大。因此，对于液相色谱，往往采用低黏度溶剂为流动相，提高扩散系数改善传质以提高柱效。

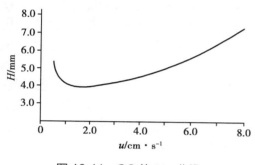

图 10-11　GC 的 H-u 曲线

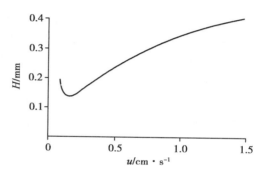

图 10-12　HPLC 的 H-u 曲线

2. 填料粒径　色谱柱填料粒径对柱效有很大影响，涡流扩散 A 与 d_p 成线性，流动相传质阻力与 d_p^2 成正比。图 10-13 描述了填料粒径对 H-u 曲线的影响。一般来说，填料粒径减小，柱效提高。高效液相色谱广泛采用 3~10μm 填料。但 d_p 越小，越难填充均匀，柱的渗透性亦下降，分离速度减慢，且对仪器系统的耐压要求也越高。因此，采用小颗粒填料要兼顾分析速度，并改进柱填充技术。

3. 色谱柱柱温　柱温影响扩散系数 D_s 和 D_m，从而影响分子扩散和传质速率。柱温升高，D_m、D_s 增大，纵向扩散使柱效降低；而改善传质使柱效提高。因此，柱温变化对色谱过程分子扩散和传质的影响是矛盾的，应根据色谱系统性质，判断引起色谱峰扩张的主要因素是分子扩散或传质阻力，选择合适的柱温。

（五）谱带展宽的柱外效应

除了前面讨论的色谱柱内溶质迁移过程引起谱带展宽，色谱仪器系统还存在使谱带展宽的各种柱外因素，主要包括进样操作和进样系统死体积、进样系统与色谱柱及色谱柱与检测器之间连接管线和接头死体积、检测器形状与死体积及电子线路等引起的谱带展宽，称柱外效应。实践证明，连接管线和接头的影响是最主要的柱外因素，与气相色谱相比，由于高效液相色谱的色谱柱在整个管路系统中所占的比例较小，因而柱外效应更为明显。

为了减小柱外效应的谱带展宽，应尽可能减

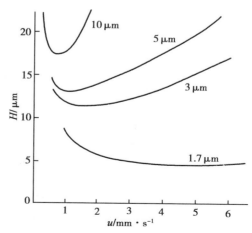

图 10-13　填料粒径对 H-u 曲线的影响

小柱外死体积,连接各部件时尽可能采用内径细而短的连接管,管线连接宜呈流线型;进样速度应尽可能快;尽可能采用死体积小的进样器和检测器等。

三、色谱分离方程式

(一)色谱分离方程式

进行定量分析时,只有组分完全分离$(R \geqslant 1.5)$,才能获得较好的准确度和精密度。当相邻两组分保留值相近时,近似地 $n_1 \approx n_2 = n$,$W_1 \approx W_2 = W$,由式(10-8)、式(10-13)、式(10-15)、式(10-17)可得:

$$R = \underbrace{\frac{\sqrt{n}}{4}}_{a} \cdot \underbrace{\left(\frac{\alpha - 1}{\alpha}\right)}_{b} \cdot \underbrace{\left(\frac{k_2}{1 + k_2}\right)}_{c} \qquad \text{式(10-38)}$$

式(10-38)称色谱分离方程式,反映了分离度与柱效(n)、分离因子(α)及保留因子(k)之间的关系。式中,a 为柱效项,影响色谱峰的峰宽;b 为柱选择项,影响峰间距;c 为柱容量相,影响色谱峰的峰位。k_2 为色谱图上相邻两组分中晚出峰组分的保留因子$(k_2 > k_1)$,α 为分离因子,$\alpha = k_2/k_1 = K_2/K_1 > 1$。

n、k、α 对分离度的影响如图 10-14 所示,增大 n,使峰变窄而改善分离度,t_R 不变;增加 k,分离度增加,但峰变宽且 t_R 增大;提高 α,分离选择性增加,峰间距增大,显著提高分离度。因此,要获得满意的分离度,就需要提高 n、α 及 k,一般通过选择适宜的固定相、流动相、柱温、流速等条件,使混合物各组分在尽可能短的时间内获得良好的分离$(R > 1.5)$。

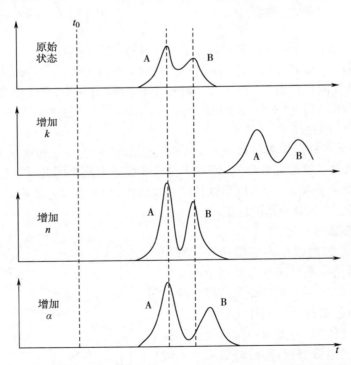

图 10-14 保留因子(k)、柱效(n)及分离因子(α)对分离度(R)的影响

分离度与理论塔板数 n 的平方成正比,若塔板高度 H 不变,则由式(10-38)可得到两组分达到一定分离度所需要的理论塔板数和柱长。色谱分析主要依据速率方程和色谱分离方程式选择合适的色谱条件。

$$n = 16R^2 \left(\frac{\alpha}{\alpha-1} \right)^2 \left(\frac{k_2+1}{k_2} \right)^2 \qquad \text{式}(10\text{-}39)$$

$$\frac{L_2}{L_1} = \frac{n_2}{n_1} = \left(\frac{R_2}{R_1} \right)^2 \qquad \text{式}(10\text{-}40)$$

（二）色谱分离条件的优化

色谱分析中,对于多组分混合物的分离分析,人们总是希望在最短时间内获得尽可能多组分间的高分离度,即分离出尽可能多的组分,但两者在同一条件下很难同时实现,只能兼顾分离度和分析速度。因此,通常以最难分离物质对的分离度或分出组分数的多少及分离时间作为分离优劣的指标。色谱分离方程式可用于指导多组分混合物的色谱分离条件优化。

1. 提高理论塔板数

（1）适当增加柱长:对于塔板高度 H 一定的色谱柱,柱长与分离度的平方成正比（$L \propto n \propto R^2$）。增加柱长是提高理论塔板数、改善分离度最直接的办法。色谱分离条件优化时,一般根据试分离条件下的 R_1、n_1 或 L_1,按式（10-40）估算达到所需分离度 R_2 要求的理论塔板数 n_2 或柱长 L_2。但增加柱长使分析时间也随之延长,并使峰展宽;且柱系统渗透性下降（尤其是填充柱）,对色谱仪器耐压性能提出更高要求,因此,填充柱的柱长变化范围有限,对开管毛细管柱增加柱长更具实用价值。

（2）降低塔板高度:提高 n 的另一办法是减小色谱柱的 H,应选择或制备一根性能优良的色谱柱,并在最优化条件下进行操作。根据速率方程,对 HPLC,在分离速度允许下,尽可能降低流动相流速,以改善传质,提高柱效。对 GC,为兼顾分离速度,往往选择流动相流速大于最佳流速。降低固定相填料粒径 d_p;降低固定液液膜或键合层厚度 d_f;采用低相对分子质量、低黏度流动相及适当提高柱温以改善传质等,均有利于提高柱效,改善分离度。

2. 调节、控制保留因子 常用调控保留因子改进分离,一般 k_2 增大可提高分离度,但 $k > 10$ 时,$k/(k+1)$ 改变不大,对 R 改善不明显,却使分析时间显著增加。因此,兼顾分离度和分析时间,k 应控制在 1~10 较适宜。改变 k 的方法有改变柱温和改变相比,通常 GC 采取改变柱温;气液色谱也可改变固定液的量,即改变相比等调节保留因子。HPLC 在色谱柱和分离模式确定后,主要以改变流动相溶剂组成调控保留因子。

3. 提高分离因子 由式（10-38）可知,当 $\alpha = 1$ 时,$R = 0$,两组分不可能分离;α 略大于 1,两组分才可能分离;$\alpha = 2 \sim 5$,分离较易实现。α 越大,柱选择性越好,分离效果越好。研究证明,α 的微小变化,能引起分离度的显著变化［α 从 1.01 增大到 5,$(\alpha-1)/\alpha$ 即 R 增加近 100 倍］。此外,提高 k 增加分离度,需延长分析时间;而提高 α 增加分离度,可缩短分析时间。因此,提高分离因子 α 是提高分离度和分析速度最有效的手段。一般而言,改变固定相性质或降低柱温,可有效增大 α,并保持 k 在 1~10 范围内。可采取以下措施提高 α。

（1）改变流动相的组成:以 HPLC 为代表的各种液相色谱法,可通过改变二元或多元流动相组成,使各组分间相对保留值变化;若被分离组分含有可离解的酸、碱,也可改变流动相 pH,以提高分离度和分析速度;离子对试剂等各种流动相添加剂,可提高离子性组分的分离选择性。

（2）改变柱温:柱温既影响色谱动力学因素,又影响热力学因素,是优化色谱分离的重要操作条件,特别是 GC,绝大多数 α 与柱温成反比,适当降低柱温有利于提高分离度。不同色谱方法,柱温对 α 影响大小不完全等效,气液色谱、反相高效液相色谱、离子交换色谱等影响较显著。

（3）改变固定相:是提高分离因子 α 的有效方法,特别是气液色谱,多数实验室一般都备有几种不同固定相的色谱柱(如 GC 中极性柱、弱极性或非极性柱、农残柱、手性柱等),以便针对不同分析对象选用。某些样品只有选用适当固定相才可能实现分离,如对映体类样品主要采用各种手性色谱固定相分离。

四、色谱方法的选择及系统适用性试验

(一) 色谱方法的选择

色谱方法的选择主要根据试样的物理、化学性质和分析要求。各种气体、沸点 500℃ 以下挥发性、热稳定的试样,一般采用气相色谱分析;非挥发性试样,包括有机物、无机物、高分子化合物、可离解化合物等均可采用高效液相色谱分析;非挥发性试样若能通过衍生化成为挥发性试样,也可采用气相色谱分析。既可用气相色谱也可用高效液相色谱分析的试样,通常首选气相色谱,以降低分析成本;总体而言,高效液相色谱比气相色谱适用的试样类型、范围及应用领域要广得多。薄层色谱分离效率较低,但操作简便,通常作为鉴别之用或作为高效液相色谱流动相、固定相选择的辅助手段;经典柱色谱分离效率更低,用于分离制备。

(二) 系统适用性试验

按《中华人民共和国药典》2020 年版的要求,采用高效液相色谱法、气相色谱法、毛细管电泳法等色谱分析方法进行中药、化学药分析时,需按各品种项下要求对色谱系统进行适用性试验,即用规定的对照品溶液或系统适用性试验溶液在规定的色谱系统进行试验,以判定所用色谱系统是否符合规定的要求。必要时可对色谱系统进行适当调整,以符合要求。

色谱系统的系统适用性试验通常包括理论板数、分离度、灵敏度、拖尾因子和重复性等 5 个参数,其中分离度和重复性尤为重要。

1. 色谱柱的理论板数 n 用于评价色谱柱的效能。由于不同物质在同一色谱柱上的色谱行为不同,采用理论板数作为衡量色谱柱效能的指标时,应指明测定物质,一般为待测物质或内标物质的理论板数。

在规定的色谱条件下,注入供试品溶液或各品种项下规定的内标物质溶液,记录色谱图,测出供试品主成分色谱峰或内标物质色谱峰的保留时间 t_R 和峰宽 W 或半峰宽 $W_{h/2}$,按式(10-17)计算色谱柱的理论板数。要求色谱柱的理论板数大于等于规定值。

若测得的理论板数低于各品种项下规定的最小理论板数,应改变色谱柱的某些条件(如柱长、载体粒度、流动相流速、流动相比例、柱温、进样量等),以适应供试品并达到系统适用性试验的要求。

2. 分离度 R 用于评价待测物质与被分离物质之间的分离程度,是衡量色谱系统分离效能的关键指标。可以通过测定待测物质与已知杂质的分离度,也可以通过测定待测物质与某一指标性成分(内标物质或其他难分离物质)的分离度,或将供试品或对照品用适当的方法降解,通过测定待测物质与某一降解产物的分离度,对色谱系统分离效能进行评价和调整。无论是定性鉴别还是定量测定,均要求待测物质色谱峰与内标物质色谱峰或特定的杂质对照色谱峰及其他色谱峰之间有较好的分离度。除另有规定外,待测物质色谱峰与相邻色谱峰之间的分离度应不小于 1.5。

3. 灵敏度 用于评价色谱系统检测微量物质的能力,通常以信噪比(S/N)来表示。建立方法时,可通过测定一系列不同浓度的供试品或对照品溶液来测定信噪比。定量测定时,信噪比应不小于 10;定性测定时,信噪比应不小于 3。系统适用性试验中可以设置灵敏度实验溶液来评价色谱系统的检测能力。

4. 拖尾因子 T 用于评价色谱峰的对称性。为保证分离效果和测量精度,应检查待测组分色谱峰的拖尾因子是否符合各品种项下的规定。以峰高作定量参数时,除另有规定外,

T 应在 0.95~1.05 之间。以峰面积作定量参数时,一般的峰拖尾或前伸不会影响峰面积积分,但严重拖尾会影响基线、色谱峰起止的判断和峰面积积分的准确性,此时应对拖尾因子作出规定。

5. **重复性**　用于评价色谱系统连续进样时响应值的重复性能。除另有规定外,通常取各品种项下的对照品溶液,连续进样 5 次,其峰面积测量值(或内标比值或其校正因子)的相对标准偏差应不大于 2.0%。视进样溶液的浓度和体积、色谱峰响应和分析方法所能达到的精度水平等,对相对标准偏差的要求可适当放宽或收紧,放宽或收紧的范围以满足检测需要的精密度要求为准。

第四节　色谱定性定量分析方法

一、定性分析

色谱定性分析的目的是鉴定试样中的各组分,即每个色谱峰是何种化合物。色谱法最大的优势是其分离能力强,但其定性功能较弱,难以对未知物直接定性,需要依据已知纯物质或有关色谱定性参考数据,才能进行定性鉴定。色谱定性分析的主要依据是保留值(保留时间、保留体积、相对保留值、保留指数等);也可依据检测器给出的选择性响应信号及与核磁、质谱、红外等结构分析仪器联用定性。

（一）利用保留值定性

根据同一种物质在相同色谱条件下保留值相同的原理进行定性。

1. **对照品对照定性**　在相同的色谱条件下,分别对对照品和试样进行分析,对照保留值(大多采用保留时间和相对保留时间)是否一致即可确定色谱峰的归属,判定试样中是否含有与对照品相同的组分。在有对照品的情况下常使用此法,利用保留时间定性是实际分析中最常用的方法,如图 10-15 所示。在作未知物鉴别时应特别注意,两个保留时间一致的色谱峰有时未必归属为同一化合物。

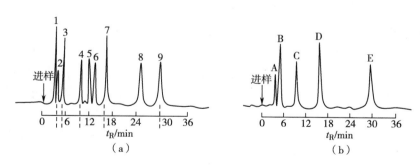

图 10-15　以标准物直接对照进行定性分析示意图
标准物:A. 甲醇　B. 乙醇　C. 正丙醇　D. 正丁醇　E. 正戊醇

当分析要求较高或操作条件发生微小变化时,常采用相对保留值定性,因相对保留值只取决于组分的性质、柱温与固定液的性质,与固定液的用量、柱长、流动相流速及柱填充情况等无关,因此定性更可靠。

当试样复杂或操作条件不易稳定时,可采用将标准品加入试样中使色谱峰峰高或峰面积增加定性;也可利用双柱(多柱)或双色谱系统定性,即在两根性质差别较大的色谱柱或两种色谱系统上定性,提高定性的可靠性。

2. 利用文献数据定性　对组成简单、已知范围的试样或无对照品时,可利用文献数据对照定性,采用与文献相同的色谱柱和分析条件,测定试样中待鉴定组分的相对保留值或保留指数,与色谱手册或文献值相比较,进行定性鉴定。该法在 GC 中应用较多,但在 HPLC 中,因色谱柱填料的重现性不及 GC,较少使用文献数据定性。

（二）利用选择性检测响应定性

GC 和 HPLC 都有一些选择性检测器,如 GC 中的电子捕获检测器（ECD）、火焰光度检测器（FPD）、氮磷检测器（NPD）,HPLC 的荧光检测器（FD）和电化学检测器,可以利用这些检测器对待测物质的专属响应,判断样品中是否存在目标化合物。如:用 GC 测定有机氯农药,若在 ECD 上没有响应,就说明检测不出有机氯农药;HPLC 分析电化学活性成分时,可以用电化学检测器判断有无目标成分。此外,HPLC 的光电二极管阵列检测器（PDA）可以采集色谱峰的紫外光谱图,对色谱峰的鉴定很有用,还可给出峰纯度等信息。

（三）利用两谱联用定性

对于复杂样品,色谱与光谱（质谱）联用是强有力的定性手段,尤其是在线联用技术,色谱的高分离能力与光谱（质谱）的成分鉴定能力相结合,使各种联用技术成为当今最有效的复杂样品成分分离、鉴定技术。其中应用最广泛的是色谱 - 质谱联用仪。GC-MS、HPLC-MS 已成为化学、生物医药学等实验室的常规分析仪器。此外,傅里叶变换红外光谱仪（FTIR）、色谱 - 核磁共振波谱（NMR）联用仪等均已商品化,详细内容见本教材第十五章。

其他色谱定性方法还有保留值经验规律定性、官能团分类定性法、柱前或柱后衍生化法等。

二、定量分析

色谱定量分析的依据是被测组分的量与检测器的响应值（峰面积或峰高）成正比。因此,准确测量峰面积或峰高是定量分析的前提,一般采用仪器配置的色谱工作站或色谱软件能准确测量峰面积、峰高等信息。操作条件对峰面积的影响较小,多数情况下以峰面积定量;若用峰高定量（保留值小、峰宽较窄且难以准确测量的组分）,必须严格控制柱温、流动相流速、进样速度等色谱操作条件以不改变峰宽。

（一）校正因子

由于相同量的不同物质在同一分析条件下、同一检测器上的响应值不同,即相同量的不同物质产生不同的峰面积或峰高;同样,相同量的同一种物质在不同类型检测器上有不同的响应,因此不能用峰面积直接计算物质的量,需要引入定量校正因子,使校正后的峰面积或峰高可以定量代表物质的量。

1. 定量校正因子的定义　进入检测器的组分的量（m_i）与检测器产生的相应色谱峰面积（A_i）或峰高成正比。即:

$$m_i = f_i' A_i \qquad\qquad 式（10-41）$$

则:

$$f_i' = m_i / A_i \qquad\qquad 式（10-42）$$

式（10-41）、式（10-42）中,f_i' 称绝对定量校正因子,即单位峰面积或峰高所代表的物质 i 的量;m_i 为组分 i 的量,可以是质量或物质的量;A_i 为峰面积或峰高。组分的量大多用质量表示,测得的校正因子称绝对质量校正因子。

绝对定量校正因子的测定要求色谱条件高度重复,特别是进样量要重复,色谱条件的波动常导致定量校正因子测定的误差较大,因而很少使用。为提高定量分析的准确度,实际工作中一般采用相对校正因子 f_i。其定义为被测物质 i 与所选定的标准物质 s 的绝对定量校

正因子之比,即:

$$f_i = \frac{f'_i}{f'_s} = \frac{m_i/A_i}{m_s/A_s} \qquad 式(10\text{-}43)$$

式(10-43)中,f_i称相对定量校正因子,通常所指的校正因子大多是相对校正因子,最常用的是相对质量校正因子。下标 i、s 表示被测物质与标准物质;m 为组分的质量;A 为峰面积或峰高。在 GC 中,热导检测器(TCD)常用苯作为标准物,火焰离子化检测器(FID)则用正庚烷;而 HPLC 中,标准物是多种多样的。

2. 定量校正因子的测定　很多工具书或文献都收集有相对定量校正因子数据(尤其是GC),可供查用;但许多物质的校正因子查不到,或因所用检测器的类型、色谱条件与文献不同,需要自行测定。测定方法为:配制一定浓度的待测物质和标准物质(均为纯品)的混合溶液,多次进样分析,控制响应值在检测器的线性范围内,测得峰面积或峰高的平均值,按式(10-43)计算待测物质的相对质量校正因子。

显然,选择不同的基准物质所测得的校正因子数值也不同,气相色谱手册中的数据常以苯或正庚烷为基准物质测得;也可根据需要选择其他基准物质,如采用归一化法定量时,可选择样品中某一组分为基准物质。定量分析时,测定条件应与定量校正因子的测定条件相同。

（二）定量方法

色谱定量方法主要有归一化法、外标法、内标法和标准加入法,这些定量方法各有优缺点和适用范围,实际工作中应根据分析目的、要求以及样品的具体情况选择适当的定量方法。下面以峰面积、质量校正因子为定量参数讨论,用峰高或其他校正因子定量可类推。

1. 归一化法　配制供试品溶液,取一定量进样,记录色谱图。当试样中所有组分全部流出色谱柱,在检测器上都产生相应的色谱响应,同时已知各组分的相对定量校正因子时,可用归一化法测定各组分的相对百分含量,该法称校正因子面积归一化法。计算公式为:

$$m_i(\%) = \frac{m_i}{\sum m_i} \times 100\% = \frac{A_i f_i}{A_1 f_1 + A_2 f_2 + A_3 f_3 + \cdots\cdots + A_n f_n} \times 100\% = \frac{A_i f_i}{\sum A_i f_i} \times 100\%$$

$$式(10\text{-}44)$$

如果样品中各组分的相对校正因子相近(如同系物)或只是粗略定量时,可约去校正因子,直接用峰面积归一化计算,称不加校正因子的面积归一化法。计算公式为:

$$m_i(\%) = \frac{m_i}{\sum m_i} \times 100\% = \frac{A_i}{A_1 + A_2 + A_3 + \cdots\cdots + A_n} \times 100\% = \frac{A_i}{\sum A_i} \times 100\%$$

$$式(10\text{-}45)$$

归一化法的定量准确度高,定量结果与进样量准确性无关(在色谱柱不超载的范围内)、操作条件略有变化对结果影响较小,适用于多组分同时定量测定;但要求样品中所有组分必须在一个分析周期内都能流出色谱柱,检测器对所有组分都产生信号;且需有所有组分的对照品以测定校正因子或有校正因子的数据,因此在实际应用中受到较大限制。不加校正因子的面积归一化法虽简便,但准确度差,只有当样品由同系物组成或只是粗略定量才选择该法。用于杂质检查时,由于仪器响应的线性限制,峰面积归一化法一般不宜用于微量杂质的检查。

2. 外标法　用待测组分的纯品作对照品,精密称(量)取一定量对照品和供试品,配制成溶液,分别精密取一定量进样,记录色谱图,比较在相同条件下对照品溶液和供试品溶液中待测组分的峰面积(或峰高)进行定量的方法称外标法,分为工作曲线法及外标一点法、外标两点法。

（1）工作曲线法（标准曲线法）：在一定操作条件下，用被测组分的对照品配制一系列不同浓度的标准溶液，定量进样，以峰面积（或峰高）对标准溶液的浓度或进样量绘制工作曲线，或进行线性回归得回归方程；然后在相同条件下分析供试品溶液，利用工作曲线或回归方程计算样品溶液中被测组分的含量。该法要求工作曲线线性好（$r \geqslant 0.999$）、截距应近似为零或较小（截距较大则说明存在一定的系统误差）。

绘制工作曲线与测定样品时实验条件需保持一致，工作曲线法一般用于浓度变化范围较大的大批样品的分析；或建立定量方法时进行方法学考察，以判断标准溶液的浓度或进样量与峰面积是否成线性，并确定线性范围。

（2）外标一点法：当工作曲线线性好、截距近似为零，且被测组分含量变化不大时，可采用外标一点法（比较法）定量，即用一种浓度的对照品溶液和供试品溶液在相同条件下平行多次进样，测得对照品和供试品溶液中待测组分峰面积的平均值，计算其含量：

$$m_{ix} = \frac{A_{ix}}{A_{is}} m_{is} \qquad\qquad 式（10\text{-}46）$$

式（10-46）中，m_{ix} 与 A_{ix} 分别代表进样供试品溶液中所含被测组分的质量及相应的峰面积，m_{is} 与 A_{is} 分别代表进样对照品溶液中所含被测组分的质量及相应峰面积。若供试品溶液和对照品溶液的进样体积相等，则式（10-46）中的 m_{ix} 和 m_{is} 可分别用供试品溶液和对照品溶液中被测组分的浓度 C_{ix} 和 C_{is} 代替，即：

$$C_{ix} = \frac{A_{ix}}{A_{is}} C_{is} \qquad\qquad 式（10\text{-}47）$$

式（10-47）中，C_{ix} 与 A_{ix} 分别代表在供试品溶液中被测组分的浓度及相应的峰面积，C_{is} 与 A_{is} 分别代表对照品溶液中组分的浓度及相应峰面积。

《中华人民共和国药典》所载的药品色谱定量分析大多采用此法，即每次测定都同时进对照品溶液与供试品溶液，以减少仪器不稳定所带来的误差。为降低定量误差，应尽量使配制的对照品溶液的浓度与供试品溶液中待测组分的浓度相近，进样体积也相等，并采用重复进样取平均值的方法。

（3）外标两点法：若工作曲线截距不为零，则需要采用外标两点法定量，即用两种浓度的对照品溶液定量进样，以峰面积（或峰高）对浓度或进样量进行线性回归，并在相同条件下分析试样，计算其含量。外标两点法要求测得供试液的峰面积应介于两个对照品溶液的峰面积之间，以保证在线性范围内，可看作是工作曲线法的简略，在实际分析中应用较多。

外标法操作简便，计算方便，无须用校正因子，无论样品中其他组分是否出峰及是否分离完全，只要被测组分出峰且分离完全、保留时间适宜，即可用外标法进行定量分析，是色谱分析应用最多的方法。但外标法是一个绝对定量校正法，分离、检测条件的稳定性对定量结果影响很大，因此外标法定量时，要求进样量准确及实验条件恒定，否则定量误差大，一般以自动进样器或手动进样器定量环进样为宜，其结果的准确性主要取决于进样量的重复性和操作条件的稳定性。

GC 的进样量小，且进样精密度受多种因素的影响，如微量注射器吸样量的精密度、注射器的针头在汽化室中保留时间的长短、毛细管 GC 中组分分流比的变化等都对色谱峰面积有影响，因此，外标法在 GC 中的使用受到较大限制。

在 HPLC 中，因进样量较大，且一般用六通阀（定量环）或自动进样器定量进样，进样量误差较小，因此，外标法是 HPLC 最常用的定量分析方法。《中华人民共和国药典》2020 年版收载的中药 HPLC 含量测定均为外标一点法。为保证进样体积的准确、重现，进样时微量注射器所吸取的溶液量一般为贮样管容积的 3~5 倍。

3. 内标法　选择化学结构、物理性质与被测组分相近的纯物质作为内标物,将一定量的内标物分别加入到样品和对照品溶液中,根据被测组分与内标物的定量校正因子、待测物质与内标物的峰面积、内标物的质量和样品的称样量等,计算样品中被测组分的含量。

内标法适用于样品组分不能在一个分析周期内全部流出色谱柱,或检测器不能对每个组分都产生信号,或只需测定样品中某几个组分含量时的情况,是中药含量测定最常用的分析方法之一。

根据实际操作的不同,内标法可分为内标校正因子法、内标工作曲线法和内标对比法。

(1) 内标校正因子法:精密称取 m 克样品,再精密称取 m_s 克内标物,加入至样品中,溶解、混匀、进样分析。测定被测组分 i 的峰面积 A_i 及内标物的峰面积 A_s,m 克样品中所含 i 组分的质量 m_i 与内标物的质量 m_s 有下述关系:

$$\frac{m_i}{m_s} = \frac{f_i A_i}{f_s A_s}$$

则被测组分 i 在样品中的百分含量 $m_i(\%)$ 为:

$$m_i(\%) = \frac{m_i}{m} \times 100\% = \frac{f_i A_i}{f_s A_s} \cdot \frac{m_s}{m} \times 100\% \qquad \text{式}(10\text{-}48)$$

药物分析时,校正因子经常是未知的,可用内标物作为标准物质,以被测组分的对照品加内标物配成一定浓度溶液,测定被测组分的相对校正因子 $f_{i,s}$,则式(10-48)转化为:

$$m_i(\%) = \frac{m_i}{m} \times 100\% = f_{i,s} \frac{A_i}{A_s} \cdot \frac{m_s}{m} \times 100\% \qquad \text{式}(10\text{-}49)$$

内标法的定量准确度最高,可避免因样品前处理及进样体积误差对测定结果的影响。因为是以相对于内标物的响应值进行定量,而内标物分别加入至样品溶液和对照品溶液中,这样就可抵消由于操作条件(包括进样量)变化或波动而引起的误差。内标法对进样量准确度的要求相对较低。与外标法类似,内标法只要求被测组分出峰且分离完全即可,其余组分可用快速升温(GC)或增加洗脱强度(HPLC)的方法使其尽快流出,从而达到缩短分析时间的目的。

当定量校正因子未知时,可采用内标对比法或内标工作曲线法,既具有内标法的优点,又可消除某些操作条件的影响。

(2) 内标工作曲线法:内标工作曲线法与外标工作曲线法相似,只是在各种浓度的标准溶液中加入相同量的内标物,进样分析,以被测组分与内标物的峰面积比值 A_i/A_s 对标准溶液浓度 C_i 绘制工作曲线或计算回归方程;供试品溶液配制时也需加入与标准溶液相同量的内标物,根据供试液中被测组分与内标物的峰面积比值 A_x/A_s,由工作曲线或回归方程求得样品中被测组分的含量。

(3) 内标对比法:若内标工作曲线的截距近似为零,可采用内标对比法定量。在对照品溶液和样品溶液中,分别加入相同量的内标物,配成标准液和供试品溶液,分别进样,由式(10-50)和式(10-51)计算供试液中被测组分的浓度:

$$\frac{(A_i/A_s)_{\text{样品}}}{(A_i/A_s)_{\text{标准}}} = \frac{(C_i)_{\text{样品}}}{(C_i)_{\text{标准}}} \qquad \text{式}(10\text{-}50)$$

$$c_{i\text{样}} = \frac{(A_i/A_s)_{\text{样}}}{(A_i/A_s)_{\text{标}}} \cdot c_{i\text{标}} \qquad \text{式}(10\text{-}51)$$

GC 由于进样量小,不易准确进样,大多采用内标法定量。中药分析时,校正因子常常未知,内标对比法无须知道校正因子,又具有内标法定量准确度与进样量无关的特点,可消除某些操作条件的影响,方法简便实用,因此中药定量分析常用内标对比法定量。

内标法的关键是选择合适的内标物。对内标物的基本要求是：①内标物应是样品中所不含有的组分；②内标物色谱峰应位于待测组分色谱峰附近，或处于几个待测组分色谱峰中间，并与这些组分完全分离（$R \geqslant 1.5$）；③内标物必须是纯度合乎要求的纯物质，加入的量应接近于待测组分；④内标物与待测组分的理化性质（如挥发性、化学结构、极性以及溶解度等）最好相似。

内标法的优点是：①在一定进样量范围内（线性范围且色谱柱不超载），定量结果与色谱条件的微小变化特别是进样量的重复性无关，避免因供试品前处理及进样体积误差对测定结果的影响。②与外标法相同，只要被测组分及内标物出峰，且分离度合乎要求，即可定量，与其他组分是否出峰无关。③适用于微量组分的分析。如药物中微量有效成分或杂质的含量测定，由于微量组分与主要成分含量悬殊，无法用归一化法准确测定其含量，采用内标法则很方便。加一个与杂质量相当的内标物，增大进样量突出两组分峰，测定该组分与内标峰面积之比，即可求出微量杂质的含量。但样品配制较麻烦和不易找到合适的内标物是其缺点。当无法找到较好内标物时，GC 常用正构烷烃作内标物，而 HPLC 内标物的寻找则困难得多。

4. 标准溶液加入法　又称叠加法、内加法。复杂样品体系分析时，该法可消除基质效应的影响，同时由于所有测定样品都具有几乎相同的基体，使结果更加准确可靠。精密称取待测成分对照品适量，配制成适当浓度的对照品溶液，取一定量，精密加入到供试品溶液中，根据外标法或内标法测定供试品溶液中被测组分的含量。

即：在供试品溶液中精密加入一定量被测组分的对照品，测定加入对照品后被测组分峰面积的增量，计算被测组分的质量。

$$m_i = \frac{A_i}{\Delta A_i} \Delta m_i \qquad 式（10-52）$$

式（10-52）中，Δm_i 为对照品的加入量，ΔA_i 为加入对照品后峰面积的增加量。

为了消除进样误差，可采用内标法，以 A_i/A_r 代替 A_i，分别测定对照品加入前、后供试品溶液的峰面积比，按式（10-53）计算供试品溶液中被测组分的含量。示意图见图 10-16。

$$m_i = \frac{A_i/A_r}{A'_i/A'_r - A_i/A_r} \Delta m_i \qquad 式（10-53）$$

$$C_i\% = \frac{A_i/A_r}{A'_i/A'_r - A_i/A_r} \cdot \frac{\Delta m_i}{m} \times 100\%$$

式（10-53）中，A_i 和 A_r 为加入对照品前供试液中待测组分和内标物的峰面积，A'_i 和 A'_r 为加入对照品后被测组分和内标物的峰面积，Δm_i 为对照品的加入量。

标准加入法尤其适用于低浓度复杂样品体系的定量分析，当标准溶液加入法与其他定量方法结果不一致时，应以标准加入法结果为准。

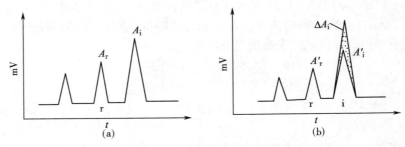

图 10-16　标准加入法示意图

（a）加入对照品前供试品溶液的色谱图　（b）加入对照品后的色谱图

r. 内标峰　i. 被测组分峰　ΔA_i 为加入对照品后峰面积的增加量

测定杂质含量时,根据能否获得杂质校正因子,可采用加校正因子的主成分自身对照法和不加校正因子的主成分自身对照法,这是 2020 年版《中华人民共和国药典》定量分析新增的方法。

5. 加校正因子的主成分自身对照法 在建立方法时,按各品种项下的规定,精密称(量)取待测物对照品和参比物质对照品各适量,配制待测杂质校正因子的溶液,进样,记录色谱图,按下式计算待测杂质的校正因子。

$$校正因子 f_i = \frac{C_A / A_A}{C_B / A_B}$$

式中:C_A 为待测物的浓度;A_A 为待测物的峰面积或峰高;C_B 为参比物质的浓度;A_B 为参比物质的峰面积或峰高。

也可精密称(量)取主成分对照品和杂质对照品各适量,分别配制成不同浓度的溶液,进样,记录色谱图,绘制主成分浓度和杂质浓度对其峰面积的回归曲线,以主成分回归直线斜率与杂质回归直线斜率的比计算校正因子。

校正因子可直接载入各品种项下,用于校正杂质的实测峰面积,需作校正计算的杂质,通常以主成分为参比,采用相对保留时间定位,其数值一并载入各品种项下。

测定杂质含量时,按各品种项下规定的杂质限度,将供试品溶液稀释成与杂质限度相当的溶液,作为对照溶液,进样,记录色谱图,必要时,调节纵坐标范围(以噪声水平可接受为限)使对照溶液的主成分色谱峰的峰高约达满量程的 10%~25%。除另有规定外,通常含量低于 0.5% 的杂质,峰面积测量值的相对标准偏差(RSD)应小于 10%;含量在 0.5%~2% 的杂质,峰面积测量值的 RSD 应小于 5%;含量大于 2% 的杂质,峰面积测量值的 RSD 应小于 2%。然后,取供试品溶液和对照溶液适量,分别进样。除另有规定外,供试品溶液的记录时间,应为主成分色谱峰保留时间的 2 倍,测量供试品溶液色谱图上各杂质的峰面积,分别乘以相应的校正因子后与对照溶液主成分的峰面积比较,计算各杂质含量。

6. 不加校正因子的主成分自身对照法 测定杂质含量时,若无法获得待测杂质的校正因子,或校正因子可以忽略,也可采用不加校正因子的主成分自身对照法。同上法配制对照溶液、进样、调节纵坐标范围和计算峰面积的相对标准偏差后,取供试品溶液和对照品溶液适量,分别进样。除另有规定外,供试品溶液的记录时间应为主成分色谱峰保留时间的 2 倍,测量供试品溶液色谱图上各杂质的峰面积并与对照溶液主成分的峰面积比较,依法计算杂质含量。

(三)色谱定量分析方法的评价

1. 色谱条件优化 包括色谱柱的选择、检测器及检测波长的选择、流动相的选择、柱温、流动相流速的选择等,用对照品或供试品溶液测试,以满足系统适用性试验分离度、理论板数、灵敏度、拖尾因子和重复性等要求。

2. 专属性 常用阴性对照试验,应附对照品、样品、阴性对照样品的代表性色谱图,并标明各被测成分在图中的位置,确定测定信息是否为被测成分的专属响应,分离度应符合要求。

3. 准确度 一般采用加样回收试验,用回收率(%)表示。在规定的线性范围内,以同一浓度(相当于 100% 浓度水平)6 份样品的测定结果,或 3 种不同浓度每个浓度各 3 份共 9 份样品的测定结果进行评价,根据样品中待测成分的含量规定其回收率限度。对基质复杂、组分含量低于 0.01% 及多成分分析时,回收率限度可适当放宽。

4. 精密度 包含重复性、中间精密度和重现性。重复性试验是在规定的范围内,以同一浓度 6 份样品的测定结果(或 3 种不同浓度每个浓度各 3 份共 9 份样品的测定结果)进行评价。根据样品中待测成分的含量规定其精密度 RSD 可接受范围。对基质复杂、组分含量低于 0.01% 及多成分分析时,精密度接受范围可适当放宽。中间精密度试验主要考察不同日期、分析人员、仪器等随机变动因素对精密度的影响。国家药品质量标准采用的分析方法,应进行重现性试验,如通过不同实验室协同检验获得重现性结果。

5. **检测限**　检测限是指试样中被测物能被检测出的最低量。检测限仅作为限度试验指标和定性鉴别的依据,没有定量意义。常用的方法有直观法、信噪比法和基于响应值标准偏差和标准曲线斜率法。其中最常用的是信噪比法,即将已知低浓度试样测出的信号与空白样品测出的信号进行比较,计算出能被可靠地检测出的被测物质最低浓度或量。一般以信噪比为 3:1 时相应浓度或注入仪器的量确定检测限。上述计算方法获得的检测限数据须用含量相近的样品进行验证。应附测定谱图,说明试验过程和检测限结果。

6. **定量限**　定量限是指试样中被测物能被定量测定的最低量,其测定结果应符合准确度和精密度要求。对微量或痕量药物分析、定量测定药物杂质和降解产物时,应确定方法的定量限。常用的方法有直观法、信噪比法和基于响应值标准偏差和标准曲线斜率法。其中最常用的是信噪比法,用于能显示基线噪声的分析方法,即将已知低浓度试样测出的信号与空白样品测出的信号进行比较,计算出能被可靠地定量的被测物质的最低浓度或量。一般以信噪比为 10:1 时相应浓度或注入仪器的量确定定量限。上述计算方法获得的定量限数据须用含量相近的样品进行验证。应附测试谱图,说明测试过程和定量限结果,包括准确度和精密度验证数据。

7. **线性与范围**　线性是指在设计范围内,线性试验结果与试样中被测物浓度/量直接呈比例关系的能力。应在设计的范围内测定线性关系。可用同一对照品贮备液经精密稀释,或分别精密称取对照品,制备一系列对照品溶液的方法进行测定,至少制备 5 个不同浓度水平。以测得的响应信号作为被测物浓度或量的函数作图,观察是否呈线性,再用最小二乘法进行线性回归。必要时,响应信号可经数学转换,再进行线性回归计算,或者可采用描述浓度/量 - 响应关系的非线性模型。要求列出:回归方程、相关系数、残差平方和以及线性图(或其他数学模型)。

范围系指分析方法能达到精密度、准确度和线性要求时的高低限浓度或量的区间,应根据分析方法的具体应用和线性、准确度、精密度结果及要求确定。

8. **耐用性**　耐用性是指在测定条件有小的变动时,测定结果不受影响的承受程度,为所建立的方法用于常规检验提供依据。开始研究分析方法时,就应考虑其耐用性。如果测试条件要求苛刻,则应在方法中写明,并注明可以接受变动的范围。先采用均匀设计确定主要影响因素,再通过单因素分析等确定变动范围。典型的变动因素有被测溶液的稳定性、样品的提取次数、时间等。液相色谱法中典型的变动因素有流动相的组成和 pH、不同品牌或不同批号的同类型色谱柱、柱温、流速等。气相色谱法变动因素有不同品牌或批号的色谱柱、不同类型的担体、载气流速、柱温、进样口和检测器温度等。经试验,测定条件小的变动应能满足系统适用性试验要求,以确保方法的可靠性。

知识拓展

一测多评法(QAMS)简介

一测多评法(quautitative analysis of multi-components by single marker, QAMS)实际上是内标法的延伸,其原理是基于在一定线性范围内组分的量(质量或浓度)与检测器响应信号成正比($C=fA$)。在多指标成分含量测定时,利用现代色谱技术在同一色谱图中获得多成分的色谱峰,选择药材或制剂中某一典型成分为内参物,利用对照品溶液求出其他成分 i 对内参物 r 的相对校正因子 f_{ir}($f_{ir}=f_i/f_r=C_iA_r/C_rA_i$),测定供试液中内参物的浓度 C_r,根据内参物的浓度实测值 C_r、各成分的峰面积 A_i 及相对校正因子,计算供试液中各待测成分的浓度 C_i($C_i=f_{ir}C_sA_i/A_r$)。这种测定一个成分实现对多个成分定量的方法,称一测多评法。该方法解决了对照品不易获得、不稳定等问题,《中华人民共和国药典》2010 年版(一部)对黄连药材的质量评价首次采用了 HPLC 一测多评技术,即用一个盐酸小檗碱对照品同时测定小檗碱、表小檗碱、黄连碱、巴马汀 4 种成分的含量,既体现了有效成分、多指标成分质量控制的要求,又大大节约了对照品,降低分析成本,同时从整体上体现了黄连的活性特征。

学习小结

1. 学习内容

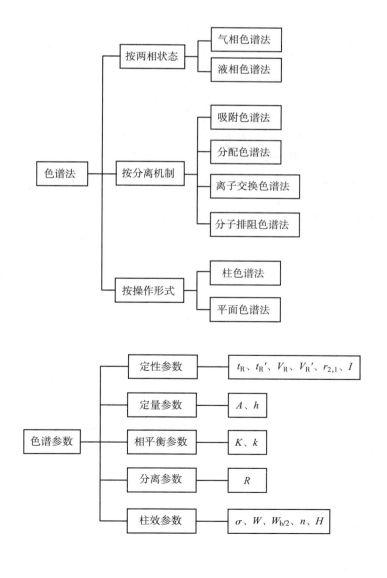

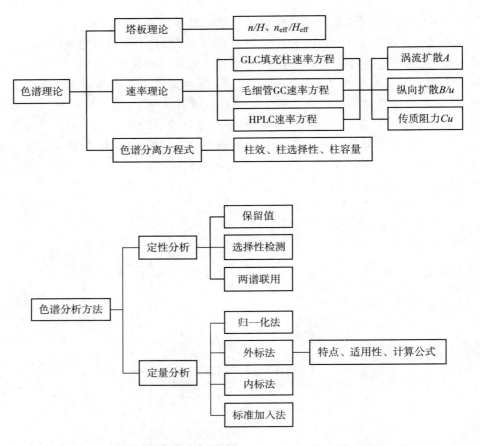

2. 学习方法 本章要求分别从热力学和动力学观点理解色谱法的两大理论——塔板理论和速率理论,尤其注意速率方程在气相填充柱、毛细管柱和高效液相色谱中的表现形式不同,了解其对实验条件选择的指导意义;明确色谱定性和定量的主要方法,注意归一化法、外标法、内标法、标准加入法4种定量方法的特点和适用性,并初步了解色谱定量方法的评价指标。

● (尹 华 张 美)

复习思考题

1. 简述色谱法的两大基本理论。

2. 试根据速率方程或分离方程式简述如何提高柱效、改善分离。

3. 简述各色谱定量方法的特点及适用性。

4. 已知物质 A 和 B 在一根 30.0cm 色谱柱上的保留时间分别是 16.40 分钟和 17.63 分钟,不被保留的组分通过该柱的时间为 1.30 分钟,峰宽为 1.11 分钟和 1.21 分钟,计算:

(1)分离度 R。

(2)柱的平均理论塔板数和塔板高度 H。

(3)达到基线分离时所需的色谱柱长度。

5. 用 15.00cm 长的色谱柱分离两个组分,已知柱效 $n=28\,400$,$t_M=1.31$ 分钟,$t_{R_1}=4.10$ 分钟,$t_{R_2}=4.45$ 分钟,计算:

(1)组分的容量因子 k_1、k_2。

(2)两组分的分离度 R。

(3)要使两组分达到基线分离,那么色谱柱长 L 至少应为多少?

6. 化合物 A 和 B 在色谱柱($n=8\,100$)上的保留时间为 $t_{R_A}=800$ 秒,$t_{R_B}=815$ 秒,求:

(1)A 和 B 在此色谱柱上的分离度 R。

(2)若要使 A、B 两组分完全分离,则理论塔板数至少应为多大?

7. 精密称取冰片对照品 45.0mg 置于 10ml 量瓶中,加乙醚使溶解,并稀释至刻度。精密称取牛黄解毒片(糖衣片)样品 1.048g,用乙醚浸提 3 次,浸出液转移至 10ml 量瓶中并加乙醚至刻度。分别取对照品溶液和样品液 1μl 注入气相色谱仪,测定对照品峰面积为 2 065μV·s,样品峰面积为 2 546μV·s,求牛黄解毒片中冰片的含量。

8. 用气相色谱法分析含丁香挥发油制剂时,以正十八烷为内标,丁香酚为标准品。经色谱分析,数据计算以重量比 W_i/W_s 为纵坐标,峰面积比 A_i/A_s 为横坐标,绘制的标准曲线回归方程为 $Y=1.40X+0.008$。精密称取含丁香酚的试样 300mg,经处理后,加入内标物正十八烷内标溶液 1ml(5mg/ml)定容至 2.5ml,吸取 1μl 进样。测得色谱图上丁香酚与正十八烷面积比为 0.084,试计算丁香酚的百分含量。

第十一章

经典液相色谱法

学习目标

1. 掌握各类色谱法的基本原理;薄层色谱和纸色谱的色谱条件选择、操作技术和定性定量方法。

2. 熟悉柱色谱的色谱条件选择和操作技术。

3. 了解色谱法的应用。

经典液相色谱法是指在常温、常压下依靠重力或毛细作用输送流动相的液相色谱法。按照分离原理的不同可分为吸附色谱法、分配色谱法、离子交换色谱法、分子排阻色谱法等;按操作形式的不同又可分为经典柱色谱法和平面色谱法(薄层色谱法、纸色谱法)。与高效液相色谱法、气相色谱法等现代色谱方法相比,经典液相色谱法的分离周期较长、分离效率较低,一般无法实现自动分析,但其设备简单、操作方便,尤其是薄层色谱法,被广泛应用于中药的定性鉴别、天然药物活性成分的分离检识、医药工业产品的纯度控制和杂质检查等。

第一节 基本原理

一、吸附色谱法

(一) 分离原理

吸附色谱法是以吸附剂为固定相,利用被分离组分对固定相表面活性吸附中心吸附能力(即吸附系数)的差别而实现分离。

吸附过程是试样中组分分子与流动相分子争夺吸附剂表面活性中心的过程,即竞争吸附过程。当组分分子被流动相携带经过固定相时,流动相中的组分分子与吸附剂活性中心发生作用,组分分子被吸附剂表面的活性中心所吸附;当新的流动相经过时,流动相分子置换组分分子被吸附剂表面的活性中心所吸附,原先吸附在吸附剂表面的组分分子则重新溶解于流动相中而被解吸,并随流动相向前移动;遇到新的吸附剂,又再次被吸附;如此,不断发生吸附、解吸、再吸附、再解吸的过程。在给定的色谱条件(吸附剂、流动相、温度等)下,组分分子始终处于吸附和解吸的动态平衡,其吸附平衡常数 K_a 又称吸附系数,表示如下:

$$K_a = \frac{C_s}{C_m}$$

式(11-1)

式(11-1)中,C_s 为组分在固定相中的平衡浓度,C_m 为组分在流动相中的平衡浓度。吸附系数与组分的性质、吸附剂的活性、流动相的性质及温度有关,在一定条件(固定相、流动相、温度)下,吸附系数是组分的特征常数。

被测组分与吸附剂吸附力的大小既与吸附剂的活性有关,又与组分的极性有关。通常极性强的组分其吸附系数 K_a 大,易被吸附剂牢固吸附,在固定相中滞留时间长,随流动相移动的速度较慢,在柱色谱中晚流出,具有较大的保留值;或在平面色谱中展距较短(比移值 R_f 较小)。而 K_a 小的组分则被固定相吸附较弱,易被流动相解吸,在固定相中滞留时间短,移动速度快,先流出色谱柱或展距较长。各组分的 K_a 相差越大,越容易实现分离。

不同类型的有机化合物具有的不同基团是判断化合物极性的重要依据,其极性从小到大的顺序依次为:

烷烃 < 烯烃 < 醚类 < 硝基(—NO₂)< 二甲胺[—N(CH₃)₂]< 酯类(—COOR)< 酮(RCOR′)< 醛(—CHO)< 硫醇(—SH)< 胺类(—NH₂)< 酰胺(—NHCOCH₃)< 醇类 < 酚类 < 羧酸。

在液固吸附色谱中,组分的保留和分离选择性取决于组分分子与流动相分子对吸附剂表面活性中心的竞争、组分分子与吸附剂表面活性中心的氢键作用、组分在流动相中的溶解度等因素。

吸附色谱一般呈凸形等温线,导致色谱峰拖尾,可以通过减小进样量或样品浓度,尽可能利用凸形等温线的前端线性部分,改善色谱峰的峰形。

(二)固定相——吸附剂

吸附剂是多孔性微粒状物质,具有较大的比表面积,其表面有许多吸附中心。吸附剂吸附能力的大小取决于吸附中心的数量以及与组分形成氢键能力的大小,吸附中心越多,形成氢键能力越强,吸附剂的吸附能力就越强。

吸附色谱法要求吸附剂有较大的比表面积,与流动相、样品及溶剂不发生化学反应,粒度小而均匀。常用的吸附剂有硅胶、氧化铝、聚酰胺、大孔吸附树脂等。

1. 硅胶 硅胶是具有硅氧交联结构,表面有许多硅醇基(Si-OH)的多孔性微粒,常以 $SiO_2 \cdot xH_2O$ 表示。硅醇基是硅胶的吸附活性中心。硅醇基能与极性基团形成氢键而具有吸附性,各组分因所含极性基团与硅醇基形成氢键的能力不同而得以分离。有效硅醇基的数目越多,其吸附能力越强。硅胶吸附水分形成水合硅醇基会失去吸附能力,但将其在105~110℃加热后又可除去结合的水而提高吸附能力。

硅胶和氧化铝的吸附能力与含水量有密切关系(表11-1),将其吸附能力(又称活度或活性)分为 Ⅰ、Ⅱ、Ⅲ、Ⅳ和Ⅴ 5级,含水量越低,活度级数越小,吸附能力越强。在一定温度下,加热除去水分以增强吸附活性的过程,称活化。反之,加入一定量水分使其吸附活性降低,称失活或减活。一般而言,硅胶或氧化铝使用前往往需要进行活化处理,常用Ⅱ和Ⅲ级。硅胶的活度可采用Stahl活度测定法测定。

表 11-1 硅胶、氧化铝的含水量与活度级别的关系

含水量 /%		活度级别	吸附能力
硅胶	氧化铝		
0	0	Ⅰ	强
5	3	Ⅱ	↑
15	6	Ⅲ	
25	10	Ⅳ	
38	15	Ⅴ	弱

硅胶具有弱酸性(pH=4.5),适合于分离酸性和中性化合物,如有机酸、氨基酸、甾体、酚、醛等。硅胶的分离效能与其粒度、孔径及表面积等几何结构有关,粒度越小,粒度分布越窄,其分离效率越高。薄层色谱所用硅胶的粒度为 10~40μm(或 250~300 目),经典柱色谱主要用于分离制备,柱效较低,可用粒度较大的硅胶(100~200 目)。

2. 氧化铝 是一种吸附力较强的吸附剂,具有分离能力强、活性可控等优点,其吸附规律与硅胶相似。有碱性、中性和酸性 3 种氧化铝,中性氧化铝使用最多。氧化铝的活性也与其含水量有关(表 11-1),一般使用前需加热活化,可采用 Brockman 活度测定法以 6 种偶氮染料测定其活度(图 11-1)。

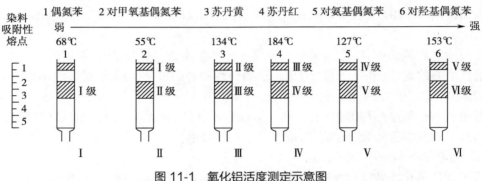

图 11-1 氧化铝活度测定示意图

碱性氧化铝(pH 9~10)适用于分离碱性和中性化合物,如生物碱、脂溶性维生素等。酸性氧化铝(pH 4~5)适用于分离酸性化合物,如有机酸、酸性色素、某些氨基酸、酸性多肽以及对酸稳定的中性物质。中性氧化铝(pH 7~7.5)适用范围广,凡是可以用酸性、碱性氧化铝分离的,中性氧化铝也都适用,尤其适合于分离生物碱、挥发油、萜类、甾体、蒽醌以及在酸、碱中不稳定的苷类、酯、内酯等成分。

3. 聚酰胺 是由酰胺聚合而成的高分子化合物,色谱分析中常用聚己内酰胺,为白色多孔的非晶形粉末,不溶于水和一般有机溶剂,易溶于浓无机酸、酚及甲酸。聚酰胺分子中众多的酰胺基和羰基可与化合物的质子给予体形成氢键而产生吸附,如酰胺的羰基可与酚类(黄酮、鞣质等)和酸类化合物的酚羟基形成氢键,酰胺的游离胺基可与醌类、脂肪羧酸上的羰基形成氢键缔合而被滞留。不同的化合物,由于活性基团的种类、数目与位置的不同,与聚酰胺形成氢键的形式和能力不同,吸附能力不同,从而实现分离。

一般而言,具有形成氢键基团越多的物质,其吸附力越强。聚酰胺色谱特别适用于多元酚类化合物的分离,如酚、酸、硝基、醌、黄酮、羰基化合物等。

聚酰胺对被分离物质阻滞能力的大小取决于被分离物质分子结构中可与聚酰胺形成氢键缔合的基团数目及氢键作用强度;同时,流动相也影响聚酰胺对被分离物质的吸附。各种流动相在聚酰胺吸附色谱中洗脱能力由弱到强的大致顺序为:水、甲醇、丙酮、氢氧化钠水溶液。

聚酰胺分子不仅有极性酰胺基团,还存在大量非极性的脂肪长链,当流动相为水、乙醇、丙酮等强极性溶剂时,其色谱行为类似于反相分配色谱,极性大的组分易被洗脱,随着洗脱剂极性降低,极性相对较小的组分可相继被洗脱下来。

4. 大孔吸附树脂 是一种不含交换基团,具有大孔网状结构的高分子吸附剂,同时具有吸附作用和分子筛作用。在水溶液中吸附力较强且有良好的吸附选择性,在有机溶剂中则吸附能力较弱。主要用于水溶性化合物的分离纯化,如皂苷及其他苷类化合物与水溶性杂质的分离,也可间接用于水溶液的浓缩,从水溶液中吸附有效成分等。

5. 活性炭 为非极性吸附剂,其吸附规律与硅胶、氧化铝相反。对非极性物质具有较强的亲和力,在水中对物质表现出强的吸附能力。常用于水溶液的脱色,也可用于糖、环烯醚萜苷的分离纯化等。

除上述介绍的几种主要吸附剂外,色谱中使用的吸附剂还有硅藻土、硅酸镁、二氧化锰、碳酸钙等。

(三) 流动相

液固吸附色谱的流动相一般为有机溶剂,其洗脱能力主要由其极性决定,强极性流动相占据吸附活性中心的能力强,洗脱能力强,使组分的吸附系数 K_a 值小,移动速度快,在柱色谱中较早流出、保留值小;在平面色谱中展距较长(比移值 R_f 较大)。常用流动相的极性(解吸能力)递增顺序为:

石油醚 < 环己烷 < 四氯化碳 < 三氯乙烷 < 苯 < 甲苯 < 二氯甲烷 < 三氯甲烷 < 乙醚 < 乙酸乙酯 < 丙酮 < 正丁醇 < 乙醇 < 甲醇 < 吡啶 < 乙酸 < 水

由于单一溶剂的洗脱强度相差较大,故在液固吸附色谱中,常用 2 种或 2 种以上不同极性的溶剂按一定比例混合作为流动相,通过调节混合溶剂的比例改变洗脱强度,从而得到合适洗脱能力的流动相,改善分离效果。

二、分配色谱法

(一) 分离原理

分配色谱法是利用被分离组分在固定相和流动相中分配系数(或溶解度)的差别而实现分离。经典的液液分配色谱是将固定液涂渍在惰性多孔微粒的表面或纸纤维上,形成一层液膜而构成固定相,多孔微粒或纸纤维称载体、担体或支持剂。组分在相对移动的固定相与流动相之间发生分配,处于动态平衡。平衡时组分在固定相和流动相中的浓度之比称分配系数,用 K 表示,即:

$$K = \frac{C_s}{C_m}$$

式(11-2)

组分在固定相中的溶解度(C_s)越大,或在流动相中的溶解度(C_m)越小,则分配系数 K 越大,在固定相中保留较强,在流动相中移动较慢;而分配系数 K 小的组分在固定相中保留较弱,在流动相中移动较快,从而使分配系数不同的组分在色谱柱或色谱平面中经过多次分配平衡后,产生了差速迁移,从而实现分离。组分的分配系数 K 相差越大,越易分离。在液液分配色谱中,K 主要取决于组分、流动相、固定相三者的种类与极性,同时也与温度有关。

分配色谱法的优点在于其较好的重现性,并可根据 K 预示分离结果。一定温度下同一组分在整个色谱过程中的分配系数是定值,色谱峰一般为对称峰。加之不同极性的物质均能找到相应极性的溶剂进行分离,因此分配色谱的应用范围极其广泛,几乎各种类型的化合物皆可应用分配色谱法进行分离分析,尤其适宜亲水性物质和既能溶于水又能稍溶于有机溶剂的物质,如极性较大的生物碱、苷类、有机酸、酸性成分、糖类及氨基酸的衍生物等。

(二) 固定相

1. 载体 分配色谱的固定相由涂渍在惰性载体(担体)上的固定液构成,载体仅起负载固定液的作用,要求其化学惰性、不溶于固定液和流动相、有较大的表面积、机械强度好。常用的载体有硅藻土、吸水硅胶、纤维素和微孔聚乙烯小球等,其中硅藻土因其结构中氧化硅几乎没有吸附活性而应用最多。

2. 固定液 分配色谱要求固定液是样品的良好溶剂,不溶或难溶于流动相;且组分在固定液中的溶解度要略大于其在流动相中的溶解度,以保证较好分离。

根据固定液和流动相的相对极性,分配色谱可以分为正相分配色谱和反相分配色谱两类。正相分配色谱中固定相的极性大于流动相的极性,即以强极性溶剂作为固定液,以弱极性的有机溶剂作为流动相,适用于分离极性组分。反相分配色谱中固定相的极性小于流动相的极性,即以弱极性有机溶剂作为固定液,以强极性溶剂作为流动相,适用于分离非极性、弱极性至中等极性的组分。

在正相分配色谱法中,固定液有水、各种缓冲溶液、稀硫酸、甲醇、甲酰胺或丙二醇等强极性溶剂及其混合液,按一定的比例与载体混匀后填装于色谱柱或涂布于薄层平面上,用被固定液饱和的有机溶剂为流动相进行分离。当分离极性、中等极性与弱极性的混合物时,非极性或弱极性的组分比极性大的组分移动的速度快。

在反相分配色谱中,常以硅油、液体石蜡等极性较小的有机溶剂作为固定液,而以水、水溶液或与水混溶的有机溶剂为流动相,被分离组分的洗脱顺序与正相分配色谱相反,弱极性成分移动慢,强极性成分移动快。

此外,通过化学反应将各种不同的有机基团键合到硅胶(载体)表面游离羟基上制成的化学键合固定相,可以替代机械涂渍的液体固定相,克服固定液的流失问题。根据键合相与流动相之间相对极性的强弱,可分为正相键合相色谱和反相键合相色谱。

（三）流动相

分配色谱的流动相要求与固定液不互溶,且与固定液极性相差较大;对样品组分有一定的溶解度,但又略小于固定液对组分的溶解度。

极性溶剂与极性组分之间有较强的分子间作用力,而非极性溶剂与非极性组分之间也有较强的分子间作用力,因此"相似相溶"的经验规则适用于分配色谱。

一般正相色谱常用的流动相有石油醚、醇类、酮类、酯类、卤代烷类、苯等或其混合溶剂。反相色谱常用的流动相有水、各种水溶液(包括酸、碱、盐及缓冲液)、低级醇类等极性溶剂。

三、离子交换色谱法

（一）分离原理

离子交换色谱法是利用被分离组分对离子交换剂离子交换能力(或选择性系数)的差别而实现分离,主要用于离子型化合物的柱色谱分离分析。按可交换离子的电荷符号分为阳离子交换色谱法和阴离子交换色谱法。

离子交换过程是一个可逆的动态平衡过程,可用通式表示:

$$(R-B)+A=(R-A)+B$$

交换反应达到平衡时,平衡常数:

$$K_{A/B} = \frac{[R-A] \cdot [B]}{[R-B] \cdot [A]}$$

式(11-3)

式(11-3)中,$K_{A/B}$ 为离子交换反应的选择性系数,$[R-A]$ 和 $[R-B]$ 分别表示 A、B 离子在树脂相中的浓度,$[A]$、$[B]$ 为它们在流动相中的浓度。选择性系数与分配系数的关系为:

$$K_{A/B} = \frac{[R-A]/[A]}{[R-B]/[B]} = \frac{K_A}{K_B}$$

式(11-4)

选择性系数 $K_{A/B}$ 是衡量离子对树脂亲和力相对大小的度量,说明离子交换树脂对 A、B 两种离子的选择性。常选择某种离子(如 H^+ 或 Cl^-)作参考(B),测定一系列离子(A)的选择性系数。$K_{A/B}$ 越大,说明 A 的交换能力强,越易保留,移动速度慢,后流出色谱柱。$K_{A/B}$ 与离子的电荷、水合离子的半径、流动相的性质和 pH、离子交换树脂的性质及温度有关。

图 11-2 是离子交换色谱法分离蛋白的示意图。

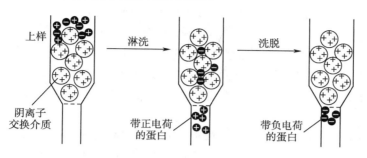

图 11-2 离子交换色谱分离蛋白

（二）固定相——离子交换剂

离子交换色谱的固定相称离子交换剂,常用的有离子交换树脂和化学键合离子交换剂,前者用于经典离子交换柱色谱,但易膨胀、传质慢、柱效低、不耐压;键合在薄壳型或全多孔微粒硅胶上的离子交换剂机械强度高、耐高压、不溶胀、传质快、柱效高,多用于高效液相色谱法。

1. 离子交换树脂的类型　离子交换树脂是一类具有网状立体结构的高分子聚合物,在其网状结构上引入不同的可被交换的基团,根据活性基团的不同及所交换离子的电荷可分为阳离子交换树脂和阴离子交换树脂,最常用的是聚苯乙烯型离子交换树脂。

在树脂骨架上引入—SO_3H、—$COOH$、—OH、—SH、—PO_3H 等酸性基团,其可离解的 H^+ 与样品溶液中阳离子进行交换,称阳离子交换树脂。依据其酸性强度,又可分为强酸型与弱酸型阳离子交换树脂,常用的多为强酸型。

在树脂骨架上引入—N^+R_3X、—NH_2、—NHR 等碱性基团,其可离解的 OH^- 或 Cl^- 与样品溶液中阴离子进行交换,称阴离子交换树脂。常用的多为强碱型。

2. 离子交换树脂的性能　选择离子交换树脂进行色谱分离时,需要考虑树脂的交联度、交换容量、溶胀和粒度等性能指标。

（1）交联度:离子交换树脂中交联剂的含量,通常以质量百分比表示。高交联度树脂网状结构紧密,网眼小,溶胀较小,交换速度慢,但选择性好,刚性较强,能承受一定的压力。低交联度的树脂虽有较好的渗透性,但存在着易变形和耐压差等缺点。

（2）交换容量:实验条件下每克干树脂中真正参与交换反应的基团数,其单位以 mmol/g、mmol/ml 表示。

交换容量是一个重要的实验参数,它表示离子交换树脂进行离子交换的能力大小。交换容量还与交联度、溶胀性、溶液的 pH 以及分离对象等因素有关,通常以实测值为准。

（3）溶胀:树脂存在大量的极性基团,具有很强的吸湿性。当树脂浸入水中,大量水进入树脂内部,引起树脂膨胀的现象,称溶胀。溶胀的程度取决于交联度的高低,交联度高,溶胀小;反之,溶胀大。一般 1g 树脂最大吸水量为 1g。离子交换树脂装柱使用前,需先进行充分溶胀。

（4）粒度:离子交换树脂颗粒的大小,一般以溶胀态所能通过的筛孔表示。颗粒小,离子交换达到平衡快,但洗脱流速慢,实际操作时应根据需要选用不同粒度的树脂。

（三）流动相——洗脱剂

离子交换色谱的流动相大多是一定 pH 和离子强度的弱酸、弱碱、缓冲溶液,有时也加入少量甲醇、乙醇、四氢呋喃、乙腈等有机溶剂,以提高选择性。为了获得最佳的交换和洗脱,常需采用有竞争力的溶剂离子,并同时保持稳定的 pH,所以常选用各种不同离子强度的含水缓冲液来洗脱。

经过离子交换而被吸附在离子交换剂上的待分离物质,有两种洗脱方法:一是增加离子强度,使洗脱液中的离子争夺交换剂的吸附部位,从而将待分离的物质置换下来;二是改变pH,使样品离子的解离度降低,电荷减少,从而对交换剂的亲和力减弱而被洗脱下来,如低pH洗脱液易使阴离子交换剂上的样品洗脱。

从洗脱液的成分而言有两种类型:一是选用几种洗脱能力逐步增强的洗脱液相继洗脱,称阶段洗脱法,适用于各组分对交换剂亲和力比较悬殊的样品;二是选用离子强度和pH呈连续梯度变化的洗脱液进行洗脱,使洗脱能力持续增强,称梯度洗脱法,适用于各组分与交换剂亲和力相近的样品。

离子交换色谱的保留行为和选择性受被分离离子、离子交换剂、流动相性质等的影响。

(1)溶质离子的电荷和水合离子半径:电荷高、水合离子半径小的离子,其选择性系数大,亲和力强。在常温下的稀溶液中,阳离子在强酸型阳离子交换树脂上的保留能力顺序为:

$$Fe^{3+} > Al^{3+} > Ba^{2+} \geqslant Pb^{2+} > Sr^{2+} > Ca^{2+} > Ni^{2+} > Cd^{2+} \geqslant Cu^{2+} \geqslant Co^{2+} \geqslant Mg^{2+} \geqslant Zn^{2+} \geqslant Mn^{2+} > Ag^{+} > Cs^{+} > Rb^{+} > K^{+} \geqslant NH_4^{+} > Na^{+} > H^{+} > Li^{+}。$$

阴离子在强碱型阴离子交换树脂上的保留能力顺序通常为:

$$枸橼酸根 > PO_4^{3-} > SO_4^{2-} > CrO_4^{2-} > I^{-} > HSO_4^{-} > NO_3^{-} > SCN^{-} > C_2O_4^{2-} > Br^{-} > CN^{-} > NO_2^{-} > Cl^{-} > HCO_3^{-} > CH_3COO^{-} > OH^{-} > F^{-}。$$

(2)离子交换树脂的交联度和交换容量:在一定范围内,离子交换树脂的交联度越高,交换容量越大,组分的保留时间越长。

(3)流动相的组成和pH:交换能力强、选择系数大的离子组成的流动相具有更强的洗脱能力,增加流动相的离子强度也能增加洗脱能力。强离子交换树脂的交换能力在很宽的范围内不随流动相的pH变化,所以调节pH的作用主要体现在对弱电解质离解的控制,溶质的离解受到抑制则保留时间变短。

四、分子排阻色谱法

(一) 分离原理

分子排阻色谱法又称空间排阻色谱法或凝胶色谱法,固定相为多孔性凝胶,利用被分离组分分子渗透到凝胶内部孔穴程度(或渗透系数)的不同而实现分离。主要用于高分子化合物的分离分析和相对分子质量的测定。图11-3是凝胶过滤色谱法分离蛋白质的示意图。

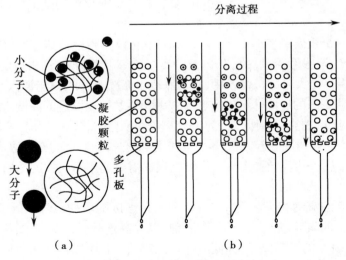

图 11-3 凝胶色谱分离过程示意图
(a)小分子进入凝胶内部,被滞留 (b)大分子先流出,小分子后流出

分子排阻色谱法根据流动相的不同可分为两类：以有机溶剂为流动相的称凝胶渗透色谱法（gel permeation chromatography，GPC）；以水溶液为流动相的称凝胶过滤色谱法（gel filtration chromatography，GFC）。

分子排阻色谱法的分离类似于分子筛的作用，取决于凝胶孔穴大小与被分离组分线团尺寸的相对关系。分子排阻色谱的分离机制有多种理论，目前被广为接受的是空间排阻理论。根据空间排阻理论，同等大小的溶质分子在凝胶孔穴内外处于扩散平衡状态：

$$X_m \rightleftharpoons X_s$$

X_s 和 X_m 分别代表在凝胶孔穴中与孔外流动相中同等大小的溶质分子。平衡时，两者浓度之比称渗透系数 K：

$$K = \frac{[X_s]}{[X_m]} \qquad\qquad 式（11-5）$$

渗透系数 K 的大小由溶质分子的线团尺寸和凝胶孔穴的大小所决定，与流动相的种类无关。渗透系数 K 与保留体积的关系符合式（10-14），即：$V_R = V_0 + KV_s$。V_s 为色谱柱中凝胶孔穴的总体积；V_0 为死体积，相当于色谱柱内凝胶的粒间体积 V_m。

在凝胶孔径一定时，当分子大到不能进入凝胶的任何孔穴时，$[X_s]=0$，$K=0$，则 $V_R=V_0$，即保留体积等于色谱柱中凝胶粒间空隙的体积（死体积），组分未被保留，随流动相最先流出色谱柱；当分子小到能进入凝胶的所有孔穴时，$[X_s]=[X_m]$，$K=1$，则 $V_R=V_0+V_s$，保留体积最大（等于柱体积），最后流出色谱柱；当分子尺寸介于上述两种分子之间时，能进入部分较大的孔穴，$0<K<1$，则 $V_0<V_R<V_0+V_s$，保留体积在 $V_0\sim(V_0+V_s)$ 之间。

在高分子溶液中，组分的分子线团尺寸与其相对分子质量成正比。因此，在一定的分子线团尺寸范围内，K 与相对分子质量相关，即组分按相对分子质量的大小分离，可用于测定高分子化合物的相对分子质量及分布。

与其他色谱法相比，分子排阻色谱法具有显著的特点：由于其按分子大小不同而分离，洗脱剂种类不影响洗脱效果，因而可以保证在温和条件下洗脱，不会引起生物活性物质的变性失活；分子排阻色谱无须改变洗脱液成分或种类，一次装柱后凝胶可反复使用，且每次洗脱过程即是凝胶的再生过程；实验具有高度的重复性，既可用于大样本制备，亦可用于小样本的分析。

分子排阻色谱法的应用广泛，不仅可作为脱盐工具、浓缩高分子溶液、去除热原物质、测定高分子物质的相对分子质量及分布，还可用于酶、蛋白质、氨基酸、核酸、核苷酸、多糖、激素、抗生素、生物碱等相对分子质量相差较大物质的分离提纯。

（二）固定相——凝胶

分子排阻色谱法的固定相为多孔凝胶，分为软质、半软质和硬质 3 种。常用的凝胶有葡聚糖凝胶、聚丙烯酰胺凝胶及琼脂糖等。商品凝胶是干燥的颗粒状物质，只有吸收大量溶剂溶胀后方称凝胶。

凝胶的主要性能参数包括平均孔径、排斥极限和相对分子质量范围等。高分子化合物达到一定的相对分子质量后就不能渗透进入凝胶的任何孔穴，这一相对分子质量称该凝胶的排斥极限（$K=0$）；而能进入凝胶的任何孔穴对应的相对分子质量称该凝胶的全渗透点（$K=1$）。排斥极限与全渗透点之间的相对分子质量范围称凝胶的相对分子质量范围，选择凝胶时应保证样品的相对分子质量在此范围内。

（三）流动相——洗脱剂

分子排阻色谱的流动相必须是能溶解试样的溶剂，还必须能润湿凝胶，且黏度要低。由于分子排阻色谱组分的分离与流动相的性质没有直接关系，因而对洗脱剂的要求并不十分严格,水溶性样品选择水溶液为流动相,非水溶性样品选择四氢呋喃、三氯甲烷、甲苯和二甲基甲酰胺等有机溶剂为流动相。

为避免洗脱过程中凝胶体积发生变化影响分离,洗脱剂一般应与浸泡溶胀凝胶所用的溶剂相同;除非含有较强吸附的溶质,一般洗脱剂用量仅需一个柱体积。

第二节　柱 色 谱 法

柱色谱法是将固定相装于管径较大的柱管内构成色谱柱,加入待分离的样品,用流动相洗脱,样品在柱管内沿垂直方向向下移动,根据样品各组分与固定相及流动相作用的不同实现分离,一般以制备或半制备为目的。由于色谱柱填充固定相的量远远大于薄层板,因而柱色谱可用于分离量比较大(克数量级)的物质。经典柱色谱法主要用于分离纯化,如中药活性成分的分离纯化、不同相对分子质量的蛋白质或多肽的分离及去离子水的制备等。

柱色谱根据柱压力的大小可分为低压色谱和中压色谱,前者采用粒度较大(粒径 100μm 左右)的填料,流动相主要靠重力作用通过色谱柱,操作简单、成本低,但分离效率较低;后者采用粒度较小(粒径 40μm 左右)的填料,需要输液泵(蠕动泵、低压活塞泵)推动流动相通过色谱柱,分离效率较高,但设备较复杂。

一、色谱类型及条件的选择

(一) 色谱类型的选择

根据样品中待分离组分的性质及各组分的性质差异,选择合适的色谱类型。非极性、弱极性的组分往往考虑采用反相分配色谱或吸附色谱;极性组分则采用正相分配色谱或吸附色谱;酸性、碱性、两性组分或离子型化合物可采用离子交换色谱,有时也可用分配色谱或吸附色谱;大分子化合物则优先考虑凝胶固定相的分子排阻色谱;结构相似化合物的分离尤其是异构体的分离,首选硅胶吸附色谱。分配色谱的重复性往往优于吸附色谱,使用日渐增多,尤其是硅胶键合相填料。

中药化学成分的类型和性质各异,应选择不同的色谱类型。一般生物碱的色谱分离可采用氧化铝或硅胶吸附柱色谱,对于极性较大的生物碱可用分配色谱,而季铵型水溶性生物碱可用离子交换色谱或分配色谱;黄酮类、鞣质等多元酚衍生物首选聚酰胺色谱;苷类的色谱分离往往取决于苷元的性质,如皂苷、强心苷,一般可用分配色谱或硅胶吸附色谱;挥发油、甾体、萜类包括萜类内酯,往往首选氧化铝及硅胶吸附色谱;有机酸、氨基酸一般可选择离子交换色谱,有时也用分配色谱,有些氨基酸也可用活性炭吸附色谱;对于多肽、蛋白质、多糖等大分子化合物,首选分子排阻色谱。

(二) 柱色谱条件的选择

选择色谱分离条件时,必须综合考虑被分离物质的结构与性质、固定相和流动相 3 个要素。下面简要说明各类型色谱条件的选择原则。

1. 吸附柱色谱条件的选择　吸附剂与被分离组分之间要有一定的吸附作用,分离有机酸、氨基酸、甾体、酚、醛等酸性和中性化合物,选择硅胶吸附剂;分离生物碱、挥发油、萜类、甾体、蒽醌以及在酸、碱中不稳定的苷类、酯、内酯等成分,选择氧化铝(常用中性氧化铝);分离黄酮、酚、酸、硝基、醌、羰基等易形成氢键的多元酚类化合物,首选聚酰胺;分离纯化皂苷及苷类等水溶性化合物,选择大孔吸附树脂;分离糖、环烯醚萜苷等非极性物质,选择活性炭吸附剂。

流动相的选择遵循"相似性"原则,即流动相的极性与被分离组分的极性相近;有时可使用混合溶剂来调节流动相的极性、酸碱性、互溶性和黏度,达到各组分相互分离的目的。如用聚酰胺为吸附剂时,一般采用以水为主的混合溶剂为流动相,视具体试样组分,选用不同配比的醇 - 水、丙酮 - 水、氨水 - 二甲基甲酰胺混合溶液等。

总之,应根据被分离物质的性质(化合物类别、极性)选择合适的吸附剂(类型、吸附能力)及流动相(类型、极性)。分离极性小的组分,应选择吸附能力强的吸附剂,选用极性小的溶剂作为流动相;分离极性大的组分,应选择吸附能力弱的吸附剂,选用极性大的溶剂作为流动相。实际工作中,为得到洗脱能力适当的流动相,常采用多元混合流动相;必要时可采用逐步改变流动相溶剂比例的梯度洗脱方式,使各组分均获得良好的分离。

2. 分配柱色谱条件的选择　要求组分在固定液中的溶解度略大于其在流动相中的溶解度。极性物质采用正相色谱分离,常用水、各种缓冲溶液、稀硫酸、甲醇、甲酰胺或丙二醇等强极性溶剂或其混合液作为固定液,选择石油醚、醇类、酮类、酯类、卤代烷类、苯等弱极性溶剂或其混合溶剂作为流动相。

非极性至中等极性的物质采用反相色谱分离,常以甲基硅油、液体石蜡、角鲨烷等弱极性有机溶剂作为固定液,选择水、各种酸、碱、盐及缓冲液的水溶液及低级醇类等极性溶剂作为流动相。

固定液与流动相的选择,要根据被分离样品各组分在两相中的分配系数而定。可先使用对各组分溶解度均较大的溶剂为流动相,再根据实际分离情况改变流动相的组成,即在流动相中加入一些可调节溶解度的其他溶剂,以改变各组分的分离情况与洗脱速率。必要时可选择逐步改变流动相溶剂比例的梯度洗脱方式,使各组分均获得良好的分离。

3. 离子交换柱色谱条件的选择　根据被分离物质的性质选择相应的离子交换树脂,分离金属离子、生物碱等阳离子或氨基酸等两性化合物时选择阳离子交换树脂,以氢型强酸性阳离子交换树脂最常用,采用枸橼酸、磷酸、乙酸等缓冲液作为流动相。分离有机酸等阴离子时选择阴离子交换树脂,常用氯型强碱性阴离子交换树脂(使用前转为氢氧型),以氨水、吡啶等缓冲液作为流动相;复杂样品可采用梯度洗脱方式。

分离氨基酸等小分子物质时,采用 8% 高交联度树脂;分离多肽等大分子物质时,采用 2%~4% 低交联度树脂。制备纯水时采用 10~50 目树脂,分析试样时用 100~200 目树脂。

4. 分子排阻柱色谱条件的选择　首先根据分离对象和分析要求选择合适的凝胶,应使被分离组分的相对分子质量在凝胶的排斥极限和全渗透点之间,并根据分离组分相对分子质量的大小选择合适的交联度。

大部分水溶性试样采用凝胶过滤色谱法,选择葡聚糖凝胶、聚丙烯酰胺凝胶和琼脂糖凝胶,以葡聚糖凝胶最常用,采用水溶液或缓冲液为流动相。非水溶性试样采用凝胶渗透色谱法,亲脂性有机化合物的分离可选择亲脂性凝胶,如黄酮、蒽醌、色素等的分离可选用葡聚糖凝胶 LH-20。合成高分子材料的分离分析可采用聚苯乙烯凝胶,选择苯、甲苯、二氯甲烷、三氯甲烷、四氢呋喃和二甲基甲酰胺等有机溶剂为流动相。

二、操作方法

采用柱色谱法进行组分分离时,一般需经过装柱、加样、洗脱和检出 4 个基本步骤。下面以吸附柱色谱法为例加以说明。

色谱柱为内径均匀,下端(带或不带活塞)缩口的硬质玻璃管,端口或活塞上部铺垫适量棉花或玻璃纤维,管内装入固定相吸附剂。吸附剂的颗粒应尽可能大小均匀,以保证良好的分离效果。除另有规定外,通常采用直径为 0.07~0.15mm(或 100~200 目)的颗粒。

色谱柱的规格根据被分离样品的量和吸附难易程度而定,一般柱管的直径为 0.5~10cm,内径与柱长的比例为 1∶10~1∶20。固定相的装量应根据被分离的样品量而定,硅胶用量约为样品质量的 30~60 倍,难分离物质可高达 500~1 000 倍;氧化铝用量约为样品质量的 20~50 倍,难分离物质可增至 100~200 倍。

1. 装柱 装柱时先将玻璃管垂直固定于支架上,要求填装均匀,不能有气泡。吸附剂的填装有干法和湿法两种方式。

(1)干法:将吸附剂一次均匀加入色谱柱,振动管壁使其均匀下沉,然后沿管壁缓缓加入洗脱剂;若色谱柱本身不带活塞,可在色谱柱下端出口处连接活塞,加入适量洗脱剂,旋开活塞使洗脱剂缓缓滴出,然后自管顶缓缓加入吸附剂,使其均匀地润湿下沉,在管内形成松紧适度的吸附层。操作过程中应保持有充分的洗脱剂留在吸附层的上面。

(2)湿法:将吸附剂与洗脱剂混合,搅拌除去气泡,徐徐倾入色谱柱中,然后加入洗脱剂将附着管壁的吸附剂洗下,使色谱柱面平整。待填装吸附剂所用洗脱剂从色谱柱自然流下,液面和柱表面相平时,即加样品溶液。

2. 加样 样品的加入方式同样有湿法和干法之分。

(1)湿法加样法:将样品溶于开始洗脱时所使用的洗脱剂中(体积要小),沿管壁缓缓加入,注意勿使吸附剂翻起。待样品溶液完全转移至色谱柱内后,打开下端活塞,使液体缓缓流出,至液面与柱面相齐,加入洗脱剂。

(2)干法加样法:将样品溶于适当的溶剂中,与少量吸附剂混匀,再使溶剂挥尽呈松散状,加于已制备好的色谱柱上面。如样品在常用溶剂中不溶,可将其与适量的吸附剂在乳钵中研磨混匀后加入。

3. 洗脱 连续不断地加入洗脱剂进行洗脱,调节一定的流速,洗脱时应始终保持一定高度的液面。通常按洗脱剂洗脱能力大小,递增变换洗脱剂的品种和比例,分部收集流出液,至流出液中所含成分显著减少或不含时,再改变洗脱剂的品种和比例。操作过程中应保持有充分的洗脱剂留在吸附层的上面。

洗脱速度是影响柱色谱分离效果的一个重要因素。大柱一般调节在每小时流出的毫升数等于柱内吸附剂的克数,中小柱一般以 1~5 滴 /s 的速度为宜。一般洗脱 10 个柱体积以上。

洗脱过程可以分为加压、常压和减压 3 种模式。用加压泵、双连球、气泵等给色谱柱加压可以增加洗脱剂的流动速度,减少时间,但是会降低柱效。其他条件相同的时候,常压柱柱效最高,但耗时也最长。减压柱可减少吸附剂的使用量,但可能造成柱中的溶剂大量挥发,影响分离效果。

4. 检出 收集流出液通常有等份收集(等度洗脱)、按变换洗脱剂分部收集两种方式。有色物质可按色带分段收集,两色带重叠部分单独收集;无色物质一般采用分等份连续收集,每份流出液的体积毫升数约等于吸附剂的克数。若洗脱剂的极性较强或各成分结构相似时,每份收集量就要少一些,可通过薄层色谱或纸色谱检测,视分离情况而定。目前,多采用自动收集器自动控制和接收流出液。

洗脱完毕,采用薄层色谱、纸色谱或化学反应法等对各收集液进行检识,将含相同成分的收集液合并,除去溶剂,得到各组分的较纯样品,如为几个成分的混合物可再进一步分离。如有需要,可采用其他定性方法做进一步检测。

不同分离机制的柱色谱,其固定相与流动相具有不同的特性,操作方法有一些差别。

分配柱色谱操作方法和吸附柱色谱基本一致。装柱前,先将固定液溶于适当溶剂中,加入适宜载体,混合均匀,待溶剂完全挥干后,分次移入色谱柱中并用带有平面的玻棒压紧;样品可溶于固定液,混以少量载体,加在预制好的色谱柱上端。洗脱剂需先加固定液混合使之饱和,以避免洗脱过程中固定液的流失。

离子交换柱色谱通常采用湿法装柱,要注意离子交换树脂的预处理、再生、转型等。树脂使用前必须经过处理,以除去杂质并转化为所需要的形式,如阳离子交换树脂一般在使用前将其转变为氢型,阴离子交换树脂通常转变为氯型或氢氧型。具体操作是:先将树脂浸于蒸馏水中充分溶胀,然后用 5%~10% 盐酸处理阳离子交换树脂,使其转变为氢型;用 10%NaOH 溶液或 10%NaCl 溶液处理阴离子交换树脂,使其转变为氢氧型或氯型,最后用蒸馏水洗至中性方可使用。已交换的树脂,可用适当的酸、碱、盐处理使树脂再生,恢复原来性能反复使用。

分子排阻柱色谱要注意凝胶的溶胀、抽气等预处理操作,用后的凝胶可按需要进行再生。分子排阻色谱影响分离度最重要的是柱长、颗粒直径及填充均匀性,实际使用中柱长一般不超过 100cm,当分离 K 值接近的组分时可采取多柱串联的方法提高柱效。为防止产生气泡,装柱完毕后用洗脱剂以 2~3 倍柱体积使柱平衡。分子排阻色谱的上样量可比其他色谱形式大些,组分分离上样量可以是柱体积的 25%~30%;分离 K 值相近的物质,上样量为柱体积的 2%~5%。

三、应用示例

经典柱色谱法设备简易、载荷量大、操作方便、节约能源,主要用于天然产物的分离纯化、中药活性成分的分离、标准样品的制备、生化样品的分离、不同相对分子质量的蛋白质或多肽的分离、去离子水的制备等。

女贞子化学成分的研究

取女贞子生品,粉碎,用 95% 乙醇溶液回流提取,每次 2 小时,提取 3 次,过滤。合并滤液,浓缩至无醇味。浓缩液加适量的水,分别用石油醚、乙酸乙酯萃取。将萃取物分别置于蒸发皿内水浴蒸干,分别得浸膏Ⅰ(石油醚萃取)和浸膏Ⅱ(乙酸乙酯萃取)。

将浸膏Ⅰ与浸膏Ⅱ分别与 100~200 目的硅胶拌样(1:1),采用硅胶柱色谱进行成分的分离、纯化,流动相采用石油醚 - 乙酸乙酯系统极性递增梯度洗脱,按等体积收集各流分,用薄层色谱检查,合并相同的流分,回收溶剂并进行重结晶或碱解等处理。浸膏Ⅰ分离得到 A~G 等 7 个化合物,浸膏Ⅱ分离得到 H、I 等 2 个化合物。

经过核磁共振谱和高分辨质谱分析并结合理化参数,确定 9 种化合物分别是棕榈酸(A)、大黄素甲醚(B)、羽扇豆醇(C)、乙酰齐墩果酸(D)、β- 谷甾醇(E)、白桦酯醇(F)、19α- 羟基 -3- 乙酰乌索酸(G)、齐墩果酸(H)、熊果酸(I)。

第三节　平面色谱法

平面色谱法是指在平面上进行组分分离的色谱法,主要包括薄层色谱法和纸色谱法。平面色谱法与柱色谱法的分离原理相同,操作形式上有所区别。柱色谱是将固定相填装于柱管中,流动相靠重力作用流经固定相;平面色谱是将固定相涂布或固定于玻璃板、滤纸等平面上,流动相通过毛细管作用流经固定相。相对于柱色谱,平面色谱具有更高的分离能力(柱效高),分析速度快,结果更为直观。

一、平面色谱技术参数

平面色谱与柱色谱因操作方法不同,色谱参数也有所区别。平面色谱的定性参数和分离参数介绍如下。

(一) 定性参数

平面色谱的定性参数包括比移值和相对比移值,用来表征组分在色谱系统中的保留行为。

1. 比移值(retardation factor, R_f) 平面色谱中常用 R_f 表示各组分在色谱中的位置。其定义为:一定条件下组分移动距离与流动相移动距离之比,即原点至组分斑点中心的距离 L 与原点至溶剂前沿的距离 L_0 之比。

$$R_f = \frac{原点到组分斑点中心的距离}{原点到溶剂前沿的距离} = \frac{L}{L_0} \qquad 式(11-6)$$

如图 11-4 所示,试样经展开后为 A、B 两组分,其 R_f 分别为:

$$R_{f(A)} = \frac{L_1}{L_0} \qquad R_{f(B)} = \frac{L_2}{L_0}$$

当色谱条件一定时,组分的 R_f 是常数,其值在 0~1 之间。当 R_f 为 0 时,表示组分不随展开剂展开,停留在原点;R_f 为 1 时,表示组分完全不被固定相所保留,即组分随展开剂同步展开至溶剂前沿。实际工作中,要求被分离组分的 R_f 在 0.2~0.8 为宜,R_f 在 0.3~0.5 为最佳。

R_f 既受被分离组分的结构和性质、固定相和流动相的性质的影响,又与展开缸溶剂蒸气饱和度、温度、相对湿度等因素有关,要想得到重复的 R_f,就必须严格控制色谱条件的一致性。在不同实验室、不同实验者之间进行同一物质 R_f 的比较是很困难的。因此,定性分析时一般要求样品与对照品同板点样展开,或采用相对比移值定性。

2. 相对比移值(relative retardation factor, R_{st})是指被测组分的比移值与参考物质的比移值之比,即被测组分的移动距离与参考物质移动距离之比(式 11-7),其关系式为:

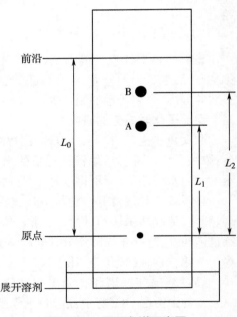

图 11-4 平面色谱示意图

$$R_{st} = \frac{R_{f(i)}}{R_{f(s)}} = \frac{原点到样品组分斑点中心的距离}{原点到参考物质斑点中心的距离} = \frac{L_1}{L_2} \qquad 式(11-7)$$

式(11-7)中,$R_{f(i)}$ 和 $R_{f(s)}$ 分别为组分 i 和参考物质 s 在相同条件下的比移值。参考物质可以是试样中的某一已知组分,也可以是加入试样中的某物质的纯品。R_{st} 可以大于 1,也可以小于 1。R_{st} 与被测组分、参考物质、色谱条件等因素有关,在一定程度上消除了测定中的系统误差,具有较高的重现性和可比性。

(二) 分离度

分离度(R)是平面色谱的重要分离参数,表示两个相邻斑点的分离程度,以两个相邻斑点中心的距离与其平均斑点宽度之比表示。即:

$$R = \frac{d}{\left(\dfrac{W_1 + W_2}{2}\right)} = \frac{2d}{W_1 + W_2} \qquad \text{式（11-8）}$$

式（11-8）中，d 为相邻两斑点中心间的距离，W_1、W_2 分别为两斑点的宽度；在薄层扫描图上，d 为相邻两色谱峰的峰间距，W_1、W_2 分别为两色谱峰宽（图 11-5）。

相邻两斑点之间的距离越大，斑点越集中，分离度就越大，分离效能越好。平面色谱中除另有规定外，分离度应大于 1.0。

二、薄层色谱法

薄层色谱法是平面色谱中应用最广泛的方法。将固定相均匀涂布于洁净的玻璃板、塑料板或铝箔板上，形成一均匀的薄层并进行活化，将试样溶液和对照溶液点在同一薄层板的一端，在密闭的容器（展开缸）中用适当的溶剂展开，各组分由于吸附或分配等作用的不同逐渐分离，根据斑点的颜色、位置和大小等进行定性定量分析。

相对于柱色谱，薄层色谱法具有以下特点：分离能力较强，一次展开可分离多个组分，且分析结果直观；分析速度快，一般只需展开十几分钟至几十分钟；灵敏度高，能检出几微克的物质；试样处理简单，显色方便，检测成分宽泛；所用仪器简单，操作方便；既能分离大量样品，也能分离微量样品。

薄层色谱法的分离机制与柱色谱法相同，主要包括吸附薄层色谱法、分配薄层色谱法和分子排阻薄层色谱法等，其中以吸附薄层色谱法应用最多。

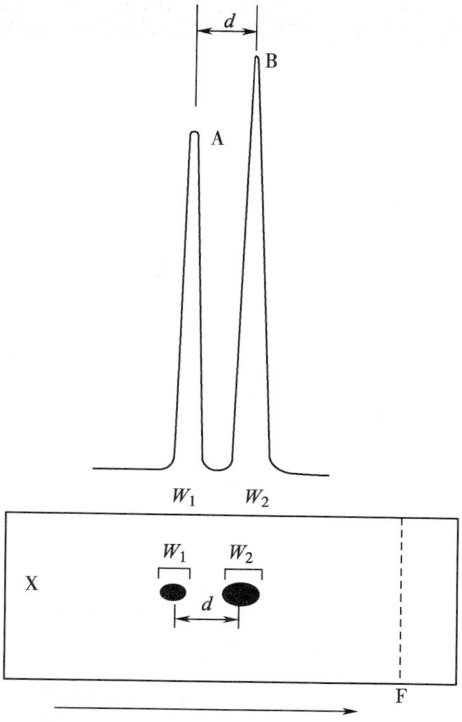

图 11-5　平面色谱分离度示意图

（一）薄层色谱条件的选择

1. 色谱类型及固定相的选择　薄层色谱法最常用的是吸附薄层，根据被分离物质的性质（极性、酸碱性及溶解度）选择合适的吸附剂。柱色谱常用的吸附剂在薄层色谱中基本都能应用，只是薄层色谱用的粒度更小，一般为 200~300 目。硅胶和氧化铝是吸附薄层色谱中最常用的吸附剂，如有机酸、酚类、醛类等酸性和中性物质的分离首先选择硅胶，有时也可选择酸性氧化铝；生物碱、醛、酮以及对酸、碱、不稳定的苷类、酯、内酯等物质的分离常选择中性氧化铝；烃类、生物碱等对碱稳定的碱性和中性物质的分离选择碱性氧化铝；异构体的分离首选硅胶；分离黄酮、酚、酸、硝基、醌、羰基等易形成氢键的多元酚类化合物选择聚酰胺。分离亲脂性化合物常选择硅胶、氧化铝、乙酰化纤维素及聚酰胺；分离亲水性化合物常选择纤维素、离子交换纤维素、硅藻土及聚酰胺等；但也有例外，如脂溶性叶绿素在氧化铝及纤维素上都能分离。

硅胶一般需加黏合剂后制成硬板，氧化铝常常不加黏合剂制成软板。薄层色谱常用的硅胶有硅胶 H、硅胶 G、硅胶 GF_{254} 等。硅胶 H 中只含硅胶不含黏合剂，铺制硬板时需另加羧甲基纤维素钠（CMC-Na）水溶液；硅胶 G 是在硅胶内加入黏合剂煅石膏，制板时可直接加水，也可再加其他黏合剂；硅胶 GF_{254} 既含有煅石膏，又含有在 254nm 波长紫外光下显绿色背景的荧光剂；此外，还有硅胶 HF_{254}、硅胶 $HF_{254+366}$ 等。

吸附薄层色谱分离不理想或不适合吸附薄层色谱的样品可采用其他薄层色谱法。如非极性、弱极性的组分可考虑采用反相薄层分配色谱,以 C_{18}、C_8 等烷基键合相为固定相,水或水 - 有机溶剂混合溶剂为展开剂;极性组分则采用正相薄层分配色谱,以含水硅胶为固定相,极性较弱的有机溶剂为展开剂;高分子化合物则考虑采用凝胶固定相的分子排阻薄层色谱。

常见的薄层色谱固定相、分离机制及适用范围见表 11-2。

表 11-2　常见的薄层色谱固定相、分离机制及适用范围

薄层	分离机制	适用范围
氧化铝板	吸附色谱	生物碱、甾类、萜类、脂肪及芳香族化合物
硅胶板	吸附色谱	广泛应用于各种化合物
C_2、C_8、C_{18} RP 板	正相及反相色谱	非极性物质(类脂、芳香族化合物) 极性物质(碱性及酸性物质)
CHIR(手性)板	配体交换色谱法	对映异构体
NH_2 板	阴离子交换,正相及反相色谱法	核苷酸、农药、酚类、嘌呤衍生物、甾类、维生素类、磺酸类、羧酸类、黄嘌呤类
CN 板	正相及反相色谱法	农药、酚类、防腐剂、甾类
DIOL 板	弱阴离子交换色谱法	甾类、激素
纤维素	分配色谱法	氨基酸、羧酸及碳氢化合物
离子交换纤维素	阴离子交换	氨基酸、肽、酶、核苷酸、核苷
离子交换剂	阳离子及阴离子交换	氨基酸、核酸水解产物、氨基糖、抗生素、肽合成中外消旋体的分离
聚酰胺	基于氢键的吸附色谱	黄酮类、酚类
葡聚糖凝胶	凝胶过滤	蛋白质、核苷酸等
活性炭	吸附色谱	非极性物质

2. 展开剂及薄层色谱条件的选择　展开剂的选择适当与否是影响薄层色谱分离的重要条件之一。薄层色谱中构成展开剂的常用溶剂见第一节。

吸附薄层色谱条件的选择原则与吸附柱色谱相同,根据被分离物质的性质(极性、溶解度及酸碱性)选择合适的吸附剂和展开剂。在吸附薄层色谱法中,主要根据被分离物质的极性、吸附剂的活性、流动相的极性三者的相对关系进行选择,通过组分分子与展开剂分子争夺吸附剂表面活性中心而实现分离。由图 11-6 可知,分离极性物质需选择活性低的吸附剂(活度Ⅲ~Ⅴ级),极性较大的展开剂;分离弱极性物质则需选择活性高的吸附剂(活度Ⅱ~Ⅲ级),极性较弱的展开剂。

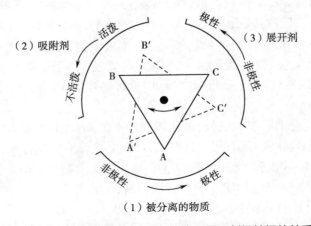

图 11-6　化合物的极性、吸附剂活度和展开剂极性间的关系

在薄层色谱中,通常根据被分离物质的极性,先选择单一溶剂展开;再根据分离效果采用多元混合溶剂系统,通过调节各溶剂的比例改变展开剂的极性,使组分的 R_f 适宜(各组分的 R_f 在 0.2~0.8,相邻组分 $\Delta R_f \geq 0.05$)。例如,某组分用甲苯作展开剂展开时,移动距离太小,甚至停留在原点,说明展开剂的极性太弱,可选择另一种极性更强的展开剂或加入一定比例的极性溶剂,如丙酮、正丙醇、乙醇等,并调节溶剂比例以改变 R_f。反之,若待测组分的展距过大(R_f 过大),斑点在溶剂前沿附近,则应选择另一种极性更弱的展开剂或加入一定比例极性小的溶剂,如环己烷、石油醚等,降低展开剂的极性。

对酸性、碱性物质的分离还应考虑吸附剂与展开剂的酸碱性,制板时可加入一定酸、碱缓冲液制成酸性或碱性薄层板。对酸性组分,特别是离解度较大的弱酸性组分,应在展开剂中加入一定比例的甲酸、乙酸、磷酸和草酸等酸抑制组分解离,防止斑点拖尾。分离生物碱等碱性物质,多数选用中性或碱性氧化铝吸附剂,选择中性溶剂为展开剂;若采用硅胶吸附剂,则宜选用碱性展开剂,即在展开剂中加入二乙胺、乙二胺、氨水和吡啶等碱性物质,同时在双槽层析缸的另一侧倒入氨水。在实际工作中,为了实现最佳分离效果,往往需要通过多次实验进行展开剂系统的优化,寻求最适宜的条件。

(二)薄层色谱的操作方法

薄层色谱的操作程序分为制板、点样、展开、斑点定位(显色及检视)和定性定量分析。现以吸附薄层色谱为例说明其操作方法。

1. 薄层板制备　薄层板分为加黏合剂的硬板和不加黏合剂的软板。软板表面松散、易脱落,硬板上固定相的强度相对较高。本教材重点介绍硬板的制备方法。

(1)市售薄层板:按固定相粒径大小分为普通薄层板(10~40μm)和高效薄层板(5~10μm),临用前一般应在110℃活化30分钟,聚酰胺薄膜不需活化。铝基片薄层板可根据需要剪裁,但需注意剪裁后的薄层板底边的硅胶层不得破损。如在存放期间被空气中杂质污染,使用前可用三氯甲烷、甲醇或其混合溶剂在展开缸中上行展开预洗,110℃活化,置干燥器中备用。

(2)自制薄层板:在保证色谱质量的前提下,可对薄层板进行特别处理和化学改性以适应样品分离的要求,也可用实验室自制的薄层板。

选择表面光滑、平整、洁净、厚薄一致的玻璃板、塑料板或铝箔板,根据实验需要选择薄层板的大小(常用规格有 10cm×10cm、20cm×10cm、10cm×20cm 等)。将 1 份固定相和 3 份水(或加有黏合剂的水溶液,如 0.2%~0.5% 羧甲基纤维素钠水溶液,或为规定浓度的改性剂溶液)调成糊状,在研钵中按同一方向研磨混合均匀(也可采用超声分散均匀),去除表面的气泡后,倒入涂布器中,在玻璃板上平稳地移动涂布器进行涂布(图 11-7),使成厚度为 0.2~0.3mm 的均匀薄层(学生实验或预试也可手工铺板)。薄层厚度及均匀性直接影响样品的分离效果和 R_f 的重复性。

取下涂好吸附剂的薄层板,置水平台上于室温下自然晾干后,在110℃活化30分钟,取出,随即置于有干燥剂的干燥器中冷却至室温备用。聚酰胺吸附剂制成的薄层板则需保存在一定湿度的空气中。使用前检查其均匀度,在反射光及透视光下检视,表面应均匀、平整、光滑、无麻点、无气泡、无破损及污染。

用羧甲基纤维素钠为黏合剂制成的硅胶-CMC薄层板,机械强度好,最为常用,但使用强腐蚀性显色剂时需注意掌握显色温度和时间,以免羧甲基纤维素钠炭化而影响检测。分离生物碱等碱性物质时,可在硅胶中加入碱或碱性缓冲液制成碱性薄层,改善分离效果。当普通薄层板分离效果不理想时,可考虑采用高效薄层板。

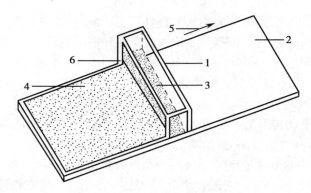

图 11-7 简易薄层板涂布器示意图

1.涂布器 2.玻璃板 3.吸附剂 4.涂布过吸附剂的薄层
5.涂布器移动方向 6.缝隙(薄层厚度)

2. 点样　配制样品溶液时应选用对组分溶解度适中、沸点适中、黏度不过高的溶剂。一般选择甲醇、乙醇等易挥发、与展开剂极性相近的有机溶剂,配制成浓度为 0.01%~0.1% 的供试品溶液。在洁净干燥的环境中,用专用毛细管或配合相应的半自动、全自动点样器械点样于薄层板上,一般为圆点状或窄细的条带状,点样基线距底边 10~15mm,高效板一般基线离底边 8~10mm。圆点状直径一般不大于 4mm,高效板一般不大于 2mm;点样量一般为几微升,薄层制备时可多达几百微升;接触点样时注意勿损伤薄层表面。条带状宽度一般为 5~10mm。高效板条带宽度一般为 4~8mm。手工点样时可采用分量多次点样,每次点样需在前序点样点充分挥干溶剂后进行,以免斑点扩散。点间距离可视斑点扩散情况,以相邻斑点互不干扰为宜,一般不少于 8mm,高效板间隔不少于 5mm(图 11-8)。

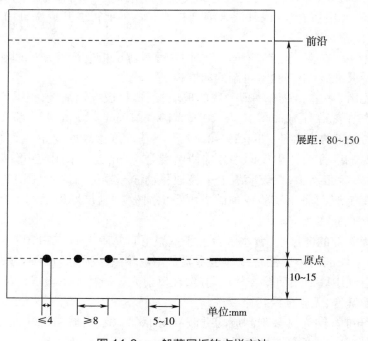

图 11-8　一般薄层板的点样方法

3. 展开　一般硬板采用上行法展开,选用适合薄层板大小的专用平底或双槽展开缸,展开时须密闭;水平展开用专用的水平展开缸(卧式展开缸)(图 11-9)。将点好供试品的薄层板放入盛有展开剂的展开缸中,浸入展开剂的深度以距原点 5mm 为宜,密闭。除另有规定外,一般上行展开 8~15cm,高效薄层板上行展开 5~8cm。待溶剂前沿达到规定的展距,取出薄层板,标记溶剂前沿,晾干,进行检视。

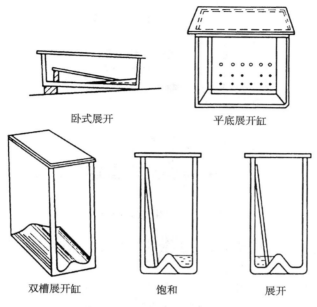

卧式展开　　　　平底展开缸

双槽展开缸　　　饱和　　　展开

图 11-9　常用展开缸示意图

环境温度、湿度、溶剂蒸气饱和度都会影响分离的效果。展开前一般需要进行预饱和,即将点好样的薄层板置于盛有展开剂的展开缸中密闭放置 15~30 分钟(薄层板不浸入展开剂中),待展开缸内溶剂蒸气与薄层板固定相之间达到动态平衡后,再将薄层板浸入展开剂中展开,以防止边缘效应。所谓边缘效应是指同一物质在同一薄层板上展开时边缘 R_f 往往大于板中间 R_f 的现象。产生边缘效应的主要原因是展开缸内溶剂蒸气未达到饱和,展开剂的蒸发速度从薄层板中央到边缘逐渐增加,展开剂中极性较弱或沸点较低的溶剂在边缘挥发得快些,使板边缘的展开剂中极性溶剂比例增大。为了缩短预饱和时间,常在展开缸的内壁贴上浸有展开剂的滤纸,以加快展开剂挥发速度。如一次展开分离效果不好,必要时可进行二次展开或双向展开。双向展开,即薄层板先向一个方向展开后,取出,待展开剂完全挥干后,将板转动 90°,再用原展开剂或另一种展开剂进行展开。(图 11-10)。

4. 显色或检视　展开后需对薄层板上的斑点进行定位,以进行定性定量分析。

有颜色的物质可在可见光下直接检视。无色物质可用喷雾法或浸渍法以适宜的显色剂显色后,在可见光下检视。有荧光的物质或显色后能激发产生荧光的物质可在紫外光灯(365nm 或 254nm)下观察荧光斑点。对于在紫外光下有吸收的物质,可用带有荧光剂的薄层板(如硅胶 GF_{254} 板),在对应波长的紫外光下观察板面上的荧光物质猝灭形成的斑点。

喷雾显色可使用玻璃喷雾瓶或专用喷雾器,要求显色剂应呈均匀细雾状喷出;浸渍显色可用专用玻璃器械或用适宜的展开缸代替;蒸气熏蒸显色可用双槽展开缸或适宜大小的干燥器代替。

检视装置为装有可见光、254nm 及 365nm 紫外光源及相应滤光片的暗箱,可附加摄像设备供拍摄图像用,暗箱内光源应有足够的光照度。

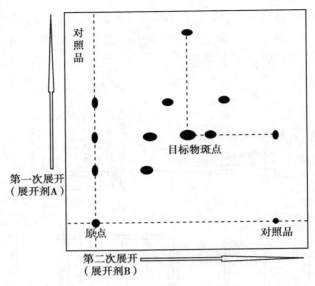

图 11-10　双向展开示意图

薄层色谱图像一般可采用摄像设备拍摄,以光学照片或电子图像的形式保存,也可用薄层扫描仪扫描或其他适宜的方式记录。

显色剂分为通用型显色剂和专属型显色剂两种。通用型显色剂有碘、硫酸 - 乙醇溶液等。碘蒸气对生物碱、氨基酸、肽类、脂类、皂苷等许多有机化合物都可显色,最大特点是显色反应可逆,在空气中放置时碘可升华挥去,组分恢复至原来状态,便于进一步处理。10%的硫酸乙醇溶液可使大多数无色化合物显色,形成有色斑点,如红色、棕色、紫色等,甚至出现荧光。专属型显色剂是对某个或某类化合物显色的试剂,如三氯化铁的高氯酸溶液是吲哚类生物碱的专属显色剂;茚三酮是氨基酸和脂肪族伯胺的专属显色剂;0.05%荧光黄甲醇溶液是芳香族与杂环化合物的专属显色剂;溴甲酚绿是羧酸类物质的专属显色剂。需注意显色剂对薄层材料的影响(如用硫酸等试剂可使板面炭化而影响显色效果),加热的温度和时间也要适宜(如含羧甲基纤维素钠的薄层板温度过高或加热时间过长易焦化)

(三) 分析方法

1. 定性方法

(1)比移值(R_f)定性:将试样与对照品在同一块薄层板上展开,比较薄层板上试样组分与对照品的 R_f 及斑点颜色进行定性,若组分斑点的 R_f 与同板对照品斑点的 R_f 一致且斑点颜色相同,可初步定性该斑点与对照品为同一物质。必要时可采用多种展开系统,若样品组分的 R_f 及斑点颜色仍与对照品一致,则可进一步得到更为肯定的结论。这种方法适用于已知范围的未知物的定性。

(2)相对比移值(R_{st})定性:由于影响 R_f 的因素较多,R_f 的重复性较差,采用 R_{st} 定性更为可靠。既可以与参考物质的 R_{st} 进行比较,也可与文献收载的 R_{st} 进行比较。

2. 定量方法　一般采用洗脱法或薄层扫描法。

(1)洗脱法:试样经薄层色谱分离后,将斑点预先定位,选用合适溶剂将薄层板上的斑点组分洗脱下来,再用分光光度法、荧光法等适当的方法进行定量。采用显色剂定位时,可在薄层板的两边同时点上待测组分的对照品溶液作为定位标记,展开后只对两边的对照品进行显色,由对照品斑点位置确定未显色的待测试样斑点的位置。洗脱法定量时,要注意同时收集、洗脱空白薄层作对照。

(2)薄层扫描法：用一定波长的光照射在薄层板上，对薄层色谱中可吸收紫外光、可见光的斑点，或经激发后能发射出荧光的斑点进行扫描，将扫描得到的谱图及积分数据用于鉴别、检查或含量测定。主要分为薄层吸收扫描法或薄层荧光扫描法。

1)薄层吸收扫描法：适用于在可见、紫外区有吸收的物质。以钨灯或氘灯为光源，用可见光或紫外光区的单色光照射展开后的薄层，测定色谱斑点的吸光度 A 随展开距离 L 的变化，从而得到 $A\text{-}L$ 或 $A\text{-}R_f$ 曲线，即薄层色谱扫描图。曲线上的色谱峰面积，可用于定量分析。

当光照射到薄层板时，除了透射和吸收外，还会产生明显的散射和反射现象，因此朗伯-比尔定律不适用薄层吸收扫描法，需用 Kubelka-Munk 理论描述薄层色谱斑点的吸收度与薄层色谱斑点中物质的量或浓度间的定量关系。但 Kubelka-Munk 曲线并非直线，必须用曲线校直法或计算机回归法将非线性曲线校正为线性曲线方可用于定量分析。

扫描方法可采用单波长扫描或双波长扫描。采用双波长扫描时，应选用待测斑点无吸收或最小吸收的波长为参比波长，供试品色谱图中待测斑点的比移值（R_f）、光谱扫描得到的吸收光谱图或测得的光谱最大吸收和最小吸收应与对照标准溶液相符，以保证测定结果的准确性。薄层色谱扫描定量测定应保证供试品斑点的量在线性范围内，必要时可适当调整供试品溶液的点样量，供试品与标准物质同板点样、展开、扫描、测定和计算。

薄层色谱扫描用于含量测定时，通常采用线性回归二点法计算，如线性范围很窄时，可用多点法校正多项式回归计算。供试品溶液和对照标准溶液应交叉点于同一薄层板上，供试品点样不得少于 2 个，标准物质每一浓度不得少于 2 个。扫描时应沿展开方向扫描。

2)薄层荧光扫描法：适合于本身具有荧光或经过适当处理后可产生荧光的物质。光源用氙灯或汞灯，采用直线式扫描。在点样量较小时，斑点中荧光物质的量或浓度与其荧光强度呈线性关系，这是薄层荧光扫描法定量的依据。

荧光测定法专属性强，灵敏度比吸收法高 1~3 个数量级，最低可测到 10~50pg 样品，但适用范围较窄。对于能产生荧光的物质，可直接采用荧光扫描法测定。对于有紫外吸收而不能产生荧光的物质，需采用荧光猝灭法测定。

（四）应用

薄层色谱法适用于大多数物质的分离分析，如生物碱、黄酮、酯、甾体、酚、氨基酸、核苷酸、肽、蛋白质、糖、激素等，在医药、化工、生物化学、生命科学及环境检测等领域应用十分广泛。可用于兴奋剂、毒品、植物毒素、真菌毒素、药物中毒、农药以及刑侦破案等方面的毒物样品分析；在环境检测领域，可用于检测水、土壤、大气尘埃及农产品等样品中的多环芳烃、农药及农残、有毒金属等有害物质；在食品分析领域，可用于分离检测食品中的碳水化合物、维生素、有机酸、氨基酸等天然营养成分，也用于食品添加剂的分析以及某些有毒成分的控制；还可用于高分子材料、石油化工原料及产物分析，染料及化妆品分析等。

在药学领域，薄层色谱法广泛应用于化学药物的定性鉴别、杂质检查及药品稳定性考察；中药及中药制剂的成分分离与定性鉴别。如磺胺、巴比妥、苯骈噻嗪、甾体激素、抗生素、生物碱、强心苷、黄酮、挥发油和萜等成分，每一类都包括几种或十几种化学结构和性质非常相似的物质，基本都可以找到合适的展开剂，较方便地使多种化合物很好地分离。在中药成分的分离纯化中，薄层色谱法还可以作为液相柱色谱的先导，摸索色谱条件，并监视分离提纯的程度。

薄层色谱法具有简便、快速、易普及等特点，兼具分离和分析双重功能，且采用薄层对照分析法，专属性较强，是目前中药鉴别最常用的方法。

应用示例　人参的薄层色谱鉴别

供试品：取人参粉末 1g，加三氯甲烷 40ml，加热回流 1 小时，弃去三氯甲烷液，药渣挥干溶剂，加水 0.5ml 搅拌湿润，加水饱和正丁醇 10ml，超声处理 30 分钟，吸取上清液加 3 倍量氨试液，摇匀，放置分层，取上层液蒸干，残渣加甲醇 1ml 使溶解，作为供试品溶液。

对照品：取人参对照药材 1g，同法制成对照药材溶液。取人参皂苷 R_{b1} 对照品、人参皂苷 R_e 对照品、人参皂苷 R_f 对照品及人参皂苷 R_{g1} 对照品，加甲醇制成每 1ml 含 2mg 的对照品溶液及混合对照品溶液。

薄层板：10cm × 20cm 硅胶预制薄层板。

点样量：1μl。

展开剂：三氯甲烷 - 甲醇 - 水（13∶7∶2），5~10℃放置的下层溶液。

显色：喷以 10% 硫酸乙醇溶液，105℃加热至斑点清晰。

检视：置可见光和紫外光（365nm）下检视，于供试品色谱中，在与人参对照药材色谱、各对照品色谱相应的位置上，显相同颜色的斑点（图 11-11）。

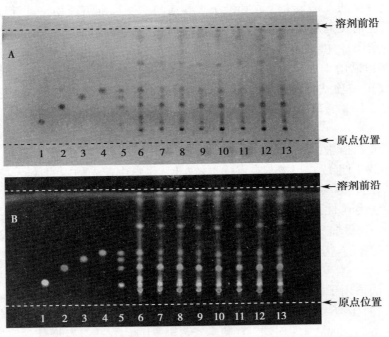

图 11-11　人参的薄层色谱鉴别（展距 8cm，T 25℃，RH 40%）

A. 可见光下检视　B. 365nm 紫外光下检视

1. 人参皂苷 R_{b1} 对照品　2. 人参皂苷 R_e 对照品　3. 人参皂苷 R_f 对照品
4. 人参皂苷 R_{g1} 对照品　5. 混合对照品　6. 人参对照药材　7~13. 人参样品

三、纸色谱法

纸色谱法系以纸为载体，以纸上所含水分或其他物质为固定相，用展开剂进行展开的分配色谱法。展开剂靠毛细作用在纸上展开，被分离物质因其理化性质的差异，在两相中分配系数不同而实现分离。与薄层色谱法一样，纸色谱也用比移值（R_f）表示各组分在色谱中的保留行为。

（一）纸色谱条件的选择

1. 色谱纸的选择与处理　纸色谱使用的滤纸应具备以下条件：质地均匀平整、厚薄一致,具有一定机械强度;具有一定的纯净度,不含影响展开效果的杂质,也不应与所用显色剂作用,以免影响分离和鉴别效果,必要时可进行处理后再用;滤纸纤维松紧适宜,厚薄适当。

滤纸的选择应考虑分析对象,R_f 相差很小的混合物宜采用慢速滤纸,R_f 相差较大的混合物可采用中速或快速滤纸;一般定性分析用薄纸,制备和定量分析用厚纸。

2. 固定相的选择　滤纸纤维有较强的吸湿性,通常含 20%~25% 的水分,其中约有 6% 的水与纤维素上的羟基以氢键缔合的形式结合,一般较难脱去。这部分的水作为纸色谱的固定相,纸纤维起惰性载体的作用。

为适应某些特殊化合物分离的需要,可对滤纸进行一些处理,使滤纸具有新的性能。如分离酸性、碱性物质时,为了防止其离子化,滤纸需保持具有相对稳定的酸碱度,可将滤纸预先在一定 pH 的缓冲溶液中浸渍处理后使用;分离弱极性物质时,为了增加其在固定相中的溶解度,可将滤纸在一定浓度的甲酰胺、二甲基甲酰胺、丙二醇中浸渍,降低 R_f;分离某些混合生物碱时,可在滤纸上加一定浓度的无机盐类,以调整纸纤维的含水量,改变组分在两相间分配的比例,使混合物相互分离。

一些亲脂性物质的分离可采用反相纸色谱法,将石蜡、硅油等亲脂性溶剂固定在滤纸上作为固定相,以水或亲水性溶剂为流动相。

3. 流动相的选择　展开剂的选择主要根据被分离物质的极性,遵循相似性原则,通过调节展开剂中极性溶剂与非极性溶剂的比例,可使组分的 R_f 在适宜范围内。如对极性物质,增大展开剂中极性溶剂的比例可增大 R_f,增大展开剂中非极性溶剂的比例可减小 R_f。

纸色谱的展开剂常用水饱和的正丁醇、正戊醇、酚等有机溶剂,即将有机溶剂与水混合在分液漏斗中振摇后静置,待分层后取有机层。为了防止弱酸、弱碱组分的离解,有时需在展开剂中加入少量的甲酸、乙酸、吡啶等酸或碱。为改变展开剂的极性,可加入一定比例的甲醇、乙醇等,增强其对极性物质的展开能力。

(二)纸色谱的操作方法

纸色谱的操作与薄层色谱相似,分为色谱纸的准备、点样、展开、斑点定位(显色及检视)、定性定量几个步骤,其操作方法说明如下。

1. 色谱纸的准备　用下行法时,取色谱滤纸按纤维长丝方向切成适当大小的纸条,离纸条上端适当的距离用铅笔画一点样基线,必要时,可在色谱滤纸下端切成锯齿形便于展开剂向下移动。用于上行法时,色谱滤纸长约 25cm,宽度则按需要而定,必要时可将色谱滤纸卷成筒形;点样基线距底边约 2.5cm。

2. 点样及展开　展开容器通常为圆形或长方形玻璃缸,缸上具有磨口玻璃盖,应能密闭。用于下行法时,盖上有孔,可插入分液漏斗用以加入展开剂。在近顶端有一用支架架起的玻璃槽作为展开剂的容器,槽内有一玻棒用于压住色谱滤纸;槽的两侧各支一玻棒,用于支持色谱滤纸使其自然下垂,避免展开剂沿色谱滤纸与溶剂槽之间发生虹吸现象。用于上行法时,在盖上设置悬钩,以便将点样后的色谱滤纸挂在钩上。

(1)下行法:将供试品溶解于适宜的溶剂中制成一定浓度的溶液。用定量毛细管或微量注射器吸取溶液,点于点样基线上,一次点样量不超过 10μl,点样量过大时,溶液宜分次点加,每次点加后,待其自然干燥、低温烘干或经温热气流吹干,样点直径为 2~4mm,点间距离为 1.5~2.0cm,样点通常应为圆形。

将点样后的色谱滤纸的点样端放在溶剂槽内并用玻璃棒压住,使色谱滤纸通过槽侧玻璃支持棒自然下垂,点样基线在压纸棒下数厘米处。展开前,展开缸内用溶剂的蒸气使之饱和,一般可在展开缸底部放一装有规定溶剂的平皿或将被规定溶剂润湿的滤纸条附着在展开缸内壁上,放置一定时间,待溶剂挥发使缸内充满饱和蒸气。然后小心添加展开剂至溶剂槽内,使色谱滤纸的上端浸没在槽内的展开剂中。展开剂即经毛细管作用沿色谱滤纸移动进行展开,展开过程中避免色谱滤纸受强光照射,展开至规定的距离后,取出色谱滤纸,标明展开剂前沿位置,待展开剂挥散后检测色谱斑点。

(2)上行法:点样方法同下行法。展开缸内加入展开剂适量,放置,待展开剂蒸气饱和后,再下降悬钩,使色谱滤纸浸入展开剂约1cm,展开剂即经毛细管作用沿色谱滤纸上升,除另有规定外,一般展开至约15cm后,取出晾干,检视。(图11-12)

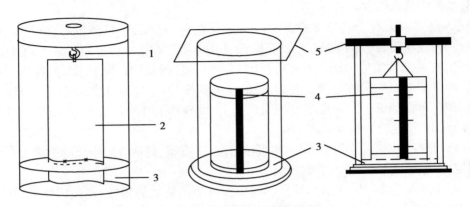

图 11-12 纸色谱的上行法展开
1.悬钩 2.滤纸 3.展开剂 4.卷成筒形的滤纸 5.展开缸盖

纸色谱可以单向展开,也可进行双向展开,亦可多次展开、连续展开或径向展开等(图11-13)。

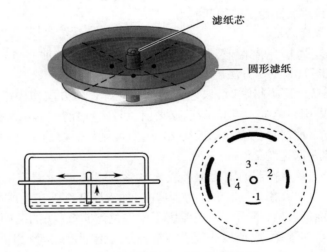

图 11-13 纸色谱径向展开示意图
1~3.标准对照品 4.混合样品

3. 检视 纸色谱的检视方法与薄层色谱基本一致,对于有色物质,展开后可直接观察各色斑;能产生荧光的物质,可在紫外灯下检视(如生物碱);无色物质可喷相应的试剂使斑点显色(显色剂、碘蒸气熏或氨熏等)。薄层色谱所用的显色剂在纸色谱中多数适用,但需注意不能使用腐蚀性的显色剂(如硫酸-乙醇)。

(三)分析方法

1. 定性分析 纸色谱的定性方法与薄层色谱相同,有色物质可直接观察色斑的颜色、位置(R_f)，与对照品比较；无色物质可显色后再进行鉴别。

2. **定量分析**　可用剪洗法，即将确定部位的色谱斑点剪下，经溶剂浸泡，洗脱，再用比色法或分光光度法测定含量。但因准确度低且操作烦琐，目前纸色谱法已很少用于定量分析。

（四）应用

纸色谱法操作简便、重复性好，适合各类化合物的分离分析，尤其适合于氨基酸、糖类、蛋白质、天然色素、有机酸等亲水性样品组分的分离。广泛应用于化学合成药物的鉴别和微量杂质的检查，以及中药活性成分的分离及中药的定性鉴别等。

应用示例　盐酸苯乙双胍测定有关物质

供试品溶液：取本品 1.0g，置 10ml 量瓶中，加甲醇溶解并稀释至刻度，摇匀。

色谱条件：采用色谱滤纸条（7.5cm×50cm），以乙酸乙酯‐乙醇‐水（6∶3∶1）为展开剂。

测定法：精密吸取供试品溶液 0.2ml，分别点于 2 张滤纸条上，并以甲醇作空白点于另一滤纸条上，样点直径均为 0.5~1cm；照下行法，将上述滤纸条同置展开缸内，展开至前沿距下端约 7cm 处，取出，晾干，用显色剂（取 10% 铁氰化钾溶液 1ml，加 10% 亚硝基铁氰化钠溶液与 10% 氢氧化钠溶液各 1ml，摇匀，放置 15 分钟，加水 10ml 与丙酮 12ml，混匀）喷其中一张点样纸条（有关双胍显红色带，R_f 约为 0.1），参照此色谱带，在另一张点样纸条及空白纸条上，剪取其相应部分并向外延伸 1cm，并分剪成碎条，精密量取甲醇各 20ml，分别进行萃取，用紫外‐可见分光光度法，在 232nm 波长处分别测定吸光度。

限度规定　吸光度不得过 0.48。

学习小结

1. 学习内容

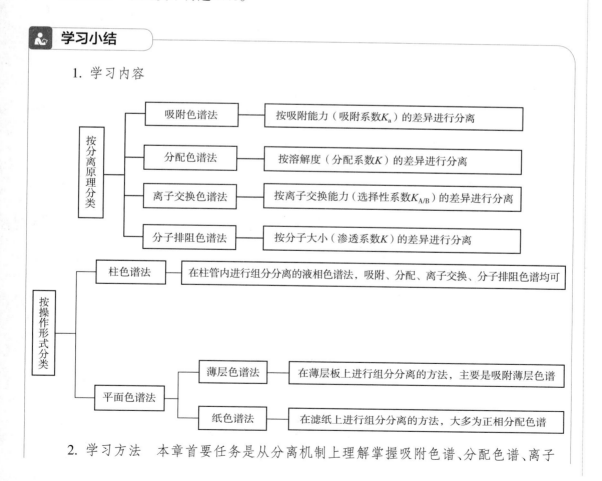

2. **学习方法**　本章首要任务是从分离机制上理解掌握吸附色谱、分配色谱、离子

交换色谱和分子排阻色谱的基本原理及其固定相和流动相,要注意其中的联系与区别,寻找规律。柱色谱和平面色谱更多的只是操作形式上的差异,分离过程基本是一致的,所以对两者操作方法的掌握就更为重要。熟悉平面色谱特有的比移值、相对比移值等概念。注意在实践操作中与理论知识多联系、多体会、多总结。

(许佳明　马东来)

复习思考题

1. 硅胶的吸附活性基团是什么? 哪些因素会影响其吸附活性?

2. 液固吸附色谱的固定相有哪几种? 对吸附剂颗粒有什么要求?

3. 如何选择吸附薄层色谱的展开剂与吸附剂?

4. 柱色谱与薄层色谱有哪些相同点和不同点?

5. 简述薄层色谱的基本操作步骤。

6. 用纸色谱法分离两种性质相近的物质 A 和 B,若已知两者的比移值分别为 0.32 和 0.45,使用 12cm 长的色谱滤纸,则分离后两斑点中心之间的距离是多少?

7. 某样品和标准品经薄层层析后,样品斑点中心距原点 9.5cm,标准品斑点中心距原点 6.8cm,溶剂前沿距原点 14.7cm,请问样品的比移值和相对比移值分别是多少?

8. 使用薄层色谱法分离甲、乙两组分的混合物。停止展开时,原点至溶剂前沿距离为 15cm 时,甲组分斑点中心距原点 6.2cm,乙组分斑点中心距原点 4.9cm,两斑点直径分别为 0.66cm 和 0.59cm,计算两组分的分离度及比移值(R_f)。

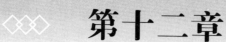

第十二章

气相色谱法

> **学习目标**
>
> 1. 掌握气相色谱分析条件的选择;气液色谱固定液的分类和选择原则;热导检测器和火焰离子化检测器的检测原理和注意事项;毛细管气相色谱的类型和特点;气相色谱定性定量分析方法。
> 2. 熟悉气相色谱的一般流程及仪器组成部件;电子捕获检测器的检测原理和注意事项。
> 3. 了解气相色谱法的应用和样品预处理方法。

气相色谱法(gas chromatography,GC)是以气体为流动相的色谱方法,主要用于分离分析挥发性成分。1941 年,英国科学家 Martin 和 Synge 提出用气体作为流动相的可能。1952 年,James 和 Martin 完成了从理论到实践的开创性研究工作,实现了用气相色谱法分离测定复杂混合物。1955 年诞生了第一台商用气相色谱仪。1956 年荷兰化学家 van Deemter 发表了描述色谱过程的速率理论,1957 年美国科学家 Gloay 提出了开管柱色谱理论,诞生了毛细管气相色谱,这是 GC 发展史上具有里程碑意义的技术创新。1979 年弹性石英毛细管柱的出现使毛细管柱迅速普及,目前市场上 85% 以上的 GC 色谱柱是毛细管柱。此后,随着各种固定相的发展,高灵敏度、高选择性检测器的应用,气相色谱法的分离能力不断提高,成为了极其重要和有效的分离分析技术。

气相色谱法的仪器价格较低,保养与使用成本也很低,仪器易于自动化,可以在很短的分析时间内获得准确的分析结果,尤其适合分离分析含有挥发性成分的样品。气相色谱与质谱的联用技术结合了色谱分离能力与质谱定性、结构鉴定能力,现已成为复杂混合物分离分析的重要工具。

第一节　气相色谱法的分类和特点

一、气相色谱法的分类

气相色谱法可按照固定相的聚集状态、分离机制和操作形式进行分类。按照固定相的聚集状态可分为气固色谱法(gas-solid chromatography,GSC)和气液色谱法(gas-liquid chromatography,GLC)两类。

按色谱分离机制可分为吸附色谱法和分配色谱法两类。一般来说,气固色谱属于吸附色谱,气液色谱属于分配色谱。

根据色谱操作形式,气相色谱法属于柱色谱,按所使用色谱柱的内径可分为填充柱色谱法和毛细管柱色谱法两类。一般填充柱是将固定相填充在金属或玻璃的柱管中,内径为2~4mm。毛细管柱(capillary column)的内径一般为 0.1~1mm。

气相色谱法还可根据进样方式分为普通气相色谱法、顶空气相色谱法和裂解气相色谱法。

二、气相色谱法的特点

气相色谱法作为分离分析方法,主要具有以下特点:

1. 高灵敏度　由于使用高灵敏度的检测器,可检出 10^{-13}~10^{-11}g 的物质,适用于痕量分析。

2. 高选择性　可有效地分离性质极为相近的各种同分异构体、对映体和某些同位素。

3. 高分离效能　一般填充柱的理论塔板数可达数千,毛细管柱最高可达 100 多万,能使难分离物质获得良好的分离。

4. 分析速度快　一般分析只需几分钟到几十分钟即可完成,设备和操作较简单,并可实现自动化分析。

5. 试样用量少　一般气体试样用几毫升,液体试样用几微升或几十微升。

6. 应用范围广　在气相色谱仪允许的条件下可以气化而不分解的物质,都可以用气相色谱法测定。对部分热不稳定物质或难以气化的物质,可通过化学衍生化的方法用气相色谱法分析。GC 应用的主要领域有石油工业、环境保护、临床化学、药物学、食品工业等。在药学和中药学领域,气相色谱法可用作药物的含量测定和杂质检查、溶剂残留分析、中药挥发性成分的分离分析等。

第二节　气相色谱仪

气相色谱仪有多种类型,其设计的原理基本相同,仪器主要由气路系统、进样系统、色谱柱系统、检测系统、数据记录及处理系统、温度控制系统组成,如图 12-1 所示。

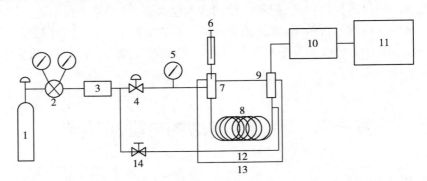

图 12-1　气相色谱仪流程示意图

1. 载气钢瓶　2. 减压阀　3. 净化管　4. 稳压阀　5. 压力表　6. 注射器　7. 气化室　8. 色谱柱
9. 检测器　10. 放大器　11. 数据处理系统　12. 尾吹气　13. 恒温箱　14. 针形阀

高压钢瓶中的载气(流动相)经减压阀减压,通过装有吸附剂(分子筛)的净化管除去载气中的水分、氧气等杂质,到达稳压阀,维持气体压力稳定。进样后,样品在气化室气化后被载气带入色谱柱,各组分按分配系数大小顺序实现分离,并依次被载气带出色谱柱进入检测器。检测器将各组分的浓度(或质量)信号转变成可测的电信号,经数据处理后,得到色谱图,用于定性和定量分析。

一、气路系统

气路系统(gas supply system)指载气和检测器所用气体(燃烧气、助燃气)的气源(高压钢瓶或气体发生器,气流管线)、气体净化和气流控制装置(压力表、减压阀、稳压阀、电子流量计)。

气路系统分为单柱单气路和双柱双气路两类。单柱单气路系统包括一个进样口,一路载气,一般只能安装 1 根填充柱,作较简单样品的分析。双柱双气路系统具有两个进样口(填充柱和分流 / 不分流毛细管柱进样口),可以安装 1 根填充柱和 1 根毛细管柱,并可同时安装两个检测器。双柱双气路可以补偿气流不稳定及固定液流失对检测器产生的干扰,特别适合于程序升温分析,目前多数气相色谱仪的气路系统属于这种类型。

载气的纯度、流速和稳定性影响色谱柱效、检测器灵敏度及仪器稳定性。作为载气的气体要求化学稳定性好,纯度高,价格便宜并易取得,能适合于所用的检测器。常用的载气有高纯氢气、氮气、氦气和氩气等。

1. 氢气　具有相对分子质量小、热导系数大、黏度小等特点,使用热导检测器时,常用它作载气。在火焰离子化检测器中它是必用的燃气。但氢气易燃、易爆,使用时应特别注意安全,最好采用氢气发生器作为气源。

2. 氮气　具有安全、价廉,扩散系数小等特点。除热导检测器外,其他检测器大多采用氮气作载气。

3. 氦气　与氢气类似,具有相对分子质量小、热导系数大、黏度小等特点,且具有安全性高等优点,但价格较高,常用于气相色谱 - 质谱联用仪中。

二、进样系统

进样系统(sample injection system)包括进样装置、气化室及加热系统。其作用是使样品进入气化室瞬间气化后被载气带入色谱柱分离。常见的进样装置有阀进样器、隔膜进样器、分流进样器和顶空进样器等。阀进样器常用于气体样品进样,中药研究中较少使用,本节不作详细介绍。

(一)隔膜进样器

隔膜进样器是一种常用的填充柱进样器,注射器穿透硅橡胶隔膜将样品注入气化室,液体样品进入气化室转化为气体后,被载气带入色谱柱进行分离。这种隔膜(隔垫)进样器的结构如图 12-2 所示。

进样口的隔膜一般为硅橡胶,其作用是防止进样后漏气。硅橡胶在使用多次后会失去作用,应经常更换。

(二)分流 / 不分流进样器

分流 / 不分流进样器是毛细管气相色谱最常用的进样装置,既可用作分流进样,也可用作不分流进样。

1. 分流进样　由于毛细管柱样品容量为纳升级,直接导入如此微量样品很困难,通常采用分流进样

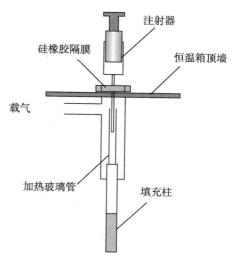

图 12-2　隔膜进样器示意图

（图中标注：注射器、硅橡胶隔膜、恒温箱顶墙、载气、加热玻璃管、填充柱）

器,如图 12-3 所示。进入气化室的载气与样品气体混合后分为两部分,大部分经分流出口放空,小部分进入毛细管柱,进入色谱柱的柱内流量与放空的分流流量之比即为分流比。可通过调节分流出口流量来控制分流比,常规毛细管柱的分流比在 1∶20~1∶500 范围内。

　　分流进样是为了适应微量进样,避免进样量过大导致毛细管柱超载。分流进样另一个重要的作用是减小初始谱带宽度。分流进样由于进入气化室的载气流量大、速度快,使得样品从气化室气化到进入色谱柱的时间很短,同时气化室能得到迅速冲洗,避免了非瞬间进样引起的谱带扩展。

　　2. 不分流进样　低浓度样品采用不分流进样,将分流气路的电磁阀关闭,让样品全部进入色谱柱,提高检测的灵敏度。为了解决样品初始谱带较宽的问题(溶剂效应),可采用瞬间不分流技术,即进样开始时关闭分流电磁阀,使系统处于不分流状态,待大部分气化的样品进入色谱柱后,打开分流阀,使气化室内残留的溶剂气体(也包括一小部分样品组分)就很快从分流出口放空,消除溶剂拖尾。不分流进样方式特别适用于痕量分析。

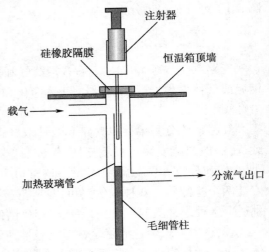

图 12-3　分流进样器示意图

　　毛细管气相色谱仪与填充柱气相色谱仪相比,主要差别在于柱前装置一个分流/不分流进样器,柱后装有尾吹气路,增加辅助尾吹气,使试样加速通过检测器,减少峰的扩张,并使局部浓度增大,提高检测的灵敏度。

　　(三)顶空进样器

　　顶空进样适用于固体和液体样品中挥发性组分的分离和测定。该方法是取样品基质(液体或固体)上方的气相部分进行分析,测定这些成分在原样品中的含量。其依据是在一定条件下气相和凝聚相(液相或固相)之间存在着分配平衡,所以气相的组成能反映凝聚相的组成。根据取样和进样方式的不同,该技术有静态顶空和动态顶空之分。

　　静态顶空进样系统如图 12-4 所示,是在一个密闭恒温体系中,气液或气固达到平衡时,取气相部分进入气相色谱仪分析。由于气相中被测组分的浓度与样品中被测组分的浓度成正比,因而可对样品中的被测组分进行定量分析。动态顶空进样系统如图 12-5 所示,也称吹扫-捕集(purge-trap)进样,是利用流动的惰性气体将样品中的挥发性成分吹扫出来,再用捕集管将吹扫出来的物质进行吸附富集,最后经热解吸将组分送入气相色谱仪进行分析。静态顶空和动态顶空各有特点,药物分析中主要采用静态顶空气相色谱法,如中药的挥发性成分分析和药物的有机溶剂残留分析等。

　　顶空进样法操作简便,待测物质挥发后直接取气相部分进样分析,可免去样品萃取、收集等操作步骤,还可避免样品中非挥发组分对色谱柱的污染,但要求待测物质具有足够的挥发性。

三、色谱柱及温控系统

　　色谱柱系统(column system)由色谱柱、柱温箱及温度控制装置组成。色谱柱是气相色谱仪的心脏,具体内容将在本章第三节讨论。样品从气化室被载气携带进入色谱柱,样品中的各组分在色谱柱内被分离而先后流出,进入检测器。柱温箱的作用是为样品各组分在色

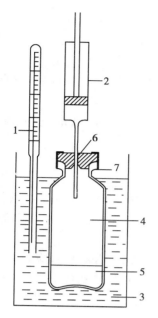

图 12-4 静态顶空进样系统示意图
1. 温度计 2. 注射器 3. 恒温浴
4. 容器 5. 样品 6. 隔膜 7. 螺帽

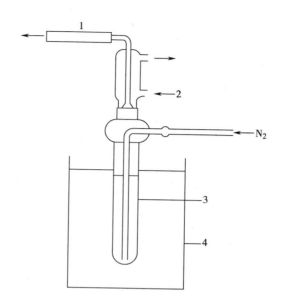

图 12-5 动态顶空进样系统示意图
1. 捕集管 2. 冷却水 3. 样品管 4. 水浴

谱柱内的分离提供适宜的温度。温度是气相色谱的重要操作参数,直接影响色谱柱的选择性、柱效、检测器的灵敏度和稳定性。温度控制装置用于设定、控制和测量柱温箱、气化室和检测器的温度。柱温箱温度从 30~500℃ 连续可调,可在任意给定温度保持恒温,也可按一定的速率程序升温。柱温箱温度的波动会影响色谱分析结果的重现性,因此要求柱温箱控温精度在 ±0.1℃,柱温箱温度波动小于 ±0.1℃/h,温度梯度应小于使用温度的 2%。温度控制分恒温和程序升温两种。气化室温度应使试样瞬间气化而不分解,一般情况下,气化室温度比柱温高 30~50℃。除火焰离子化检测器外,所有检测器对温度变化都较敏感,直接影响检测器的灵敏度和稳定性,所以检测器的控温精度要优于 ±0.1℃。

四、检测系统

检测系统(detection system)即检测器,是气相色谱仪的眼睛,其作用是将流出色谱柱的载气中各组分浓度或质量的变化转变成可测量的电信号。

(一)检测器的分类

气相色谱检测器种类较多,原理和结构各异。分类如下:

1. 按对组分检测的选择性 分为通用型和专属型(或选择型)检测器。热导检测器属于通用型检测器;火焰离子化检测器、电子捕获检测器、火焰光度检测器等属于专属型检测器。

2. 按检测方式 分为浓度型和质量型检测器。浓度型检测器的响应值与流动相中组分的浓度成正比,如热导检测器、电子捕获检测器等;质量型检测器的响应值与单位时间内进入检测器的组分的质量成正比,如火焰离子化检测器、火焰光度检测器等。

(二)检测器的主要性能指标

气相色谱分离效率高,出峰速度快,要求检测器灵敏度高、选择性好、线性范围宽、稳定性好和响应快。其具体性能指标如下。

1. **噪声（noise, N）和漂移（drift）** 是评价检测器稳定性的指标,同时还影响检测器的灵敏度。无样品通过检测器时,由于仪器本身和工作条件所造成的基线起伏称噪声。噪声的大小用基线波动的最大幅度来衡量,单位一般以 mV 来表示。漂移是基线随时间的单方向缓慢变化,通常表示为单位时间内基线信号值的变化,单位为 mV/h。良好的检测器噪声与漂移都应很小。

2. **灵敏度（sensitivity, S）** 又称响应值或应答值,是响应信号变化（ΔR）与通过检测器物质量的变化（ΔQ）之比。

$$S = \frac{\Delta R}{\Delta Q} \qquad \text{式（12-1）}$$

常用两种方法表示,浓度型检测器常用 S_c,质量型检测器常用 S_m。S_c 是 1ml 载气中携带 1mg 的某组分通过检测器时所产生的电信号值（mV）,单位为 mV·ml/mg。S_m 是每秒有 1g 的某组分被载气携带通过检测器时所产生的电信号值（mV）,单位为 mV·s/g。

3. **检测限（detectability, D）** 又称敏感度或检出限。检测限是指检测器恰能产生 3 倍噪声信号时,单位时间内载气引入检测器的组分质量（g/s）或单位体积载气中所含的组分量（mg/ml）。低于此限时组分色谱峰将被噪声淹没,无法检出,故称检测限。计算式为:

$$D = \frac{3N}{S} \qquad \text{式（12-2）}$$

浓度型检测器 D_c 的单位为 mg/ml,质量型检测器 D_m 的单位为 g/s。检测限越低,检测器性能越好。

实际工作中,常用最小检测量或最小检测浓度表示色谱分析的灵敏程度。最小检测量或最小检测浓度是指恰能产生 3 倍噪声信号时的进样量或进样浓度。必须注意的是,检测器的检测限与色谱分析的最小检测量或最小检测浓度的概念是不同的,前者是衡量检测器的性能指标,而后两者不仅与检测器的性能有关,还与色谱峰的峰宽和进样量等因素有关。

4. **线性范围（linearity range）** 检测器的线性是指检测器的响应值与进入检测器的物质的量或浓度之间呈比例关系。任何检测器对特定物质的响应只有在一定范围内才是线性的,检测器的响应信号强度与被测物浓度（或质量）之间成线性的范围即为线性范围。线性范围的下限就是检测限,上限一般认为是偏离线性 ±5% 时的响应值,具体表示方法多用上限与下限的比值。不同检测器的线性范围有很大的差别,同一检测器对不同的组分线性范围也不同。GC 常用检测器的性能指标见表 12-1。

线性和线性范围对定量分析很重要,绘制标准曲线时,样品的浓度或进样量应控制在检测器的线性范围内,否则定量的准确度无法保证。

表 12-1 气相色谱常用检测器的性能指标

检测器	类型	检测对象	噪声	检测限	线性范围	合适载气
TCD	通用型	有机物 无机物	0.005~0.01mV	10^{-6}~10^{-10}g/ml	10^4~10^5	H_2、He
FID	选择型	含 C 有机物	10^{-14}~5×10^{-14}A	$<2 \times 10^{-12}$g/s	10^6~10^7	N_2
ECD	选择型	含电负性基团	10^{-12}~10^{-11}A	1×10^{-14}g/ml	10^2~10^5	N_2
NPD	选择型	含 N、P 化合物	$\leq 5 \times 10^{-14}$A	N:$<10^{-12}$g/s P:$<10^{-11}$g/s	10^4~10^5	N_2、Ar
FPD	选择型	含 S、P 化合物	10^{-10}~10^{-9}A	S:$\leq 5 \times 10^{-11}$g/s P:$\leq 10^{-12}$g/s	S:5×10^2 P:$>1 \times 10^3$	N_2、He

（三）常用的检测器

1. 热导检测器（thermal conductivity detector，TCD） 热导检测器是基于被测组分与载气热导率的差异来检测组分的浓度变化，具有构造简单、测定范围广、热稳定性好、线性范围宽、样品不被破坏等优点，是一种通用型检测器，但其缺点是灵敏度较低。它主要用于溶剂、一般气体和惰性气体的测定，如工业流程中气体的分析、药物中微量水分的分析等。

（1）结构与原理：热导检测器的信号检测部分为热导池，由池体和热敏元件构成，将热导池与其他部件组成惠斯登电桥即为热导检测器。热敏元件常用钨丝或铼钨丝等制成，它们的电阻随温度的升高而增大，并且具有较大的电阻温度系数。热导池可分为双臂热导池和四臂热导池。将两个材质、电阻相同的热敏元件 R_1、R_2，与两个阻值相等的固定电阻 R_3、R_4 组成惠斯登电桥，构成双臂热导池，如图 12-6 所示。一臂连接在色谱柱之前，只通载气，成为参考臂；另一臂连接在色谱柱之后，成为测量臂。如 R_3、R_4 也换成热敏元件则构成四臂热导池，在同样条件下其灵敏度高于双臂热导池。

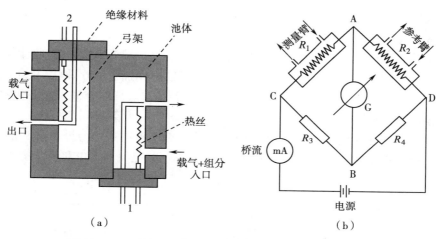

图 12-6　双臂热导池（a）与双臂热导池检测原理示意图（b）
1. 测量臂　2. 参考臂

当载气以恒定的速度通入热导池，并以恒定的电压给热导池的钨丝加热时，钨丝温度升高，所产生的热量被载气带走，并以热导方式通过载气传给池体。当热量的产生与散热建立动态平衡时，钨丝的温度恒定，电阻值也恒定。若参考臂和测量臂均只通载气时，两个热导池钨丝的温度相等，$R_1=R_2$，根据惠斯登电桥原理，当 $R_1/R_2=R_3/R_4$ 时，电桥处于平衡状态，检流计指针停在零点。

当某组分被载气带入测量臂时，若组分与载气的热导率不等，则测量臂的热动平衡被破坏，钨丝的温度将改变，电阻 R_1 也变化，而 R_2 未变，则 $R_1 \neq R_2$；$R_1/R_2 \neq R_3/R_4$，检流计指针偏转，将此微小电流通过电阻转化成电压并放大即为检测信号。由于检测信号的大小取决于组分与载气的热导率之差以及组分在载气中的浓度，因此在载气与组分一定时，峰高或峰面积可用于定量。

（2）使用注意事项：①热导检测器为浓度型检测器，当进样量一定时，峰面积与载气流速成反比，峰高受流速影响较小，所以用峰面积定量时，需严格保持流速恒定；②为避免钨丝被烧断，开机时应先通载气再加桥电流，关机时应先切断桥电流再关载气；③热导检测器的灵敏度与桥电流的三次方成正比，但增大桥电流的同时，也会增大噪声并降低钨丝寿命，所以在满足灵敏度的需要下，以采用低桥电流为原则；④其他条件一定时，载气与组分热导率之差越大,检测器的灵敏度越高,氢气和氦气热导率比有机化合物的热导率大得多,选作载气有利于提高灵敏度(气体热导率见表12-2);⑤热导检测器对温度变化非常敏感,降低检测器温度可增加导热,提高灵敏度。

表 12-2　气体热导率表　　　　　$\lambda \times 10^5$, J/(cm·s·℃),100℃

气体	热导率	气体	热导率
氢	224.3	甲烷	45.8
氦	175.6	丙烷	26.4
氮	31.5	乙醇	22.3
空气	31.5	丙酮	17.6

2. 火焰离子化检测器(flame ionization detector,FID)　火焰离子化检测器又称氢火焰检测器,是基于含碳有机物在氢火焰作用下化学电离形成离子流,通过测定离子流强度而实现检测,具有灵敏度高、响应快、线性范围宽、死体积小等优点,是目前最常用的检测器之一。但其为专属型检测器,一般只能测定含碳化合物,检测时试样被破坏。

(1)结构与原理:火焰离子化检测器由离子化室、火焰喷嘴、发射极、收集极组成,如图12-7所示。检测器的收集极(阳极)与发射极(阴极)之间加有150~300V极化电压,形成一外加电场。检测时,从色谱柱流出的组分被载气携带,与氢气混合进入离子化室,在氢火焰中电离成正离子和电子。产生的离子和电子在收集极和发射极间的外电场作用下做定向运动而形成微电流,经信号放大记录得到色谱峰。微电流的大小与进入离子室的被测组分的含量及分子的含碳量有关,因此在组分一定时,测定微电流强度可对被测物质进行定量分析。

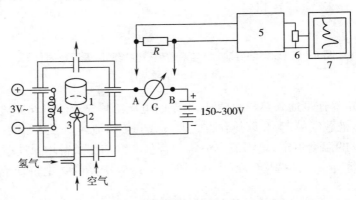

图 12-7　火焰离子化检测器结构示意图
1. 收集极　2. 发射极　3. 氢火焰　4. 点火线圈　5. 微电流放大器
6. 衰减器　7. 记录器

(2)使用注意事项:① FID 需使用3种气体,用氮气作载气,氢气为燃气,空气作助燃气;其流量影响检测器灵敏度。通常氢气与氮气流量比为 1:1~1.5:1,空气流量约是氢气的10倍。②FID 为质量型检测器,响应值取决于单位时间进入检测器的组分质量。在进样量一定时,峰高与载气流速成正比,而峰面积与载气流速无关。所以一般采用峰面积定量,采用峰高定量时需保持载气流速恒定。③FID 对含有 C—H 或 C—C 的化合物敏感,而对含羰基、羟基、氨基或卤素的有机官能团灵敏度较低,对一些永久性气体,如氧气、氮气、一氧化碳、二氧化碳、氮氧化物、硫化氢和水则几乎没有响应。

使用毛细管柱时,为满足 FID 的灵敏度对氮气和氢气、空气流量比率的要求,一般需要增加从柱出口处直接进入检测器的一路载气(氮气)作为辅助气(尾吹气)。同时,由于毛细管柱的柱内载气流速较低,当被分离物质离开色谱柱进入检测器时,会因体积膨胀造成谱带展宽,加入尾吹气可加速样品通过检测器,减少峰展宽,消除这种柱外效应。

3. 电子捕获检测器(electron capture detector,ECD)　电子捕获检测器是一种用 ^{63}Ni 或 ^{3}H 作放射源的离子化检测器,主要用于检测含强电负性元素的化合物,如含卤素、硝基、羰基、氰基等化合物,是分析痕量电负性有机化合物最有效的检测器,特别适合于环境中微量有机氯农药的检测。但这种检测器线性范围窄,检测器的性能易受操作条件的影响,分析的重现性较差。

(1)结构与原理:电子捕获检测器的结构如图 12-8 所示。在检测器池体内装有一圆筒状的 β 放射源作为阴极,内腔中央的不锈钢棒作阳极,在两极间施加直流或脉冲电压。可用 ^{63}Ni 或 ^{3}H 作为放射源,^{63}Ni 可在较高温度(300~400℃)下使用,半衰期为 85 年;^{3}H 使用温度较低(<190℃),半衰期为 12.5 年,所以一般用 ^{63}Ni 作为放射源。

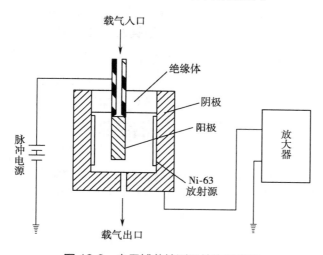

图 12-8　电子捕获检测器结构示意图

在放射源的作用下,使载气(N_2 或 Ar)发生电离,产生正离子和低能量电子:

$$N_2 \rightarrow N_2^+ + e$$

在电场的作用下,正离子和电子分别向两极移动,产生约 $10^{-9}~10^{-8}$A 的恒定电流(基流),也称背景电流(I_0),它反映在色谱仪的记录器上是一条平直的基线。当含强电负性元素的物质(AB)进入检测器后,就能捕获这些低能量电子,产生带负电荷的离子并释放出能量:

$$AB+e \rightarrow AB^- + E$$

生成的负离子又与载气正离子碰撞生成中性化合物,结果使基流下降,产生负信号,形成倒峰。经放大器放大,极性转换,输出正峰信号。信号的大小与进入检测器的组分浓度成正比,是浓度型检测器。

(2)使用注意事项:①应使用高纯氮(纯度高于 99.999%)作为载气,载气中若含有 O_2、H_2O 及其他电负性杂质,会捕捉电子造成基流下降,使检测灵敏度降低,长期使用将严重污染检测器,故需使用干燥管、除氧管。②ECD 为浓度型检测器,用峰面积定量时,需严格保持流速恒定;载气流速对基流和响应信号也有影响,可根据条件试验选择最佳载气流速,一般设定为 40~100ml/min。③检测器中含有放射源,使用时应注意安全,不可随意拆卸。④检测器的温度对响应值有较大影响,温度波动控制在 ±(0.1~0.3)℃,以保证响应值的测量精度在 1% 之内。

4. 其他检测器　除上述检测器外,气相色谱还有氮磷检测器(nitrogen phosphorus detector, NPD)、火焰光度检测器(flame photometric detector, FPD)、质谱检测器(mass spectrometric detector, MSD)等。质谱检测器参见第十五章。

氮磷检测器又称热离子检测器(thermionic detector, TIC),属于质量型检测器,是测定含氮、磷化合物的专属型检测器,具有高灵敏度、高选择性、线性范围宽的特点,已广泛用于农药、石油、食品、药物等多个领域,尤其适用于含氮、含有机磷农药残留量的测定。

火焰光度检测器又称硫磷检测器(SPD),属于质量型检测器,对含硫、磷化合物的灵敏度和选择性高,主要用于检测大气中痕量硫化物、水中或农副产品及中药中有机硫和有机磷农药残留量。

五、数据记录及处理系统

随着微电子技术和计算机技术的不断发展与普及,目前一般都采用计算机(色谱工作站)进行数据的采集和处理,给出色谱图、色谱数据及定性与定量结果;同时也对色谱仪的自动进样器、柱温、检测器、温度、载气流速和压力等色谱参数进行设定和控制,使气相色谱分析自动化、智能化。

第三节　气相色谱柱

气相色谱柱由柱管和固定相组成,按色谱柱的内径分为填充柱和毛细管柱。新的填充柱和毛细管柱在使用前均需要进行老化,以除去残留溶剂及低相对分子质量的聚合物;已使用的色谱柱也应定期进行老化,尤其是出现基线漂移或色谱峰开始拖尾时,应该进行老化以除去样品中的难挥发物在柱头的积累。

一、填充柱

填充柱(packed column)是指将固定相填充在内径 2~4mm 的柱管内而制成的色谱柱。填充柱柱管的材料通常有不锈钢、玻璃等。不锈钢管坚固、耐用,但不适用于不稳定的成分;玻璃管无前述缺点,但易破损。填充柱柱长一般为 2~4m,以 2m 最常用。柱径一般为 2~4mm,细径柱的柱效比粗径柱高。固定相是气相色谱分离的关键,下面按气固色谱、气液色谱分述其固定相。

(一)气固色谱的固定相

气固色谱的固定相包括固体吸附剂、高分子多孔微球、化学键合固定相,一般用于分离分析永久性气体、低相对分子质量化合物和强极性物质。

1. 吸附剂　固体吸附剂的吸附能力很强,最适于分离气体和低沸点烃类。对固体吸附剂要求吸附容量大,热稳定性好,在使用温度下不发生催化活性。常用吸附剂有活性炭、石墨化炭黑、硅胶、氧化铝、分子筛等,多为多孔性固体材料,具有较大的比表面积和较密集的吸附活性点。活性炭主要用于分析空气、一氧化碳、甲烷、二氧化碳、乙炔、乙烯等混合物;石墨化炭黑可用于分离结构和立体异构体;硅胶主要用于分析 N_2O、SO_2、H_2S 等气体及 C_1~C_4 烷烃类等物质;氧化铝主要用于分析 C_1~C_4 烃类及其异构体,氧化铝经氢氧化钠改性后,能在 320~380℃柱温下分析 C_{36} 以下的碳氢化合物;分子筛是一类人工合成的硅酸铝盐,适合分离永久性气体和惰性气体。

2. 高分子多孔微球 是以苯乙烯和二乙烯苯为主进行聚合交联反应生成的一类有机高分子多孔微球。用不同的单体和共聚条件,可共聚成极性及物理结构均不同(如不同的比表面积和孔径分布)的微球,且有不同的分离效能,适用于不同极性化合物的分离。高分子微球兼具吸附剂和有机固定液的特征,既可以直接用作固体固定相,又可作为载体涂上固定液后用于分离。高分子多孔微球选择性强,分离效果好,具有疏水性能,对水和含羟基化合物的保留能力比绝大多数有机化合物小,适合快速测定样品中微量水分。可用于分析烷烃、芳烃、卤代烷、醇、酮、醛、醚、酯、酸、胺、腈及各种气体。在药物分析中,常用于乙醇量、水分和残留有机溶剂的测定。

3. 化学键合固定相 化学键合固定相又称化学键合多孔微球固定相。这种固定相以表面积和孔径可人为控制的球形多孔硅胶为基质,借助化学反应将固定液键合于载体表面上。其特点是有良好热稳定性,固定液不易流失,适合于快速分析,对极性组分和非极性组分都能获得对称峰。常用于分析 $C_1 \sim C_3$ 烷烃、烯烃、炔烃、CO_2、卤代烃及有机含氧化合物。

(二) 气液色谱的固定相

气液色谱的固定相包括固定液和载体,是将固定液均匀涂渍在载体上而成。

1. 载体 又称担体,一般是化学惰性的多孔性固体颗粒。它为固定液提供一个惰性表面,使其能铺展成薄而均匀的液膜,使固定液和流动相之间具有尽可能大的接触面积。

(1) 对载体的要求:①有较大的比表面积,粒度和孔径分布均匀;②表面化学惰性,不与样品组分及固定液发生化学反应;③热稳定性好,高温下不分解、不变形;④有一定的机械强度;⑤对固定液应有较好的浸润性,便于固定液涂渍。

(2) 载体的分类:按化学成分可分为两大类——硅藻土型载体与非硅藻土型载体。

1) 硅藻土型载体:由天然硅藻土煅烧而成。根据制造方法不同又可分为红色载体和白色载体两种。红色载体是由天然硅藻土在 900℃ 煅烧而成,因其中少量铁变成红色的氧化铁,故呈红色。其孔径小(约 1μm),比表面积大(约 4m²/g),机械强度较好,但表面存在活性吸附中心,有一定的催化活性,对极性化合物易产生拖尾现象。国产的 6201 及国外的 Chromosorb P 等属于此类,适合涂渍非极性固定液,用于分析非极性和弱极性化合物。白色载体是在天然硅藻土中加入少量碳酸钠助熔剂,在 1 100℃ 左右高温煅烧,氧化铁与碳酸钠在高温下生成无色的铁硅酸钠络合物,故呈白色。其结构疏松,机械强度较差,孔径较大(约 8~9μm),比表面积小(约 1m²/g),能负载的固定液少,但表面吸附和催化活性小,国产的 101、405 及国外的 Chromosorb M 等属于此类,适宜涂渍极性固定液,分析极性或氢键型化合物。

硅藻土型载体的表面由于存在硅醇基,易与极性物质形成氢键,造成拖尾;载体中所含的少量金属氧化物可能使被测组分发生吸附和催化降解。为消除载体的表面活性,可采用酸洗、碱洗、硅烷化和釉化等方法处理载体表面。

2) 非硅藻土型载体:如玻璃微球、氟载体等。它们耐腐蚀,固定液涂量低,仅在分析强腐蚀物质等一些特殊对象中应用。

2. 固定液 固定液一般为高沸点的有机物,在室温下呈固态或液态,在操作温度下为液态。

(1) 固定液的基本要求:①热稳定性及化学稳定性好,在使用温度下不分解,不与试样组分发生化学反应;②对组分有良好的分离选择性,即样品各组分分配系数有较大的差别;③在操作温度下有较低的蒸气压,以防固定液的流失。固定液有其“最高使用温度”,实际使用温度一般低于该温度 20℃以下。

(2)固定液的分类：目前可用作固定液的化合物,已达上千种之多,常按固定液的化学结构和极性进行分类。

1)按化学结构分类：根据化学结构,固定液可分为烃类、聚硅氧烷类、聚乙二醇类和酯类等。

A. 烃类：包括烷烃和芳烃,是极性最弱的一类固定液。烷烃常用的有角鲨烷、阿皮松等。芳烃包括苄基联苯、聚苯基焦油等,适合分离非极性化合物。

B. 聚硅氧烷类：是目前最常用的固定相,包括从弱极性到极性多种固定液。其主要优点是柱温对柱效影响不大,使用温度范围宽;蒸气压低,热稳定性好,固定液流失少;对大多数有机化合物均有很好的溶解能力。

其基本结构为：

$$(CH_3)_3Si \left[O - \underset{R}{\overset{CH_3}{Si}} \right]_x \quad \left[O - \underset{CH_3}{\overset{CH_3}{Si}} \right]_y O - Si(CH_3)_3$$

硅氧烷类固定液中烷基 -R 可被甲基取代,如聚甲基硅氧烷(如 SE-30、OV-101);被苯基取代,如聚苯基甲基硅氧烷(OV-7、OV-17);被三氟丙基取代,如聚三氟丙基甲基硅氧烷(QF-1);被氰乙基取代,如聚 β- 氰乙基甲基硅氧烷(XE-60)。

C. 聚乙二醇类：属于氢键型固定液,常用的有聚乙二醇 -20000(PEG-20M,平均相对分子质量 20 000),是药物分析中最常用的气相色谱固定液。

D. 酯类：是中强极性固定液,分为非聚合酯与聚酯两种。非聚合酯类如中等极性的邻苯二甲酸二壬酯(DNP);聚酯类如强极性的丁二酸二乙二醇聚酯(DEGS)。

2)按极性分类：按 1959 年罗尔施奈德(Rohrschneider)提出的"相对极性(P)"来表征固定液的分离特性。规定强极性固定液 β,β'- 氧二丙腈的相对极性为 100,非极性固定液角鲨烷的相对极性为 0,其他固定液的相对极性与它们比较在 0~100 之间。测定方法为：选用苯与环己烷(或正丁烷与丁二烯)为分离物质对,分别测定它们在 β,β'- 氧二丙腈及角鲨烷固定液上的相对保留值的对数 q_1 及 q_2,然后测定它们在待测固定液上的相对保留值的对数 q_x。代入式(12-3)计算待测固定液的相对极性 P_x：

$$P_x = 100 \left(1 - \frac{q_1 - q_x}{q_1 - q_2} \right) \qquad \text{式(12-3)}$$

式(12-3)中：

$$q = \lg \frac{t'_{R(苯)}}{t'_{R(环己烷)}} \quad 或 \quad q = \lg \frac{t'_{R(丁二烯)}}{t'_{R(正丁烷)}} \qquad \text{式(12-4)}$$

根据相对极性 P 的数值大小,可将固定液分为 5 级,1~20 为 +1 级,21~40 为 +2 级,依此类推。0~+1 级为非极性固定液,+1~+2 级为弱极性固定液,+3 级为中等极性固定液,+4~+5 级为强极性固定液。

固定液的极性大小不仅取决于固定液的本身,同时也取决于所测定组分的性质。上述评价采用苯 - 环己烷(或正丁烷 - 丁二烯)物质对,未能反映出固定液与组分分子间的全部作用力,在表达固定液性质上尚不完善。因此,Rohrschneider 和 McReynolds 分别于 1966 年和 1970 年提出了更精细的固定液极性表征方法,选用 5 种不同性质的化合物作为评价、表征固定液选择性的标准物质。McReynolds 在 Rohrschneider 基础上提出了改进方案,以苯、丁醇、2- 戊酮、硝基丙烷、吡啶 5 种化合物代表不同类型的分子间作用力,并以 5 种化合物在被测固定液与参比角鲨烷固定液上保留指数的差值 ΔI 作为固定液极性的标度。各差值之和为麦氏常数之和,表示固定液的总极性,其值小于 300 者为非极性固定液。麦氏常数被广泛应用于固定液的性质比较、固定液的选择以及预测分离选择性。常用固定液的参数见表 12-3。

表 12-3　常用固定液

名称	商品名称	麦氏常数和	相对极性	极性级别
角鲨烷	SQ	0	0	0
二甲基硅氧烷	SE-30,OV-101	217,229	13	+1
苯基(20%)甲基硅氧烷	OV-7	592	20	+2
苯基(50%)甲基硅氧烷	OV-17	884	25	+2
邻苯二甲酸二壬酯	DNP	803	25	+2
聚氟烷基甲基硅氧烷	QF-1	1 500	28	+2
聚 β- 氰乙基(25%)甲基硅氧烷	XE-60	1 785	52	+3
聚乙二醇 -20000	PEG-20M	2 308	68	+3
聚丁二酸二乙二醇酯	DEGS	3 504	80	+4
β,β′- 氧二丙腈			100	+5

固定液的极性直接影响组分与固定液分子间的作用力的类型和大小。固定液与组分分子间的作用力是一种极弱的吸引力,主要包括静电力、诱导力、色散力和氢键力等,相关内容已在无机化学课程中介绍,此处不再详述。

(3)固定液的选择:选择固定液的要求就是使难分离物质对达到完全分离,针对具体分析对象选择固定液目前尚无严格的标准,基本规律如下。

1)按相似性原则选择:固定液的选择一般遵循"相似性原则",即按被分离组分的极性或官能团与固定液相似的原则来选择。

A. 极性相似原则:分离非极性组分,一般选择非极性固定液,如 SE-30。组分与固定液分子间的作用力主要是色散力,组分基本按沸点顺序出柱,低沸点的先出柱,高沸点的后出柱。当沸点相同时,极性强的组分先出柱。分离中等极性的组分,一般选用中等极性固定液,如 OV-17 等,分子间的作用力主要是诱导力和色散力,组分基本按沸点从低到高顺序出柱;但对沸点相近的极性和非极性组分,一般非极性组分先出柱。分离强极性组分,一般选用强极性固定液,如 DEGS 等,组分与固定液分子间的作用力主要是静电力,组分按极性顺序出柱,非极性与弱极性组分先出柱,极性组分后出柱。对于能形成氢键的组分,可选用氢键型或极性固定液,如 PEG-20M 等,按组分与固定液形成氢键能力从小到大顺序出柱。分离具有酸性或碱性的极性物质,可选用强极性固定液并加酸性或碱性添加剂。

B. 官能团相似原则:根据组分的化学结构,选择与组分分子具有相同或相似化学官能团的固定液。当选择的固定液所具有的化学官能团与组分分子的官能团相同时,则相互间作用力强,选择性高。如分析醇类化合物时,可选用聚乙二醇等醇类固定液。

2)按主要差别原则选择:样品中各组分之间的主要差别为沸点时,选用非极性固定液,各组分按沸点由低到高的顺序出峰;主要差别为极性时,可选择极性固定液,各组分按极性由小到大的顺序出峰。

3)复杂样品选择混合固定液:分离复杂样品,可采用两种或两种以上的混合固定液。对于复杂多组分样品,目前多采用毛细管气相色谱法进行分离。对未知样品,由分离色谱峰数目的多少、峰形及主要组分分离的程度评价选择指标。

4)按固定液的特征常数选择:固定液特征常数(Rohrschneider 或 McReynolds)能较好地反映固定液对不同类型化合物的分离选择性,可用于指导按组分和固定液之间的作用力来选择合适的固定液。

根据固定液特征常数选择固定液,将难分离组分与测定麦氏特征常数常用的标准物质相比较,选择相似类型标准物质的麦氏常数差别大的固定液进行试验。根据麦氏常数,也可选择同类固定液代替文献报道的固定液分离待测样品。若选择性类似的固定液有多种,应选择其中热稳定性好的固定液。

二、毛细管柱

气液填充柱色谱的涡流扩散较严重,传质阻力大,柱效较低。1957 年,美国工程师 Golay 将固定液直接涂在细而长的毛细管内壁上用于色谱分离,发明了空心毛细管柱(capillary column),又称开管柱(open tubular column)。毛细管柱气相色谱因其高分离能力、高灵敏度、分析速度快等独特优点而得到迅速发展。1979 年,弹性熔融石英毛细管柱的问世,开创了毛细管柱气相色谱的新纪元。随着弹性石英交联毛细管柱技术的日益成熟和性能的不断完善,毛细管柱气相色谱已成为分离分析复杂多组分混合物的主要手段,在各领域的应用中大有取代填充柱的趋势。目前,新型气相色谱仪、气相色谱 - 质谱联用仪大多采用毛细管柱进行分离分析。

毛细管柱按其材质,分为金属(不锈钢)、玻璃和弹性熔融石英毛细管柱,目前主要采用弹性熔融石英毛细管柱。毛细管柱的内径一般为 0.1~0.5mm,柱长 10~100m。毛细管柱的制备技术比填充柱要复杂得多,需经过选材、拉制、内壁表面粗糙化 / 钝化、固定液涂渍等步骤。

(一)毛细管柱的固定相

毛细管柱常用的固定相是固定液,有甲基聚硅氧烷、苯基甲基聚硅氧烷、聚乙二醇等。具体同气液填充柱的固定液。

(二)毛细管柱的分类

毛细管柱按制备方法分为开管型毛细管柱和填充型毛细管柱,常用开管型毛细管柱。

1. 开管型毛细管柱 开管型毛细管柱多用弹性熔融石英制作,中心部位畅通无阻,按固定液涂渍方法或柱结构不同,分为以下几类。

(1)涂壁开管柱(wall coated open tubular column,WCOT):在毛细管的内壁直接涂渍固定液。目前大部分毛细管柱是这种类型。WCOT 可进一步分为微径柱、常规柱和大口径柱,详见表 12-4。

表 12-4 WCOT 的尺寸分类

柱类型	内径 /mm	常用柱长 /m	每米理论板数	主要用途
微径柱	≤ 0.1	1~10	4 000~8 000	快速分析
常规柱	0.2~0.32	10~60	3 000~5 000	常规分析
大口径柱	0.53~0.75	10~50	1 000~2 000	定量分析

柱内径越小,分离效率越高,完成特定分析任务所需的柱长就越短,但细的色谱柱的柱容量小,容易超载。同样内径的色谱柱也因固定液膜厚度不同而具有不同的柱容量,选择色

谱柱时应予以考虑。微径柱主要用于快速 GC 分析,大口径柱是一类特殊的开管柱,液膜厚度一般较大,接近于填充柱的柱容量,且大口径柱的柱效高于填充柱,程序升温性能更好,故可获得比填充柱更为有效、更为快速的分离,定量分析的重现性也较填充柱有所提高。

(2)载体涂渍开管柱(support coated open tubular column,SCOT):先在毛细管的内壁上黏附一层多孔固体载体,如硅藻土,再将固定液涂渍在载体上。SCOT 的液膜较厚,负载固定液量较大,柱容量比 WCOT 大,但柱效较低,且制备技术较复杂,应用不太普遍。

(3)多孔层开管柱(porous layer open tubular column,PLOT):在毛细管的内壁上附着一层多孔性物质(如硅胶、氧化铝、分子筛、石墨化炭黑、高分子微球等),在毛细管的内壁形成多孔层,可涂渍或不涂固定液(相当于开管柱的气固色谱),柱容量较大,柱效较高,主要用于永久性气体和低相对分子质量有机化合物的分析。

(4)壁处理开管柱(wall treated open tubular column,WTOT):对毛细管内壁进行物理化学处理后再涂渍固定液,改善柱内涂敷性,减少表面活性。

(5)键合或交联毛细管柱:将固定液通过化学反应键合于毛细管壁或载体上,或通过交联反应使固定液分子间交联成网状结构,可提高柱效和使用温度,减少固定液流失,柱寿命长,稳定性好,其应用日渐普遍。

2. 填充型毛细管柱　填充型毛细管柱近年已很少使用。该柱是将固定相填充到毛细管内,介于填充柱和开管毛细管柱之间,分为两类。

(1)填充毛细管柱:先在较粗的厚壁玻璃管中装入松散的载体或吸附剂,然后再拉制成毛细管柱。如装入的是载体,可涂渍固定液成为气 - 液毛细管柱;如装入的是吸附剂,则成为气 - 固毛细管柱。

(2)微填充柱:与一般填充柱相同,只是它的内径较细(小于 1mm),将固定相直接填充到毛细管中。

(三)毛细管柱的特点

1. 柱渗透性好　开管型毛细管柱对载气阻力小,可使用长度较长和内径较小的色谱柱,可在较高的载气流速下分析,有利于分离分析复杂试样。

2. 柱效高　毛细管柱的液膜薄、传质阻力小,开管柱无涡流扩散影响,柱长又比填充柱长得多,总柱效高,n 可达 $10^4 \sim 10^6$。

3. 柱容量小　毛细管柱的柱体积小、固定液液膜薄,因此柱容量小,允许的最大进样量很小,一般需采用分流进样,并要求检测器有更高灵敏度。

4. 易于实现气相色谱 - 质谱联用　毛细管柱的载气流速小,较易维持质谱仪离子源的高真空度,可经分流后,将毛细管插入质谱离子源。

第四节　气相色谱分析条件的选择

气相色谱分析条件包括色谱柱、柱温、载气及流速、进样条件、气化温度及检测器选择等,目的是提高组分间的分离选择性,提高柱效,满足分离要求。分析条件的选择主要依据速率方程及色谱分离方程式,多数样品的分析可通过查阅文献资料,在参考前人分析类似样品所采用条件的基础上优化分析条件。

一、色谱柱的选择

常规分析工作中选择色谱柱主要考虑固定液的问题。气相色谱柱有填充柱和毛细管柱两大类。填充柱在实际分析工作中的应用仍较为普遍,目前很多国家标准、行业标准、分析方法标准中仍采用填充柱。毛细管柱近年来发展极为迅速,它的高分离能力使其能广泛应用于诸多学科和领域,是当今世界上分离分析复杂有机化合物的重要工具。

（一）固定相的选择

1. 固定液的选择　填充柱固定液的选择主要根据相似性原则和主要差别原则,已在第三节中详细介绍。

毛细管柱因其高柱效,减少了对固定液选择性的依赖,使固定液的选择较为简单,但特殊物质对(如对映体)的分离除外。对于同一分析样品,没有必要采用与填充柱完全一样的固定液,如填充柱分析六六六和 DDT 的 8 个异构体需用 OV-17 和 QF-1 组成混合固定液,而一根 20 多米的毛细管柱,涂渍最常用的非极性固定液聚甲基硅氧烷(SE-30),很容易使 8 个异构体达到基线分离。

在药物分析中,WCOT 常用的固定液有 OV-1、SE-30、OV-101、SE-54、OV-17、OV-1701、FFAP 及 PEG-20M 等。

2. 载体及粒度的选择　若组分的相对分子质量大、沸点高、极性大,使用的固定液量少,大多选用白色载体;反之,组分的相对分子质量小、沸点低、非极性或弱极性,固定液的用量多,则应选用红色载体;对于具有强极性、热和化学不稳定的物质,可采用玻璃微球载体。一般载体的粒度以柱径的 1/20~1/25 为宜,当柱内径为 2~4mm 的填充柱时可选用 0.25~0.18mm(60~80 目)或 0.18~0.15mm(80~100 目)的载体。

3. 固定液含量　常以固定液与载体的质量比表示固定液的含量,它决定固定液的液膜厚度 d_f,影响传质速率。固定液含量的选择与被分离组分的极性、沸点及固定液的性质有关。低沸点组分多采用高液载比的色谱柱,一般为 20%~30%;高沸点试样则多采用低液载比的色谱柱,一般为 1%~10%。

（二）色谱柱内径和柱长的选择

增大柱内径可增加柱容量,但纵向扩散路径也会随之增加,导致柱效下降。柱内径小有利于提高柱效,但渗透性会随之下降,影响分析速度。对于一般的分离分析来说,填充柱内径为 2~4mm,毛细管柱内径为 0.2~0.5mm。小于 0.2mm 的超细柱应用不多。内径 0.2~0.25mm 的细口径柱具有较高的柱效,适用于复杂样品或沸程范围较宽样品的分析。内径 0.32mm 的中口径柱,适合分析复杂样品。内径 ≥ 0.53mm 的大口径柱样品负荷量可达到填充柱的数量级,适合分析不太复杂的样品。与内径 2~4mm 填充柱比较,大口径柱具有更高的柱效。

增加柱长能增加理论塔板数,有利于提高分离度;但柱长过长,色谱峰变宽,色谱柱的阻力也随之增加,不利于分离。一般填充柱的柱长为 2~4m,毛细管柱的柱长一般为 20~50m,当分析样品十分复杂时才需选用 50m 以上的长毛细管柱。

二、柱温的选择

柱温是影响色谱分离和分析效率的最重要参数,主要影响分配系数(K)、容量因子(k)、组分在流动相中的扩散系数(D_m)和组分在固定相中的扩散系数(D_s),从而影响分离度和分析时间。所以要根据被测物的性质,如沸点、极性等,选择合适的柱温。

提高柱温可使组分的挥发加快,分配系数减小,不利于分离;降低柱温,可使传质阻力增大,峰形扩张,严重时引起拖尾,并延长分析时间。选择柱温的一般原则是:在使难分离物质对能得到良好的分离、分析时间适宜、且峰形不拖尾的前提下,尽可能采用较低柱温。

高沸点试样(300~400℃),柱温可低于沸点100~150℃;沸点低于300℃的试样,柱温可在比平均沸点低50℃至平均沸点范围内。若样品沸程(混合物中高沸点组分与低沸点组分的沸点差,称沸程)不宽,采用恒温操作。宽沸程多组分样品(沸程>100℃)采用程序升温法,即在一个分析周期内,按照一定程序线性或非线性改变柱温,使不同沸点组分在合适温度下得到良好的分离效果。

程序升温的初始柱温由样品中最早流出组分的沸点决定,一般低30~50℃。填充柱经常采用的升温速率是每分钟3~10℃,毛细管柱经常采用的升温速率是每分钟0.5~5℃。终止温度主要根据最后流出组分的沸点和固定液的最高使用温度及对分析时间的要求而定。对于同系物通常采用单阶程升温的方式,多种复杂组分则采用多阶程升温。图12-9为恒定柱温与程序升温对沸程225℃的烷烃与卤代烃9个组分混合物的分离效果比较。当恒定柱温为45℃时,高沸点组分很难洗脱,30分钟内只有5个组分流出色谱柱;当恒定柱温为120℃时,因柱温升高,保留时间缩短,低沸点组分密集,分离度不佳;采用程序升温,低沸点、高沸点的各组分都能在各自适宜的柱温下,在较短的时间内实现良好的分离。

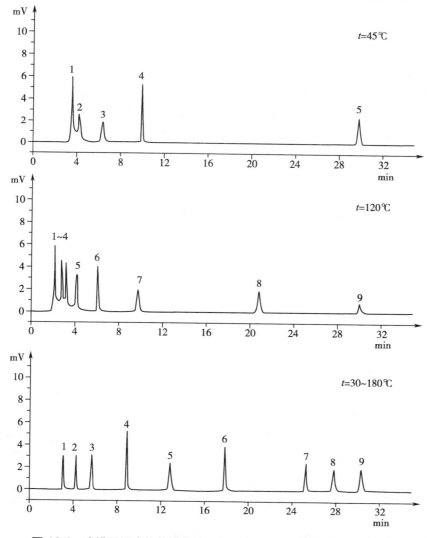

图12-9　宽沸程混合物的恒温色谱与程序升温色谱分离效果的比较图

1.丙烷(-42℃)　2.丁烷(-0.5℃)　3.戊烷(36℃)　4.己烷(68℃)　5.庚烷(98℃)　6.辛烷(126℃)　7.溴烷(150.5℃)　8.间氯甲苯(161.6℃)　9.间溴甲苯(183℃)

三、载气及流速的选择

选择载气主要从对检测器灵敏度、柱效和分析速度的影响等方面考虑。

使用热导检测器时,应选用热导率大的氢气或氦气作载气,以提高检测器的灵敏度;电子捕获检测器常用高纯氮气或氩气作载气;火焰离子化检测器常用相对分子质量大的氮气作载气,稳定性高,线性范围宽。

载气的扩散系数与其相对分子质量的平方根成反比。由 H-u 曲线可知(第十章第三节色谱法基本理论),当载气流速较低时,分子扩散占主导地位,为提高柱效,宜用相对分子质量较大的载气,如氮气;当流速较高时,传质阻力占主导地位,宜用低相对分子质量的载气,如氢气或氦气。相对分子质量较低的载气,有利于提高线速度,实现快速分析。对于较长的色谱柱,由于色谱柱会产生较大的压力,宜用黏度小的氢气作载气,降低柱压。

在实际工作中,为缩短分析时间,一般载气的线速度稍高于最佳线速度,虽柱效略有降低,但大大节省分析时间。

四、其他条件的选择

1. 进样量　当进样量在一定限度时,色谱峰的半峰宽是不变的。只要检测器的灵敏度足够高,进样量越小越有利于得到良好分离。若进样量过多,会造成色谱柱超载,色谱峰展宽,影响分离。通常以柱效下降 10% 的进样量作为最大进样量。对于常规分析,液体进样量一般不超过 10μl,以 0.1~2μl 为宜;气体进样量一般为 0.1~10ml,以 0.5~3ml 为宜。进样时要求速度快,进样时间短,样品在载气中扩散时间短,有利于分离。

毛细管气相色谱有多种进样方式可选,分流进样时分流比应根据被测物含量而定,但分流进样对定量精度会有影响,分流比越大定量精度越差。

2. 气化温度　气化温度取决于样品的沸点范围、热稳定性及进样量等因素。气化温度一般可等于或稍高于样品的沸点,以保证瞬间气化。一般不要超过沸点 50℃以上,以防样品分解。对一般色谱分析,气化温度比柱温高 30~50℃即可。

3. 检测器的选择　按照不同类型组分选择相应的检测器,具体内容见第二节。

4. 检测室温度　检测室温度一般需高于柱温 20~50℃,或等于气化温度,以避免流出色谱柱的组分在检测器中冷凝污染检测器。使用热导检测器时,若检测室温度过高,会使灵敏度降低。

五、样品预处理的选择

对于一些非挥发性或热稳定差的物质,需进行预处理后才可用气相色谱进行分离分析。预处理方法常用裂解法和衍生化法。

1. 裂解法　对于高分子化合物等非挥发性物质,可采用裂解法进行分析。将高分子化合物在裂解器中加热,使之迅速分解成小分子化合物,进样后进行分离分析,主要用于天然和合成高分子、生物大分子等的分析。

2. 衍生化法　利用化学方法定量制备衍生物,增加组分的挥发性或热稳定性。常用方法有酯化法、硅烷化法和酰化法。酯化法是通过酯化反应将羧基转化成酯基,高级脂肪酸的分析常用此法;硅烷化法是通过与硅烷化试剂发生反应,生成易挥发、热稳定的硅烷衍生物,糖类、氨基酸、维生素、抗生素和甾体药物等分析常用此法;酰化法是将含有活泼氢的化合物(除羧酸外),与卤代酰氯、酸酐反应,生成易挥发、热稳定的酰化物。

第五节 气相色谱法的应用与示例

一、定性分析

气相色谱法定性分析的主要依据是保留值(保留时间/保留体积、相对保留值、保留指数等)。利用保留值定性通常采用对照品对照法,即在相同的操作条件下,分别对对照品和试样进行分析,对照保留值(大多采用保留时间和相对保留时间)是否一致确定色谱峰的归属,判定试样中是否含有与对照品相同的组分,在有对照品的情况下常使用此法。对于组成简单的试样,在无对照品的情况下,可利用文献数据(相对保留值或保留指数)对照定性,采用与文献相同的操作条件,测定试样中待鉴定组分的数据,与色谱手册相比较,进行定性鉴定。

气相色谱法也可通过与红外光谱、质谱、核磁共振谱等结构分析仪器联用定性,尤其是气相色谱 - 质谱联用技术(GC-MS)已成为复杂样品及生物样品最主要的分析方法之一。

二、定量分析

色谱定量分析的依据是峰面积或峰高。由于气相色谱的进样量小,一般仅数微升,进样体积不易准确,为减小进样误差,尤其当采用手工进样时,由于留针时间和室温等对进样量也有影响,而毛细管气相色谱分流比的变化会严重影响组分的峰面积,故气相色谱以内标法定量为宜;当采用自动进样器时,由于进样重复性的提高,在保证分析准确度的前提下,也可采用外标法定量。当采用顶空进样时,由于供试品和对照品处于不完全相同的基质中,故可采用标准溶液加入法,以消除基质效应的影响;当标准溶液加入法与其他定量方法结果不一致时,应以标准加入法结果为准。

三、示例

气相色谱法在石油化工、环境保护、生命科学、食品科学、生物医学等领域都有广泛的应用。在药学研究中,可应用于药物的鉴别、杂质检查、挥发性成分的含量测定、农药残留量的测定等。

广藿香药材中百秋李醇的含量测定

色谱条件与系统适用性试验:HP-5 毛细管柱(30m×0.32mm×0.25μm);程序升温:初始温度150℃,保持23分钟,以每分钟8℃的速率升温至230℃,保持2分钟;进样口温度为280℃,检测器温度为280℃,分流比为20:1。理论板数按百秋李醇峰计算应不低于50 000。

对照品溶液的制备与测定:取正十八烷适量,加正己烷溶解并稀释成每1ml含15.0mg的溶液,摇匀,作为内标溶液。另取百秋李醇对照品26.93mg,置10ml量瓶中,精密加入内标溶液1.0ml,加正己烷稀释至刻度,摇匀;取1μl注入气相色谱仪,测得百秋李醇和内标物的峰面积分别为1 248.7和553.2。

供试品溶液的制备与测定:取广藿香药材粗粉3.000 9g,置锥形瓶中,加三氯甲烷50ml,超声处理3次,每次20分钟,滤过,合并滤液,回收溶剂至干,残渣加正己烷使溶解,转移至5ml量瓶中,精密加入内标溶液0.5ml,加正己烷稀释至刻度,摇匀,取1μl注入气相色谱仪,测得百秋李醇和内标物的峰面积分别为 1 275.3 和 634.2。色谱图如下 (图 12-10),采用内标对比法计算广藿香药材中百秋李醇的含量。

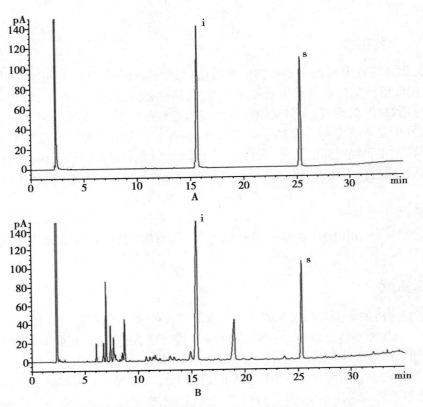

图 12-10　百秋李醇对照品及广藿香药材的气相色谱图

A. 百秋李醇对照品　B. 广藿香药材

i. 百秋李醇　　s. 内标正十八烷

解:已知 $A_{i样}$=1 275.3, $A_{s样}$=634.2, $A_{i标}$=1 248.7, $A_{s标}$=553.2, $C_{i标}$=2.693mg/ml。

$$\frac{A_{i样}/A_{s样}}{A_{i标}/A_{s标}}=\frac{C_{i样}}{C_{i标}}$$

$$C_{i样}=\frac{A_{i样}/A_{s样}}{A_{i标}/A_{s标}}C_{i标}=\frac{1\ 275.3/634.2}{1\ 248.7/553.2}\times2.693mg/ml=2.399mg/ml$$

3.000 9g 广藿香中含百秋李醇的量:

$$m_i=CV=2.399mg/ml\times5ml=12.00mg=0.012g$$

$$含量=\frac{m_i}{m_样}\times100\%=\frac{0.012g}{3.000\ 9g}\times100\%=0.40\%$$

学习小结

1. 学习内容

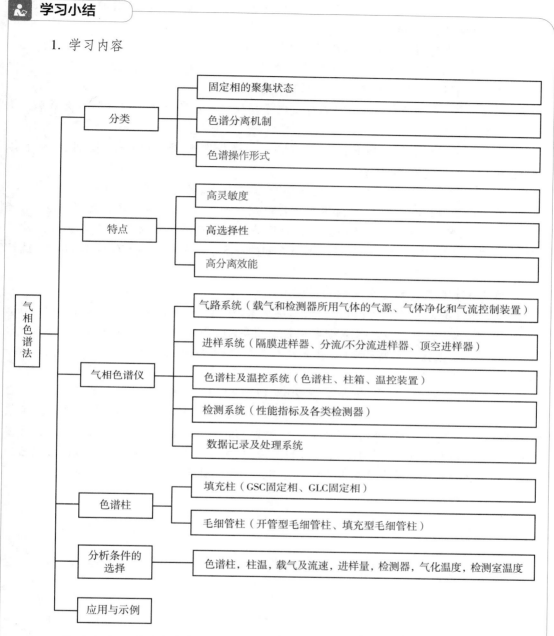

2. **学习方法** 通过老师授课及教材学习,熟悉气相色谱仪的一般流程及仪器主要部件,重点掌握气相色谱分析条件的选择。在熟悉色谱柱的基础上,掌握气相色谱固定相的选择。从毛细管气相色谱的分类、特点等把握其在中药分析中的应用。

（万 丽 邹 莉）

复习思考题

1. 气相色谱仪主要包括哪几部分? 简述各部分的作用。
2. 用气相色谱法分离某二元混合物,当分别改变下列操作条件之一时,推测其对 t_R、H、

R 的影响(忽略检测器、气化室、连接管道等柱外死体积)。①载气流速增加;②柱长增长;③固定液液膜厚度加倍;④柱温增加。

3. 简述气相色谱法对固定液的要求以及选择固定液的原则。

4. 毛细管柱气相色谱有什么特点? 毛细管柱为什么比填充柱具有更高的柱效?

5. 什么是程序升温? 在什么情况下需进行程序升温?

6. 火焰离子化检测器、热导检测器以及电子捕获检测器各属于哪种类型的检测器? 并简述各自的优缺点以及适用范围。

7. 在某色谱分析中得到如下数据:保留时间 t_R=5.0 分钟,死时间 t_0=1.0 分钟,固定液体积 V_s=2.0ml,载气流速 F=50ml/min。

计算:①死体积(V_0);②保留体积(V_R);③容量因子(k);④分配系数(K)。

8. 称取麝香 0.198 8g,经提取后用无水乙醇定容至 2ml;另取麝香酮对照品适量,精密称定,加无水乙醇制成浓度为 1.55mg/ml 的对照品溶液。精密吸取上述溶液各 2μl,注入气相色谱仪,测得对照品和供试品色谱图中麝香酮的峰面积分别为 283 570 和 345 810。试计算麝香中麝香酮的含量。

9. 维生素 E 胶囊中维生素 E 的含量测定

对照品溶液的制备与测定:取正三十二烷适量,加正己烷溶解并稀释成每 1ml 含 1.0mg 的溶液,摇匀,作为内标溶液。另取维生素 E 对照品 21.50mg,置棕色具塞瓶中,精密加内标溶液 10ml,密塞,振摇使溶解;取 1μl 注入气相色谱仪,测得维生素 E 和内标物的峰面积分别为 22 618 和 23 514。

供试品溶液的制备与测定:取本品 20 粒(规格 100mg),精密称定,倾出内容物,混合均匀。囊壳用乙醚洗净,置通风处使溶剂挥尽,精密称定囊壳重量,求得平均每粒装量(0.157 5g)。取内容物 0.032 0g(约相当于维生素 E 20mg),置棕色具塞瓶中,精密加入内标溶液 10ml,密塞,振摇使溶解,取 1μl 注入气相色谱仪,测得维生素 E 和内标物的峰面积分别为 22 206 和 24 560。采用内标对比法和内标校正因子法计算该胶丸中维生素 E 的含量。

第十三章

高效液相色谱法

高效液相色谱法(high performance liquid chromatography,HPLC)是在经典液相色谱法的基础上,引入了气相色谱的理论和实验技术,以高压输送流动相,采用高效固定相及高灵敏度检测器,发展而成的现代液相色谱分离分析方法,又称高压液相色谱法(high pressure liquid chromatography,HPLC)、高速液相色谱法(high speed liquid chromatography,HSLC)。

高效液相色谱法与经典液相色谱法的分离原理相似,但 HPLC 用高压输液泵输送流动相,加快流速,提高分析速度;采用粒度小而均匀的微粒固定相,提高柱效;应用高灵敏度的检测器,可连续在线检测和自动检测,从而使 HPLC 具有更高的分离效率、分析速度和检测灵敏度。

高效液相色谱法与气相色谱法的基本理论一致,两者的差别主要在于流动相、操作条件及应用范围。GC 的流动相气体对分离选择性影响小,色谱分离主要通过改变固定相来提高分离选择性;而 HPLC 的分离选择性不仅取决于组分和固定相的性质,还与流动相的性质密切相关,可选用不同性质的各种溶剂组成流动相,提高分离效率。其次,GC 一般只能分析低沸点、热稳定性好、相对分子质量小的物质;而 HPLC 不受样品挥发性和热稳定性的限制,可分析较高沸点、热稳定性差、相对分子质量大的物质,其应用范围更广。

第一节　高效液相色谱法的特点

一、高效液相色谱法的特点

高效液相色谱法主要具有以下特点:

1. 适用范围广　HPLC 有多种分离模式,可以分析除永久气体外的大部分有机和无机化合物。

2. 分离效率高　采用新型的高效微粒固定相(粒度 3~10μm),色谱柱的柱效可达每米 4×10^4~8×10^4 的理论塔板数,可分离性质非常相近或结构非常相似的化合物。

3. 灵敏度高　HPLC 采用的紫外检测器的最小检测限可达 10^{-9}g,荧光检测器的最小检测限可达 10^{-12}g,电化学检测器的灵敏度更高,而 LC-MS 则兼具通用性好和灵敏度高的优势,近年来应用日渐广泛。

4. 分析速度快　与经典柱色谱相比,HPLC 的分析速度大大提高,一个分析周期一般可在几分钟到几十分钟内完成。

5. 自动化程度高　HPLC 一般都配备自动进样装置和色谱工作站,易实现操作自动化。

6. 流动相选择范围宽　HPLC 可供使用的流动相从非极性有机溶剂到极性溶剂,甚至水溶液,流动相的选择范围宽泛。

7. 样品易回收　HPLC 流出组分收集方便,易放大为制备分离。

二、高效液相色谱法的发展

近年来,高效液相色谱法已成为仪器分析中发展最快、应用最广的分析方法之一。其发展主要体现在两个方面:一方面是色谱技术及其设备的进一步研究与更新,如超高效液相色谱法(ultra performance liquid chromatography,UPLC)、快速高分离度液相色谱法(rapid resolution liquid chromatography,RRLC)和二维液相色谱法(2D-HPLC),大大提高了分辨率、分析速度、检测灵敏度及色谱峰容量,从而全面提升液相色谱的分离效能;另一方面是联用技术的发展,包括色谱 - 色谱联用技术和色谱 - 光谱/质谱联用技术,可以更好地分析复杂体系。其他进展还包括新型固定相的不断涌现、用于特定分析的色谱柱的研究、色谱新方法的研究以及色谱专家系统的应用等。总之,上述各方面的研究和迅速发展都使得 HPLC 分析方法的应用越来越广泛。

第二节　高效液相色谱仪

高效液相色谱仪的基本组件主要包括高压输液系统、进样系统、色谱分离系统、检测系统、数据记录处理和控制系统。典型的高效液相色谱仪结构示意图如图 13-1 所示。

储液瓶中的流动相经混合室混匀,被高压输液泵吸入,然后输出,导入进样器,被分析样品用微量注射器由进样器处注入,由流动相带入色谱柱内,各组分在色谱柱内被分离,并依次进入检测器检测,由数据处理和控制系统记录和处理检测信号,记录色谱峰面积和色谱图。

一、高压输液系统

输液系统的作用是将样品和流动相输送到色谱柱内进行分离。高压输液系统一般由储液瓶、高压输液泵等组成。

1. 流动相储器和脱气处理　流动相储器又称储液瓶,一般为玻璃或聚四氟乙烯材质,容量一般为 0.5~2.0L。如需避光,则选用棕色储液瓶。流动相一般不能贮存于塑料容器中,因甲醇、乙腈等许多有机溶剂可浸出塑料表面的增塑剂,导致流动相受污染。储液瓶需放置于泵体之上,保证一定的输液静压差,以便泵启动时残留在溶剂和泵体中的微量气体通过放空阀排出。储液瓶需密闭,以防止溶剂挥发引起流动相组成变化,也防止空气中的灰尘、微生物等落入已脱气的流动相。

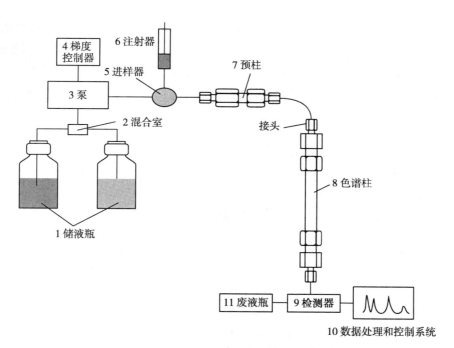

图 13-1 高效液相色谱仪结构示意图

流动相所使用的各种有机溶剂应尽可能用色谱纯试剂,水最好为超纯水或重蒸馏水。流动相装入储液瓶前必须进行过滤、脱气处理,即用 0.45μm(或 0.22μm)微孔滤膜滤过,除去杂质微粒;并进行脱气处理,除去其中溶解的气体。否则系统内容易逸出气泡,影响泵的工作;气泡还会影响柱的分离效率、检测器的灵敏度、基线的稳定性等;溶解的气体还会引起溶剂 pH 的变化,给分离分析结果带来误差。

常用的脱气方法有超声波振动、抽真空、加热回流、吹氦气以及真空在线脱气等。其中最简单常用的脱气方法是超声波振动脱气,脱气效果最佳的是真空在线脱气。超声波振动脱气只需将欲脱气的流动相置于超声波清洗机中,用超声波振荡 10~30 分钟即可。真空在线脱气是把真空脱气装置串接到贮液系统中,并结合膜过滤器,实现流动相在进入输液泵前的连续真空脱气,脱气效果明显优于其他离线脱气方法,并适用于多元溶剂体系,其结构如图 13-2 所示。

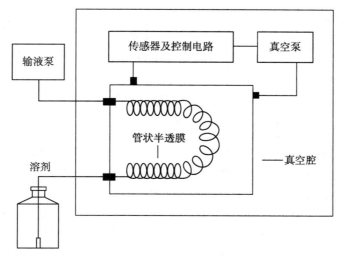

图 13-2 HPLC 在线真空脱气机原理示意图

2. 高压输液泵 高压输液泵是 HPLC 系统中最重要的部件之一。泵的性能好坏直接影响到整个系统的质量和分析结果的可靠性。高效液相色谱仪对泵的要求是：流量精度高且稳定，其 RSD 应小于 0.5%；流量范围宽且连续可调；耐高压、耐腐蚀及适用于梯度洗脱；密封性能好，液缸容积小。输液泵的种类很多，按输液性质可分为恒流泵和恒压泵，目前多用恒流泵中的柱塞往复泵（如图 13-3 所示）。

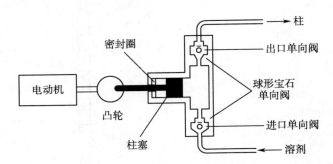

图 13-3 柱塞往复泵示意图

通常由电动机带动凸轮转动，驱动柱塞在液缸内往复运动。当柱塞被推入液缸时，出口单向阀打开，进口单向阀关闭，流动相从液缸输出，流向色谱柱；当柱塞自液缸内抽出时，储液瓶中的流动相自进口单向阀吸入液缸。如此往复运动，将流动相源源不断地输送到色谱柱。柱塞往复泵的液缸容积小（可至 0.1ml），易于清洗和更换流动相，特别适合于再循环和梯度洗脱。改变电机的转速可方便地调节流量，其流量不受柱阻影响；泵压可达 40MPa 以上。但缺点是输液的脉动性较大，目前多采用双泵系统克服脉动性，按双泵的连接方式分为并列式与串联式（如图 13-4 所示），以后者较多。

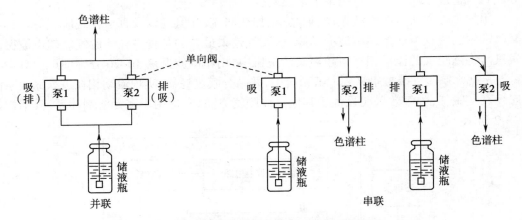

图 13-4 柱塞往复泵的两种连接方式示意图

双泵串联补偿法是将两个柱塞往复泵按图 13-4 连接。泵 1 的缸体容量比泵 2 大一倍，两者的柱塞运动方向相反。当泵 1 排液时，泵 2 将泵 1 输出的流动相的一半吸入，另一半被直接输入色谱柱；泵 1 吸液时，泵 2 将原先吸入的一半流动相再输出，如此往复运动，泵 2 弥补了泵 1 吸液时的压力下降，消除脉冲，使流量恒定。

3. 梯度洗脱 高效液相色谱仪有等度洗脱（isocratic elution）和梯度洗脱（gradient elution）两种方式。等度洗脱是在同一分析周期内流动相组成保持恒定，适合于分析组分数目较少、性质差别不大的试样。梯度洗脱是在一个分析周期内程序控制改变流动相的组成

(如溶剂的极性、pH 和离子强度等),使各组分都能在适宜条件下分离,用于分析组分数目多、性质相差较大的复杂试样。梯度洗脱能缩短分析时间,提高分离度,改善峰形,提高检测灵敏度,但可能引起基线漂移和降低重现性。

　　按多元流动相的加压及混合顺序,实现梯度洗脱的装置有高压梯度和低压梯度两种。高压二元梯度装置是由两台高压输液泵分别将两种溶剂抽入混合室,在泵后的高压状态下混合,混合后送入色谱柱,混合比由泵的速度决定,程序控制每台泵的输出量就能获得各种形式的梯度曲线。低压梯度装置是在常压下用比例阀先将各种溶剂按比例程序混合后,再用一台高压输液泵增压送入色谱柱。

二、进样系统

　　进样系统的作用是将试样送入色谱柱,一般要求进样装置密封性和重复性好,死体积小,进样时对色谱系统的压力、流量影响小。常用进样器有六通进样阀和自动进样装置。

　　1. 六通进样阀　如图 13-5 所示,六通进样阀进样时,先使阀处于装样位置 a,用微量注射器将样品注入贮样管(也称定量环);进样时,转动六通阀手柄至进样位置 b,贮样管内的样品被流动相带入色谱柱。进样体积是由定量环的容积严格控制的,因此进样量准确,重复性好。定量环常见的体积有 5μl、10μl、20μl、50μl 等,可根据需要更换不同体积的定量环。六通阀进样器使用时必须使用 HPLC 专用平头微量注射器,不能使用尖头微量注射器,以免损坏六通阀。

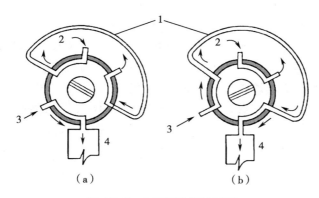

图 13-5　六通阀进样示意图
(a)装样位置(样品进入定量环)　(b)进样位置(样品进入色谱柱)
1. 贮样管或定量环　2. 样品注入口　3. 流动相进口　4. 色谱柱

　　2. 自动进样装置　自动进样装置由计算机自动控制进样阀、计量泵和进样针的位置,按预先编制的进样程序工作,自动完成定量取样、进样、洗针、复位和管路清洗等过程。计量泵精确控制进样量,由机械手将所需样品瓶送至取样针下方,取样针伸入样品溶液中,此时计量泵按照设定的进样量将样品抽入样品环。取样后移走样品瓶,取样针落下插入底座,同时阀转动,由流动相将样品带入色谱柱进行分析。进样量连续可调,进样重复性好,可自动按序列完成几十至上百个样品的分析,适合于大量样品的分析。操作者只需将装好样品的小瓶按一定次序放入样品架(转盘式、排式)上,然后输入程序(如进样次数、分析周期等),启动,设备会自行运转。采用自动进样器所得到的分析结果一般要优于手动进样,且可在无人看管的条件下实现多样品的自动分析。

三、色谱分离系统

色谱分离系统包括色谱柱、柱恒温箱等,是色谱分析的关键。

1. 色谱柱　色谱柱是色谱分离的核心,是色谱仪最重要的组件之一。色谱柱由固定相、柱管、密封环、筛板(滤片)、接头等组成;柱管多为内壁抛光的不锈钢直形管,管壁效应小;固定相采用匀浆法高压装柱(80~100MPa)。每根柱端都有一块多孔性(孔径 1μm 左右)的金属烧结隔膜片(或多孔聚四氟乙烯片),以阻止填充物逸出或注射口带入颗粒杂质,当反压增高时应予更换。

根据色谱柱内径的不同,可分为微径柱、分析柱、快速柱、半制备柱、制备柱等,适用于不同的分离分析目的。常规分析柱内径 2~5mm,柱长 10~25cm,填料粒径 5~10μm,用于常规的分离分析;快速分析柱的内径 1~2mm,柱长 5~10cm,填料粒径为 1.7~2μm;实验室制备柱内径一般 20~40mm,柱长 10~30cm。安装色谱柱时应使流动相流路的方向与色谱柱标签上箭头所示方向一致。

色谱柱的正确使用和维护十分重要,为防止柱效降低、使用寿命缩短甚至色谱柱损坏,应避免压力、温度和流动相组成比例的急剧变化及任何机械震动。温度的突然变化或者机械震动都会影响柱内固定相的填充状况;柱压的突然升高或降低也会冲动柱内填料。一般在色谱柱前需安装对色谱柱起保护作用的预柱或保护柱,长度 5~10mm,内填与色谱柱相同的固定相,以防不溶性颗粒物进入色谱柱造成堵塞;并将强保留组分截留在预柱上,避免进入色谱柱造成污染,延长色谱柱的使用寿命。

2. 柱恒温箱　色谱柱的工作温度对保留时间、溶剂的溶解能力、色谱柱的性能、流动相的黏度都有影响。柱温是液相色谱的重要参数,精确控制柱温可提高保留时间的重复性。一般而言,HPLC 色谱柱的操作温度对分析结果的影响不像 GC 柱温的影响那么大,且流动相中有机溶剂高温下易挥发。合适的色谱柱温度可降低流动相黏度,降低柱压,延长色谱柱寿命。较高柱温还能增加样品在流动相中的溶解度,缩短分析时间。但如果柱温超过 60℃,绝大多数 C_{18} 柱的柱效将明显降低。故 HPLC 常用柱温范围为室温至 60℃。

3. 色谱柱的性能评价　色谱柱性能指标包括在一定实验条件下的柱压、塔板高度 H 和板数 n、拖尾因子 T、保留因子 k 和分离因子 α 的重复性或分离度 R。购买新的色谱柱或放置一段时间的色谱柱,使用前都需检验色谱柱的性能是否符合要求。检验条件可参考色谱柱附带的说明手册或检验报告。

四、检测系统

检测器的作用是将流出色谱柱的洗脱液中组分的量或浓度定量转变为电信号。按其适用范围,检测器可分为通用型和专属型两类。专属型检测器对分离组分的物理或化学特性有响应,常用的有紫外检测器、荧光检测器和电化学检测器等;通用型检测器检测的是一般物质均具有的性质,常用的有蒸发光散射检测器、电喷雾检测器和示差折光检测器等。高效液相色谱的检测器应具有灵敏度高、响应快、噪声低、线性范围宽、重复性好、适用范围广、死体积小、对流动相流量和温度波动不敏感等特性。在实际分析中,应根据分析组分的性质和检测器的特点选择合适的检测器。

1. 紫外检测器(ultraviolet detector,UVD)　UVD 是 HPLC 应用最普遍的检测器,适用于有紫外吸收物质的检测,具有灵敏度高、噪声低、线性范围宽、对温度及流动相流速变化不敏感、可用于梯度洗脱等特点。但其缺点是不适用于无紫外吸收的物质,且对流动相有一定限制,即流动相的截止波长应小于检测波长。目前常用的有可变波长型紫外检测器和光电二极管阵列检测器。

（1）可变波长型紫外检测器：可变波长型紫外检测器是目前配置最多的检测器，一般采用氘灯为光源，可按需要选择待测组分的最大吸收波长为检测波长，提高检测灵敏度。但由于光源发出的光是通过单色器分光后照射到流通池上，单色光强度相对较弱，因此，这类检测器对光电转换元件及放大器要求都较高。其光路系统和紫外分光光度计相似，只是吸收池中的液体是流动的（故称流通池），因而检测是动态的。

（2）光电二极管阵列检测器（photodiode array detector，PDA）：PDA 是 20 世纪 80 年代出现的一种光学多通道紫外检测器。由光源氘灯或钨灯发出的紫外或可见光通过流通池，被组分选择性吸收后，经光栅分光后照射到二极管阵列上同时被检测，计算机快速采集数据，可以同时获得样品的色谱图（A-t 曲线）及各个组分的光谱图（A-λ 曲线），经计算机处理，将每个组分的吸收光谱和样品的色谱图结合而获得三维色谱 - 光谱图。通过这些谱图可以获得关于色谱分离、定性、定量的丰富信息，利用色谱保留值及光谱特征进行定性分析；根据需要提取不同波长下的色谱图（峰面积）进行定量分析；还可比较一个色谱峰不同位置的光谱图（峰前沿、峰顶点、峰后沿等），通过计算不同位置光谱间的相似度判断色谱峰的纯度及分离情况。PDA 示意图见第三章图 3-18，三维光谱 - 色谱图如图 13-6 所示。

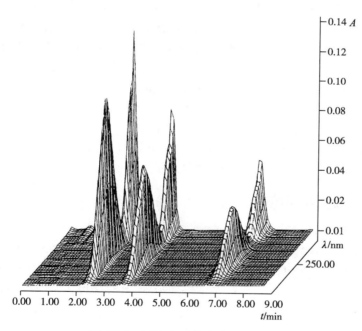

图 13-6　HPLC 三维光谱 - 色谱图

2. 蒸发光散射检测器（evaporative light-scattering detector，ELSD）　ELSD 是 20 世纪 90 年代出现的一种通用型检测器，适用于挥发性低于流动相的组分，主要用于检测糖类、高级脂肪酸、磷脂、维生素、氨基酸、甾体等化合物。ELSD 对各种物质有几乎相同的响应，检测限一般为 8~10ng。但 ELSD 的灵敏度较低，尤其是有紫外吸收的组分；此外，流动相必须是挥发性的，不能含有非挥发性的缓冲盐等。ELSD 可用于梯度洗脱，除可用作 HPLC 检测器，还可用作超临界流体色谱（supercritical fluid chromatography，SFC）的检测器。

ELSD 由雾化器、加热漂移管、光散射池组成。ELSD 将流出色谱柱的流动相及组分引入雾化器，与通入的气体（常为高纯氮）混合后喷雾形成均匀的微小雾滴，经过加热的漂移管蒸发除去流动相，不挥发的试样组分形成气溶胶后进入检测室，用激光或强光照射气溶胶而产生光散射,用光电二极管检测散射光的强度而获得组分的浓度或质量信息。

散射光的强度(I)与气溶胶中组分的质量(m)有下述关系:

$$I=km^b \qquad\qquad 式(13\text{-}1)$$

即
$$\lg I = \lg k + b \lg m \qquad\qquad 式(13\text{-}2)$$

式(13-2)中,k 和 b 是与蒸发室(漂移管)温度、雾化气体压力及流动相性质等实验条件有关的常数。采用 ELSD 定量分析时需注意的是散射光强度的对数响应值与组分质量的对数呈线性关系。

3. 荧光检测器(fluorescence detector,FD) 利用化合物在紫外光激发下产生荧光的性质对组分进行检测。FD 适用于在紫外光激发下能产生荧光的物质的检测,或本身不产生荧光但能利用荧光试剂在柱前或柱后衍生化转化成荧光衍生物的物质的检测。FD 的灵敏度比 UVD 的灵敏度高 2~3 个数量级,选择性好,常用于酶、生物胺、维生素、甾体化合物、氨基酸等成分的检测,是体内药物分析常用的检测器之一。FD 的缺点是定量分析的线性范围较窄。

4. 安培检测器(ampere detector) 是电化学检测器(electrochemical detector,ECD)中应用最广泛的一种检测器,由恒电位仪和薄层反应池(体积为 1~5μl)组成。该检测器是利用待测物流入反应池时在工作电极表面发生氧化或还原反应,两电极间有电流通过,电流大小与待测物浓度成正比。采用安培检测器时,流动相必须含有电解质,且化学惰性。它最适合与反相色谱匹配。安培检测器只能检测具有电活性(或氧化还原活性)的物质,如生物胺、酚、羰基化合物、巯基化合物等,在生化样品分析中应用广泛,是迄今最灵敏的 HPLC 检测器,尤其适合痕量组分的分析。

5. 其他检测器 其他检测器还包括化学发光检测器(chemiluminescence detector,CLD)、示差折光检测器(refractive index detector,RID)、电喷雾检测器(charged aerosol detector,CAD)等。

质谱作为一种新型的检测器与液相色谱联用(liquid chromatography-mass spectroscopy,LC-MS),可以发挥其定性鉴别、定量分析和结构分析的优势,是目前应用最广的色谱 - 质谱联用技术之一。该技术将在第十五章中详细介绍。

五、数据记录和处理控制系统

高效液相色谱的数据记录与处理通常应用计算机和相应的色谱软件或色谱工作站完成,使 HPLC 操作更加快速、简便、准确、精密和自动化。计算机技术的应用包括三方面:①采集、处理和分析色谱数据;②程序控制仪器的各个部件;③色谱系统优化和专家系统。色谱工作站在数据处理方面的功能有:色谱峰的识别,基线的校正,重叠峰和畸形峰的解析,计算峰参数(包括保留时间、峰高、峰面积、半峰宽等),定量计算组分含量等。

第三节 高效液相色谱法的固定相和流动相

色谱分离是被分离组分、流动相和固定相三者之间的平衡过程。高效液相色谱法的固定相(或称填料)和流动相是整个分析方法的核心,直接关系到柱效、选择性和分离度。本节主要讨论 HPLC 常用的固定相和流动相。

一、高效液相色谱的固定相

不同类型的高效液相色谱法采用的固定相各不相同,但都应符合颗粒细且均匀、传质快、机械强度高、耐高压、化学稳定性好等要求。HPLC 的固定相按分离机制,可分为液固吸附色谱固定相、液液分配色谱固定相、离子色谱固定相、分子排阻色谱固定相等；按材料的物理结构和形状，可分为颗粒填料柱（薄壳型、多孔微粒型）和整体柱。目前，HPLC 最常用的固定相是化学键合相，本节予以重点介绍，对其他固定相做简要介绍。

（一）化学键合相

化学键合相（chemically bonded phase）是通过化学反应将有机官能团键合在载体表面而构成的固定相，简称键合相。化学键合相在 HPLC 中占据极其重要的地位，是目前色谱法中最常用的固定相，几乎适用于分离所有类型的化合物。广义的化学键合相包括用于反相色谱和正相色谱的化学键合相、键合型离子交换剂、手性固定相以及亲合色谱固定相等，最常用的是反相和正相色谱中的化学键合相。

1. 化学键合相的特点　①化学性质稳定，热稳定性好，耐溶剂冲洗，使用过程中固定相不流失，柱使用寿命长；②均一性和重现性好；③柱效高，分离选择性好；④载样量大；⑤适用于梯度洗脱。耐溶剂冲洗是这类固定相的突出特点，且可以通过改变键合官能团的类型来改变分离的选择性。

但需注意，一般硅胶基质的化学键合相（残余硅羟基未封闭），流动相的 pH 一般应控制在 2~8，否则会引起硅胶溶解；但硅-碳杂化硅胶为基质的键合相、或烷基硅烷带有立体侧链保护、或残余硅羟基已封闭的硅胶、聚合物复合硅胶或聚合物，可耐受更广泛 pH 的流动相，可用于 pH 小于 2 或大于 8 的流动相。不同厂家、不同批号的同一类型键合相因键合工艺不同可能表现不同的色谱特性，因此要获得好的分析结果，最好选择同一品牌甚至同一批号的固定相。

2. 化学键合相的性质　化学键合相多采用微粒多孔硅胶为载体，硅胶表面的硅醇基能与合适的有机化合物反应而获得不同性能的化学键合相。按固定液（基团）与载体（硅胶）键合的化学键类型，可分为 Si-O-C、Si-N、Si-C 和 Si-O-Si-C 型键合相。其中，硅氧烷（Si-O-Si-C）型键合相是以烷基氯硅烷或烷氧基硅烷与硅胶表面的游离硅醇基进行硅烷化反应而制得，具有很好的耐热性和稳定性，是目前应用最广的键合相。例如十八烷基键合相（octadecylsilane，ODS）就是由十八烷基氯硅烷与硅胶表面的硅醇基反应键合而成。

$$\equiv Si-OH + Cl-\underset{\underset{R_2}{|}}{\overset{\overset{R_1}{|}}{Si}}-C_{18}H_{37} \xrightarrow{-HCl} \equiv Si-O-\underset{\underset{R_2}{|}}{\overset{\overset{R_1}{|}}{Si}}-C_{18}H_{37}$$

硅胶表面的硅醇基密度约为 5 个 $/nm^2$，由于键合基团的空间位阻效应，不可能将较大的有机官能团键合到全部硅醇基上，残余的硅醇基对键合相特别是非极性键合相的性能有很大影响，它可以减小键合相表面的疏水性，对极性溶质（特别是碱性化合物）产生次级化学吸附，从而使保留机制复杂化（使溶质在两相间的平衡速度减慢，降低了键合相填料的稳定性，结果使碱性组分的峰形拖尾）。为减少残余硅醇基，一般在键合反应后，要用三甲基氯硅烷等进行钝化处理，称封端（或称封尾，end-capping），以提高键合相的稳定性。也有些 ODS 填料是不封尾的，以使其与水系流动相有更好的"湿润"性能。

3. 化学键合相的种类　作为最常用的反相和正相色谱中的化学键合相，按所键合基团的极性不同，可分为非极性、弱极性与极性 3 类。

（1）非极性键合相：这类键合相的表面基团为非极性烃基，如十八烷基（C_{18}）、辛烷基（C_8）、甲基、苯基等，可用作反相色谱的固定相。十八烷基硅烷（C_{18} 或 ODS）键合相是最常用的非极性键合相。

非极性键合相的烷基长链对溶质的保留、选择性和载样量都有影响，长链烷基可增大溶质的容量因子k,改善分离选择性,提高载样量,稳定性也更好,因此,十八烷基键合相(C$_{18}$或ODS)是HPLC应用最广泛的固定相。《中华人民共和国药典》(一部、二部)收载的HPLC几乎都采用ODS柱。短链非极性键合相的分离速度较快,对于极性化合物可得到对称性较好的色谱峰。

(2)弱极性键合相:常见的有醚基键合相和二羟基键合相,既可作正相又可作反相色谱的固定相,视流动相的极性而定。目前,这类固定相应用较少。

(3)极性键合相:常用氨基(—NH$_2$)、氰基(—CN)键合相,是分别将氨丙硅烷基、氰乙硅烷基键合在硅胶上制成,可用作正相色谱的固定相。氨基键合相兼有氢键接受和给予性能,氨基可与糖分子中的羟基选择性作用,因此是分离糖类最常用的固定相;但氨基键合相不易分离含羰基的物质,流动相中也不能含羰基化合物。氰基键合相分离选择性与硅胶相似,但极性比硅胶弱,对双键异构体或含双键数不同的环状化合物有良好的分离选择性。许多在硅胶上分离的样品可在氰基键合相上完成分离。

(二)其他固定相

1. 液固吸附色谱固定相　液固吸附色谱固定相有极性、非极性两大类。极性固定相主要有硅胶、氧化铝、氧化镁和硅酸镁分子筛等,非极性固定相有多孔微粒活性炭、多孔石墨化炭黑、高交联度苯乙烯-二乙烯苯共聚物的单分散多孔小球和碳多孔小球等,粒度一般为5~10μm。

液固吸附色谱中应用最广的是极性固定相硅胶,主要有表面无定形硅胶、薄壳型硅胶和全多孔球形硅胶。无定形硅胶最早使用,但传质速率慢、柱效低。薄壳型硅胶孔径均一、渗透性好、传质速率快,可实现HPLC的高效快速分离,但柱容量小,因而很快被全多孔球形硅胶所取代。全多孔球形硅胶的粒度一般为5~10μm,颗粒和孔径的均一性均优于前两种,涡流扩散小、渗透性好,且样品容量大,是目前液固色谱固定相的主体,也是化学键合相的主要载体。

2. 键合型离子交换剂　键合型离子交换剂是在全多孔硅胶表面化学键合上各种离子交换基团,主要有4种类型:以磺酸基为代表的强阳离子交换剂,以季胺基为代表的强阴离子交换剂,以羧酸基为代表的弱阳离子交换剂,以二乙基氨基为代表的弱阴离子交换剂。这类离子交换剂具有耐压、化学和热稳定性好、分离效率高等优点,可实现快速分离,但交换容量比经典的离子交换树脂低,且不宜在pH>9的流动相中使用。

3. 手性固定相　根据键合的手性选择物的结构特征和手性分离机制,HPLC的手性固定相可以分为蛋白类手性固定相、多糖手性固定相、环糊精手性固定相、π-氢键型手性固定相、大环抗生素手性固定相、配体交换手性固定相等,用于分离各类化合物对映体。

4. 亲和色谱固定相　由载体和键合在其上的配基组成。多孔硅胶是使用最广的刚性载体,配基分为生物特效性配基和基团配基,抗体-抗原、酶-底物、激素-受体等具有生物专一性作用体系的任一方都可键合在载体上,作为分离另一方的配基。

二、高效液相色谱的流动相

与气相色谱法不同,高效液相色谱法的液体流动相与固定相共同参与对组分的竞争,流动相的性质和组成对色谱柱柱效、分离选择性和组分的容量因子影响很大。因此,HPLC中流动相的选择十分重要。

(一)对流动相的基本要求

1. 化学稳定性好,不与样品、固定相发生化学反应,与固定相不互溶,保持色谱柱或柱的保留性能长期不变。

2. 对样品组分有适宜的溶解度,以改善峰形和灵敏度。

3. 与检测器兼容,以降低背景信号和基线噪声。

4. 纯度要高,不纯的试剂会引起基线不稳定或产生"伪峰"。

5. 黏度要低,采用甲醇、乙腈、丙酮等低黏度的流动相,可以降低柱压,提高柱效。

6. 毒性小,安全性好。

（二）流动相的物理性质及极性

1. 常用流动相的物理性质 高效液相色谱中常用溶剂的物理性质和有关色谱性质如表 13-1 所示。

表 13-1 HPLC 流动相常用溶剂的性质

溶剂	UV 截止波长 /nm	折光指数 (25℃)	沸点 /℃	黏度 / mPa·s (25℃)	P'	ε⁰	介电常数 (20℃)	选择性分组
正庚烷	195	1.385	98	0.40	0.2	0.01	1.92	
正己烷	190	1.372	69	0.30	0.1	0.01	1.88	
环己烷	200	1.423	81	0.90	-0.2	0.04	2.02	
四氯化碳	265	1.457	77	0.90	1.6	0.18	2.24	
二氯甲烷	233	1.421	40	0.41	3.1	0.42	8.9	V
乙醚	218	1.350	35	0.24	2.8	0.38	4.30	I
1- 氯丁烷	220	1.400	78	0.42	1.0	0.26	7.4	VI
四氢呋喃	212	1.405	66	0.46	4.0	0.57	7.6	III
乙酸乙酯	256	1.370	77	0.43	4.4	0.58	6.0	VI
三氯甲烷	245	1.443	61	0.53	4.1	0.40	4.8	VIII
甲乙酮	329	1.376	80	0.38	4.7	0.51	18.5	VII
二氧六环	215	1.420	101	1.20	4.8	0.56	2.2	VI
丙酮	330	1.356	56	0.30	5.1	0.50	20.7	VI
乙醇	210	1.359	78	1.08	4.3	0.88	24.6	II
二甲亚砜	268	1.477	189	2.0	7.2	0.75	4.7	III
乙腈	190	1.341	82	0.34	5.8	0.65	37.5	VI
甲醇	205	1.326	65	0.54	5.1	0.95	32.7	II
乙二醇		1.431	182	16.5	6.9	1.11	37.7	IV
甲酰胺	210	1.447	210	3.3	9.6			IV
水		1.333	100	0.89	10.2		78.5	VIII

（1）沸点（b.p.）:大部分可供选用的溶剂沸点较低,便于回收分离样品。在 LC-MS 联用技术中,低沸点溶剂不适用于往复泵,容易在泵体形成气泡,影响泵的输液精度。此外,低沸点溶剂在使用过程中易挥发而改变混合溶剂的组成,影响色谱系统分离的重复性。

（2）黏度（η）:第十章中速率方程已指出柱效与流动相黏度成反比,随溶剂黏度增加,传质速率降低,柱效下降。在柱压降（ΔP）一定时,流动相线速度与其黏度成反比,应尽可能选用低黏度溶剂。除采用水溶液的离子交换色谱外,保持溶剂黏度低于 0.4~0.5mPa·s。

采用混合溶剂有利于降低黏度。二元混合溶剂的黏度很大程度上取决于较低黏度的组分。强缔合溶剂混合物,特别是乙腈 - 水、甲醇 - 水,黏度呈反常变化规律,例如乙腈 - 水混合物,乙腈含量为 35% 时黏度最大。表 13-2 列出了甲醇 - 水、乙腈 - 水二元混合溶剂的黏度和扩散系数。

表 13-2　甲醇 - 水、乙腈 - 水二元混合溶剂的黏度和扩散系数

水中有机溶剂的含量 /%	甲醇		乙腈	
	η	$D_m \times 10^5$	η	$D_m \times 10^5$
0	0.89	0.55	0.89	0.55
20	1.26	0.43	0.91	0.58
40	1.42	0.37	0.98	0.54
60	1.40	0.38	0.76	0.68
80	1.01	0.53	0.58	0.79
100	0.54	0.95	0.34	1.07

(3)互溶性：采用二元混合溶剂时应考虑溶剂的互溶性，防止溶剂分层。

2. 流动相的极性　溶剂的洗脱能力即溶剂强度直接与溶剂的极性相关。正相色谱中，由于固定相是极性的，所以溶剂极性越强，洗脱能力也越强；而反相色谱中，由于固定相是非极性的，所以溶剂的强度随溶剂极性的降低而增加，即极性弱的溶剂洗脱能力强，如甲醇的洗脱能力比水强。

描述溶剂极性最常用的是斯奈德(Snyder)提出的溶剂极性参数 P'，是根据罗尔施奈德(Rohrschneider)的溶解度参数推导出来的，它表示溶剂与 3 种极性物质乙醇(质子给予体)e、二氧六环(质子受体)d 和硝基甲烷(强偶极体)n 相互作用的度量，因此可度量分配色谱的溶剂强度。Snyder 将罗尔施奈德的极性分配系数(K_g'')以对数形式表示，将纯溶剂的极性参数 P' 定义为：

$$P' = \lg(K_g'')_e + \lg(K_g'')_d + \lg(K_g'')_n \qquad 式(13-3)$$

表 13-1 中列出了常用溶剂的 P'。P' 越大，则溶剂的极性越强，在正相色谱中的洗脱能力越强，在反相色谱中的洗脱能力越弱。调节溶剂极性可使样品组分的容量因子在适宜范围。粗略地说，一般 P' 改变 2 个单位，k 改变 10 倍。

反相色谱的溶剂强度常用另一个强度因子 S 表示。常用溶剂的 S 列于表 13-3。比较表 13-1、表 13-3 可知，在正相、反相色谱中，溶剂的洗脱能力大体相反。如正相洗脱时，水的洗脱能力最强($P'=10.2$ 最大)，而反相洗脱时，水的洗脱能力最弱($S=0$ 最小)。

表 13-3　反相色谱常用溶剂的强度因子 S

溶剂	S	溶剂	S
水	0	二噁烷	3.5
甲醇	3.0	乙醇	3.6
乙腈	3.2	异丙醇	4.2
丙酮	3.4	四氢呋喃	4.5

色谱分析中流动相常常由两种或两种以上不同的溶剂组成。正相色谱多元混合溶剂的强度用极性参数 $P_混'$ 表示，其值为各组成溶剂极性参数的加权和，即：

$$P_混' = \sum_{i=1}^{n} P_i' \phi_i \qquad 式(13-4)$$

式(13-4)中，P_i' 和 φ_i 为纯溶剂的极性参数以及该溶剂在混合溶剂中的体积分数。

同理,反相色谱多元混合溶剂的强度用强度因子 $S_{混}$ 表示,其值为各组成溶剂强度因子的加权和,即:

$$S_{混} = \sum_{i=1}^{n} S_i \varphi_i \qquad 式(13\text{-}5)$$

吸附色谱可使用溶剂强度参数 ε^0 表示流动相溶剂极性。ε^0 越大,洗脱能力越强。

（三）溶剂的选择性与分类

Synder 以溶剂和样品分子间的作用力作为溶剂选择性分类的依据,并将溶剂选择性参数分为 3 类:X_e(质子接受体)、X_d(质子给予体)、X_n(偶极矩),分别表示溶剂的质子接受能力、质子给予能力和偶极作用力。X_e、X_d、X_n 分别定义为:

$$X_e = \frac{\lg(K_g'')_e}{P'} \; ; \; X_d = \frac{\lg(K_g'')_d}{P'} \; ; \; X_n = \frac{\lg(K_g'')_n}{P'} \qquad 式(13\text{-}6)$$

根据 X_e、X_d、X_n 的相似性,将常用溶剂分为 8 组(表 13-4),并得到溶剂选择性分类三角形(图 13-7)。

表 13-4　Synder 部分溶剂的选择性分组

组别	溶剂
I	脂肪醚、三烷基胺、四甲基胍、六甲基磷酰胺
II	脂肪醇
III	吡啶衍生物、四氢呋喃、酰胺(甲酰胺除外)、乙二醇醚、亚砜
IV	乙二醇、苄醇、乙酸、甲酰胺
V	二氯甲烷、二氯乙烷
VI(a)	三甲苯基磷酸酯、脂肪族酮和酯、聚醚、二氧六环
VI(b)	砜、腈、碳酸亚丙酯
VII	芳烃、卤代芳烃、硝基化合物、芳醚
VIII	氯代醇、间苯三酚、水、三氯甲烷

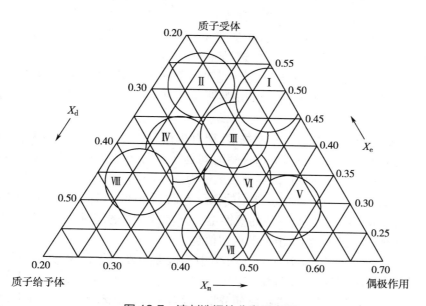

图 13-7　溶剂选择性分类示意图

由图 13-7 可知，Ⅰ组溶剂的 X_e 较大，属于质子接受体溶剂；Ⅴ组溶剂的 X_n 较大，属于偶极中性化合物；Ⅷ组溶剂的 X_d 较大，属于质子给予体溶剂。各种同系物属同一个选择性组，处于同一组中的各溶剂的作用力类型相同，在色谱分离中具有相似的选择性；而处于不同组别的溶剂，其选择性差别较大。采用不同组别的溶剂为流动相，能够改变色谱分离的选择性。

从图 13-7 可以看到，Ⅰ、Ⅴ、Ⅷ三组溶剂距离最远。由一组溶剂变换到另一组溶剂，将发生最大的选择性变化，如正相色谱由三氯甲烷（Ⅷ）变为乙醚（Ⅰ）的情况。溶剂的选择性分类，对于根据样品性质设计色谱体系和选择分离条件具有一定实用价值。

第四节　高效液相色谱法的主要类型

高效液相色谱法按分离机制的不同可分为分配色谱法（正相色谱法和反相色谱法）、吸附色谱法、离子交换色谱法、分子排阻色谱法 4 种基本类型，另外还有离子色谱法、胶束色谱法、手性色谱法、亲和色谱法等。因化学键合相的应用非常广泛，目前除吸附色谱法和分子排阻色谱法外，其他所有的高效液相色谱法几乎都采用化学键合相，故本书重点讨论键合相色谱法。

一、键合相色谱法

以键合相为固定相的色谱法称键合相色谱法（bonded phase chromatography，BPC）。根据化学键合相与流动相相对极性的强弱，可将键合相色谱法分为正相键合相色谱法和反相键合相色谱法。流动相极性小于键合相极性，称正相键合相色谱法（normal bonded phase chromatography，NBPC）。流动相极性大于键合相极性，称反相键合相色谱法（reversed bonded phase chromatography，RBPC）。

（一）正相键合相色谱法

1. 固定相　一般为极性键合相，最常用的有氨基（—NH₂）、氰基（—CN）、二醇基（diol）等键合相。氰基键合相的分离选择性与硅胶相似，但极性比硅胶弱，对双键异构体或含双键数不等的环状化合物的分离有较好选择性。氨基键合相具有较强的氢键结合能力，氨基键合相上的氨基能与糖类分子的羟基产生选择性相互作用。

2. 流动相　以非极性或弱极性溶剂作基础溶剂如正己烷、正庚烷、异辛烷等，再加适量的极性调节剂如三氯甲烷、醇等，以调节洗脱强度。梯度洗脱时，通常逐渐增大洗脱剂中极性溶剂的比例。

3. 保留机制　通常认为属于分配色谱，把有机键合层看成是一层液膜，组分在两相间分配，组分极性越强，分配系数 K 越大，保留时间越长。也有认为属于吸附色谱，组分分子的分离主要靠范德华力中的定向力、诱导力及氢键力。

总的来说，组分在正相键合相色谱中的保留有以下规律：极性小的组分先流出，极性大的组分后流出；流动相中极性调节剂的极性增大（或浓度增大），洗脱能力增强，组分的保留值减小；极性键合相的极性越大，组分的保留值越大。

4. 应用　正相键合相色谱法适用于分离中等极性至极性化合物，如脂溶性维生素、甾族、芳香醇、芳香胺、脂、有机氯农药等。其中，氰基键合相主要用于分离异构体、极性不同的化合物。氨基键合相广泛用于糖类物质的分析；对某些多官能团化合物如甾体、强心苷等也有较好的分离能力。二醇基键合相适用于分离有机酸、甾体和蛋白质。

（二）反相键合相色谱法

1. 固定相　一般为非极性键合相,常用的有十八烷基(C_{18})、辛烷基(C_8)、甲基、苯基等键合相。应用最广泛的是十八烷基键合相(ODS 或 C_{18})。

2. 流动相　采用强极性溶剂,通常以水作基础溶剂,再加入一定量与水混溶的有机溶剂作为极性调节剂,如甲醇 - 水或乙腈 - 水等。梯度洗脱时,通常逐渐增大洗脱剂中有机溶剂的比例。

3. 保留机制　其保留机制可用疏溶剂理论来解释。键合在硅胶表面的非极性或弱极性基团具有较强的疏水性,当非极性溶质或溶质分子中的非极性部分进入到极性流动相中时,由于疏溶剂效应,分子中的非极性部分与极性溶剂分子间产生排斥力,和键合相的疏水烷基产生疏溶剂缔合,因此组分在固定相上产生保留。反之,若溶质分子有极性官能团存在时,则与极性溶剂间的作用力增强而不利于缔合,因此减小组分在固定相上的保留。不同结构的组分在键合相上的缔合和解缔能力不同,决定了不同组分分子在色谱分离过程中的迁移速度不同,从而使得各种不同组分得到了分离。

总的来说,在反相键合相色谱法中,固定相的烷基配合基或被分离分子中非极性部分的表面积越大,或者流动相表面张力及介电常数越大,则缔合作用越强,分配比也越大,保留值越大。因此,组分在反相键合相色谱法中的保留有以下规律:极性大的组分先流出,极性小的组分后流出;固定相键合基团的链越长,保留越强;流动相中水的含量越多,洗脱能力越弱,组分的保留值越大。

4. 应用　反相键合相色谱法应用范围比正相键合相色谱法广泛得多,它适合于分离非极性和中等极性的化合物,由它派生的反相离子抑制色谱法和反相离子对色谱法,还可以分离有机酸、碱及盐等离子型化合物。因此,反相键合相色谱法是应用最广的色谱法。据统计,在 2020 年版《中华人民共和国药典》的高效液相色谱法应用上,约 92% 的高效液相色谱分析任务是采用反相键合相色谱法完成的。

正相键合相色谱法和反相键合相色谱法的区别见表 13-5。

表 13-5　正相键合相色谱法与反相键合相色谱法的比较

比较项目	正相键合相色谱法	反相键合相色谱法
固定相	极性	非极性
流动相	弱 - 中等极性	中等 - 强极性
出峰顺序	极性小的组分先出峰	极性大的组分先出峰
保留值与流动相极性的关系	随流动相极性增强保留值变小	随流动相极性增强保留值变大
适合分离的物质	中等极性和极性物质	弱极性物质

（三）反相离子抑制色谱法

分析弱酸、弱碱时,常因组分的离解而使色谱峰产生拖尾,向流动相中加入酸、碱或缓冲溶液,以控制流动相的 pH,抑制组分的离解,增加组分在固定相中的溶解度,减少谱带拖尾、改善峰形,这种技术称离子抑制色谱法(ion suppression chromatography,ISC)。该技术在反相键合相色谱法中应用较多。

1. 固定相　与反相键合相色谱法类似,一般为非极性键合相。

2. 流动相　以反相键合相色谱法常用的含水流动相为基础,加入酸、碱或缓冲溶液调节 pH,以抑制弱酸、弱碱组分的解离,使它们以分子形式存在,增大 k 值。

3. 组分的保留　反相离子抑制色谱法中组分的保留与一般反相键合相色谱类似,另外还受到流动相 pH 的影响。对于弱酸,当 pH 远远小于弱酸的 pK_a 时,主要以分子形式存在,流动相的 pH 越小,组分的 k 越大;对于弱碱,情况相反。

4. 应用　反相离子抑制色谱法操作简便、经济实用、分离效果好,但重复性较差。适用于 $3.0 \leq pK_a \leq 7.0$ 的有机弱酸及 $7.0 \leq pK_a \leq 8.0$ 的有机弱碱,对于 $pK_a < 3.0$ 的酸及 $pK_a > 8.0$ 的碱或离子型化合物,应采取离子对色谱法或离子交换色谱法。

（四）反相离子对色谱法

离子对色谱法(ion pair chromatography,IPC)是在含水流动相中加入离子对试剂,调节溶液的 pH 使待测组分完全离解成离子,待测组分的离子与离子对试剂中的反离子生成中性离子对化合物,增加组分在固定相的保留,改善分离效果,可用于分离离子型或可离子化合物的色谱方法;又称对离子色谱法(paired ion chromatography,PIC),是由离子对萃取发展而成的一种分离分析的方法。离子对色谱法分为正相离子对色谱法和反相离子对色谱法,目前广泛应用的几乎都是反相离子对色谱法,因此只介绍反相离子对色谱法(RPIC)。

1. 固定相　反相离子对色谱法常用非极性疏水固定相,如 C_{18} 或 C_8 键合相。

2. 流动相　用有机溶剂 - 水混合体系为基础,常用的是甲醇 - 水和乙腈 - 水,加入离子对试剂和酸、碱缓冲溶液(调节 pH)作为流动相。在流动相中增加有机溶剂的比例时,应考虑离子对试剂的溶解度。

3. 保留机制　反相离子对色谱法的保留机制有多种理论模型,如离子对模型、动态离子交换模型等。以离子对模型为例讨论反相离子对色谱法的保留机制。

在强极性溶剂中加入与样品中被分离离子(A^+)电荷相反的离子(B^-),称对离子或反离子。当样品进入色谱柱之后,A^+ 和 B^- 相互作用生成中性离子对 $A^+ \cdot B^-$,被疏水性固定相保留,按照它和固定相及流动相之间的作用力大小被流动相洗脱下来。

$$A_m^+ + B_m^- \Longleftrightarrow (A^+ \cdot B^-)_m \Longleftrightarrow (A^+ \cdot B^-)_s$$

式中,A^+ 表示样品离子,B^- 表示离子对试剂,下标 m 代表流动相,下标 s 代表固定相。在反相离子对色谱中,被测组分的分配系数取决于固定相、离子对试剂及其浓度、流动相的 pH、组分的性质和温度。

离子对试剂的种类、大小及浓度对分离结果有很大影响。常用的离子对试剂有提供阳离子的季铵盐和叔胺盐等,提供阴离子的烷基磺酸盐、硫酸盐及高氯酸盐等。表 13-6 列出了常用的离子对试剂及其主要应用对象。离子对试剂的烷基链越长,生成的离子对疏水性越大,k 越大,组分的保留越大。

表 13-6　常用的离子对试剂

离子对试剂	主要应用对象
季铵盐(如四甲基、四丁基、十六烷基三甲基铵)	强酸(如磺酸染料)和弱酸(如氨基酸、磺胺类、水溶性维生素)
叔胺盐(如三辛基胺)	磺酸盐等
烷基磺酸盐(如戊烷、己烷、庚烷、辛烷、十二烷基磺酸钠)	强碱(如生物碱)和弱碱(如儿茶酚胺、罂粟碱、烟酰胺)
高氯酸盐	各种碱性物质(如有机胺、肽)
烷基硫酸盐(如辛烷、十二烷基硫酸钠)	强碱(如生物碱)和弱碱(如儿茶酚胺、罂粟碱、烟酰胺)

由于离子对的生成取决于样品组分的离解程度,当流动相的 pH 调节到使样品组分完全解离时,有利于生成中性离子对化合物,组分的保留值大。因此,调节流动相的 pH 可在较大范围内改变弱酸、弱碱的保留值和分离选择性,但对强酸、强碱分离的影响很小。

因此,只要改变离子对试剂的种类和浓度、流动相的 pH,就可改变组分的 k 和分离的选择性。

4. 应用　反相离子对色谱法适用于有机酸、碱、盐的分离,以及用离子交换色谱法无法分离的离子型和非离子型化合物的混合物分离。该方法的应用非常广泛,在药物分析中可应用于生物碱类、有机酸类、维生素类、抗生素类以及其他药物的分析,在生物化学、石油化工等方面也有很多应用。

二、吸附色谱法

吸附色谱法(adsorption chromatography)又称液 - 固吸附色谱法(liquid-solid adsorption chromatography),是根据被分离组分的分子与流动相分子争夺吸附剂表面活性中心,依据各组分吸附系数的差别而实现分离。

1. 固定相　通常是吸附剂,应用最广泛的是极性固定相硅胶。

2. 流动相　通常为混合溶剂,主体溶剂为正己烷或环己烷,以一氯甲烷、二氯甲烷、三氯甲烷或丙酮等作为调节性溶剂,用于调整流动相的极性。

3. 组分的保留　吸附色谱法中组分的保留主要取决于组分分子对吸附剂活性中心竞争能力的大小。因此,在极性吸附剂上,极性大的组分易被吸附,K 大,后流出色谱柱;反之,组分的极性小,K 小,先流出色谱柱。组分之间的 K 相差越大,分离越容易。流动相的极性越强,组分的保留值越小。

4. 应用　液 - 固吸附色谱法特别适用于非离子的、能溶于有机溶剂的极性与弱极性混合物,以及几何异构体的分离。

三、离子色谱法

离子交换色谱法结合紫外检测器进行检测已广泛用于有机离子的分离分析,但是在无机离子的分离分析中受到限制。1975 年,Small 提出了将离子交换色谱与电导检测器相结合分析各种离子的方法,称离子色谱法(ion chromatography,IC)。离子色谱法分为抑制型(双柱型)和非抑制型(单柱型)两大类。分离机制主要为离子交换,即基于离子交换色谱固定相上的离子与流动相中具有相同电荷的溶质离子之间进行的可逆交换;用电导检测器进行检测,分离分析各种离子化合物。但因被测离子的电导信号被强电解质流动相的高背景电导信号淹没而无法检测,为了解决这个问题,常采用抑制型离子色谱法(双柱型),使用两根离子交换柱,一根为分离柱,另一根为抑制柱,分离柱后串联一根抑制柱。抑制柱装有与分离柱电荷相反的离子交换剂,通过分离柱后的样品再经过抑制柱,使高背景电导信号的流动相转变成低背景电导信号的流动相,从而用电导检测器检测。

1. 固定相　通常是离子交换树脂,如阳离子交换树脂、阴离子交换树脂或螯合离子交换树脂等。

2. 流动相　抑制型离子色谱常用稀酸或稀碱溶液作为流动相,非抑制型离子色谱使用浓度和电导率很低的流动相,如 0.1~1mmol/L 的苯甲酸盐或邻苯二甲酸盐等。

3. 组分的保留　离子色谱法中组分的保留主要取决于样品离子、流动相、离子交换官能团三者之间的关系。以分析阳离子为例,分离柱填充低容量阳离子交换树脂,抑制柱填充高容量阴离子交换树脂,用无机酸为洗脱液。洗脱液进入分离柱洗脱分离阳离子后,进入抑制柱,将大量酸(洗脱液)转变为水,同时将试样阳离子转变为相应的碱,抑制反应降低了洗脱液的电导,提高了阳离子的检测灵敏度。分析阴离子的原理类似。

4. 应用　适用于分析无机和有机阴、阳离子,也可以分析氨基酸、糖类和 DNA、RNA 的水解产物等。

四、分子排阻色谱法

分子排阻色谱法(size exclusion chromatography,SEC)是按固定相对样品中各组分分子体积阻滞作用和渗透性的差别来实现分离的方法。SEC 可分为凝胶过滤色谱和凝胶渗透色谱,常用于分离生物活性物质,适合于分离大分子样品及其相对分子质量的测定。

1. 固定相 常用亲水硅胶、凝胶或经过修饰的凝胶作固定相。凝胶过滤色谱采用亲水性固定相,常用结合亲水硅胶和亲水性有机聚合物;凝胶渗透色谱采用疏水性固定相。

2. 流动相 分子排阻色谱法一般不通过改变流动相组成来改善分离度。流动相溶剂的选择主要考虑对样品的溶解能力以及与固定相、检测器的匹配度。凝胶过滤色谱常以水溶性溶剂作流动相,常用 100mmol/L 的磷酸钾和 100mmol/L 氯化钾(pH 6.8)的混合溶液,加入 5%~10% 的甲醇或乙醇。凝胶渗透色谱以有机溶剂作流动相,常用四氢呋喃、二甲基甲酰胺、卤代烃等。

3. 组分的保留 分子排阻色谱法的保留时间取决于样品分子进出固定相孔结构的相对渗透度。固定相表面分布着不同孔径尺寸的孔,样品进入色谱柱后,不同组分按其分子大小进入相应的孔内,大于所有孔径的分子不能进入固定相颗粒内部,在色谱过程中不被保留,最早被流动相洗脱至柱外,表现为保留时间较短;小于所有孔径的分子能自由进入固定相表面的所有孔径,在色谱柱中滞留时间较长,表现为保留时间较长;其余分子则按分子大小依次被洗脱。

4. 应用 分子排阻色谱法主要应用于蛋白质和多肽的相对分子质量测定,生物大分子聚合物相对分子质量与相对分子质量分布的测定,高分子杂质测定等。

五、其他色谱法简介

(一) 胶束色谱法

表面活性剂在水中超过临界胶束浓度时,多余的表面活性剂不再溶解,而聚集成胶束,以胶束分散体系为流动相的色谱法,称胶束色谱法(micellar chromatography,MC)。因为在流动相中又增加了一相(胶束相),故又称假相色谱。与一般色谱法不同之处在于:首先胶束流动相为多相分散体系,不是真溶液,因此,分离系统包括固定相-胶束、流动相-胶束、固定相-流动相 3 个相界面,有多个分配系数左右分离结果,因此有较好的选择性。其次,流动相中不含有机溶剂,无毒、价廉。

胶束色谱法常用的阳离子表面活性剂有十六烷基三甲基氯化铵和十六烷基三甲基溴化铵,阴离子表面活性剂有十二烷基硫酸钠和十二烷基磺酸钠。

(二) 手性色谱法

手性色谱法(chiral chromatography)是利用手性固定相或含手性添加剂的流动相分离、分析手性化合物的对映异构体的色谱法。此外,还有间接法分析手性化合物的对映体,即将试样与适当的手性试剂进行衍生化反应,使其对映异构体变为非对映异构体,然后用常规HPLC 分离分析。

手性固定相是将手性选择剂键合在载体表面而制成的,其分离原理为:流动相中两个被分离对映异构体与手性选择剂形成瞬间非对映立体异构 "配合物",由于稳定性不同而得到分离。手性固定相的种类繁多,与对映体的作用力也各有不同。较常见的手性选择剂有环糊精、冠醚衍生物、大环抗生素以及多糖衍生物等。

(三) 亲和色谱法

亲和色谱法(affinity chromatography)是一种利用固定相的结合特性来分离分子的色谱

方法。将相互间具有高度特异亲和性的两种物质之一作为固定相,利用与固定相不同程度的亲和性,使组分从复杂样品中得到专一性的分离和分析。将生物大分子(如酶或抗原)固定在载体上,制成固定相,可以用于分离纯化与其有专一性亲和作用的物质(如该酶的底物或抗体)。亲和色谱法是各种分离模式的色谱法中选择性最高的方法,是生物大分子分离分析的重要手段,可用于分离分析与纯化核酸、酶、抗体、抗原、受体等。

> 📖 **知识拓展**

超高效液相色谱法

超高效液相色谱法(ultra performance liquid chromatography,UPLC)是一种新型的液相色谱技术,采用 2μm 及以下粒径填料色谱柱的 HPLC 系统。其根据 HPLC 的理论及原理,采用小颗粒填料,并应用耐更高压力、更高精度的输液泵、进样体积更小的进样器、更小的系统体积(流通池体积仅为 500nl,约为 HPLC 池体积的 1/20),以及快速检测手段等多种改进技术,不仅提高了分辨率、提升了分离度,也使检测灵敏度和分析速度大大提高。

UPLC 采用的小颗粒填料可以得到更高的柱效,且在更宽的线速度范围内保持柱效恒定,能分离出更多的色谱峰,而且缩短了分析所需的时间,还能够提高分离度、色谱峰强度。有研究表明,UPLC 的分析速度、灵敏度及分离度分别是传统的 HPLC 的 9 倍、3 倍及 1.7 倍。

UPLC 色谱柱容量小,容纳污染的能力小,对流动相纯度和供试品洁净度要求更高。而且,由于 UPLC 色谱柱填料的选择性与常规色谱柱通常存在差异,进行有关分析时,色谱峰的顺序、数量可能与常规 HPLC 色谱柱存在差异。在与常规 HPLC 方法进行对照转换时,应进行专属性、耐用性、检测限、定量限、线性等的方法验证。

UPLC 在解决组成复杂的样品分析时有其优越性,它具有的高效、快速和高灵敏度,可大大提高分析工作效率,为复杂体系的分离分析提供了良好的研究方法。因此,在生物药物、天然产物、蛋白质组学、基因组学、代谢组学等方面的研究中得到广泛应用。另外,在天然产物的分析方面,使用 UPLC 与质谱检测器连接,对天然产物分析,特别是中药研究领域的发展是一个极大的促进。

第五节　高效液相色谱法分析条件的选择

一、分离方法及固定相的选择

HPLC 可供选择的固定相及流动相都有自身的特点和应用范围,选择分离方法类型应根据分离分析的目的、试样的性质和量的多少、现有设备条件等来确定合适的分离分析条件。

1. 一般的液相色谱(吸附、分配及离子交换)适合的相对分子质量小于 2 000;相对分子质量大于 2 000 的组分,则用分子排阻色谱法较佳。

2. 样品可溶于水并属于能离解的物质,采用离子交换色谱为宜;样品溶于烃类,采用吸附色谱；如果样品溶于四氯化碳，则大多数可采用常规的正相、反相或吸附色谱分离；如果样品既溶于水，又溶于异丙醇，采用反相色谱。

3. 样品为酸、碱化合物，则采用离子交换色谱或离子对色谱；样品为脂肪族或芳香族，可采用正相、反相或吸附色谱；分离位置异构体一般采用吸附色谱，对映异构体用手性色谱；分离同系物可用正相色谱。

4. 分离极性化合物采用正相色谱，常用氨基、氰基键合相。分析非极性和中等极性的化合物采用反相色谱，最常用的固定相是十八烷基键合相。

分离方法选择的一般规律如图 13-8 所示。

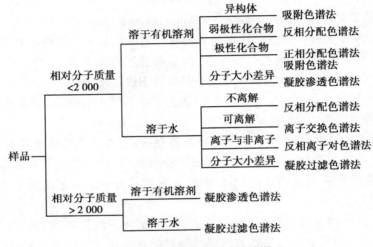

图 13-8　色谱分离模式的选择

为提高柱效、缩短分析时间、节约溶剂，常可使用更小填料粒径的色谱柱，并对相应色谱参数（条件），如流速、进样体积、梯度洗脱程序等进行相应调整。

二、流动相的选择

（一）正相键合相色谱法流动相的选择

正相键合相色谱法的流动相常以饱和烷烃，如正己烷、正庚烷为基础溶剂，加入适当的极性调节剂。增加流动相的极性 P'，增加洗脱能力，组分 k 下降。选择合适 P' 的溶剂，调节极性溶剂的比例，能达到理想的 k 范围（1~10）。若分离的选择性不好，则改用其他组别的溶剂来改善选择性。若二元溶剂不行，还可考虑使用三元或四元溶剂体系。

（二）反相键合相色谱法流动相的选择

反相键合相色谱法使用的流动相一般以极性最强的水为基础溶剂，加入一定量的有机溶剂作极性调节剂。甲醇是最常用的有机溶剂，其次是乙腈和四氢呋喃。有机溶剂的比例增加，流动相的洗脱能力增强，组分的 k 值下降。一般以水和甲醇或乙腈组成的二元溶剂，已能满足多数分离分析的要求，尤其是甲醇 - 水体系黏度小、价格低，是反相键合相色谱法最常用的流动相。反相色谱常采用梯度洗脱，使各组分都在适宜条件下获得良好分离。

（三）反相离子抑制色谱法流动相的选择

反相离子抑制色谱法中，调节流动相的 pH 在一定范围，是为了抑制弱酸、弱碱样品组分的解离，使它们以分子形式存在，以增大 k。因此，分析弱酸样品时，通常在流动相中加入少量弱酸，使 pH<pK_a−2，常用 50mmol/L 磷酸盐缓冲液和 1% 乙酸溶液；分析弱碱样品时，通常在流动相中加入少量弱碱，使 pH>pK_a+2，常用 50mmol/L 磷酸盐缓冲液和 30mmol/L 三乙胺溶液。对于常规色谱柱,调节流动相的 pH,注意应在 2~8 之间,超出此范围可能使键合相的基团脱落,或腐蚀仪器的流路系统。

(四)反相离子对色谱法流动相的选择

反相离子对色谱法中影响样品组分保留值和分离选择性的因素主要是离子对试剂的种类和浓度、流动相的 pH,以及流动相中有机溶剂的种类和比例。

1. 离子对试剂的选择　离子对试剂的电荷应与样品离子的电荷相反。分析碱类或带正电荷的物质,常选用带负电荷的离子对试剂,如十二烷基磺酸钠;分析酸类或带负电荷的物质,常用带正电荷的离子对试剂,如氢氧化四丁基铵。离子对试剂的浓度一般在 3~10mmol/L。

2. 流动相 pH 的选择　流动相 pH 的选择应有利于样品组分的完全离解,最大程度地形成中性离子对化合物,从而改善酸、碱样品的保留和分离选择性。考虑到采用的是以硅胶为基体的烷基键合相,故流动相的 pH 一般应在 2~8 内调整。表 13-7 列出了反相离子对色谱法分析不同类型样品时 pH 的选择。

表 13-7　反相离子对色谱法中流动相 pH 的选择

样品类型	流动相 pH	说明
强酸($pK_a<2$)如磺酸染料	2~7.4	在整个 pH 范围内,样品可离解,实际 pH 的选择取决于共存的其他组分类型
弱酸($pK_a>2$)如氨基酸	6~7.4	样品可离解,其 k 取决于离子对的性质
	2~5	样品的离解被抑制,其 k 取决于未离解样品的性质
强碱($pK_a>8$)如季铵类	2~8	同强酸
弱碱($pK_a<8$)如儿茶酚胺	6~7.4	样品的离解被抑制,其 k 取决于未离解样品的性质
	2~5	样品可离解,其 k 取决于离子对的性质

3. 有机溶剂的选择　与一般的反相键合相色谱法类似,最常用的流动相是甲醇 - 水、乙腈 - 水系统。流动相中所含有机溶剂的比例越高,组分的 k 越小。

三、洗脱方式的选择

HPLC 洗脱方式有等度洗脱和梯度洗脱两种。等度洗脱是在同一个分析周期内流动相组成保持恒定,适合组分较少、性质差别不大样品的分离分析。对于组分数目较多、性质相差较大的复杂混合物,必须采用梯度洗脱方式。梯度洗脱是在一个分析周期内,程序控制流动相组成(如溶剂的极性、离子强度、pH 等)的改变,使各组分都在适宜的条件下获得良好分离。梯度洗脱在液相色谱中所起的作用相当于气相色谱中的程序升温。可以采用二元混合溶剂或多元混合溶剂,即所谓二元梯度和多元梯度。梯度洗脱所用的溶剂纯度要求更高,以保证良好的重现性。需注意溶剂的互溶性,不相混的溶剂不能用作梯度洗脱的流动相。有些溶剂在一定比例内混溶,超出范围后就不互溶,使用时更要引起注意。当有机溶剂和缓冲液混合时,还可能析出盐的晶体,尤其使用磷酸盐时须特别小心。

混合溶剂的黏度常随组成而变化,因而在梯度洗脱时常出现压力的变化。例如甲醇和水黏度都较小,当二者以相近比例混合时黏度增大很多,此时的柱压大约是甲醇或水为流动相时的 2 倍。因此,要注意防止梯度洗脱过程中压力超过输液泵或色谱柱能承受的最大压力。

样品分析前必须进行空白梯度洗脱,以辨认溶剂杂质峰,如洗脱过程中基线漂移较大,亦可对色谱图进行空白扣除处理。梯度洗脱特别适用于极性范围很宽的混合物分离分析。它的主要优点是:①可以缩短分析时间,提高分离度;②改善峰形,提高峰的对称性,减少峰的区域宽度,使微量组分易被检出,降低最小检出量,提高检测灵敏度。

四、检测器的选择

高效液相色谱的检测器种类很多,针对样品性质的不同,可以选择适合的检测器。在紫外 - 可见光区有吸收的化合物,如芳烃与稠环芳烃、芳香氨基酸、核酸、甾体激素、羧基与羰基化合物等,可选择紫外检测器。若组分无紫外吸收,如糖类、高分子化合物、高级脂肪酸及甾体类等,可选择蒸发光散射检测器。对于含量极低的痕量组分,若能产生荧光或其衍生物能发出荧光,则可选择灵敏度较高的荧光检测器。有电活性的物质则可选择电化学检测器。紫外检测器、蒸发光散射检测器、荧光检测器适用于梯度洗脱方式。

五、样品的预处理

HPLC 中样品的预处理是为了使其符合所选定分析方法的要求。样品预处理方法直接关系到 HPLC 分析的成本和速度。样品预处理的主要作用:除去杂质,纯化样品;将待测物有效地从样品中释放出来;将被测物浓缩,达到最低检测限以上;通过衍生化将待测物转变成便于测定的形式,提高检测灵敏度或改善分离。样品的预处理包括进样前的一切操作。除了称重、溶解、稀释等步骤外,样品还需要过滤、萃取等,有的样品还需要衍生化、柱层析等。目前,传统的样品分离和浓缩方法已经得到了改进,气体萃取技术、膜萃取技术、固相萃取技术、超临界萃取技术等已被分析学家们不断地开发应用。

大多数 HPLC 实验室经常使用液 - 液萃取和液 - 固萃取方法来处理样品。

（一）液体样品的处理方法

1. 液 - 液萃取（liquid-liquid extraction,LLE）　液 - 液萃取通常在水相和有机溶剂相中进行,要求萃取用的有机溶剂毒性低、挥发性好、杂质少、对待测组分有良好的溶解度且又与水不相混溶。常用的有乙醚、乙酸乙酯、二氯甲烷、三氯甲烷,或者两种以上的混合溶剂。

表 13-8 列出了根据被测组分的性质选取的萃取方式。

表 13-8　被测组分的萃取方法

样品性质		萃取方法
水溶性组分	酸性组分及其生成的盐	有机溶剂萃取杂质后调成酸性,再加有机溶剂萃取,或在 N_2 流下吹干,用适当的溶剂溶解
	碱性组分及其生成的盐	有机溶剂萃取杂质后调成碱性,再加有机溶剂萃取或在 N_2 流下吹干,用适当的溶剂溶解
	中性组分	有机溶剂萃取杂质
脂溶性组分		有机溶剂萃取或在 N_2 流下吹干,用适当的溶剂溶解

2. 固相萃取（solid phase extraction,SPE）　SPE 为 HPLC 样品处理最重要的技术。它是一种类似于 HPLC 的色谱过程,其主要分离模式也与液相色谱相同,可分为正相、反相、离子交换和吸附。固相萃取所用的吸附剂也与液相色谱常用的固定相相同,只是在粒度上有所区别。

固相萃取小柱吸附剂的填料都较粗,一般在 40μm 即可,常用的填料有各种键合硅胶、氧化铝、高分子微粒、活性炭等。

固相萃取的装置有萃取管、圆盘滤头、涂布纤维等。最普遍采用的是萃取管,它是一根直径为数毫米的小柱,小柱可以是玻璃的,也可以是聚丙烯、聚乙烯等塑料的,还可以是不锈钢制成的。

固相萃取的一般操作程序包括活化吸附剂、上样、洗涤和洗脱。

另外,在固相萃取基础上发展起来一种新的固相微萃取技术,是将固相微萃取针管(不锈钢套管)插入固相微萃取 /HPLC 接口解吸池,然后再利用 HPLC 的流动相通过解吸池洗脱目标化合物,并将目标化合物带入色谱柱。

（二）固体样品的处理方法

样品必须制成液体才能进行 HPLC 分析。传统的固体样品的预处理方法有索氏提取、超声或浸提等。这些方法大多应用了 100 多年,被大多数科学家所接受。但是为了满足日益增长的高生产率、快速分析和先进的自动化程序的需要,开发出了一些新的萃取技术。

1. 加速溶剂萃取法　将样品密封在容器中,加热至沸点以上,使容器中的压力上升;自动取出萃取的样品,并转移至小瓶中做进一步的处理。

2. 自动索氏提取　为热溶剂浸出与索氏提取相结合的方法,套管中的样品先浸没在沸腾溶剂中,然后抬高,进行常规索氏提取。

3. 超临界流体萃取法　样品置于流通容器中,超临界流体（如 CO_2）穿过样品;降低压力后提取的样品收集在溶剂中或捕集到吸附剂上,然后再以溶剂淋洗,解吸附。主要用于提取固体基质中的非极性和中等极性被测物。

4. 微波辅助溶剂萃取法　样品置于开口或密闭的容器中,以微波能量加热使被测物被提取到溶剂中。所选溶剂应能良好地溶解被测物。

样品的处理除了这几种方法外,色谱柱切换技术（亦称多维柱色谱或耦联柱色谱）是分离和清除复杂的多组分样品杂质的有效技术;衍生化方法可以使被测组分与相应的试剂之间发生化学反应,以改善被测物的不稳定性、分子结构或极性以利于色谱分析。

第六节　高效液相色谱法应用与示例

一、定性分析

HPLC 的定性分析常常采用对照品对照法,利用保留时间定性;对于复杂的样品,可采用色谱 - 光谱联用定性,利用质谱检测器提供的色谱峰分子质量和结构的信息进行定性分析,具体方法详见第十章的定性分析项下。但采用对照品对照定性时必须注意,在同一色谱柱上不同的化合物可能有相同的保留值,为了避免出现错误的结果,可以利用光谱相似度辅助定性,用二极管阵列检测器记录对照品和样品中保留时间与对照品峰相同的色谱峰的吸收光谱,如果两者的吸收光谱一致,说明样品中可能含有与对照品相同的组分。

二、定量分析

HPLC 的定量分析方法常用外标法和内标法。外标法又分为外标一点法和外标两点法,常规分析一般采用外标一点法。采用外标法测定时,以手动进样器定量环或自动进样器进样为宜。低含量、生物样本或复杂基质样品的分析则采用内标法,可避免因样品前处理及进样体积误差对测定结果的影响。具体方法详见第十章的定量分析项下。

对药物中杂质的含量测定,可采用加校正因子的主成分自身对照法和不加校正因子的主成分自身对照法。此外,为了保证 HPLC 定量分析方法的准确性和重现性,需要进行色谱系统的适用性试验。《中华人民共和国药典》2020 年版四部规定的色谱系统适用性内容包括理论板数、分离度、灵敏度、拖尾因子和重复性等。

三、示例

HPLC 已广泛应用于微量有机药物、中草药、食品中有效成分的分离鉴定、检查和含量测定。近年来,对体液中原形药物及其代谢产物的分离分析,无论在灵敏度、专属性及快速性方面,HPLC 都有其独特的优点,已成为药物研究的重要手段。

（一）在定性分析中的应用示例

例 13-1 白芷中欧前胡素、异欧前胡素、氧化前胡素的定性分析。

色谱条件:色谱柱:C_{18};流动相:甲醇为流动相 A、水为流动相 B,按表 13-9 进行梯度洗脱;流速:1.0ml/min;检测器:UVD,$\lambda=250nm$。

表 13-9 梯度洗脱表

时间 /min	流动相 A/%	流动相 B/%
0~5	55→65	45→35
5~12	65	35
12~30	65→83	35→17

对照品溶液的制备:精密称取欧前胡素、异欧前胡素、氧化前胡素对照品适量,加甲醇制成每 1ml 分别含 0.13mg、0.04mg、0.13mg 的混合对照品溶液。

样品溶液的制备:取白芷粉末约 1g,精密称定,置 50ml 具塞锥形瓶中,精密加入甲醇25ml,称定重量,超声处理(功率 100W,频率 40kHz)40 分钟。放冷,用甲醇补足减失的重量,摇匀,滤过,取续滤液用 0.45μm 微孔滤膜滤过,即得。

分别精密吸取对照品溶液与样品溶液各 10μl,注入液相色谱仪,测定,得色谱图(图 13-9)。

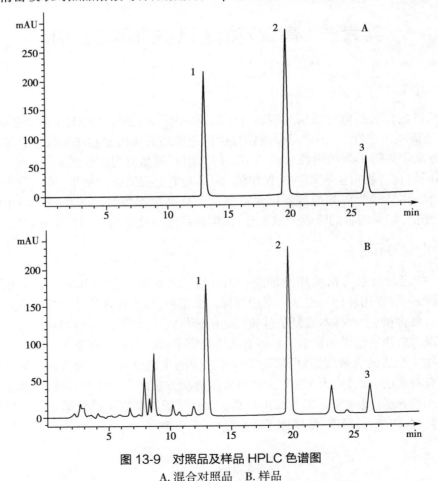

图 13-9 对照品及样品 HPLC 色谱图

A. 混合对照品 B. 样品

1. 氧化前胡素 2. 欧前胡素 3. 异欧前胡素

样品色谱图中,在与各对照品色谱峰保留时间相同的位置均有相应的色谱峰,说明白芷中含有欧前胡素、异欧前胡素、氧化前胡素这3种成分。

（二）在定量分析中的应用示例

例 13-2　大车前草中大车前苷的含量测定

色谱条件：色谱柱：C_{18}；流动相：乙腈 -0.1% 磷酸溶液（18∶82）；流速：1.0ml/min；检测器：UVD，$\lambda=330$nm。

对照品溶液的制备：精密称取大车前苷对照品适量,加 60% 甲醇溶液制成每1ml 含 0.05mg 对照品溶液。

样品溶液的制备：取大车前草粉末 0.501 0g,用 60% 甲醇溶液提取后定容为 25ml,摇匀,滤过,取续滤液过 0.45μm 微孔滤膜,即得。

分别吸取对照品溶液和样品溶液各 10μl,注入液相色谱仪,色谱图如图 13-10 所示,测得 $A_{样}= 860$,$A_{标}= 950$。计算大车前草中大车前苷的百分含量。

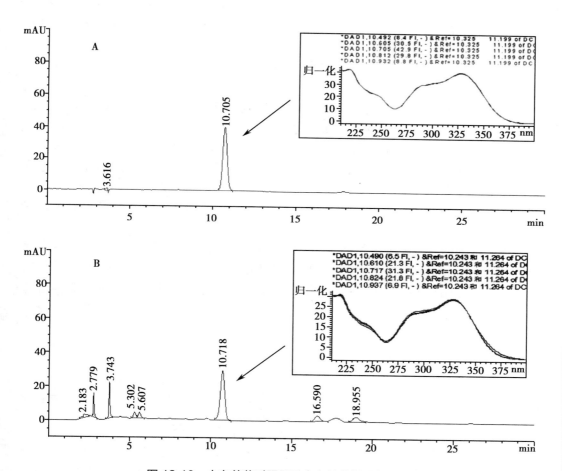

图 13-10　大车前苷对照品及大车前草样品色谱图
A. 大车前苷对照品　B. 大车前草样品

解：已知

$$\frac{m_{i}}{m_{s}} = \frac{A_{i}}{A_{s}};m=CV$$

$$C_{i}= \frac{A_{i}}{A_{s}} \, C_{s}= \frac{860}{950} \times 0.05=0.045\,(\text{mg/ml})$$

$$x\% = \frac{m_i}{m_{总}} \times 100\% = \frac{0.045 \times 25}{0.501\,0 \times 10^3} \times 100\% = 0.22\%$$

大车前草中大车前苷的含量为 0.22%。

🔍 知识拓展

二维液相色谱法

二维液相色谱(2D-LC)是将分离机制不同而又相互独立的两支色谱柱串联起来构成的分离系统。样品经过第一维的色谱柱进入接口,通过浓缩、富集或切割后被切换进入第二维色谱柱。二维分离采用两种不同的分离机制分离样品,即利用样品的两种不同特性把复杂的混合物分离成单一组分,这些特性包括相对分子质量、基团差别、极性差别、分子空间构型、酸性或碱性差别,以及离子化合物的电荷等,将具有不同分离效果的色谱分离模式(正相色谱、反相色谱、离子交换色谱、分子排阻色谱等)进行组合,使在一维系统中不能完全分离的复杂体系样品可能在二维系统中得到好的分离。

根据第一维馏分是否直接转移到第二维可以分为离线、在线二维色谱两种模式,前者对仪器要求相对较低,但操作起来费时耗力,难以实现自动化和重复性;后者操作起来快速、重复性好,可以避免人为误差,提高样品分析速度,具有更高的分离效率,目前二维液相色谱大多采用在线方式。按照第一维的馏分是否全部进入第二维,又将其分为中心切割二维液相色谱和全二维液相色谱,前者是将第一维色谱柱分离出来的某个或者某些目标组分转移到第二维继续进行分析,适合目标组分的分析;后者是将第一维的馏分全部转移到第二维进行分离,主要通过在线二维色谱来实现,接口把前一维色谱组分收集和富集传递到后一维色谱中,适合含有未知成分的复杂样品分析。

与传统的一维液相色谱相比,二维液相色谱在对组分复杂试样的分析方面具有独特之处,如分辨率高、峰容量大、灵敏度高、分析速度快、大大增强定性的准确性并使定量分析具有优越性。可用于中药活性物质的筛选,在提高中药质量标准中发挥其信息丰富、分离能力强等技术优势。

🫶 思政元素

《中华人民共和国药典》中的高效液相色谱法

《中华人民共和国药品管理法》规定,国家药品标准以国务院药品监管部门颁布的《中华人民共和国药典》及相关药品标准为准。自中华人民共和国成立以来,我国先后历经了 11 版药典,现行版本为 2020 年版。《中华人民共和国药典》坚持用最严谨的标准、最严格的监管、最严厉的处罚、最严肃的问责,以建立科学完善的食品药品安全治理体系。在《中华人民共和国药典》收录的含量测定方法中,高效液相色谱法(HPLC)由于兼具分离分析功能,且灵敏度高、检测限低,尤其适合化学成分复杂且含量较低的中药的质量控制,故虽仪器设备昂贵,但该法在中药有效成分的含量测定中占比不断增加,2020 年版《中华人民共和国药典》中 HPLC 用于含量测定的品种已达400多种。作为我国保证药品质量的法典,《中华人民共和国药典》制定的中药材、中药饮片及中药制剂的质量标准有效地实现了药品质量控制,保障了公众用药安全,推动了中医药产业的健康有序发展。在进行中药分析时,我们应根据中医药的特色,针对中医药发展过程中存在的中药质量问题,发掘问题根源,有针对性地查漏补缺,发展与中药分析契合度更高的检测方法并将其有效践行,使《中华人民共和国药典》在更新换代中与时俱进,这是我们作为中医药人的共同努力方向。

学习小结

1. 学习内容

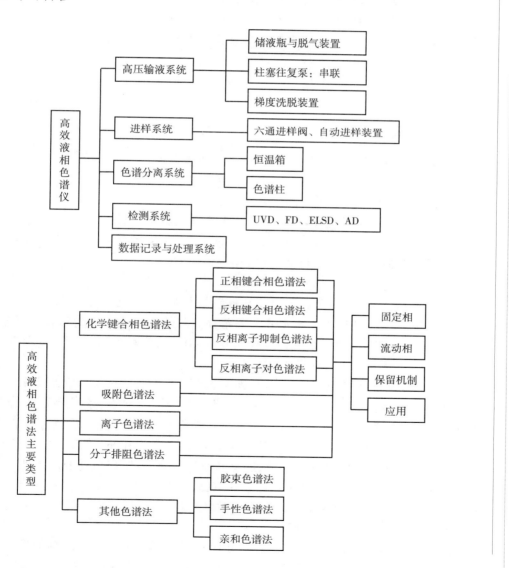

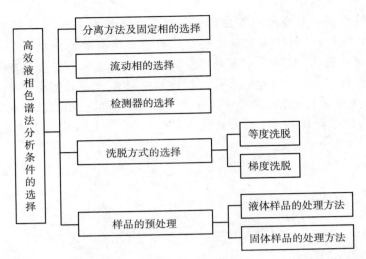

2. 学习方法 本章的重点是掌握各类高效液相色谱法的原理,特别是能从分析对象的性质、分析的目的出发,选择合适类型的色谱法。还应结合高效液相色谱实验熟悉高效液相色谱仪的组成和分析流程,并选择适当的色谱条件进行分析。

(冯素香 王海波)

复习思考题

1. 在高效液相色谱中,提高色谱柱柱效的途径是什么?
2. 高效液相色谱法中化学键合固定相有哪些优点?
3. 简述高效液相色谱仪的主要部件及其作用。
4. 高效液相色谱常用的检测器有哪几种? 其适用范围分别是什么?
5. 什么是梯度洗脱? 其与气相色谱法中的程序升温有何异同?
6. 何谓正相键合相色谱? 何谓反相键合相色谱?
7. 高效液相色谱法对流动相有哪些要求?
8. 从仪器构造及应用范围简要比较气相色谱及高效液相色谱的异同点。
9. 用 15cm 长的 ODS 柱分离 A、B 两个组分。测得 A、B 两组分的保留时间分别为 4.0 分钟、4.5 分钟,以组分 B 测得的理论塔板数为 40 000,死时间为 1.0 分钟。①计算 k_A、k_B、α、R 值;②若增加柱长至 25cm,分离度 R 为多少?
10. 用高效液相色谱仪分离 A、B 两组分,测得 A 的保留时间为 5.25 分钟,半峰宽为 0.36 分钟;B 的保留时间为 7.88 分钟,半峰宽为 0.39 分钟。计算:①该色谱柱对 A、B 两组分的理论塔板数及理论塔板高度;②两组分的分离度。
11. 精密称取厚朴粉末 0.156 2g,用甲醇提取,并定容至 100ml 容量瓶中,摇匀,滤过,作为供试品溶液。分别精密吸取厚朴酚、和厚朴酚混合对照品溶液(厚朴酚浓度为 40μg/ml、和厚朴酚浓度为 25.0μg/ml)和供试品溶液各 10μl,注入液相色谱仪,测得对照品中厚朴酚、和厚朴酚的峰面积依次为 3 566、2 958;样品中厚朴酚、和厚朴酚的峰面积依次为 2 808、2 228。计算厚朴中厚朴酚、和厚朴酚的总量。
12. 准确称取样品 0.100g,加入内标物 0.100g,测得待测物 A 及内标物的峰面积分别为 51 430、84 153。已知待测物及内标物的相对校正因子分别为 0.80、1.00。计算组分 A 的百分含量。

第十四章

高效毛细管电泳

📐 学习目标

1. 掌握毛细管电泳的基本原理(电泳和电泳淌度,电渗与电渗淌度,表观淌度);毛细管电泳法几种基本模式的分离机制。

2. 熟悉毛细管电泳中分离度的主要影响因素;毛细管电泳主要分离模式和分析条件的选择。

3. 了解毛细管电泳仪的主要部件;毛细管电泳法在生物医药学领域的应用。

电泳(electrophoresis)是指在电场力的作用下,溶液中的带电粒子向电荷相反方向的电极发生迁移的现象。利用电泳现象对物质进行分离分析的方法,称电泳法。高效毛细管电泳(high performance capillary electrophoresis,HPCE)又称毛细管电泳(capillary electrophoresis,CE),是 20 世纪 80 年代初发展起来的一种高效快速分离分析方法,是一类以内径 25~75μm 的石英毛细管为分离通道,以高压直流电场(高达 30kV)为驱动力,根据样品中各组分多种特性(电荷、相对分子质量大小、极性、等电点、亲和作用、相分配特性等)的差异产生差速迁移的液相微分离分析技术。

HPCE 由于包含了电泳、色谱及其交叉内容,因此分离模式多,有毛细管区带电泳、胶束电动毛细管色谱、毛细管凝胶电泳、毛细管电色谱等。随着各种分析检测技术的发展,还涌现了一些新的分离模式,如毛细管阵列电泳(capillary array electrophoresis,CAE),可以进行多样品分析,具有快速、便捷、高效及高通量等优点;亲和毛细管电泳(affinity capillary electrophoresis,ACE)通过在毛细管内壁涂布或在凝胶中加入亲和配基,根据亲和力的不同达到分离,通过改善被分析物电泳迁移行为,可提高分离分辨率和分析灵敏度;芯片毛细管电泳(chip capillary electrophoresis,CCE)可将样品处理、进样、分离、检测均集成在一块几平方厘米的芯片上进行,这项技术可望发展成微全分析系统(μ-TAS)和芯片实验室的主流技术。

🔍 知识链接

电泳技术发展简史

1809 年,俄国物理学家 Peйce 首次发现电泳现象。他在湿黏土中插上带玻璃管的正负两个电极,加电压后发现带负电荷的黏土颗粒向正极移动。

1937 年,Tiselius 创造了世界上第一台电泳仪,建立了研究蛋白质的移动界面电泳方法,因此,获得了 1948 年的诺贝尔化学奖。

1981 年,Jorgenson 和 Lukacs 使用 75μm 的毛细管柱分离丹酰化氨基酸,首次获得

$4 \times 10^5 m^{-1}$ 的高柱效,从此跨入高效毛细管电泳的时代。

1984 年,Terabe 创建胶束毛细管电动色谱,分离范围拓宽到中性物质。

1987 年,Hjerten 及 Cohen 分别创建了毛细管等电聚焦和毛细管凝胶电泳。

20 世纪 90 年代,阵列毛细管电泳使人类基因测序进程提前 4 年完成;芯片毛细管电泳技术的兴起促进了微全分析系统分析技术的发展。

第一节 概　述

一、高效毛细管电泳的分类

高效毛细管电泳按管中有无填充物可分为开管(自由溶液)和填充管(非自由溶液型)毛细管电泳;按机制可分为电泳型、色谱型和电泳 / 色谱型 3 类。常见的毛细管电泳分离模式见表 14-1。

表 14-1　高效毛细管电泳主要分离模式

	类型	缩写	填充物	分离模式
开管毛细管电泳	毛细管区带电泳	CZE	自由电解质溶液	自由溶液电泳型
	胶束电动毛细管色谱	MECC	CZE 载体 + 带电荷胶束	电泳 / 色谱型
	微乳液电动毛细管色谱	MEECC	由缓冲液、有机溶剂和乳化剂构成的微乳液	电泳 / 色谱型
	非水毛细管电泳	NACE	含电解质的非水体系	自由溶液电泳型
	毛细管等电聚焦	CIEF	两性电解质	自由溶液电泳型
	毛细管等速电泳	CITP	非连续电解质溶液 - 前导和终结电解质溶液	自由溶液电泳型
填充毛细管电泳	毛细管凝胶电泳	CGE	凝胶或其他筛分介质	非自由溶液电泳型,含"分子筛"效应
	毛细管电色谱	CEC	CZE 载体 + 液相色谱固定相	非自由溶液色谱型

二、高效毛细管电泳的特点

毛细管电泳具有分离效率高、操作简单、样品用量少、运行成本低等优点。传统电泳最大的局限性是难以克服高电压所引起的焦耳热问题,因此限制了高电压的应用。高效毛细管电泳是在散热效率很高的毛细管内进行,允许在其两端施加高电压,因而极大地提高了分离效率和速度。与传统的电泳相比,高效毛细管电泳的优势在于:高柱效(n 可达 $10^5 \sim 10^6 m^{-1}$)、快速(数十秒至数十分钟即可完成一个试样的分析)、低耗(试样用量仅为纳升级)、自动化、应用范围广。与高效液相色谱相比,在选择性方面 HPLC 与 HPCE 可以互为补充,HPCE 的分离效率更高、分析速度更快、样品消耗和运行成本更低。但是,HPCE 在迁移时间的重现性、进样准确性和检测灵敏度方面要稍逊于 HPLC,且不利于制备性分离。

第二节 毛细管电泳仪

高效毛细管电泳仪的基本结构包括高压电源及其回路系统、进样系统、毛细管及其温度控制系统、检测系统、记录/数据处理系统。装置见图14-1。毛细管和电极槽内充有相同组分和相同浓度的背景电解质溶液(缓冲溶液)。样品从毛细管进样端导入,在高电压作用下发生迁移。由于样品中各组分的特性不同,它们的迁移速度不同。因此,各组分将按其速度大小顺序,依次到达检测器被检出,得到按时间分布的电泳图谱。图谱上的迁移时间(t_m)作为定性参数,其峰高(h)或峰面积(A)作为定量参数。

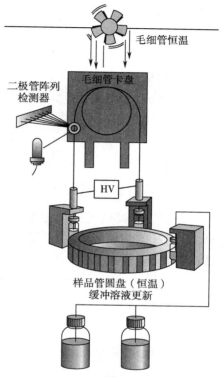

图 14-1 毛细管电泳仪装置图

一、高压电源及其回路系统

毛细管电泳仪的电路系统由高压电源、电极、电极槽、导线和电解质缓冲溶液组成。其中,高压电源是毛细管电泳分离系统的重要部分,一般采用0~±30kV连续可调的直流高压电源。电极通常采用化学惰性的铂电极,电极槽一般采用不导电的玻璃瓶,体积3~5ml,内装有缓冲溶液。缓冲溶液充于电极槽和毛细管中,通过电极、导线与电源连通,共同构成整个电流回路。

二、进样系统

高效毛细管电泳的毛细管通道十分细小,进样量仅为纳升级,常规色谱的进样方式由于存在较大死体积,会使分离效率严重下降而不能采用。毛细管电泳进样方式一般是让毛细管直接与样品溶液接触,然后由重力、电场力或其他动力来驱动样品溶液流入管中,通过控制驱动力的大小或时间长短来控制进样量。目前,最常用的进样方式有电动进样和流体动力学进样。

(一)电动进样

电动进样也称电迁移进样,即把毛细管的进样端直接插入样品溶液中并加上电场,组分因电迁移和电渗作用而进入管内。进样量为:

$$Q = \frac{(\mu_{ep} + \mu_{os})\pi r^2 cVt}{L} = \frac{\mu_{ap}\pi r^2 cVt}{L} \qquad \text{式(14-1)}$$

式(14-1)中,r是毛细管内半径,c是样品的浓度,t是进样时间。式(14-1)表明,进样量由进样时间和进样时的电压来控制。同时,进样量还要部分地受样品溶液的电渗淌度μ_{os}和样品组分的电泳淌度μ_{ep}的影响,对离子组分存在进样偏向,即对淌度较大的组分进样量会大一些,反之则小一些,会降低分析的准确性和可靠性。进样量按大小顺序依次为带正电荷的组分、中性组分和带负电荷的组分,称之为对被迁移溶质的歧视效应。

(二) 流体动力学进样

流体动力学进样也称压力进样,是最常用的进样方法,它要求毛细管中的填充介质具有流动性。将毛细管的进样端插入试样瓶中,利用正压(进样端加压)、负压(管尾减压)或重力虹吸作用,使毛细管两端产生一定压力差并维持一定时间,则试样溶液在压力差作用下进入毛细管。进样量为:

$$Q=\frac{\Delta P\pi r^4 tc}{8\eta L}$$ 式(14-2)

式(14-2)中,ΔP 是通过毛细管截面的压差,η 是管中溶液的黏度。式(14-2)表明,流体动力学进样的进样量与通过毛细管截面的压力差、样品的浓度、进样时间及管径的 4 次方成正比,与黏度及管长成反比。压力进样有两个优点:若严格控制样品的浓度和温度,则进样量是固定的;其次,压力进样没有组分歧视。目前,大多数毛细管电泳仪利用压缩气体实现正压进样,并能与毛细管清洗系统共用。

三、毛细管及其温度控制系统

毛细管是高效毛细管电泳的核心。理想的毛细管应该电绝缘、可透过紫外光和可见光、良好的热传导性、化学惰性、较高的机械强度和柔韧性。毛细管的材料包括聚四氟乙烯、玻璃和石英等,其中弹性熔融石英毛细管应用最广泛。常用规格为内径 50μm 和 75μm,外径 350~400μm。一般毛细管有效长度(进样端至检测窗口的长度)控制在 30~70cm,凝胶柱和电色谱柱在 20cm 左右。目前,商品仪器大多有温度控制系统,以确保焦耳热及时散去。

四、检测器系统

检测器是高效毛细管电泳仪的核心部件之一。检测方式有柱上检测和柱后检测两种。由于毛细管内径极小,进样量又非常小(约几纳升),为保证较高的灵敏度且不使谱带展宽,通常采用柱上检测(on-column detection)。在检测窗口位置去掉部分毛细管涂层后,即可采用常用的光学分析检测器。常用的检测器有紫外、荧光、激光诱导荧光。紫外检测器和荧光检测器是目前使用最广泛的两种。常用的紫外检测器有固定波长检测器、连续波长检测器和光电二极管阵列检测器。激光诱导荧光检测器的灵敏度高,但大多数物质需要衍生。除柱上检测外,也可采用柱后检测。电化学检测器和质谱检测器是具有高灵敏度的柱后检测器。高效毛细管电泳常用的检测器及特点见表 14-2。

表 14-2 高效毛细管电泳常用检测器的检测限及特点

检测器	质量检测极限 /mol	特点	检测方式
紫外	10^{-16}~10^{-13}	适用于有紫外吸收的化合物	柱上
荧光	10^{-17}~10^{-15}	灵敏度高,通常需要衍生化	柱上
激光诱导荧光	10^{-21}~10^{-20}	极其灵敏,通常需衍生化,价格高	柱上
电导	10^{-16}~10^{-15}	通用,但需要专门的电器元件和毛细管改性柱	柱后
安培	10^{-21}~10^{-19}	灵敏,只适用于电活性物质分析	柱后
质谱	10^{-17}~10^{-16}	通用性好,能提供结构与质量信息	柱后

第三节　毛细管电泳的基本原理

一、电泳与电泳淌度

电泳是在电场作用下带电粒子在缓冲溶液中定向移动的现象,也称电迁移。电泳迁移速度 u_{ep} 可用式(14-3)表示:

$$u_{ep}=\mu_{ep}E=\mu_{ep}\frac{V}{L} \tag{式(14-3)}$$

式(14-3)中,E 为电场强度,V 为毛细管两端所加的电压,L 为毛细管柱总长度;μ_{ep} 为电泳淌度(electrophoretic mobility)或电泳迁移率,定义为单位电场强度下带电粒子的平均迁移速度 $[m^2/(V\cdot s)]$。

$$\mu_{ep}=\frac{q}{6\pi\eta r}=\frac{\varepsilon\zeta_i}{6\pi\eta}（球形粒子） \tag{式(14-4)}$$

$$\mu_{ep}=\frac{q}{4\pi\eta r}=\frac{\varepsilon\zeta_i}{4\pi\eta}（棒形粒子） \tag{式(14-5)}$$

式(14-4)、式(14-5)中,q 为粒子的有效电荷,η 为缓冲溶液黏度,r 为组分的离子半径,ε 为溶液的介电常数,ζ_i 为粒子的 Zeta 电势。由上述公式可见,带电粒子在电场中的迁移速度,除了与电场强度 E 和介质特性有关外,还与粒子的 Zeta 电势有关。而 Zeta 电势的大小近似正比于粒子的 $Z/M^{2/3}$,其中 Z 是净电荷,M 是相对分子质量。粒子的表面电荷越大,质量越小(或离子半径越小),Zeta 电势越大,则其电泳淌度越高或电泳速度越快。对于中性粒子,其电泳淌度为零。此外,E 越大,离子的电泳速度也越快。因此,不同粒子按照带电种类和表面电荷密度的差别,产生不同的电泳淌度而导致在毛细管中的电泳速度不同,从而实现分离。

在实际溶液中,离子活度系数、溶质分子的离解程度均对粒子的淌度有影响,实际溶液中的淌度称有效淌度,用 μ_{eff} 表示。

$$\mu_{eff}=\sum\alpha_i\gamma_i\mu_{ep} \tag{式(14-6)}$$

式(14-6)中,α_i 为溶质分子的离解度,γ_i 为活度系数。

综上,荷电粒子在电场中的实际迁移速度,与电场强度、介质特性、电荷数、粒子离解度及其大小和形状有关。

二、电渗与电渗淌度

电渗(electroosmosis)是毛细管中的溶剂或介质在轴向直流电场作用下相对于带电管壁发生定向迁移或流动的现象。电渗与固液两相界面的双电层有关。当固体与液体接触时,固 - 液两界面上就会带有相反符号的电荷,形成双电层。按照双电层模型,双电层溶液由两层组成,第一层称 Stern 层或紧密层,第二层为扩散层(图 14-2)。在电场作用下,固液两相的相对运动发生在紧密层与扩散层之间的滑动面(或切变平面)上,此滑动面与本体溶液间的电势差称 Zeta 电势(zeta potential,ζ)。

一般情况下,当缓冲溶液 pH>3 时,石英毛细管由于内壁硅醇基(—Si—OH)离解成 SiO^-,使管壁表面带负电。为了保持电荷平衡,溶液中水合离子(一般为阳离子)被吸附到表

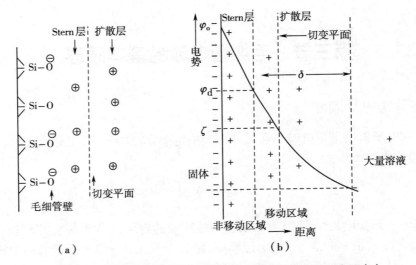

图 14-2 毛细管壁上的双电层模型(a)和相应的电势分布图(b)

面附近,形成双电层。当在毛细管两端加电压时,双电层中的阳离子向阴极移动,由于离子是溶剂化的,携带溶剂一起向阴极移动。因此,毛细管内溶液在电场作用下整体朝一个方向运动,形成电渗流(electroosmotic flow,EOF)。如图 14-3 所示,在通常情况下,石英毛细管中的电渗流从阳极流向阴极。

电渗速度 u_{os}(或 u_{eo})表示为:

$$u_{os} = \mu_{os}E = \frac{\varepsilon\zeta_{os}}{4\pi\eta}E \qquad\qquad 式(14-7)$$

式(14-7)中,μ_{os}(或 μ_{eo})为电渗淌度或电渗率,ζ_{os} 为管壁的 Zeta 电势,ε 和 η 分别为介质的介电常数和黏度。

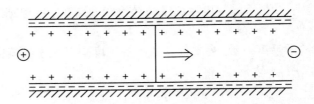

图 14-3 电渗流示意图

在多数水溶液中,石英和玻璃毛细管表面因硅醇基离解会产生负电荷,许多有机材料如聚四氟乙烯、聚苯乙烯等也会因残留的羧基而产生负电荷。因此,在通常的毛细管区带电泳条件下,电渗流由阳极流向阴极。电渗速度的大小与电场强度的大小、双电层的 Zeta 电位、溶液的介电常数成正比,与溶液的黏度成反比。双电层越薄、介质的介电常数越大、介质黏度越小,电渗速度越大。

由于电渗流的存在,使样品在分离过程中除了电泳之外,还存在电渗流的推动。各组分在毛细管中的流出时间(迁移时间)取决于电渗速度和组分电泳速度的矢量和。

三、表观淌度

在高效毛细管电泳中,由于同时存在电泳和电渗流,在不考虑它们之间相互作用的前提下,粒子在毛细管内电解质中的迁移速度是电泳和电渗速度的矢量和。

$$u_{ap} = u_{eff} + u_{os}$$

即
$$u_{ap}=u_{eff}+u_{os}=(\mu_{eff}+\mu_{os})E=\mu_{ap}E \qquad \text{式（14-8）}$$
$$\mu_{ap}=\mu_{eff}+\mu_{os} \qquad \text{式（14-9）}$$

式（14-8）、式（14-9）中，u_{ap}为粒子的表观迁移速度（apparent velocity），μ_{ap}为粒子的表观淌度（apparent mobility）。u_{ap}和μ_{ap}是在毛细管电泳中由实验测定的实际的粒子迁移速度和淌度，分别由下式计算：

$$u_{ap}=\frac{L_d}{t_m} \qquad \text{式（14-10）}$$

$$\mu_{ap}=\frac{u_{ap}}{E}=\frac{u_{ap}L}{V}=\frac{L_dL}{t_mV} \qquad \text{式（14-11）}$$

式（14-10）、式（14-11）中，L_d为毛细管有效长度（即毛细管从进样端到检测器的距离）；t_m为粒子从进样端迁移至检测窗口所需的时间，称迁移时间；L为毛细管总长度；V为电压。

多数情况下，电渗速度比电泳速度快5~7倍，无论阳离子、阴离子还是中性分子，都将随着电渗流朝一个方向移动。当溶质从毛细管的正极端进样，它们在电渗流的驱动下依次向毛细管的负极端移动。不同电荷的粒子将按表14-3的速度向负极迁移。混合物中的所有组分将朝一个方向（如阴极方向）迁移，阳离子的运动方向和电渗方向一致，因此最先流出；中性粒子的电泳速度为"零"，与电渗同步移动；阴离子因其运动方向和电渗相反，在电渗速度大于电泳速度时，将在中性粒子之后流出。因此，毛细管电泳在一次操作中可同时完成阴离子、阳离子、中性分子的分离分析，出峰顺序为阳离子、中性分子和阴离子。中性分子都与电渗流速度相同，相互之间不能分离。

表 14-3　HPCE 中的组分表观迁移速度

组分	表观淌度	表观迁移速度
阳离子	$\mu_{os}+\mu_{eff}$	$u_{os}+u_{eff}$
中性分子	μ_{os}	u_{os}
阴离子	$\mu_{os}-\mu_{eff}$	$u_{os}-u_{eff}$

四、分离效率和谱带展宽

（一）分离效率

1. HPCE 与 HPLC 柱效的比较　高效毛细管电泳中电渗流与 HPLC 中流体的流型不同，HPLC 中的泵驱动使固液表面接触处产生摩擦力而导致压力降低，从而使其流体呈抛物线型，或称层流。靠近管壁处，其速度趋近于零，而中心处的速度则为平均速度的 2 倍，引起谱带展宽较大。而 CE 中的电渗流是由离表面很近的一层过剩的阳离子层引起，犹如在毛细管内形成一个带电的外壳，包围着整个流体，当两端施加电场后，带电的外壳带动管内的其余流体，像一个塞子一样以均匀的速度向前运动。因此，电渗流的流型为扁平流（塞流），即电渗速度的径向分布几乎是均匀的，谱带展宽较小，而且它不会直接引起样品组分区带扩散，这是毛细管电泳比 HPLC 柱效更高的重要原因之一。高效毛细管电泳电渗流和高效液相流型的比较见图 14-4。

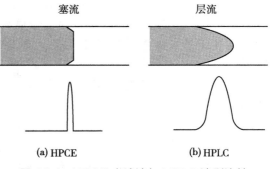

图 14-4　HPCE 电渗流与 HPLC 流型比较
（a）电渗流扁平流型　（b）层流或抛物线流型

在高效毛细管区带电泳中，使用空心毛细管柱，无涡流扩散项（$A=0$）；内壁也不涂渍固定相，传质阻力项（Cu）趋近于零。因此，其范第姆特方程简化为 $H=B/u$，从而大大提高柱效。

2. 柱效　与色谱技术相似，HPCE 的柱效一般也用理论塔板数 n 或塔板高度 H 表示。即：

$$n = 16\left(\frac{t_m}{W}\right)^2 = 5.54\left(\frac{t_m}{W_{h/2}}\right)^2 \qquad 式（14-12）$$

$$H = \frac{L_d}{n} \qquad 式（14-13）$$

式（14-12）、式（14-13）中，t_m 为流出曲线最高点所对应的时间，称迁移时间（migration time）。HPCE 中，在理想情况下粒子和管壁之间的相互作用可以忽略，即可以认为没有离子被保留下来，因此可以用迁移时间代替色谱中的保留时间。W 为基线峰宽，$W_{h/2}$ 为半峰宽。L_d 为毛细管有效长度。

根据 Giddings 的色谱柱效理论，理论板数 n 可用下式表示：

$$n = \frac{L_d^2}{\sigma^2} \qquad 式（14-14）$$

式（14-14）中，σ^2 是以标准差表示的区带展宽。根据 Einstein 扩散定律，区带展宽可表示为：

$$\sigma^2 = 2D \cdot t_m \qquad 式（14-15）$$

$$t_m = \frac{L_d}{\mu_{ap}E} = \frac{L \cdot L_d}{\mu_{ap}V} \qquad 式（14-16）$$

由式（14-14）、式（14-15）、式（14-16）可得到毛细管电泳分离柱效方程为：

$$n = \frac{\mu_{ap}L_dV}{2DL} = \frac{(\mu_{eff} + \mu_{os})L_dV}{2DL} \qquad 式（14-17）$$

式（14-17）中，L_d 为进样端到检测器的距离，L 为毛细管总长度，D 为粒子在区带中的扩散系数。由式（14-17）可知，采用高电压和高电渗速度，均可提高柱效；在分离电压不变的情况下，L_d/L 的比值越大，分离柱效越高；分子越大，溶质扩散系数越小，分离柱效越高。因此，毛细管电泳特别适合分离蛋白质、DNA 等生物大分子。

（二）引起谱带展宽的因素

影响毛细管电泳谱带展宽的因素主要有两类：一是来源于柱内溶液和溶质本身，主要包括扩散、自热和吸附；二是来源于仪器系统，如进样和检测。以下对第一类影响因素进行讨论。

1. 自热　电流通过缓冲溶液时产生焦耳热（或称自热）。由于焦耳热通过管壁向周围环境扩散时，会在毛细管内形成径向温度梯度，从而导致缓冲溶液产生径向黏度梯度，因而产生离子迁移速度的径向不均匀分布，破坏了区带的扁平流轮廓，导致谱带展宽，柱效降低。

诺克斯（Knox）等提出，当毛细管内径满足式（14-18），自热就不会引起太严重的谱带展宽和效率损失。

$$Edc^{1/3} < 1\,500 \qquad 式（14-18）$$

式（14-18）中，c 是介质浓度（mol/L），d 为管内径（μm），当 $E=50kV/m$，$c=0.01mol/L$ 时，d 必须小于 140μm。实验结果比此值还小一些，因此，目前采用的多是内径 25~75μm 的毛细管。毛细管电泳之所以能实现快速高效分离，很大程度上就是由于采用了极细的毛细管。但是，使用太细的柱子,会在检测、进样等方面带来困难,易造成柱的堵塞。

2. 扩散　在毛细管电泳中,溶质纵向扩散是谱带展宽的唯一因素,由式(14-15)可看出扩散引起的谱带方差(σ^2)与溶质的扩散系数和迁移时间有关。其中,迁移时间受许多分离参数的影响,如外加电压、毛细管长度、缓冲溶液的种类与浓度及 pH 等;而扩散系数一般随溶质相对分子质量的增加而降低。凡影响溶质扩散的因素都会影响毛细管电泳的谱带宽度。

3. 吸附　毛细管电泳中的吸附一般是指毛细管管壁与被分离物质粒子的相互作用。造成管内壁表面吸附主要有两个原因,一是阳离子溶质和带负电的管壁的相互作用;二是疏水作用。毛细管内表面和体积之比越大,吸附的可能性越大,因此,细内径的毛细管不利于降低吸附。对于生物大分子,如碱性蛋白和多肽等,吸附严重时可能导致检测不到信号。因此,分析生物大分子时常需用涂层处理的毛细管柱。

五、分离度

(一) 分离度(resolution,R_s)

在实际 HPCE 中,分离度可由电泳图直接用下式求得:

$$R_s = \frac{2(t_{m_2} - t_{m_1})}{W_1 + W_2} \qquad 式(14-19)$$

式(14-19)中,t_{m_1}、t_{m_2} 分别为两组分的迁移时间,W_1、W_2 分别为两区带的基线峰宽。

根据 Giddiness 的定义,结合式(14-17),分离度又可表示为:

$$R_s = \frac{\sqrt{n}}{4} \cdot \frac{\Delta u}{\bar{u}} \qquad 式(14-20)$$

$$R_s = \frac{\sqrt{n}}{4} \frac{(u_2 - u_1)}{(u_1 + u_2)/2} = \frac{1}{4\sqrt{2}}(\mu_2 - \mu_1)\left[\frac{VL_d}{DL(\mu_{eff} + \mu_{os})}\right] \qquad 式(14-21)$$

式(14-20)、式(14-21)中,Δu 为相邻组分的迁移速度,$\bar{u}$ 为两者的平均值,μ_2 和 μ_1 分别为两区带的有效电泳淌度。

(二) 影响分离度的因素

由式(14-21)可知,影响分离度的因素主要有:

1. 工作电压(V)　增加工作电压,可使分离度增加。但若要使分离度加倍,电压要增加 4 倍才行;而增加电压还受到焦耳热的限制。因此,增加电压并不是提高柱效的最佳方法。

2. 毛细管有效长度与总长度之比(L_d/L)　毛细管有效长度增加,分离度也增大,但毛细管长度增加会使分析时间延长,因此应选择长度适当又能得到较高分离度的毛细管。

3. 组分的有效电泳淌度差($\mu_2-\mu_1$)　增加毛细管有效电泳淌度差,可使分离度增加,这是增加分离度的关键因素。$\Delta\mu_{eff}$ 的控制与选择通常借助于选择不同的操作模式和不同的缓冲溶液体系来实现。

4. 电渗淌度(μ_{os})　当 $\mu_{os}=-\mu_{ep}$ 时(电渗淌度与电泳淌度数值相同而方向相反时),R_s 最大(R_{max}),但此时的分离时间无限长。因此,既要使分析时间不过长,又要得到较高的分离度和柱效,需找出最佳的 μ_{os}。

此外,组分的扩散、对流、焦耳热、吸附及区带与周围缓冲液间的电导差和 pH 差等柱内因素,以及检测器尺寸等柱外因素都会影响组分的分离效率。

第四节　高效毛细管电泳的分离模式

一、毛细管区带电泳

毛细管区带电泳（capillary zone electrophoresis，CZE）也称毛细管自由溶液区带电泳，是毛细管电泳中最基本也是应用最广的一种操作模式，通常将其看成其他各种操作模式的母体。其原理是在充满电解质溶液的毛细管中，具有不同质荷比的离子在电场的作用下，由于迁移速度的不同而进行分离。

由于分离是基于离子质荷比不同而进行的，当毛细管内壁带负电时，样品中带不同电荷粒子的流出顺序为阳离子、中性分子、阴离子，而中性分子不能彼此分开，质荷比越大的正电粒子流出越快。见图 14-5（a）。当毛细管内壁带正电时，电渗流的方向与上述讨论相反，其流出顺序为阴离子、中性分子、阳离子（图 14-6）。毛细管区带电泳适合分离带电物质，如无机阴离子、无机阳离子、有机酸、胺类化合物、氨基酸、蛋白质等，但不能分离中性化合物。

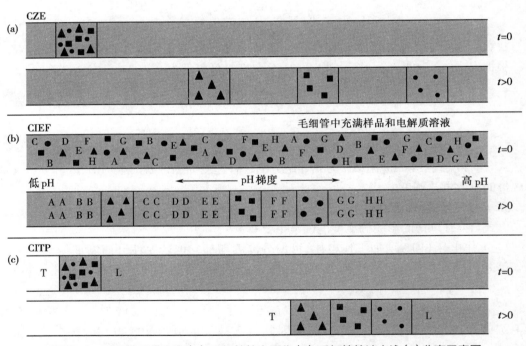

图 14-5　毛细管区带电泳（a）、毛细管等电聚焦（b）、毛细管等速电泳（c）分离示意图

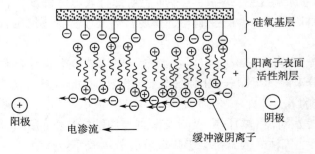

图 14-6　毛细管内壁带正电的 CZE 电渗流方向示意图

二、毛细管等电聚焦

毛细管等电聚焦(capillary isoelectric focusing,CIEF)是在毛细管中根据等电点的差别分离多肽、蛋白质的高分辨电泳技术。

CIEF 是在毛细管内实现的等电聚焦过程,见图 14-5(b)。通常将毛细管中充满样品和两性电解质(合成的具有不同等电点范围的脂肪族多胺基多羧酸混合物),正极槽中灌入酸性溶液如磷酸,负极槽中灌入碱性溶液如 NaOH 溶液。当加上电压之后,管内很快会在两性电解质作用下建立 pH 梯度,样品根据所带电荷的性质迁移,当迁移至 pH 和蛋白质等电点一致(即不带电)的区域时,迁移就停止进行,使具有不同等电点的分子分别聚集在不同的位置,实现分离。为了使形成的 pH 梯度不被电渗流带出毛细管,一般需要使用涂层的无电渗流的毛细管。等电聚焦完成后,通过压力或其他方法使样品区带推过检测窗口。

毛细管等电聚焦具有极高的分辨率,可以分离等电点差异小于 0.005pH 的两种蛋白质,且可使很稀的样品达到高度浓缩,在蛋白质和多肽的分离分析、单克隆抗体分析、酶突变型的鉴定等方面有很好的应用前景。

三、毛细管等速电泳

毛细管等速电泳(capillary isotachophoresis,CITP)是一种在不连续介质(移动边界)中根据有效淌度的差异进行分离的电泳技术。它采用两种不同的缓冲溶液系统,一种是前导电解质,充满整个毛细管柱,其有效淌度高于任何样品组分;另一种称尾随电解质,其有效淌度低于任何样品组分,置于一端电解槽中。被分离的组分按其淌度不同夹于其中,以相同的速率迁移,在电场梯度下各组分离子按有效淌度的差异被分离。如分离阴离子时,前导电解质有效淌度最高,速度最快,排在最前面,紧接着是被分离组分中淌度最大的那一个,以此类推,排在最后的是尾随电解质。所有的阴离子形成各自独立的区带,按有效淌度的大小顺序依次向阳极移动,实现分离,分离过程示意图见图 14-5(c)。

所有谱带以同一速率移动是 CITP 的最大特点。除此之外,CITP 还有两个特点,一是区带锐化,不同离子的淌度不同,所形成区带的电场强度不同,淌度大的离子区带电场强度小。在平衡状态下,如果某一区带的离子扩散进入淌度较大的前一区带,由于电场强度变小而迫使它减速即刻返回原区带,从而形成界面清晰的谱带,显示很高的分离能力。二是区带浓缩,即组分区带的浓度由前导电解质决定,一旦前导电解质浓度确定,各区带内离子的浓度亦即为定值。因此,对于浓度较小的组分有浓缩效应,常被用作其他毛细管电泳操作模式的预浓缩手段。

四、胶束电动毛细管色谱

胶束电动色谱(micellar electrokinetic chromatography,MEKC)是以胶束为假固定相的一种电动色谱,因在毛细管中进行,又称胶束电动毛细管色谱(micellar electrokinetic capillary chromatography,MECC)。MECC 是电泳技术与色谱技术的结合,集电泳、电渗和分配为一体,克服了 CZE 不能分离中性物质的弱点,扩大了电泳的应用范围。

1. 胶束假固定相 胶束是在临界胶束浓度(CMC)以上表面活性剂的聚集体。表面活性剂主要分阴离子、阳离子、两性离子和非离子表面活性剂 4 类。常用的阴离子表面活性剂有十二烷基硫酸钠(SDS)、N- 月桂酰 -N- 甲基牛磺酸钠(LMT)、牛磺脱氧胆酸钠(STDC)等,其中 SDS 使用最为普遍。阳离子表面活性剂常用的是季铵盐类,如十二烷基三甲基溴化铵(DTAB)、十六烷基三甲基溴化铵(CTAB)等。非离子表面活性剂有 3-［3-(氯化酰氨基丙

笔记栏

基)- 二甲基氨基]-1- 丙基磺酸酯（CHAPS）等。另外，还有手性表面活性剂，如胆酸、洋地黄皂苷、十二烷基 -N-L- 缬氨酸钠等。阳离子表面活性剂分子易吸附在石英毛细管壁上，常可减慢电渗流速度或使电渗流转向，称之为 EOF 改性剂。

2. 分离原理　在 MECC 中实际上存在着类似于色谱的两相，一相是起到流动相作用的水溶液相，另一相是起到固定相作用的胶束相，由于"固定相"是移动的，这种移动的"固定相"又被称之为"假固定相"或"准固定相"，它具有与周围介质不同的淌度。溶质在这两相之间分配，由于其在胶束中保留能力的不同而产生差速迁移。因此，MECC 是按溶质在水相和胶束相中分配系数的不同及自身的权均电泳淌度差异而分离的。权均电泳淌度是指由于组分在水相及胶束相中的分配所改变的淌度。与毛细管区带电泳一样，水相溶液由电渗流驱动流向阴极，离子胶束依其电荷不同，移向阳极或阴极。对于常用的 SDS 胶束，因其表面带负电荷，泳动方向与电渗流方向相反，向阳极泳动。在多数情况下，由于电渗流的速度大于胶束的电泳速度，因此胶束的实际迁移方向与电渗流相同，都向阴极移动。中性溶质在随电渗流移动的过程中，在水相和胶束相之间进行分配，基于其与胶束作用的强弱，在两相间的分配系数不同而得到分离。分离过程见图 14-7。

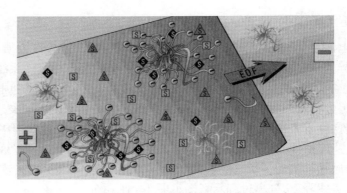

图 14-7　胶束电动毛细管色谱的分离过程示意图

3. 流动相　在 MECC 中可以通过改变流动相（缓冲溶液体系）来改变溶质分配系数，调节分离选择性。流动相的改变通常包括改变缓冲溶液种类、浓度、pH 和离子强度等。pH 能影响电动色谱中带电组分迁移的速度，也影响电渗速度，但是不改变胶束如 SDS 的荷电状况，因此不影响它的泳动速度。

在 MECC 中，向缓冲溶液中加入有机添加剂也可提高分离选择性。有机添加剂的加入，会改变水溶液的极性，从而调节被分离组分在水相和胶束相之间的分配系数，使分离选择性得到提高。常用的添加剂有甲醇、乙腈、异丙醇等。

五、毛细管凝胶电泳

毛细管凝胶电泳（capillary gel electrophoresis，CGE）是在毛细管中充填多孔凝胶作为支持介质进行电泳的方式，被称为凝胶电泳。在毛细管凝胶电泳中，毛细管中充满了凝胶，凝胶在结构上类似于分子筛。当带电性质相似的溶质粒子通过毛细管柱时，原则上按照其分子的大小进行分离，较小的分子迁移得较快，而大分子迁移得较慢。因此，分离主要是基于组分分子的尺寸，即筛分机制。分离机制见图 14-8。

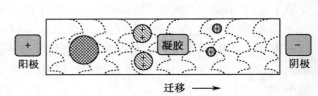

图 14-8　毛细管凝胶电泳分离机制示意图

应用最多的凝胶是交联聚丙烯酰胺凝胶（polyacrylamide gel，PAG），是由丙烯酰胺单体与 N,N'- 亚甲基双丙烯酰胺交联聚合而成，具有三维网状多孔结构，呈电中性，无吸附作用。CGE 具有抗对流、减小溶质扩散的特点，因此可以实现高达上百万的柱效。除 PAG 外，琼脂糖、甲基纤维素及其衍生物、葡聚糖及聚乙二醇等也常作为 CGE 的分离介质。线性聚丙烯酰胺、甲基纤维素、羟丙基甲基纤维素、聚乙烯醇这一类亲水线性或枝状高分子，在水溶液中当浓度大到一定值时会相互缠绕形成三维网状多孔状结构而具有分子筛效应，称之为非胶筛分或无胶筛分（non-gel sieving）。由于受凝胶介质对 pH 的限制，CGE 缓冲溶液的可选择性远小于 CZE。而当使用非胶筛分介质时，CGE 缓冲溶液的选择与 CZE 没有差别。

CGE 综合了毛细管电泳和凝胶电泳的优点，是分离度极高的一种电泳分离技术。CGE 主要用于生物学上分离大分子物质，如蛋白质分离及其相对分子质量测定、寡聚核苷酸、RNA 及 DNA 片段的分离和测定，是 DNA 测序的重要手段。

六、毛细管电色谱

毛细管电色谱（capillary electrochromatography，CEC）是在微型填充毛细管柱两端施加直流高压电场，以电渗流驱动流动相完成色谱分离的一种新型微分离技术。它是毛细管电泳与高效液相色谱的有机结合，根据溶质在流动相和固定相中分配系数的不同及自身电泳淌度差异得以分离。

毛细管电色谱的固定相主要依据 HPLC 的理论和经验选择，目前研究最多的是反相毛细管电色谱。CZE 的空管被非极性固定相涂布或填充，毛细管填充长度一般为 20cm，多采用 C_{18} 或 C_8 为填料（3μm），用乙腈 - 水或甲醇 - 水等为流动相。与 HPLC 类似，CEC 同样可通过改变流动相的组成比例、pH 等改善分离效果。

毛细管电色谱结合了 CE 的高效和 HPLC 的高选择性，广泛应用于药物、手性化合物和多环芳烃的分离分析。

七、非水毛细管电泳

非水毛细管电泳（nonaqueous capillary electrophoresis，NACE）是在以有机溶剂作介质的电泳缓冲液中进行的毛细管电泳。NACE 适用于不易溶于水的一些药物及代谢物、肽类化合物和阴离子表面活性剂等；在水溶剂中淌度十分相似的物质，如弱酸、弱碱、胺类药物和无机阴离子等；在水中难以进行反应的研究，如多聚醚与阳离子的聚合反应。

非水溶剂的理化性质与水有很大不同，不存在"拉平作用"，结构差别小的化合物也能分离，为提高分离选择性提供了可能。此外，非水体系可承受更高的工作电压，可在不增大焦耳热的条件下提高分离效率。非水溶剂一般选用介电常数较高、黏度较小的有机溶剂。乙腈、甲醇、四氢呋喃、甲酰胺、N- 甲基甲酰胺、N,N- 二甲基乙酰胺等是 NACE 常用的非水溶剂。在实际应用中，NACE 常通过加入不同电解质以调节介质的 pH 和改变分离选择性。酸及其铵盐是最常用的电解质，如乙酸铵、甲酸等。

第五节 毛细管电泳分离条件的选择

毛细管电泳分离条件选择的内容很多，且与样品、分离模式、检测方式、进样方法等因素有关。分离条件的选择主要是毛细管的选择、分离电压、缓冲溶液种类及其 pH 和浓度、添加剂等。

一、毛细管的选择

毛细管有弹性熔融石英毛细管、聚四氟乙烯毛细管和聚苯乙烯毛细管等。目前基本选择弹性熔融石英管。因为石英材料除了散热性能好、透光性好之外，其电渗流大小易于改变。不同材料毛细管电渗流与缓冲液 pH 关系见图 14-9。对于弹性熔融石英毛细管，在内径选择上，细内径的毛细管具有好的散热效率，但是检测灵敏度降低；而大内径的毛细管通常电渗流较小，高灵敏度但焦耳热聚集严重。通常选择 50μm 或 75μm 内径的毛细管，在填充柱毛细管电色谱中为便于填充固定相，通常选用 75μm 或 100μm 的柱子，而在开管柱毛细管电色谱中常选用 25μm 的毛细管。

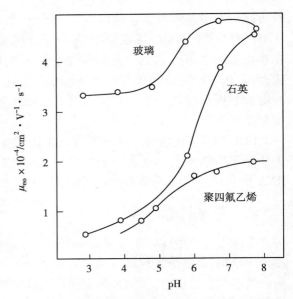

图 14-9　电渗流与毛细管材料和缓冲液 pH 关系

二、缓冲液的选择

在毛细管电泳中，缓冲溶液的选择直接影响电流的大小、电渗流的大小、样品的带电性质等，从而对分离产生影响。所以，缓冲溶液的选择尤为关键。

1. 缓冲溶液的种类　缓冲溶液的选择通常遵循下述要求：①在所选择的 pH 范围内（$pK_a \pm 1$ 或 $pK_b \pm 1$）有很好的缓冲容量；②在检测波长处无吸收或吸收低；③自身的电泳淌度低，即粒子体积大而电荷密度小，可减小电流，从而降低焦耳热；④缓冲溶液的 pH 必须比被分析物质的等电点至少高或低 1 个 pH 单位，以达到有效的进样和适宜的电泳淌度；⑤尽量选用与溶质电泳淌度相近的缓冲溶液，以减小电分散作用引起的区带展宽，有利于提高分离效率。磷酸盐、乙酸盐、硼砂等是常用的无机缓冲溶液。除常用的无机缓冲溶液外，一些常用的生物缓冲溶液见表 14-4。在配制缓冲溶液时，必须使用高纯水和试剂，用 0.45μm 的过滤器滤过以除去颗粒等。

表 14-4　HPCE 中的生物缓冲液

名称	pK_a	名称	pK_a
2-［N-玛琳］-乙烷磺酸（MES）	6.13	甘氨酰胺	8.20
N-［2-乙酰胺基］-2-亚氨基二乙酸（ADA）	6.60	三（羟甲基）氨基甲烷（TRIS）	8.30
哌嗪-N,N′-双［乙烷磺酸］（PIPES）	6.80	N,N′-双［2-羟乙基］甘氨酸（BICINE）	8.35
3-［N-玛琳］-丙烷磺酸（MOPSO）	6.90	硼酸盐	9.24
2-［双-(2-羟乙基)］氨基磺酸（BES）	7.16	2-［N-环己氨基］乙烷磺酸（CHES）	9.55
N-2-羟乙基哌嗪-N′-2-乙烷磺酸（HEPES）	7.55	3-［N-环己氨基］-1-丙烷-磺酸（CAPS）	10.40
N-2-羟乙基哌嗪-N′-2-丙烷磺酸（HEPPS）	7.90		

2. 缓冲溶液的 pH 缓冲溶液的 pH 会影响电渗流的大小。对于石英毛细管,溶液 pH 增高时,表面 -SiOH 电离多,电渗流增大。pH<3 时,硅羟基基本不解离,电渗接近于 0;当 pH>10 时,硅羟基完全解离,电渗变化很小;pH 介于 4~10 之间时,硅羟基的解离随 pH 上升而迅速增加,电渗流也随之增加,见图 14-9。

同时 pH 会影响样品带电荷的性质。通常碱性组分选低 pH,使其带上正电荷,迁移时与电渗流方向保持一致,可获得快速分离。酸性组分通常选用高 pH,使其带负电荷,但迁移时由于与电渗流方向相反,因此分离速度较慢。如果电渗流速度小于负电荷样品的电泳速度时,可能无法出峰,此时可以选择负极进样模式。对于两性电解质,如蛋白质、多肽、氨基酸等,当缓冲溶液的 pH 低于溶质的 pI 时,溶质带正电荷,反之,带负电荷,因此既可选酸性 (pH 2~3) 也可选碱性 (pH>9) 分离介质分离。羧酸及糖类等样品通常在 pH 5~9 之间能获得最佳分离。

因此,实验中应综合考虑电渗流的大小和样品的带电性质,来确定最佳的 pH。

3. 缓冲溶液的浓度 缓冲溶液的浓度对改善分离、抑制吸附、控制焦耳热等均有影响。增加浓度使离子强度增加,能减少溶质和管壁之间、被分离的组分之间(如蛋白质 -DNA)的相互作用,从而改善分离。但是随着缓冲溶液浓度的增加,毛细管的电流将会增大,焦耳热增加。同时,缓冲溶液浓度增加时,双电层厚度降低,电渗流速度降低,溶质的迁移时间延长。因此,缓冲溶液应保持适宜的浓度。

三、分离电压的选择

分离电压是控制分离效率、分离度和分析时间的重要因素。分离体系的最佳分离电压与毛细管内径和长度及缓冲溶液浓度(离子强度)有关。一般在柱长确定时,随电压的增加,电渗流和电泳流速度的绝对值都会增加,但电渗流速度一般大于电泳速度,因此粒子的总迁移速度加快,迁移时间缩短。在升高电压的同时,将会增加柱内的焦耳热,减小缓冲液的黏度,而黏度与温度的关系是指数型的,所以分离电压和迁移时间的关系也不成线性关系,电压高时速度增加得更快一些。在高电压时,如果焦耳热不能及时散去,会在毛细管中心和管壁之间存在温度梯度,导致中心和管壁处黏度不同,进而形成流速的差异,塞状流型转变为抛物线流型,柱效降低。因此,应该选择尽可能高的电压以达到最大柱效、最大分离度和最短的分析时间,而又不产生过多的焦耳热。理论与实践均证明,随电压变化分离效率存在极大值,此时的电压称最佳电压。

四、添加剂的选择

在毛细管电泳分离中,如果缓冲体系经各种参数优化后分离效果仍不理想,就应该考虑在缓冲溶液中加入某些添加剂,利用它与毛细管管壁或溶质间的相互作用,改变管壁或溶液相物理化学特性,进一步提高分离选择性和分离度。添加剂的种类分为以下几种。

(一)无机盐与两性离子添加剂

在缓冲体系中加入高浓度的无机盐后,其包含的大量阳离子容易参与竞争毛细管壁的负电荷位置,因而可降低甚至抑制管壁对蛋白质的吸附。阳离子越大,毛细管表面覆盖率越高。实验证明,碱金属盐中以 K_2SO_4 效果最佳。

无机盐浓度过高容易导致过热(焦耳热),反而使分离效率下降;过热严重时,管内会出现气泡,使分离无法进行。用两性离子代替无机盐,可以克服过热的问题。常见的两性离子,如强酸强碱型的 $(CH_3)_3N^+CH_2CH_2CH_2SO_3^-$ (简称 TMAPS)、三甲胺基内盐 $(CH_3)_3N^+CH_2COO^-$。由于它既能保持高离子强度,缩短迁移时间,又可降低电导,不产生较大的电流,从而可进一步提高蛋白质和多肽的分离效率,改善其分离度和重现性。

（二）有机溶剂添加剂

在毛细管电泳中,常常在缓冲溶液中加入一些有机溶剂(作为改性剂),以改变毛细管内壁和缓冲溶液性能。常用的溶剂有醇类、乙腈、丙酮、四氢呋喃、二甲亚砜等。其中最常用的是甲醇和乙腈。若以甲醇、乙腈、甲酰胺、四氢呋喃、N-甲基甲酰胺等有机溶剂为主体,加入电解质(如 NH_4Ac、甲酸),则可利用非水毛细管电泳法使在水中难溶而不能用 CZE 分离的对象在有机溶剂中有较高的溶解度而实现分离。

（三）表面活性剂

表面活性剂具有吸附、增溶等功能。低浓度的阳离子表面活性剂能在石英毛细管表面形成单层或双层吸附层,改变电渗流大小甚至使电渗流反向。加入的表面活性剂浓度必须低于其临界胶束浓度(CMC),否则会形成胶束,因为胶束相的分配作用将会改变毛细管电泳的分离机制和操作模式,即从毛细管区带电泳分离模式变为胶束电动毛细管色谱(MECC)分离模式。

（四）线性高分子聚合物

在毛细管电泳中,添加一定量线性高分子聚合物有助于增大缓冲液的黏度,延长溶质迁移时间,改善分离,有利于构建各种电动色谱。此外,线性高分子聚合物(如聚乙烯醇等)分子还可以强烈吸附在毛细管内壁上,改变其表面特征,从而影响电渗及分离过程;通过分子筛作用实现对生物大分子的电泳分离。

（五）手性选择剂

环糊精及其衍生物、冠醚、胆汁盐等是最常用的手性选择剂,不同立体异构体由于与手性添加剂作用力不同而获得分离。手性选择剂已成功地应用于毛细管区带电泳、胶束电动毛细管色谱、毛细管凝胶电泳、毛细管等速电泳等多种毛细管电泳分离模式中,在手性化合物分离中发挥了重要的作用。最近,新的手性选择剂如大环抗生素、天然和合成的手性胶束、蛋白质、寡糖和聚糖等逐渐兴起,显示出较强的手性分离能力。

毛细管电泳手性拆分,由于具有高效、快速、分离模式多、不需要手性柱及试剂消耗少等优点,对垄断十几年的色谱手性分离提出了强有力的挑战。

第六节　高效毛细管电泳的应用与示例

一、定性分析

与色谱法类似,保留值(即迁移时间)对比定性是毛细管电泳法常用的定性方法,即将试样与标准品在相同操作条件下进行电泳分离,将电泳流出曲线中组分特征峰的保留值与标准品的保留值进行比较,如果数值在允许的误差范围之内,可推定此组分与标准品组成可能一致。目前,采用毛细管电泳-质谱联用法(HPCE-MS)定性是最新的定性分析方法。

二、定量分析

高效毛细管电泳的重复性不如 HPLC,因此宜用内标法或叠加对比法进行定量分析。内标法是毛细管电泳法中最常用的定量方法。若很难找到适宜的内标物,或样品组分峰太多,无处可插入内标物,则可用叠加对比法定量,在样品的 HPCE 图中,找一个迁移时间和峰面积与待测组分相当且稳定的特征峰,作为内参比峰代替内标峰。叠加对比法的特点是无须内标物但具有内标法的优点,可减少进样量不准确或实验条件不稳定的影响,定量重复性的 RSD ≤ 4%。叠加对比法的原理及计算公式详见第十章第四节。

三、示例

高效毛细管电泳的高效分离、快速和微量进样的优势,使其在化学、生命科学、药物学、临床医学、法医学、环境科学、农学及食品科学等领域具有重要的应用价值,已广泛应用于中药材、中药制剂、化学药复方制剂及生化药等的分离、鉴定和分析,蛋白质及 DNA 的分离检测、临床药物监测和药物代谢研究等领域。本节简单介绍毛细管电泳法在中药分析方面的应用实例。

例 14-1 毛细管电泳法测定葛根芩连方药中小檗碱、药根碱和巴马汀的含量(图 14-10)

电泳条件:270A-HT 型高效毛细管电泳仪,未涂层石英毛细管,内径 50μm,总长度 62cm,有效长度 40cm。缓冲溶液:60% 的磷酸盐(60mmol/L,pH 8.0)和 40% 甲醇溶液;分离电压:22kV,压力进样 1s;检测波长 254nm,温度 30℃。

供试品溶液的制备:按处方配比取葛根芩连汤各味药饮片,加水 400ml,先煎葛根 20 分钟,余药共煎 30 分钟,煎 2 次,合并,定容至 1 000ml,取 2ml,水浴蒸干、研细,得水提物粉末。精密称定水提物粉末 0.05g,加 70% 乙醇超声提取 3 次,每次 15 分钟,离心,上清液置 25ml 量瓶中,加入一定量的苄基三乙基氯化铵溶液作内标,定容,经微孔滤膜过滤得供试品溶液。

对照品溶液的制备:精密称取盐酸小檗碱、盐酸巴马汀、盐酸药根碱对照品各适量,置于 50ml 量瓶中,用 70% 乙醇溶液溶解,定容,即得。

标准曲线绘制:精密量取对照品溶液 1ml、2ml、4ml、6ml、8ml 于 10ml 量瓶中,加入内标,定容。进行毛细管电泳分析,测定对照品与内标峰面积,以对照品和内标物的峰面积比对浓度比做图,进行线性回归。

测定法:将供试品溶液进行毛细管电泳分析,测定供试品溶液中待测组分峰面积与内标物峰面积比值,根据标准曲线计算,即得(图 14-10)。

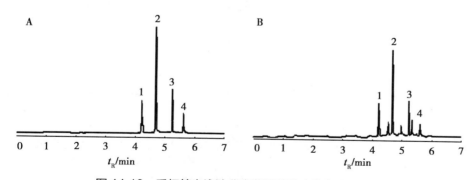

图 14-10 毛细管电泳法分离葛根芩连方药中的生物碱
A. 对照品 B. 样品
1. 内标 2. 小檗碱 3. 巴马汀 4. 药根碱

例 14-2 冬虫夏草水提液的毛细管电泳分析

孙毓庆等对冬虫夏草及人工培育品、天然蛹虫草、亚香棒草水提液进行了毛细管电泳分析。毛细管有效长度为 50cm,内径为 75cm,以 36mmol/L 硼砂 –15mmol/L 磷酸氢二钠（pH 9.2）为缓冲溶液，运行电压：14.0kV，检测波长：254nm。实验结果表明冬虫夏草含有近10种核苷酸及其碱基成分，多数为冬虫夏草的药效物质，如图14-11（A）所示。

冬虫夏草人工培育品及天然蛹虫草、亚香棒草的毛细管电泳图谱见图14-11（B、C、D）。由图可以看出人工培育冬虫夏草、天然蛹虫草及亚香棒草在迁移时间16分钟以后的CE图与冬虫夏草有明显区别；且人工培育冬虫夏草、天然蛹虫草与亚香棒草的CE图也有明显差别。因此，利用毛细管电泳图谱可以鉴别虫草的真伪、优劣。

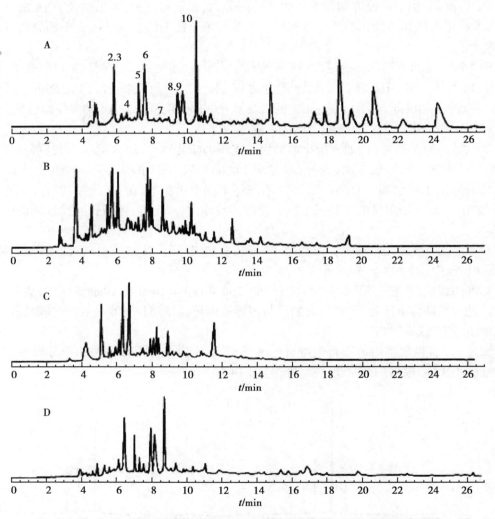

图 14-11　冬虫夏草及其人工培育品、天然蛹虫草、亚香棒草的毛细管电泳图谱
A. 冬虫夏草　B. 人工培育冬虫夏草　C. 天然蛹虫草　D. 亚香棒草
1. 虫草素　2. 腺嘌呤　3. 胸腺嘧啶脱氧核苷　4. 尿嘧啶　5. 内标
6. 腺苷　7. 次黄嘌呤　8. 鸟苷　9. 尿苷　10. 次黄嘌呤核苷

学习小结

1. 学习内容

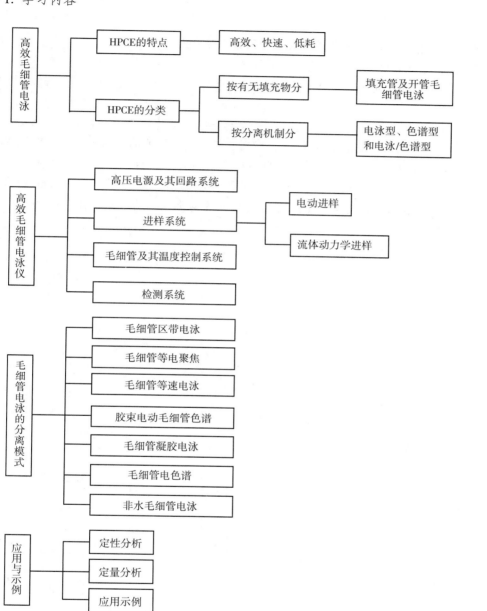

2. 学习方法　本章的学习要善于运用物理化学知识并应抓住前后章节的关联,从电泳、电渗及淌度等基本概念,以及各类毛细管电泳分析方法的分离机制入手,掌握毛细管电泳法的基本原理及特点。

（张国英　刘　芳）

复习思考题

1. 什么是电泳与电泳淌度？什么是电渗与电渗淌度？

2. 试述表观淌度的定义及影响表观迁移速度的因素。

3. 高效毛细管电泳与高效液相色谱法相比有哪些优缺点?

4. CZE 与 MECC 的主要区别是什么?

5. 在 CZE 中,当把阳离子、阴离子、中性分子从阳极注入毛细管内时,各种粒子的出峰顺序如何?

6. 毛细管电泳中,影响电渗流大小的因素有哪些?

7. 影响毛细管电泳谱带展宽的主要因素有哪些?

8. 毛细管区带电泳中,对于正电荷样品和负电荷样品,在分离条件选择上有什么区别?

9. 某毛细管区带电泳系统的毛细管长度为 64cm,进样端至检测器长度为 52cm,分离电压为 25kV。当由正极端进样,负极端检测时,某中性分子 A 的迁移时间为 12 秒,其扩散系数 $D=5.2 \times 10^{-9} m^2/s$。试计算:①该系统的 μ_{os};②A 的理论塔板数。

10. 某药物用 CZE 分析,测得迁移时间是 4.05 秒,毛细管总长度 $L=65cm$,由进样器至检测器长度 $L_d=56cm$,分离电压 $V=20kV$,该系统的电渗淌度为 $3.87 \times 10^{-6} m^2/(V \cdot s)$。计算该药物的表观淌度及电泳淌度。

第十五章

色谱联用技术

学习目标

1. 掌握色谱 - 质谱联用的主要扫描模式及可提供的信息；LC-MS、GC-MS 分析条件的选择和优化。

2. 熟悉 HPLC-ICP-MS 联用技术。

3. 了解其他色谱联用技术；各种色谱联用技术的适用性与特点。

将色谱与波谱或色谱与色谱联用的技术，称色谱联用（hyphenated chromatography）技术。来源于自然界的样品（例如中药、体内内源性生命物质、环境污染物等复杂样品）通常组分种类繁多、含量差别较大，但已知信息量却较少。对于这些样品，单独使用一种分析方法常常难以得到满意的结果，因此，需要将几种分析方法结合起来，发挥不同分析方法的优势。色谱法具有很强的分离效能但其定性能力差，而质谱和光谱法能给出与结构相关的丰富信息，确定被测组分的分子结构，定性能力强。将两者联用，使两类仪器在性能上得到相互补充，从而提高分析方法对复杂体系中各组分检测的选择性、灵敏度和准确度。

第一节　色谱联用技术简介

色谱联用技术主要包括色谱 - 质谱联用、色谱 - 光谱联用及色谱 - 色谱联用三大类。

一、色谱 - 质谱联用技术

色谱 - 质谱联用（chromatography-mass spectrometry）技术是目前应用最广的分离分析方法之一，将色谱的分离能力与质谱的结构鉴定能力和高灵敏度的含量测定能力相结合，实现对复杂样本的分析。目前应用较多且比较成熟的是气相色谱 - 质谱联用、液相色谱 - 质谱联用和毛细管电泳 - 质谱联用，如图 15-1 所示。

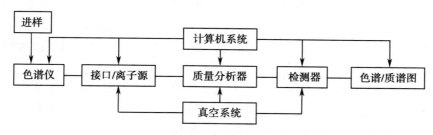

图 15-1　色谱 - 质谱联用主要组成示意图

（一）常用色谱 - 质谱联用技术

1. 气相色谱 - 质谱联用技术 在众多色谱联用技术中，气相色谱 - 质谱联用仪（gas chromatography-mass spectrometry，GC-MS）是最早开发的色谱联用仪器。经过气相色谱分离的样品呈气态，流动相也是气体，其状态与质谱分析的进样要求相匹配，通过两种仪器的接口，解决气相色谱仪大气压工作条件和质谱仪真空工作条件的联接和匹配，实现两种仪器联用。

2. 高效液相色谱 - 质谱联用技术 高效液相色谱 - 质谱联用（high-performance liquid chromatography-mass spectrometry，HPLC-MS，简称 LC-MS）技术的实现比 GC-MS 要困难得多，液相色谱使用的液体流动相会破坏质谱系统的真空状态，因此需要在液相色谱分离和质谱检测之间增加一个接口以消除流动相的负面影响。直到大气压离子化（atmospheric pressure ionization，API）技术的问世，LC-MS 才得到快速发展和广泛应用。

通过选择不同类型的色谱柱和流动相，LC-MS 可以实现对不同极性化合物的分离，结合不同的质量分析器，可以满足化合物快速鉴定、痕量成分定量以及代谢组学、蛋白质组学等多组学领域检测的需求，是目前应用最广泛，技术发展更新最快的色谱 - 质谱联用技术。

3. 毛细管电泳 - 质谱联用技术 毛细管电泳 - 质谱联用（capillary electrophoresis-mass spectrometry，CE-MS）技术是 20 世纪 90 年代末发展起来的联用技术，虽然 CE-MS 不如 LC-MS 成熟，但因其特别适用于生物大分子的分离分析，故在生命科学、临床药学、食品检测和违禁药物分析等领域有着较大的发展潜力。

4. 高效液相色谱 - 电感耦合等离子体质谱联用技术 高效液相色谱 - 电感耦合等离子体质谱联用（high performance liquid chromatography-inductively coupled plasma mass spectrometry，HPLC-ICP-MS）技术是以高效液相色谱（HPLC）作为分离工具，分离不同形态的元素，以 ICP-MS 作为检测器，在线检测不同形态元素的一种分析方法技术。样品中不同形态及价态的元素通过高效液相色谱进行分离，随流动相引入电感耦合等离子体质谱系统进行检测，根据保留时间的差别确定元素形态分析次序。ICP-MS 对于液相色谱来说是唯一的通用多元素的检测器，它检测待测元素各形态的信号变化，根据色谱图的保留时间确定样品中是否含有某种元素形态，从而进行定性分析；以色谱峰面积或峰高确定样品中相应元素形态的含量，进行定量分析。

HPLC-ICP-MS 融合了 HPLC 的高效分离和 ICP-MS 高灵敏度、低检出限、线性范围宽、能进行多元素同时检测和同位素比测定等的优点，可用于砷、汞、硒、锑、铅、锡、铬、溴、碘等元素的形态分析。与分子质谱联用，HPLC-ICP-MS 可以作为生物样品中带有金属标志物的化合物的重要的检测工具。

5. 超临界流体色谱 - 质谱联用技术 超临界流体色谱法（supercritical fluid chromatography，SFC）是以超临界流体作为流动相的一种色谱方法。某些纯物质具有三相点和临界点。在三相点时，物质的气、液、固三态处于平衡状态。超临界流体，是指既不是气体也不是液体的一些物质，它们的物理性质介于气体和液体之间，临界温度通常高于物质的沸点和三相点。超临界流体色谱兼具气相色谱和液相色谱的特点。超临界流体的扩散系数和黏度接近于气体，因此溶质的传质阻力小，用作流动相可以获得快速高效分离；超临界流体的密度与液体类似，具有较高的溶解能力，这样就便于在较低温度下分离难挥发、热不稳定性和相对分子质量大的物质。SFC 的流动相主要是 CO_2，无毒，易获取且价廉。

超临界流体色谱 - 质谱联用主要采用大气压化学离子化或电喷雾离子化接口。色谱流出物通过一个位于色谱柱和离子源之间的加热限流器转变为气态，进入质谱仪分析。各种质谱质量分析器都可以与超临界流体色谱联用。SFC-MS 主要用于热不稳定化合物、挥发性化合物、弱极性化合物以及液相色谱难以分离的手性化合物的分析。

（二）色谱 - 质谱联用的扫描模式及可提供的信息

样品中的组分经色谱柱分离后不断地流入离子源,被离子化后进入离子传输通道及质量分析器,根据质量分析器的类型,设定扫描类型、质量范围和扫描时间,计算机就可以采集到质谱信号。色谱 - 质谱联用仪的质谱系统可根据分析要求,采用多种扫描模式。常用的扫描模式主要有全扫描、选择离子监测和选择反应监测。

1. 全扫描　全扫描（full scanning）模式是质量分析器对给定质荷比范围（如 m/z=10~1 000）内的离子进行扫描,获得该质荷比范围内所有离子的相对分子质量及信号强度信息。通过在该模式下不间断的连续扫描,可以获得待测样本在色谱洗脱过程中产生的所有质谱信息,是质谱数据进一步分析的基础。其产生的质谱数据信息经计算机实时处理,可以根据需求形成不同的谱图展现形式。

（1）色谱 - 质谱三维谱：色谱 - 质谱三维谱是分别以保留时间、质荷比和离子信号强度（离子信号相对丰度）为坐标轴所形成的三维谱图,描述了在一定时间范围内不同质荷比的离子信号强度（离子信号相对丰度）的变化趋势,如图 15-2 所示。图中 x 坐标表示时间、y 坐标表示质荷比、z 坐标表示离子信号的强度（离子信号相对丰度）。具有不同信息及不同类型谱图的数据可以从这个三维谱图（数据阵列）中提取。

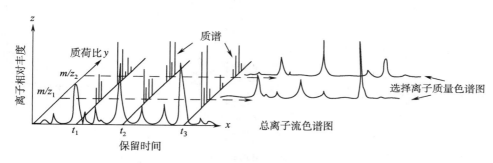

图 15-2　全扫描模式获得的三维谱示意图

（2）质谱图：是在全扫描模式获得的三维谱中,某一时间 t 处与 y 轴平行（即质荷比轴）的二维截面图,展现了不同质荷比的离子的信号强度或相对丰度,是化合物结构分析及谱图库检索鉴定的依据,如图 15-2 所示。图 15-3 为汉黄芩素的质谱图。

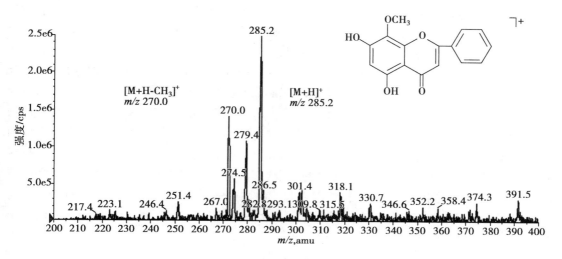

图 15-3　汉黄芩素质谱图

（3）总离子流色谱图（total ion chromatogram, TIC）：总离子流强度是指某时间点下检测所得质谱图中所有离子的信号强度的加和，其随扫描时间变化的趋势图就是总离子流色谱图，可以与紫外色谱图相类比。图 15-4（A）是测定血浆样品中汉黄芩素所得的总离子流图。

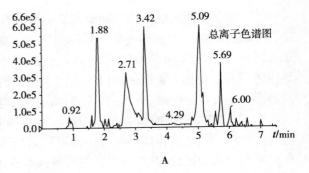

（4）质量色谱图（mass chromatogram）：是在全扫描模式获得的三维谱中，某一质荷比（m/z）处与 x 轴平行（即时间轴）的二维截面图，它表示某一质荷比（m/z）离子的信号强度（或相对丰度）与保留时间的趋势变化关系，也称选择离子色谱图，如图 15-2 所示。其与仪器以选择离子监测模式工作时产生的总离子流图类似，常作为搜索特定相对分子质量的工作手段广泛使用。

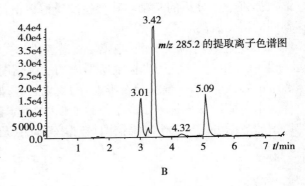

2. 选择离子监测 选择离子监测（selected ion monitoring, SIM）是对一个或一组选定离子进行检测的技术。检测一个质量的离子称单离子监测，检测一组特定的离子称多离子监测。图 15-4（B）为血浆样品经处理后，选择性检测汉黄芩素（m/z 285.2）所得到的 SIM 色谱图。

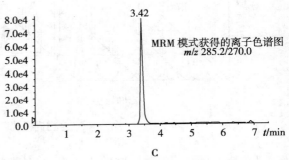

与全扫描模式不同的是，选择离子监测只检测选定的 1 个或多个质荷比的离子的信号，并不采集全部的数据信息，所以其灵敏度远大于全扫描检测模式，专属性也

图 15-4 血浆样品中汉黄芩素的总离子流图（A）、选择性离子监测色谱图（B）和选择反应监测色谱图（C）

得到大幅提升，而且同时检测的离子数量越少，灵敏度及专属性越高。由于 SIM 的专属性好，通过该检测方法产生的总离子流图干扰较少，基线平整，因此降低了色谱方法的开发难度，也可大幅缩短检测时间，更加有利于定量分析。

3. 选择反应监测 选择反应监测（selected reaction monitoring, SRM）是串联质谱（原理见本章第三节）的一种监测模式，针对二级质谱或多级质谱的某两级之间，从上一级质谱中选择一个离子（被称为前体离子或母离子），并从其下一级质谱所产生的子离子（被称为产物离子）中选择一个离子，组成一个反应离子对进行监测。监测一个或多个前体离子产生的多个产物离子对的反应则称多反应监测（multiple reaction monitoring, MRM）。由于 SRM（或 MRM）对一组（或多组）特定且直接相关的离子（前体离子 - 产物离子）进行了两次选择性监测，所以比 SIM 的选择性、排除干扰的能力和专属性更强，信噪比更高，检测限更低，常作为混合物中痕量组分的定量分析方法。图 15-4（C）是血浆样品中选择性检测汉黄芩素的离子对 m/z 285.2/270.0 所得到的 SRM 色谱图。

二、色谱 - 光谱联用技术

（一）气相色谱 - 傅里叶变换红外光谱联用技术

气相色谱 - 傅里叶变换红外光谱联用仪（chromatograph coupled with Fourier transform infrared spectrometer，GC-FTIR）由 4 个单元组成：①气相色谱仪，用于样品的分离；②接口，一根能加热的内壁镀金的硼硅玻璃管，两端装有红外透明 KBr 窗片；③傅里叶变换红外光谱仪，用于检测 GC 流出的各组分；④计算机系统，用于控制联机运行、采集和处理数据。

GC-FTIR 的基本工作过程：样品经气相色谱分离后各组分按先后顺序进入接口（光管），与此同时，来自迈克耳孙干涉仪的红外干涉光束经聚焦后，透过 KBr 窗片射入光管。在光管内壁镀金层之间多次反射以增加光程而提高灵敏度，最后经气态组分吸收后的干涉光由另一端 KBr 窗片射出，被光电导型（贡镉碲，MCT）检测器接受，完成动态的在线检测。计算机系统存贮采集到的干涉图信息，经快速傅里叶变换得到组分的红外光谱图，如图 15-5 所示。GC-FTIR 已被广泛应用于环境监测、香料、农药和石油等研究领域中。

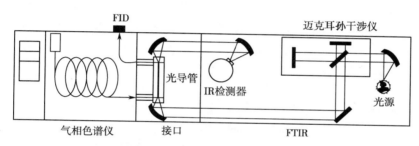

图 15-5　气相色谱 - 傅里叶变换红外光谱联用技术示意图

（二）气相色谱 - 傅里叶变换红外光谱 - 质谱联用技术

GC-MS 与 GC-FTIR 是两种互补的分离分析技术，如 MS 难以确定未知同分异构体，FTIR 则可给出判断；FTIR 常无法识别同系物，MS 却可得出准确的结论。因此，将 GC 与 FTIR 及 MS 实现三机联用构成 GC-FTIR-MS 联用仪，根据 GC 的保留值数据、FTIR 的分子指纹图和官能团信息以及 MS 获得的相对分子质量和结构信息，可用于复杂体系中有机化合物的分析鉴定。在 GC-FTIR-MS 联用仪中，气相色谱分出的馏分有 1% 进入质谱仪，99% 的馏分进入红外光谱仪，这种高分流比可以弥补红外光谱和质谱灵敏度之间的差别。GC-FTIR-MS 联用技术已成功应用于天然产物挥发油及废水中芳香取代物等样品的结构鉴定和分析检测。

（三）高效液相色谱 - 核磁共振波谱联用技术

近年来，高效液相色谱 - 核磁共振波谱（high-performance liquid chromatography-nuclear magnetic resonance spectroscopy，HPLC-NMR）在线联用技术获得了较快的发展，已有商品化的 HPLC-NMR 联用仪。HPLC-NMR 能直接完成从样品的分离纯化到组分峰的定性和结构分析，测定碳谱、氢谱及各种相关谱，提供大量的分子结构信息，已成为复杂体系如体内药物及其代谢物、中药活性成分等定性分析和结构鉴定的重要手段。

三、色谱 - 色谱联用技术

色谱技术目前已成为样品分离和分析最强有力的手段，但对于某些复杂样品，用一根色谱柱和一种色谱分离模式，无论怎样优化色谱参数也难以使其中某些组分得到良好分离，此时可采用色谱 - 色谱联用技术。将不同类型的色谱技术，或同一类型不同分离模式的色谱技术组合,构成联用系统,这就是色谱 - 色谱联用技术,也称多维色谱(multi-dimensional chromatography)技术。该技术是在通用型色谱仪的基础上发展起来的,常由一根预分离柱和一根主分离柱串联组成,两柱之间通过接口连接,接口的作用通常是将前级色谱柱中未分开的、需要下一级色谱继续分离的组分转移到第二级色谱柱上进行二次分离。

色谱 - 色谱联用技术中,按两级色谱的流动相是否为同一类流动相(气体或液体),可有以下几种联用方式:由同类流动相,相同分离模式或不同选择性色谱柱串联组成,如 GC-GC、LC-LC、SFC-SFC;由不同类流动相,不同分离模式或不同选择性色谱柱串联组成,如 HPLC-GC、HPLC-SFC、SFC-GC、HPLC-CE 以及 GC-TLC、SFC-TLC、HPLC-TLC 等。

> **知识拓展**
>
> ### 全二维气相色谱技术
>
> 全二维气相色谱(comprehensive two-dimensional gas chromatography,GC×GC)是多维色谱的一种,但它不同于通常的二维色谱(GC-GC)。全二维气相色谱是将分离机制不同而又相互独立的两根色谱柱串联起来,经柱 1 分离后的每一个组分,经过接口进行聚焦后,以脉冲方式依次进入柱 2 进行第二次分离,组分从柱 2 流出后进入检测器,信号经计算机系统处理后,得到以柱 1 保留时间为纵坐标,柱 2 保留时间为横坐标的平面二维色谱图。
>
> 全二维气相色谱有以下优点:①峰容量大,一般二维气相色谱的峰容量为二柱峰容量之和,而全二维气相色谱的峰容量为二柱峰容量之积;②分析速度快、分辨率高;③组分在流出柱 1 后经过聚焦,提高了柱 2 分离后检测器上的浓度,所以可以提高检测的灵敏度;④选择不同保留机制的两根气相色谱柱,可以提供更多的定性分析参考信息;⑤可用于定量分析。

第二节　气相色谱 - 质谱联用技术

气相色谱 - 质谱联用仪(GC-MS)是利用气相色谱对混合物的高效分离能力和质谱对纯物质的准确鉴定能力而开发的,也是较早实现联用的分析仪器。自 1957 年霍姆斯(J.C.Holmes)和莫雷尔(F.A.Morrel)首次实现气相色谱和质谱联用以后,这一技术得到了长足的发展,其发展过程主要经历 4 个阶段:第一阶段,解决 GC-MS 的接口和磁场快速扫描问题,以填充柱色谱与磁质谱联用成功为标志;第二阶段,解决 GC-MS 计算机数据处理问题,以填充柱色谱 - 四级杆质谱 - 计算机三机联用成功为标志;第三阶段,小型台式毛细管气相色谱柱的 GC-MS 的成熟与发展;第四阶段,主机一体化的全自动 GC-MS 系统和小型台式 GC-MS/MS 的问世。目前,GC-MS 已成为分析复杂混合物最为有效的手段之一。

一、GC-MS 仪器系统

GC-MS 仪器系统由气相色谱、质谱、接口和计算机四大部分组成。气相色谱分离试样中各组分,通过组分分离器;接口装置将气相色谱流出的各组分送入质谱仪进行检测,是 GC 和 MS 之间工作流量或气压的适配器;质谱仪将接口依次引入的各组分进行分析,是组分的鉴定器;计算机系统控制仪器各部分,并进行数据采集和处理,同时获得色谱和质谱数据,从而达到定性、定量和结构分析的目的。

（一）接口

接口是气相色谱仪和质谱仪的联用部件,起到传输分离组分和匹配两者工作流量(即工作气压)的作用。GC-MS 常用的接口有直接导入型、开口分流型和喷射式分离型。由于毛细管气相色谱柱的广泛使用,且低流量的载气能满足质谱仪的高真空要求,所以 GC-MS 中多采用直接导入型接口装置,如图 15-6 所示。将内径在 0.25~0.32mm 的毛细管色谱柱末端直接插入离子源内,载气携带组分进入离子源。载气是惰性气体,不发生电离,不受电场影响,被真空泵抽走;而待测物却会形成带电粒子,在电场作用下加速向质量分析器运动。直接导入型接口的实际作用是支撑插入端毛细管,使其准确定位;另一作用是保持温度,使色谱柱流出物始终不产生冷凝。这种接口组件结构简单,容易维护,样品 100% 进入离子源,但载气限于氦气和氢气。

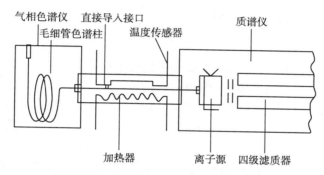

图 15-6 毛细管柱直接导入型接口示意图

（二）质谱单元

质谱包含真空系统、电离源、质量分析器及检测器。此部分内容在相应章节已作详细讲述,因此,本节只对常用于 GC-MS 的电离源和质量分析器进行简要介绍。

1. 电离源 电离源的作用是将分子转化成气相离子。离子源的种类很多,但在 GC-MS 中,主要使用电子轰击离子源(EI)和化学电离源(CI)。

EI 具有稳定、灵敏度高、操作方便、电离效率较高和结构信息丰富的特点,有利于有机物的结构鉴定。现有大量的标准谱图被收录成库,用户可以方便地进行检索,以获得定性结果。

CI 谱图中准分子离子峰的丰度较大,可获得有关的质量信息,是 EI 的有效补充。

2. 质量分析器 在高效毛细管色谱柱的 GC-MS 中,色谱峰很窄(2s),需要扫描速度快的质量分析器,才能保证每个色谱组分获得 10 次以上的质量扫描。用于 GC-MS 的质量分析器一般采用四级杆质量分析器(Q)、离子阱质量分析器(Trap)、飞行时间质量分析器(TOF),以及具有串联质谱功能的质量分析器。四级杆质谱仪灵巧轻便,扫描速度快(约 0.1秒),正负离子模式可自动切换,因而应用最多。

（三）GC-MS 联用的优点

GC-MS 联用与其他气相色谱法相比,具有以下特点:

1. 定性参数增加,定性可靠 GC-MS 除了与 GC 一样能提供保留时间外,还能提供质谱图,由质谱图中的结构碎片等信息进行定性,使 GC-MS 远比 GC 可靠。

2. MS 为通用的 GC 检测器 MS 检测器的灵敏度远高于 GC 的其他检测器(如 FID、

TCD 或 ECD),应用于可离子化的成分检测。

3. 降低化学噪声,提高信噪比 采用色谱 - 质谱联用中的提取离子色谱、串联质谱选择离子监测等技术,可减少复杂体系的基质干扰,降低化学噪声,提高信噪比。

二、GC-MS 分析条件的选择

GC-MS 分析需要选择合适的色谱和质谱分析条件,使各组分都得到较好的分离和鉴定。一般通过查阅文献资料,了解待分离组分的理化性质和已报道的分离分析条件,在此基础上进行色谱和质谱条件的优化。色谱分析条件包括色谱柱类型(含固定相种类,尽量使用毛细管柱)、气化温度、进样口温度、柱温(含程序升温)、载气流量、分流比、进样量等;质谱分析条件包括离子源类型、电离电压、扫描速度、质量范围、离子源温度等,这些都需根据样品情况进行设定。某些被测组分受沸点或极性限制,可通过衍生化后再作 GC-MS 分析,相关内容请参阅本书第十二章。

三、GC-MS 的定性定量分析

(一) 定性分析

随着计算机技术的飞速发展,现已实现将在标准电离条件(电子轰击电离源,70eV 电子束轰击)下得到的化合物标准质谱图归纳总结并开发,贮存在计算机中,作为已知化合物的标准质谱库。采用质谱谱库和计算机检索,能顺利、快速地完成大量化合物 GC-MS 的谱图解析任务。所以 GC-MS 最主要的定性方式是库检索,检索结果可以给出几种最可能的化合物。

1. 常用的质谱谱库 目前最常用的质谱谱库主要有:① NIST 库,由美国国家科学技术研究所(national institute of science and technology)出版,最新版本收录 64 000 多张标准质谱图;② NIST/EPA/NIH 库,由美国国家科学技术研究所(NIST)、美国环保局(EPA)和美国国立卫生研究院(NIH)共同出版,最新版本收录的标准质谱图超过 129 000 多张;③ Wiley 库,由美国 Wiley 公司出版,Wiley 库(第 6 版)收录标准质谱图 230 000 多张;④农药库(standard pesticide library)内有 340 个农药的标准质谱图;⑤药物库(Pfleger drug library)内有 4 370 个化合物的标准质谱图,其中包括许多药物、杀虫剂、环境污染物及其代谢产物和衍生物的标准质谱图;⑥挥发油库(essential oil library)内有挥发油成分标准质谱图。

一般的 GC-MS 上配有其中的 1 个或 2 个谱库。此外,还可以进入免费网站查阅,详见本书第九章。

2. NIST/EPA/NIH 库检索简介 NIST/EPA/NIH 库的检索方式有两种——在线检索与离线检索。在线检索是将 GC-MS 分析得到的并已扣除本底的质谱图,按选定的检索谱库和设定的库检索参数(library search parameter)、库检索过滤器(library search filter)与谱库中存有的质谱图进行比对,将得到的匹配度(相似度)最高的 20 个质谱图的有关数据(化合物名称、相对分子质量、分子式、可能的结构式、匹配度等)列出来,供定性鉴别。离线检索是在得到质谱图及相关信息后,从质谱库中调出有关的质谱图与其进行比较,对该质谱图进行定性分析。

需要指出的是,库检索之前,应确保获得高质量的质谱图,有利于提高库检索的准确性;得到检索结果后,还应根据未知物的理化性质以及色谱保留值、红外光谱、核磁共振谱等综合考虑,才能给出正确结果。

(二) 定量分析

GC-MS 定量方法与色谱法类似。由于 GC-MS 采用高效毛细管色谱柱,分离效率高,得到的组分峰一般为纯化合物,所以大多数情况下可以用总离子色谱图(TIC)进行定量。但对复杂体系则采用质量色谱图进行定量,即选择离子监测(SIM)和选择反应监测(SRM)模式,可提高检测灵敏度。

四、GC-MS 的应用

GC-MS 在石油、化工、医药、环保、食品等领域都获得了广泛的应用。

1. 在药物和食品分析中的应用 中药等植物药中的挥发油成分,烟草、酒、饮料及其他各种食品中的挥发性物质,最适合采用 GC-MS 分析。在药物和食品的加工、储存、使用过程中产生的有害物质,如黄曲霉素、苯并芘类、亚硝胺等均可采用 GC-MS 分析法。

2. 在兴奋剂和毒品检测中的应用 GC-MS 是国际奥委会官方规定的运动员尿样中的兴奋剂检测设备,并被世界各国用于违禁毒品的分析。如利用气相色谱离子阱质谱仪系统评估尿液中违禁药物的浓度,具有较低的检测限(LOD),苯丙胺的 LOD 可达 50ng/ml,四氢大麻酚的 LOD 可达 2.5ng/ml。

3. 在环境分析中的应用 二噁英类化合物分布于大气、土壤、水和沉积物中,并可在生物体内富集,严重危害人类的生命健康。GC-MS 检测环境中的二噁英是较为成熟的标准方法之一。经繁杂的样品处理后,用 GC-MS/MS 分析,多反应监测(MRM)模式监测,可测定 17 种二噁英类化合物,检测限在 0.05~0.34ng/ml。

例 15-1 鱼腥草中挥发性成分的定性分析

鱼腥草(*Houttuynia cordata* Thunb.)又称蕺菜,具有清热解毒、消肿排脓、利尿通淋之功效。运用静态顶空方法提取鱼腥草挥发性成分,以保留指数和准确质量测定结合质谱检索对化合物进行鉴定,结果可靠。

(1)GC-MS 分析条件

1)色谱条件:色谱柱为 DB-5 MS 毛细管柱(30m×0.25mm×0.25μm);载气为氦气(He),流速 1ml/min(恒流模式);进样口温度 250℃;程序升温条件:初始温度 40℃,以 5℃ /min 升至 200℃,保留 3 分钟;分流比 10:1;溶剂延迟 1.5 分钟;顶空气体进样量 1ml。

2)质谱条件:电离方式:EI;电子能量 70eV;离子源温度 230℃;四极杆温度 150℃;TOF/MS 检测器电压 2.4kV;质量扫描方式为全扫描,扫描范围 *m/z* 40~450。质谱数据运用 NIST 2002 标准谱库进行谱图检索。

(2)样品制备:称取新鲜鱼腥草 2g,剪碎后加入 20ml 顶空瓶中,90℃加热 3 分钟,以 300r/min 振荡,自动进样系统取顶空气体 1ml,进行顶空气质联用(HS-GC-MS)检测。同法操作,进样后进行 GC-TOF/MS 检测。

(3)结果:经 HS-GC-MS 分析检测,得到鱼腥草茎和叶中挥发性成分的总离子流图,根据 NIST 2002 质谱图库检索结果,结合文献保留指数和 GC-TOF/MS 准确质量测定对鱼腥草茎和叶中的挥发性成分进行了鉴定,共鉴定出 56 种化合物,其中茎中 49 种、叶中 39 种。同时运用峰面积归一化法测得各挥发性组分的相对百分含量。

第三节 高效液相色谱 - 质谱联用技术

高效液相色谱 - 质谱(LC-MS)联用技术的研究始于 20 世纪 70 年代,经历了较为漫长的研究过程,在解决真空、接口等技术之后,90 年代初才开始出现商品化仪器。随着联用技术的日趋成熟,LC-MS 日益显现出优越的性能,弥补了 GC-MS 应用的局限性。

一、LC-MS 仪器系统

LC-MS 仪器系统由液相色谱、接口(即离子源)、质谱和计算机 4 个部分组成。试样先通过液相色谱系统进样,经色谱柱分离后,在离子源中离子化,从分子转变为气体离子,而后通过离子传输系统进入质量分析器,通过选择、聚集、排除等过程实现不同质荷比离子的筛选及分离,之后注入检测器测定相对分子质量和信号响应强度,最后经计算机系统收集处理生成质谱图。

(一) 接口和离子化方式

LC-MS 的关键在于解决高流量的液相色谱系统和高真空质谱仪之间的矛盾。如果液相色谱的流动相直接进入质谱的高真空区,将破坏质谱系统的真空状态,而且由于大量液体流动相的存在,会导致质谱数据的混乱。解决这个问题,必须通过接口将样品气化并电离、除去流动相。显然 LC-MS 接口既作为液相色谱和质谱仪之间的接口装置,同时又是电离装置。

在 LC-MS 的发展进程中,先后引入了 20 多种不同的接口技术,主要包括传送带接口(moving belt,MB)、粒子束接口(particle beam,PB)、直接导入接口(direct liquid introduction,DLI)和热喷雾接口(thermospray,TS)等。这些接口技术都有不同方面的限制和缺陷,未能被广泛应用,直到大气压电离接口(API)技术成熟后,LC-MS 才得到了飞速发展,成为现代分离分析的有力工具。

传统的 LC 与 MS 接口技术的设计思路主要是避免大量溶剂进入高真空的离子源系统。溶剂和待测试样的分离主要靠两者间的挥发性不同或动量不同或同时利用两者差异,然而由于溶剂的量远超待测试样的量,仅靠这种差异,难以获得溶剂与待测试样的良好分离;并且色谱流动相条件变化多样,使接口很难具有普适性。

大气压电离是利用待测试样与溶剂电离能力的不同,在大气压(或略低于大气压)条件下电离,利用电场导引,将带电试样"萃取"进入质谱高真空系统,这种接口的技术设计跳出了传统思维,更容易和 LC 相匹配。目前常用的大气压离子化方式主要包括电喷雾电离(electrospray ionization,ESI)、大气压化学电离(atmospheric pressure chemical ionization,APCI)及大气压光电离(atmospheric pressure photoionization,APPI)等。

1. 电喷雾离子化接口 又称电喷雾电离源(ESI 源),如图 15-7 所示。不同型号仪器的ESI 源结构大同小异。电喷雾电离都包括 3 个基本过程,即电喷雾、离子的形成、离子的输送。ESI 源主要部件是一个同轴层套管组成的电喷雾雾化器,内层是输送液相色谱流出物的毛细管喷针,外层通氮气作为喷雾气体。毛细管喷针尖端与施加 3~6 kV 电压的电极之间,形成高达 $10^6~10^8$V/m 的电场强度。电喷雾电离的机制目前尚无统一的定论,较认可的机制是:在高电场的作用下,液体通过毛细管在尖端形成"泰勒锥"。当泰勒锥尖端的溶液到达瑞利极限,即表面电荷的库仑斥力与溶液表面张力相当的临界点时,锥尖将产生含有大量电荷的液滴。随着溶剂蒸发,液滴收缩,液滴内电荷间排斥增大,到达并超越瑞利极限,液滴会发生库仑爆炸,除去液滴表面的过量电荷,生成更小的带电小液滴。生成的带电小液滴进一步发生新一轮爆炸,往复循环,最终得到带电气相离子。离子产生后,借助于喷针与质谱进样锥孔之间的电压,经由锥孔和离子透镜组成的离子传输系统进入质量分析器。加到喷嘴上的电压可以是正电压,也可以是负电压,通过调节极性,可以得到正离子或负离子的质谱图。值得注意的是,电喷雾喷针的角度,如果正对进样孔,则进样孔易污染甚至堵塞。因此,多数电喷雾喷针的喷射方向与进样孔错开一定角度,从而避免雾滴直接喷到进样锥孔上,使质谱进样口保持相对干净,不易堵塞。

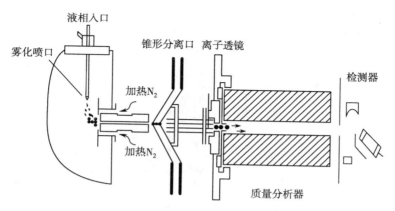

图 15-7 LC-MS 电喷雾电离源结构示意图

电喷雾电离具有如下特点：①它是一种软电离技术，离子化效率高，有正、负离子模式供选择；②主要给出准分子离子峰，如单电荷情况下产生$[M+H]^+$和$[M-H]^-$离子，以及$[M+Na]^+$和$[M+HCOO]^-$等加合离子峰，对于生物大分子如蛋白质、多肽等，还能生成大量的多电荷离子；③其极性适用范围为强极性到中等极性，可以分析检测相对分子质量较大的化合物。

2. 大气压化学离子化接口　又称大气压化学电离源（APCI 源），如图 15-8 所示，是一种软电离技术。样品溶液由具有雾化气套管的毛细管端流出，被氮气流雾化，通过加热管时被气化，加热套管端用电晕放电针进行电晕尖端放电，溶剂分子被电离形成溶剂离子，这些溶剂离子和雾化气与气态的样品分子发生离子 - 分子反应，得到样品分子的准分子离子。

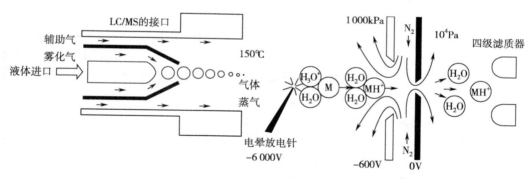

图 15-8　大气压化学电离源结构示意图

APCI 具有如下特点：①主要产生单电荷离子，适合分析化合物的相对分子质量一般小于 2 000Da；②得到的碎片离子少，主要是准分子离子；③适合分析具有一定挥发性的中等极性和弱极性的热稳定小分子化合物。有些被分析物由于极性较弱，采用 ESI 不能产生足够强的离子，可采用 APCI 增加离子产率，APCI 和 ESI 是互补的关系；④与 ESI 相比，APCI对溶剂选择、流速和添加物的依赖性较小。

3. 大气压光离子化接口　又称大气压光电离源（APPI 源）。弱极性及非极性有机物在ESI 源和 APCI 源的作用下不容易电离，响应值很低，但这些物质在接受了光子作用后则可能发生光致电离（photoionization，PI）成为离子，而被质谱仪检测。APPI 常与 APCI 联合使用，提高被测物的离子化效率。在 APCI 上加了一个紫外灯或激光灯，如氪灯、氖灯、氙灯等均可用作 APPI 的光源，其中应用最多的是氪灯。典型的 APPI 源结构如图 15-9 所示。

笔记栏

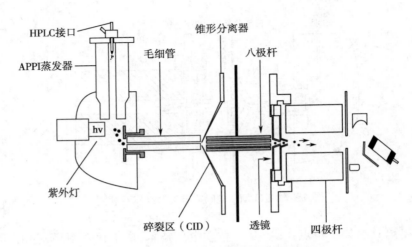

图 15-9　大气压光电离源结构示意图

APPI 具有如下特点：① APCI 可以离子化的化合物，APPI 也适用，但 APPI 源对电离弱极性甚至非极性化合物有更大优势，且可以检测相对分子质量小于 100 的化合物；② APPI 对磷酸盐有很好的耐受性，因而更易与 LC 或 CE 联用；③基质效应对 APPI 的影响小；④ APPI 与 ESI 或 APCI 联用可扩大 LC-MS 检测的极性范围。

（二）质量分析器

LC-MS 中使用的质量分析器包括四极杆质量分析器（Q）、离子阱质量分析器（Trap）、飞行时间质量分析器（TOF）及轨道离子阱（Orbitrap）。单独的质量分析器在第八章中已有讨论，本章节主要介绍串联质谱法。

利用软电离技术（如电喷雾等）作为离子源时，所得到的质谱主要是准分子离子峰，碎片离子很少，因而结构信息少。为了得到更多的质谱信息，早期的质谱工作者重点是利用亚稳离子提供一些结构信息，但由于亚稳离子形成的概率小，亚稳离子峰太弱，不容易检测到，并且仪器操作困难。后续发展的串联质谱法有效解决了此难题。

串联质谱法又称质谱 - 质谱法，是时间上或空间上两级质量分析的结合。空间串联由两个以上的质量分析器构成，常用的如四极杆串联（Q-Q-Q）、四极杆线性离子阱串联（Q-Trap）、四极杆飞行时间串联（Q-TOF）等。

串联质谱法具有以下优点：①可以减少底物背景离子产生的干扰，大大降低化学噪声，比单级质谱的选择性、专属性和灵敏度高；②（准）分子离子通过与碰撞气的碰撞发生断裂，能提供更多的结构信息；③特别适合于复杂组分体系且干扰严重的样品中低含量组分的分析测定。

1. 三重四极杆质量分析器　也称三级四极杆质量分析器（Q-Q-Q）。

（1）原理和特点：它是将三组四极杆串联起来的质量分析器，如图 15-10 所示。第一组（MS1）和第三组（MS2）四极杆是质量分析器，中间的是碰撞室。样品在离子源中被离子化，并在 MS1 中进行质量分离。然后，选定质荷比的离子通过 MS1，在碰撞室中与惰性气体发生碰撞活化解离，产生一系列子离子，子离子被 MS2 分析器选择并检测。

三重四极杆质量分析器的特点：①与单四极杆质量分析器相比，专属性和选择性更高，检测限更低，因而对样品纯度和色谱分离的要求相对较低，可以适当简化样品前处理程序，缩短分析时间；②可以锁定感兴趣的目标离子对，排除杂质离子的干扰；③通过操作模式的改变进行化合物的结构归属及量化研究。

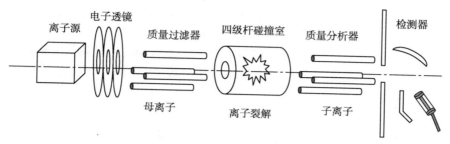

图 15-10　三重四极杆质量分析器示意图

（2）工作方式：三重四极杆质量分析器与单四极杆质量分析器相比,除具有全扫描和选择离子监测模式外,还有子离子扫描方式(product ion scan)、母离子扫描方式(precursor ion scan)、中性丢失扫描方式(neutral loss scan,NLS)、选择反应监测(SRM)扫描方式,如图 15-11 所示。

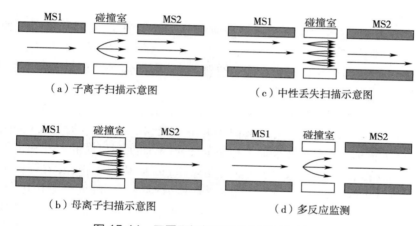

图 15-11　三重四极杆质量分析器的扫描方式

1）子离子扫描：又称产物离子扫描方式,由 MS1 设定特定的质荷比,仅使选定的母离子通过,在碰撞室碎裂生成子离子,并允许由此产生的所有离子通过,MS2 在规定的质荷比范围内进行扫描,获得被选定母离子的二级质谱图。此扫描方式主要用于化合物的结构推断和复杂混合物的分析研究。

2）母离子扫描：又称前体离子扫描,MS1 在规定的质荷比范围内发挥全扫描功能,并将扫描的母离子依次全部输送到碰撞室,通过碰撞生成子离子。MS2 设定了特定的质荷比,只有满足特定质荷比的子离子才可被检测,进而锁定到产生该子离子的母离子。这种扫描方式是通过特定碎片离子(子离子)寻找其母离子,可用于化合物结构和同系物的分析研究。

3）中性丢失扫描：MS1 和 MS2 在各自规定的质荷比范围内同时发挥扫描功能,并保持适当固定的质荷比差(即中性丢失质量),只有满足固定质荷比差的离子才能得到检测。中性丢失扫描可用于分析具有相同官能团的化合物或具有共同开裂方式的一类化合物。

4）选择反应监测(SRM)扫描：由 MS1 选择 1 个或几个前体离子(图 15-11 中只选 1 个),经碰撞碎裂之后,MS2 再选出一个特定的产物离子进行检测,只有同时满足 MS1 和 MS2 选定的一对离子时,才有信号产生。当同时进行多个离子对的 SRM 时,则被称为多反应监测(MRM)扫描。此方式的优势是增强了选择性,即便是两个质量相同的离子同时通过了 MS1,但仍可以依靠其子离子的不同将其分开,有利于对混合组分中痕量组分的快速灵敏检

335

测。SRM 相较于其他扫描模式,具有最高的灵敏度和重复性,是质谱定量中最受认可和普及的检测模式。

2. 四极杆-飞行时间串联质量分析器(Q-TOF) 是采用四极杆质量分析器(Q)和飞行时间质量分析器(TOF)串联的质谱仪,亦可以看作是将三重四极杆质谱的第 3 个四极杆换成 TOF。分辨率、质量精度和扫描速度优于三重四极杆质谱,是一种能同时进行定性定量分析的质谱。

Q-TOF 的特点:①可在宽质量范围内实现高分辨检测,得到物质的准确相对分子质量;②能够获得真实的同位素峰形分布,得到未知物的分子式;③具有高灵敏度的 MS/MS 功能,能实现母离子和子离子的精确质量测定;④质量范围宽,既可用于小分子化合物的精确定性与定量,也可用于蛋白质组学和多肽分子的研究。

3. 四极杆-线性离子阱串联质量分析器(Q-Trap) 是在三重四极杆质量分析器的基础上,将第 3 个四极杆改为线性离子阱。离子源产生的离子,进入 MS1,选择需要的离子进入碰撞室与惰性气体碰撞,进入 Trap 的离子被捕获于一个线性四极杆装置中,目的在于提高信噪比和离子积累。

Q-Trap 的特点:①它既保留三重四极杆质量分析器的功能,又增加离子阱的多级子离子扫描功能,可提供更多被测物的离子信息;②增加了多种扫描功能;③同时克服了传统离子阱的一些缺点,如碰撞效率低和定量分析性能较差等;④离子阱可以驻留目标离子,从而实现低丰度离子的富集,提高检测灵敏度。

4. 四极杆-静电场轨道阱串联质量分析器(Q-Orbitrap) 是采用四极杆质量分析器(Q)和静电场轨道阱(Orbitrap)串联的质谱仪。Orbitrap 拥有高达 100 000 的分辨率,超高的分辨率可以将被测物与干扰物完全分开,从而实现可靠的定性和定量分析。

Q-Orbitrap 的特点:① Orbitrap 的质量精度只和 m/z 运动频率相关,质量稳定性可在较长的时间内维持较小的波动,无须实时校正;②超高分辨率可消除同分异构化合物的干扰,还可获得高质量精度的 MS/MS 信息,在分析复杂基质中的样品时,提高结果可靠性;③灵敏度高,可同时检测痕量级和高丰度化合物;④应用范围广,包括药物代谢、代谢组学和蛋白质组学分析、环境和食品样本分析、临床研究以及法医毒理学分析等。

二、LC-MS 分析条件的选择

LC-MS 分析要考虑 LC 分析条件、质谱条件及接口选择。液相分析要兼顾分离与电离的效果;质谱条件的选择主要是为了改善雾化和电离状况,确定扫描方式,获取最佳的质谱有效信息。

(一) 接口的选择

药学研究中最常用的两种接口技术是电喷雾电离(ESI)和大气压化学电离(APCI),有各自的优势和弱点,二者可相互补充。表 15-1 从不同方面对 ESI 和 APCI 进行了比较,针对不同样品和不同分析目的可选择相应的接口。

表 15-1 ESI 和 APCI 的比较

项目	ESI	APCI
可分析样品	极性较大的分子,如蛋白质、肽类和低聚核苷酸等	中等极性和非极性的小分子
不能分析的样品	极端非极性样品	非挥发性和热稳定性差的样品

续表

项目	ESI	APCI
基质和流动相的影响	基质和流动相对 ESI 的影响较大；要求用较低浓度的缓冲盐	敏感程度比 ESI 小；可使用稍高浓度的挥发性强的缓冲盐
溶剂	溶剂及其 pH 对分析物的离子化效率影响较大	溶剂对离子化效率影响大；pH 对离子化效率有一定的影响
流动相速度	低流速下工作良好	不适合 <100μl/min 流速下工作

（二）正负离子模式的选择

正负离子模式的选择应尽量符合信号响应大、干扰小的原则。正离子模式适用于碱性物质,样品中含有仲胺或叔胺时可优先考虑使用正离子模式,如含有赖氨酸、精氨酸和组氨酸的肽类可用乙酸(pH 3~4)或甲酸(pH 2~3)对样品加以酸化。如果样品的 pK 是已知的,则 pH 至少要低于 pK 值 2 个单位。负离子模式适用于酸性物质,可用氨水或三乙胺对样品进行碱化,pH 至少要高于 pK 值 2 个单位。若样品中含有较多的强电负性基团,如含氯、溴和多个羟基时可尝试使用负离子模式。

（三）流动相的选择

流动相的选择包括溶剂种类及流量大小。ESI 和 APCI 分析常用的流动相为甲醇、乙腈、水和它们不同比例的混合物以及一些易挥发的缓冲盐,如甲酸铵、乙酸铵等,还可以加入易挥发的酸碱如甲酸、乙酸和氨水等调节 pH。HPLC 分析中常用的高沸点缓冲体系如磷酸 - 磷酸盐、离子对试剂如三氟乙酸和扫尾剂如三乙胺等要尽量避免使用。

流速的选择要兼顾色谱分离效率和 ESI 离子化效率。一般而言,流动相流速越大,离子化效率越低,而一定内径的 HPLC 柱又要求适当的流速方可保证分离效率。条件许可的情况下,最好采用低流速、细内径的色谱短柱,如常采用 2.1mm 内径、100mm 长度的短色谱柱,流速 0.2~0.5ml/min,此时紫外检测图上或许不能获得完全分离,但由于质谱的质量分离作用,仍能准确定性定量且可节省时间。

（四）辅助气体流量和温度的选择

雾化气(氮气)对流出液形成喷雾有影响,干燥气(氮气)影响喷雾去溶剂效果,碰撞气(氩气、氮气)影响二级质谱的产生。ESI 和 APCI 操作中温度的选择和优化主要是针对接口的干燥气体而言。一般情况下选择干燥气体温度应高于待分析物的沸点 20℃左右即可。对于热不稳定性化合物,要选用更低些的温度以避免化合物的分解。选择干燥气温度和流速大小时还要考虑流动相的组成,有机溶剂比例高时可采用适当低的温度和小流速。

（五）基质效应的消除

LC-MS 检测分析中,样品基质往往会干扰被分析物的离子化效率,影响分析结果的准确性,这些影响和干扰统称基质效应(matrix effect,ME)。基质效应来自化学基质和生物基质的干扰,如缓冲液中的盐类、溶剂中的杂质、生物样品中的内源性成分(糖类、胺类、尿素)等,在样本的前处理过程中也可能引入外源性组分的干扰,如塑料和聚合物的残留、邻苯二甲酸盐等。因此,LC-MS 分析的方法学试验必须考察基质效应。

降低基质效应有如下措施:①改善样品的前处理过程,尽量除去样品中的基质成分;②采用合适的色谱分离技术,使待测成分与基质成分分离,减少进入离子源的基质数量;③某些情况下,流动相中添加极少量的电解质,可以提高 ESI 的离子化效率和减少基质效应;④离子源、离子化模式等质谱条件的不同也会影响基质效应,优化质谱分析条件是一种比较易行的方法。

三、LC-MS 定性定量分析

(一) 定性分析

LC-MS 中常用的 ESI、APCI 为软电离源,谱图中只有准分子离子,碎片少,因而只能提供未知化合物的相对分子质量信息,结构信息很少,很难用来作定性分析,更不能像 GC-MS 那样用库检索定性,主要依靠标准品对照。只要样品与对照物的色谱保留时间相同,质谱图相同,即可定性,少数同分异构体例外。

对于未知化合物,必须使用串联质谱仪(LC-MS/MS、LC-Q-TOF MS/MS),将准分子离子通过碰撞活化得到其子离子谱,然后由子离子来推测化合物的结构;同时可通过分离富集制备或者定向合成等途径获得单体,再进行 NMR、IR、X 射线衍射等分析确证其结构。

(二) 定量分析

LC-MS 定量分析方法与 HPLC 类似,采用外标法或内标法。但受色谱分离效果限制,一个色谱峰可能包含几种不同的组分,给定量分析造成误差。因此,LC-MS 定量分析与 GC-MS 不同,不用总离子流色谱图,而是采用选择反应监测(SRM)或多反应监测(MRM)。此时,不相关的组分将不出峰,从而减少组分间的相互干扰。

LC-MS 分析的对象常常是复杂体系的样品,如血液、尿样等,样品中有不少保留时间相同、相对分子质量也相近的干扰组分存在。为了消除其干扰,LC-MS 定量的最好办法是采用串联质谱的多反应监测(MRM)技术,此方法特别适用于待测组分含量低,体系组分复杂且干扰严重的样品分析。

四、LC-MS 的应用

近年来,随着 LC-MS 的不断发展和完善,在药学、分子生物学、食品化工、环境分析等领域中获得了广泛应用,是现代药学前沿领域中最强有力的分析工具之一。

1. 在药物分析中的应用　LC-MS 因其高灵敏度、高选择性和快速等特点已成为中药复方多成分、低含量成分及药物中微量物质分析的重要技术,多级质谱和高分辨质谱技术的发展和应用,能够在线获得化合物的结构信息和分子组成信息,为药物结构鉴定及定量分析提供了快速、准确的方法。

2. 在体内药物分析中的应用　体内药物分析是研究药物在生物体内的吸收、分布、生物转化和排泄等代谢过程及内源性成分的代谢组学变化。药物分子被机体吸收后,在机体作用下可发生化学结构转化,同时,体内内源性成分的量也会因药物的摄入而有所变化,上述变化均可采用 LC-MS 进行检测。

3. 在兴奋剂检测中的应用　以往兴奋剂的检测主要以 GC-MS 为主。LC-MS、LC-MS/MS 等联用技术的广泛应用和蓬勃发展,促进了兴奋剂检测方法的改进与发展,提高了检测灵敏度,一些过去无法检测或低于检测限的兴奋剂,通过 LC-MS/MS 等技术实现了有效追踪。

4. 在抗生素和农药残留检测中的应用　动物(如生猪、牛)、水产品养殖业若长期不科学地使用抗生素,会造成严重残留,而人类若长期食用这类食物,易导致抗药性,危害很大。使用 LC-MS/MS 能很好地检测磺胺类、四环素、青霉素、氨基糖苷类等抗生素在动植物、食品、环境中的残留,同样也可检测水果、蔬菜以及中药材中的农药残留。

5. 在多肽及蛋白质研究中的应用　复杂生物样品中多肽和蛋白质的定性定量分析仍是一个巨大的难题,液质联用新技术已成为多肽、蛋白质分析的重要手段。

例 15-2 LC-MS/MS 法测定大鼠灌服葛根芩连汤后血浆中的 11 种有效成分。

葛根芩连汤出自张仲景所著的《伤寒论》,是治疗急性腹泻的经典方剂,由葛根、黄芩、黄连、甘草 4 味药材组成。其中的活性成分比较复杂,包含生物碱类、皂苷类和黄酮类等,且各成分含量及体内吸收程度差异大,各种成分间相互干扰大,定量困难。采用 LC-MS/MS,可同时测定大鼠灌服葛根芩连汤后血浆中葛根素、大豆苷元、黄芩苷、汉黄芩苷、汉黄芩素、小檗碱、药根碱、巴马汀、黄连碱、甘草苷和甘草次酸等 11 种成分的含量。方法简便、快速、可靠,为建立葛根芩连汤及其制剂的质量控制和药代动力学评价方法奠定基础。

(1)色谱条件:色谱柱为资生堂 CAPCELL PAK C_{18}(2.0mm × 100mm,5μm);流动相为 0.1% 的甲酸水溶液(A)-乙腈(B)梯度洗脱,0~1 分钟,18%B;1~13 分钟,18% → 85%B;13~13.5 分钟,85% → 18%B;13.5~16 分钟,18%B;流速为 0.3ml/min;柱温 25℃;进样体积 10μl。

(2)质谱条件:高效液相色谱-三重四极杆串联质谱联用仪,采用正离子模式检测,多反应监测(MRM)模式测定葛根素等 11 个成分。内标为柚皮苷,主要质谱参数为:气帘气(CUR)流量:12L/min,雾化气(NEB)流量:8L/min,碰撞气(CAD)流量:12L/min,离子喷雾电压(IS):2 000V,离子源温度(TEM):450℃。各成分的母离子及子离子 m/z 见表 15-2。

表 15-2 MRM 模式下各成分的离子对

	葛根素	大豆苷元	黄芩苷	汉黄芩苷	汉黄芩素	甘草苷	小檗碱	药根碱	巴马汀	黄连碱	甘草次酸	柚皮苷
母离子	417.1	255.2	447.1	461.1	285.2	419.4	336.2	338.0	352.0	320.2	823.4	581.4
子离子	399.1	199.0	271.0	285.1	270.0	257.1	320.0	322.1	336.4	292.0	647.0	273.0

(3)结果:采用 LC-MS/MS,在 13 分钟内可同时测定大鼠灌服葛根芩连汤后血浆中 11 种有效成分的含量,获得大鼠体内 5 分钟至 24 小时体内的浓度-时间曲线,最低定量限介于 2.6~5.4ng/ml 之间。基质效应、提取回收率、稳定性等方法学验证均符合要求。

第四节 高效液相色谱-电感耦合等离子体质谱联用技术

高效液相色谱-电感耦合等离子体质谱联用技术(HPLC-ICP-MS)是以高效液相色谱作为分离系统,以电感耦合等离子体作为离子源,以质谱进行检测的多元素分析技术,因其高效的分离能力以及超高的灵敏度成为元素选择性分析的有效手段。ICP-MS 是 20 世纪 80 年代早期发展起来的新的分析测试技术,从 1980 年第一篇 ICP-MS 可行性文章发表到 1983 年第一台商品化仪器的问世只有短短的 3 年时间。HPLC-ICP-MS 是 ICP-MS 与 HPLC 色谱分离技术联用,主要用于元素形态及其价态分析,可用于砷、汞、硒、锑、铅、锡、铬、溴、碘等元素的分析。

供试品中不同形态及价态元素通过高效液相色谱进行分离,随流动相引入电感耦合等离子体质谱系统进行检测,根据保留时间的差别确定元素形态分析次序;电感耦合等离子体质谱检测待测元素各形态的信号变化,根据色谱图的保留时间确定样品中是否含有某种元素形态(定性分析),以色谱峰面积或峰高确定样品中相应元素形态的含量(定量分析)。

一、HPLC-ICP-MS 仪器系统

HPLC-ICP-MS 仪器系统由 HPLC 色谱分离系统、HPLC 与 ICP-MS 接口、电感耦合等离子体(ICP)离子源、ICP 与 MS 接口、离子透镜系统、质量分析器、检测器等构成,其他支持系统有真空系统、冷却系统、气体控制系统、计算机控制及数据处理系统等。

(一) HPLC 色谱分离系统

用于元素形态分析的高效液相色谱类型根据分离原理可分为离子交换色谱、反相离子对色谱、分配色谱、排阻色谱和手性色谱等,根据所测元素形态、化合物的性质,选择适当的色谱柱和流动相进行分离。

(二) HPLC 与 ICP-MS 接口

此接口的目的在于使 HPLC 色谱流出物与 ICP-MS 后续测定的要求相匹配,包括样品导入系统和雾化系统。样品导入系统通常用聚四氟乙烯管(内径为 0.12~0.18mm),将经高效液相色谱仪分离后的样品溶液在线引入电感耦合等离子体质谱仪的雾化系统。雾化系统包括雾化器和雾化室。样品由 HPLC 的色谱柱末端通过聚四氟乙烯管或不锈钢管导入雾化器,在载气作用下形成小雾滴并进入雾化室,大雾滴碰到雾化室壁后被排除,只有小雾滴可进入等离子体离子源。要求雾化器雾化效率高,雾化稳定性好,记忆效应小,耐腐蚀;雾化室应保持稳定的低温环境。现多采用具有自提升功能的雾化器如 Micromist、PFA 等同心雾化器。

(三) 电感耦合等离子体(ICP)离子源

电感耦合等离子体(ICP)是原子发射光谱的主要离子源,其作用是产生等离子体焰炬并使样品离子化,需要较高的能量。电感耦合等离子体的"点燃"需具备持续稳定的高纯氩气流(纯度应不小于 99.99%)、炬管、感应圈、高频发生器、冷却系统等条件。样品气溶胶被引入等离子体离子源,在 6 000~10 000K 的高温下,发生去溶剂、蒸发、解离、原子化、电离等过程,转化成带正电荷的正离子。

原子离子化即样品原子失去一个电子形成离子,这一过程因元素不同而异,这种差异常被称为不同元素的"离子化效率",取决于各元素的第一电离能(一个中性原子失去一个电子所需的能量)和等离子体的温度、电场强度。

(四) ICP 与 MS 接口

此接口系统的功能是将等离子体中的样品离子有效地传输到质谱仪的真空系统。其关键部件是一对接口"锥",即采样锥和截取锥。这一对锥是中心带小孔的金属圆盘,离子可以从小孔中通过,小孔直径约为 1mm 或更小,以保持质谱仪中的高真空状态。ICP-MS 接口的作用是从等离子体中提取具有代表性的样品离子,并将其高效地传输到离子透镜、质谱分析器以及检测系统所在的高真空区域。

(五) 质量分析器

HPLC-ICP-MS 可与各种类型的质量分析器联用,如四极杆质量分析器、扇形磁场质量分析器和飞行时间质量分析器,其中以四极杆质量分析器最为常用,特别是三重四级杆,因其具有优良的去除基质效应而备受推崇。四极杆采用直流电场和交流电场的交互作用将质荷比不同的粒子分开。由于等离子体产生的基本上都是单电荷离子,离子的质荷比等于离子的质量,因此光谱图很简单。直流电场和交流电场是固定的,但电压可改变。在一个设定的电压下,仅有一种质荷比的离子可以稳定地穿过四极杆进入电子倍增检测器,四极杆质量过

滤器能够快速地对质量数在 2~260 范围内的离子进行扫描。

（六）HPLC-ICP-MS 的优点

1. 元素覆盖范围宽，可以精确分析同位素比值。HPLC-ICP-MS 能测定所有的元素，包括碱金属、碱土金属、过渡金属和其他金属、类金属、稀土元素、大部分卤素以及一些非金属元素。

2. 灵敏度高，背景信号低，检出限极低（大部分在 ng/L~ppt 级），高分辨 HPLC-ICP-MS 检出限可达到 10^{-15}g/g。

3. 较少的分离步骤和较快的分离程序。分析速度快，分析效率高，由于四极杆质量分析器的扫描速度快，每个样品全元素测定只需大约 4 分钟。

4. 线性范围宽。一次测量线性范围能覆盖 9 个数量级。

5. 封闭系统不受污染干扰，提高分析效率，可为实验精密度和重复性提供保障。

6. 可以从元素分析水平研究生命科学。

二、HPLC-ICP-MS 分析条件的选择

电感耦合等离子体质谱系统与高效液相色谱联用时，分析前应对电感耦合等离子质谱系统的所有条件进行优化以保证检测灵敏度和精密度。

（一）调谐优化参数

应用 HPLC-ICP-MS 检测需要调谐和优化以下参数：①等离子体，以获得更高的离子化效率；②离子透镜，以获得最佳的灵敏度；③四级杆，为了质量分辨率和质量校正；④检测器，为了灵敏度和动态线性范围。

（二）流动相的选择

HPLC 使用的流动相必须与电感耦合等离子体质谱仪的工作条件匹配，并根据实际情况对电感耦合等离子体质谱仪工作条件进行优化。由于常用的色谱柱为离子交换色谱柱和反相键合相色谱柱，故流动相多用甲醇、乙腈、水和无机盐的缓冲溶液，常用两元或四元梯度泵将有机调节剂与水相混合作为流动相。

对于砷、硒、溴、碘、汞等高电离能元素，等离子体中心通道若存在一定量的碳，可改善等离子体环境，提高元素灵敏度，特别是对低质量数元素影响，因此，可在流动相中适当加入一定比例的有机调节剂，其比例视待测元素以及有机调节剂碳链长短优化条件而定。

当流动相含有高含量无机盐或有机相时，大量无机盐或有机碳会在采样锥和截取锥的锥口沉积，可能堵塞锥口或通过锥口沉积在离子透镜上，甚至进入真空系统，导致仪器基线漂移和灵敏度下降。另外，流动相中的高盐或高比例有机溶剂使电感耦合等离子体的负载增大，射频功率大量消耗于流动相基体的分解，造成用于分析元素的能量大量减少，使难电离的元素灵敏度极大降低，因此，需要优化仪器工作条件，应尽量在流动相基体条件下进行仪器调谐的最佳化，必要时需要更换流动相。

梯度洗脱时，流动相的变化导致进入电感耦合等离子体的基体变化，可能会产生不同的基体效应，为保证电感耦合等离子体质谱仪在各梯度条件下均保证最佳灵敏度与抗基质能力，应针对各时间段内进入的流动相分别采用最佳化的调谐条件，在一定范围内并在灵敏度允许的条件下也可通过柱后补偿方法进行改善。

当流动相采用高比例的有机调节剂（超过 20% 甲醇溶液或 10% 乙腈溶液）时，需要电感耦合等离子体质谱仪配备专用的有机进样系统，如加配有机加氧通道、采用铂锥，使用有机炬管（内径为 1.5mm 或 1.0mm）及有机排废液系统等；并采用小柱径高效液相色谱柱。

（三）流动相流速的选择

流动相流速一般为 0.1~1ml/min，流速过大（超过 1.5ml/min）需考虑使用柱后分流，流速过小（小于 0.1ml/min）需考虑在样品溶液通道加入补偿液或采用特制微量雾化器以保证雾化正常。

（四）样品的前处理

元素形态分析由于基体复杂，某些元素形态的含量较低，故需对样品进行分离和富集等前处理步骤。原则上所采用的前处理方法必须满足将待分析元素形态"原样地"从样品中与基体物质分离，而不应引起样品中的待分析元素形态发生变化。

除常规的前处理方法（萃取、浸取、离子交换、超滤、离心及共沉淀等）外，元素形态分析常采用酶水解、超声辅助萃取、微波辅助萃取、固相萃取、加速溶剂萃取等分离方法。

供试品溶液制备时应同时制备试剂空白，标准溶液的介质和酸度应与供试品溶液保持一致。所用试剂均应为优级纯或更高纯度级别，所用器皿均应经 10%~20% 硝酸溶液浸泡过夜，再用去离子水洗净并晾干后使用。应同时制备试剂空白，对照品溶液的介质应与供试品溶液保持一致，且无明显的溶剂效应。

三、HPLC-ICP-MS 定性定量分析

（一）定性分析

样品中不同形态及价态的元素经 HPLC 分离，ICP-MS 检测待测元素各形态的信号变化，由于不同元素的保留时间不同，同一元素的不同形态其保留时间也不同，可以根据色谱图的保留时间确定样品中是否含有某种元素以及元素的形态，实现定性分析。

（二）定量分析

元素形态定量分析一般采用标准曲线法，分为外标法和内标法，也可采用标准加入法和同位素稀释法。外标法应用最为广泛。

1. 外标法（external calibration） 测定样品元素浓度大多采用外标法。在选定的分析条件下，测定不少于 4 个不同浓度的待测元素不同形态的系列标准溶液（标准溶液的介质尽量与供试品溶液一致），以色谱峰面积（或峰高）为纵坐标，浓度为横坐标，绘制标准曲线，计算回归方程，相关系数应不低于 0.99。测定供试品溶液，从标准曲线或回归方程中查得相应的浓度，计算样品中各待测元素形态的含量。在同样的分析条件下进行空白试验，计算时应按照仪器说明书要求扣除空白。

2. 内标法（internal standardization） 内标法以标准溶液中待测元素与内标元素的峰面积（或峰高）或点对点校正后的色谱峰面积（或峰高）比值为纵坐标，浓度为横坐标，绘制标准曲线，计算回归方程，相关系数应不低于 0.99。测定供试品中待测元素与内标元素的峰面积（或峰高）或点对点校正后的色谱峰面积（或峰高）比值，从标准曲线或回归方程中查得相应的浓度，计算样品中各待测元素形态的含量。在同样的分析条件下进行空白试验，计算时应按照仪器说明书要求扣除空白。内标法可有效地校正响应信号的波动，减少或消除供试品溶液的基质效应。

元素形态分析的内标法可根据实际情况分别选用以下 3 种方式。

（1）加入法：在供试品或供试品溶液中加入内标物质。该内标物质应含有待测元素，但与待测元素的形态不同。选择该方法，除内标物质性质应稳定外，还需确认样品中不含与内标元素形态相同的元素，且内标元素形态能与待测元素形态完全分离并且提取效率一致。常用的内标元素有 Be、Sc、Co、Ge、Y、Rh、In、Tm、Lu、Re、Th。

（2）在线内标实时校正：可采取两种方式，一种是在流动相中加入内标物质，另一种是通

过蠕动泵在线加入内标溶液。在线内标实时校正对于每个数据采集点都会有一个内标的信号，校正采用点对点校正，即根据每个数据采集点的待测元素计数值与内标计数值的校正值绘制色谱峰，因此仪器的数据处理软件需具有相应的功能。在线内标实时校正可防止信号漂移带来的准确性问题。内标物质选择时应注意选择与待测元素质量数和电离能相近的元素，且待测样品中不含该元素。

（3）阀切换方式：在难以找到合适内标物质时，可使用柱后阀切换技术在每个样品进样后待测元素出峰前增加一个内标溶液的进样，使每个样品的数据由一个内标信号来校正。

3. 标准加入法（standard additions calibration） 取同体积的供试品溶液 4 份，分别置于 4 个同体积的量瓶中，除第 1 个量瓶外，在其他 3 个量瓶中分别精密加入不同浓度的待测元素标准溶液，分别稀释至刻度，摇匀，制成系列待测溶液。在选定的分析条件下分别测定，以分析峰的响应值为纵坐标，待测元素加入量为横坐标，绘制标准曲线，相关系数应不低于 0.99，将标准曲线延长交于横坐标，在 X 轴上的截距即为供试品取用量中待测元素的含量，再以此计算供试品中待测元素的含量。

标准加入法可有效消除基质效应，由于所有测定样品都具有几乎相同的基体，使结果更加准确可靠。但需预先知道被测元素的大致含量，且待测元素在加入浓度范围内需呈线性。

4. 同位素稀释法（isotope dilution） 同位素稀释法（ID）是准确度非常高的一种校准方法。同位素稀释法和 ICP-MS 相结合非常适用于痕量和超痕量元素分析。与外标校准的 ICP-MS 相比，ID-ICP-MS 具有许多优点，比如分析结果很少受到有关信号漂移或基体效应的影响，样品制备期间元素的部分损失也不会影响结果的可靠性。ID-ICP-MS 在各种标准物质定值分析中用得最多。

四、HPLC-ICP-MS 的应用

HPLC-ICP-MS 在医药、环境、食品、生物样品等领域都获得了广泛的应用。

1. 在药物分析中的应用 药物中微量元素的含量测定是药物分析工作中的重要环节，但是测定前需要进行复杂的前处理，如有机破坏、富集等，费时费力，且消耗大量的样品。选择具有高效分离能力的 HPLC 与具有极低检测限、宽动态范围、干扰少、精密度高的 ICP-MS 联用，是研究药物微量元素的有效途径，可应用于中药材、中药饮片中的重金属残留量分析。

2. 在环境方面的应用 金属微量元素是一类重要的污染物，多数以无机形式存在于环境中，同时可以通过微生物转化为有机金属类。这些金属元素的测定和元素形态分析可选择 HPLC-ICP-MS。

3. 在食品方面的应用 食品中的微量元素对人类生命健康起着重要的作用。微量元素的活性、毒性与元素的形态、价态密切相关，因此，食品分析中测定微量元素的含量并对其进行形态分析十分重要。HPLC-ICP-MS 可实现对水果、蔬菜、粮食中硒、锌等微量元素的分析。

4. 在生物样品分析的应用 在生物样品中，微量元素分布于大量的生物介质中，并伴随内源性物质和代谢物的干扰，增加了元素分离分析的难度，而选择灵敏度高、选择性好的 HPLC-ICP-MS 进行分析有其独特优势，如应用 HPLC-ICP-MS 进行血清中 Al、Zn、Ca、Mg 等元素的形态分析。

笔记栏

学习小结

1. 学习内容

色谱联用技术
├─ 扫描模式及可提供的信息
│ ├─ 全扫描（色谱-质谱三维谱；质谱图；总离子流色谱图；质量色谱图）
│ ├─ 选择离子监测（SIM）
│ └─ 选择反应监测（SRM、MRM）
├─ 联用技术类型
│ ├─ 色谱-质谱联用（GC-MS、LC-MS、CE-MS、HPLC-ICP-MS）
│ ├─ 色谱-光谱联用（GC-FTIR、GC-FTIR-MS、HPLC-NMR）
│ └─ 色谱-色谱联用（GC-GC、LC-LC、HPLC-GC等）
├─ GC-MS
│ ├─ 仪器系统
│ │ ├─ 直接导入型接口
│ │ ├─ 电离源：EI源、CI源
│ │ └─ 质量分析器：单级及串联
│ ├─ 分析条件的选择：色谱柱、气化温度、进样口温度、柱温、载气流量、分流比、进样量
│ ├─ 定性分析：库检索、计算机检索
│ ├─ 定量分析（TIC、SIM、SRM、MRM）
│ └─ 应用：挥发性成分
├─ LC-MS
│ ├─ 仪器系统
│ │ ├─ 接口（电离源）：ESI、APCI、APPI
│ │ └─ 质量分析器：单级及串联
│ ├─ 分析条件的选择：接口、正负离子模式、流动相、辅助气体流量、基质效应
│ ├─ 定性分析：标准品对照、MS/MS子离子
│ ├─ 定量分析（SIM、SRM、MRM）
│ └─ 应用：可离子化成分
└─ HPLC-ICP-MS
   ├─ 仪器系统
   │ ├─ 接口：聚四氟乙烯管；接口"锥"
   │ ├─ 电离源：ICP离子源
   │ └─ 质量分析器：四极杆、飞行时间分析器等
   ├─ 分析条件的选择：调谐优化参数，流动相流速及种类
   ├─ 定性分析：依据谱图峰判断可能存在的元素
   ├─ 定量分析：外标法、内标法、同位素稀释法
   └─ 应用：元素形态的测定

2. 学习方法　在学习过程中,要理解色谱联用技术中的扫描模式、LC-MS 接口技术及串联质谱法,重点掌握 HPLC-MS、GC-MS。通过多查阅相关文献,进一步了解联用技术的最新进展。

（高晓燕）

复习思考题

1. 气相色谱 - 质谱联用法与气相色谱法相比较有何优点?

2. 什么是全扫描模式? 可获得哪些谱图形式?

3. 试简述 LC-MS 中常用的接口技术及其特点。

4. 液相色谱 - 质谱联用时,条件的优化主要考虑哪些方面?

5. 为什么在复杂体系中多组分的测定要用 MRM 技术?

6. HPLC-ICP-MS 联用仪的仪器结构和主要部件是什么?

7. 什么是等离子体? 它在 HPLC-ICP-MS 分析中起什么作用?

附录一 主要基团的红外特征峰

基团	振动类型	波数 /cm⁻¹	波长 /μm	强度	备注
一、烷烃类	CH 伸	3 000~2 843	3.33~3.52	中、强	分对称与反对称伸缩
	CH 弯（面内）	1 490~1 350	6.70~7.41	中、强	
	C—C 伸（骨架振动）	1 250~1 140	8.00~8.77	中、强	异丙基与叔丁基有分裂
1. —CH₃	CH 伸（反称）	2 962 ± 10	3.38 ± 0.01	强	
	CH 伸（对称）	2 872 ± 10	3.4 ± 0.01	强	
	CH 弯（反称、面内）	1 450 ± 20	6.90 ± 0.10	中	
	CH 弯（对称、面内）	1 380~1 365	7.25~7.33	强	
2. —CH₂—	CH 伸（反称）	2 926 ± 10	3.42 ± 0.01	强	
	CH 伸（对称）	2 853 ± 10	3.51 ± 0.01	强	
	CH 弯（面内）	1 465 ± 20	6.83 ± 0.01	中	
3. —CH	CH 伸	2 890 ± 10	3.46 ± 0.01	弱	
	CH 弯（面内）	~1 340	~7.46	弱	
4. C—C	C—C 伸（面内）	1 200 ± 10	8.33 ± 0.01	变	
二、烯烃类	CH 伸	3 100~3 000	3.23~3.33	中、弱	
	C=C 伸	1 695~1 630	5.90~6.13	变	共轭为双峰
	CH 弯（面内）	1 430~1 290	7.00~7.75	中	
	CH 弯（面外）	1 010~650	9.90~15.4	强	中间有数段间隔
1. H₂C=CH₂	CH 伸	3 050~3 000	3.28~3.33	中	
	CH 弯（面内）	1 310~1 295	7.63~7.72	中	
	CH 弯（面外）	730~650	13.70~15.38	强	
2.	CH 伸	3 050~3 000	3.28~3.33	中	
	CH 弯（面外）	980~965	10.20~10.36	强	
3. 单取代 —CH=CH₂	CH 伸（反称）	3 092~3 077	3.23~3.25	中	
	CH 伸（对称）	3 025~3 012	3.31~3.32	中	
	CH 弯（面外）	995~985	10.05~10.15	强	
	CH₂ 弯（面外）	910~905	10.99~11.05	强	
三、炔烃类	CH 伸	~3 300	~3.03	中	
	C≡C 伸	2 270~2 100	4.42~4.76	中	
	CH 弯（面内）	1 260~1 245	7.94~8.03		一般无应用价值
	CH 弯（面外）	645~615	15.50~16.25	强	

数据主要参考：Simmons WW.The Sadtler Handbook of Infrared Spectra [M].Philadelphia:Sadtler Reaearch Laboratories，1978.

注:"⋯⋯"线上为主要相关峰出现区间,线下为具体基团主要振动形式出现的具体区间。

续表

基团	振动类型	波数 /cm^{-1}	波长 /μm	强度	备注
四、取代苯类	CH 伸	3 100~3 000	3.23~3.33	变	一般三四个峰 苯环高度特征峰
	泛频峰	2 000~1 667	5.00~6.00	弱	
	骨架振动（$v_{C=C}$）	1 650~1 430	6.06~6.99	中、强	确定苯环存在最重要峰之一
	CH 弯（面内）	1 250~1 000	8.00~10.00	弱	
	CH 弯（面外）	910~665	10.99~15.03	强	确定苯取代位置最重要峰
	苯环的骨架振动（$v_{C=C}$）	1 600 ± 20	6.25 ± 0.08		
		1 500 ± 25	6.67 ± 0.10		
		1 580 ± 10	6.33 ± 0.04		⎫ 共轭环
		1 450 ± 20	6.90 ± 0.10		⎭
1. 单取代	CH 弯（面外）	770~730	12.99~13.70	极强	5 个相邻氢
2. 邻 - 双取代	CH 弯（面外）	770~735	12.99~13.61	极强	4 个相邻氢
3. 间 - 双取代	CH 弯（面外）	810~750	12.35~13.33	极强	3 个相邻氢
4. 对 - 双取代	CH 弯（面外）	860~800	11.63~12.50	极强	2 个相邻氢
	C=C 弯	730~690	13.70~14.49	弱①	环变形振动
5. 1,2,3- 三取代	CH 弯（面外）	810~750	12.35~13.33	强	与间双易混，参考 δ_{CH} 及泛频峰
	C=C 弯	730~680	13.79~14.71	中	环变形振动
6. 1,3,5- 三取代	CH 弯（面外）	874~835	11.44~11.98	强	1 个氢
7. 1,2,4- 三取代	CH 弯（面外）	885~860	11.30~11.63	中	1 个氢
		860~800	11.63~12.50	强	2 个相邻氢
五、醇与酚类	OH 伸	3 700~3 200	2.70~3.13	变	
	OH 弯（面内）	1 420~1 330	7.04~7.52	弱	
	C—O 伸	1 260~1 000	7.94~10.00	强	
	C—H 弯（面外）	750~650	13.33~15.38	强	液态有此峰
1. OH 伸缩频率 　游离 OH 　分子键氢键 　分子键氢键 　分子键氢键	OH 伸 OH 伸（二聚缔合） OH 伸（多聚缔合） OH 伸（单桥）	3 650~3 590 ~3 500 ~3 320 3 570~3 450	2.74~2.79 ~2.86 ~3.01 2.80~2.90	强 强 强 强	锐峰 钝峰（稀释移动） 钝峰（稀释移动） 钝峰（稀释无影响）
2. OH 弯或 C—O 伸 　伯醇（饱和） 　仲醇（饱和） 　叔醇（饱和） 　酚类（Φ—OH）	OH 弯（面内） C—O 伸 OH 弯（面内） C—O 伸 OH 弯（面内） C—O 伸 OH 弯（面内） C—O 伸	~1 400 1 085~1 050 ~1 400 1 124~1 087 ~1 400 1 205~1 124 1 390~1 330 1 260~1 180	~7.14 9.22~9.52 ~7.14 8.90~9.20 ~7.14 8.30~8.90 7.20~7.52 7.94~8.47	强 强 强 强 强 强 中 强	

①只有 2 个取代基不相同才出现。

续表

基团	振动类型	波数 /cm⁻¹	波长 /μm	强度	备注
六、醚类	C—O—C 伸	1 270~1 010	7.89~9.90	强	或标 C—O 伸(下同)
1. 脂链醚					
饱和醚	C—O—C 伸	1 150~1 060	8.70~9.43	强	
不饱和醚	=C—O—C 伸	1 225~1 200	8.16~8.33	强	
2. 脂环醚	C				
四元环	C—O—C 伸(反称)	~1 030	~9.71	强	
	C—O—C 伸(对称)	~980	~10.20	强	
五元环	C—O—C 伸(反称)	~1 050	~9.52	强	
	C—O—C 伸(对称)	~900	~11.11	强	
更大环	C—O—C 伸	~1 100	~9.09	强	
3. 芳醚	=C—O—C 伸(反称)	1 270~1 230	7.87~8.13	强	氧与侧链碳相连的芳醚同脂醚
(氧与芳环相连)	=C—O—C 伸(对称)	1 050~1 000	9.52~10.00	中	
	CH 伸(面外)	~2 825	~3.53	弱	含—CH₃ 芳醚(O—CH₃)
七、醛类	CH 伸	2 850~2 710	3.51~3.69	弱	一般为2 820 及~2 720 cm⁻¹ 两个谱带
(—CHO)	C=O 伸	1 755~1 655	5.70~6.00	很强	
	CH 弯(面外)	975~780	10.26~12.80	中	
1. 饱和脂肪醛	C=O 伸	~1 725	~5.80	强	CH 伸、CH 弯同上
	C—C 伸①	1 440~1 325	6.95~7.55	中	
2. α,β- 不饱和醛	C=O 伸	~1 685	~5.93	强	CH 伸、CH 弯同上
3. 芳醛	C=O 伸	~1 695	~5.90	强	CH 伸、CH 弯同上
	C—C 伸	1 415~1 160	7.07~7.41	中	与芳环取代基有关
八、酮类	C=O 伸	1 730~1 630	5.78~6.13	极强	
	C—C 伸	1 250~1 030	8.00~9.70	弱	
	泛频	3 510~3 390	2.85~2.95	很弱	
1. 脂肪酮					
饱和链状酮	C=O 伸	1 725~1 705	5.80~5.86	强	
α,β-不饱和酮	C=O 伸	1 685~1 665	5.93~6.01	强	
β- 二酮(烯醇式)	C=O 伸	1 620~1 600	6.17~6.25	强	宽,共轭螯合作用
2. 芳酮	C=O 伸	1 700~1 630	5.88~6.14	强	很宽的谱带
	C—C	1 250~1 030	8.00~9.70	强	
Ar—CO	C=O 伸	1 690~1 680	5.92~5.95	强	
二芳酮	C=O 伸	1 670~1 660	5.99~6.02	强	
1- 酮基 -2- 羟基(或氨基)芳酮	C=O 伸	1 665~1 635	6.01~6.12	强	
3. 脂肪酮					
四元环酮	C=O 伸	~1 775	~5.63		
五元环酮	C=O 伸	1 750~1 740	5.71~5.75	强	
六元,七元环酮	C=O 伸	1 745~1 725	5.73~5.80	强	

①在醛、酮中与羰基相连的碳,因受羰基影响而"活性化",其 C—C 伸缩出现较强吸收。

续表

基团	振动类型	波数/cm⁻¹	波长/μm	强度	备注
九、羧酸类 （—COOH）	OH 伸	3 400~2 500	2.94~4.00	中	在稀溶液中，单体酸OH为锐峰在~3 350cm⁻¹；二聚体为宽峰，以~3 350cm⁻¹为中心
	C=O 伸	1 740~1 650	5.75~6.06	强	
	OH 弯（面内）	~1 430	~6.99	弱	
	C—O 伸	~1 300	~7.69	中	
	OH 弯（面外）	955~915	10.47~10.93	弱	二聚体
1. 脂肪酸 R—COOH	C=O 伸	1 725~1 700	5.80~5.88	强	
卤代脂肪酸	C=O 伸	1 740~1 705	5.75~5.87	强	
α,β-不饱和酸	C=O 伸	1 705~1 690	5.87~5.91	强	
2. 芳酸	C=O 伸	1 700~1 680	5.88~5.95	强	二聚体
	C=O 伸	1 670~1 650	5.99~6.06	强	分子内氢键
十、羧酸盐	C=O 伸（反称）	1 610~1 550	6.21~6.45	强	
	C=O 伸（对称）	1 440~1 360	6.94~7.35	中	
十一、酸酐 链酸酐	C=O 伸（反称）	1 850~1 800	5.41~5.56	强	共轭时每个谱带下降20cm⁻¹
	C=O 伸（对称）	1 780~1 740	5.62~5.75	强	
	C—O 伸	1 170~1 050	8.55~9.52	强	
环酸酐 （五元环）	C=O 伸（反称）	1 870~1 820	5.35~5.49	强	共轭时每个谱带下降20cm⁻¹
	C=O 伸（对称）	1 800~1 750	5.56~5.71	强	
	C—O 伸	1 300~1 200	7.69~8.33	强	
十二、酯类 —C(=O)—O—R	C=O 伸（倍频）	~3 450	~2.90	强	
	C=O 伸	1 770~1 720	5.65~5.81	强	多数酯
	C—O—C 伸	1 300~1 000	7.69~10.00	强	
1. C=O 伸 饱和酯类	C=O 伸	1 744~1 739	5.73~5.75	强	
α,β-不饱和酯类	C=O 伸	~1 720	~5.81	强	
δ-内酯	C=O 伸	1 750~1 735	5.71~5.76	强	
γ-内酯（饱和）	C=O 伸	1 780~1 760	5.62~5.68	强	
β-内酯	C=O 伸	~1 820	~5.50	强	
2. C—O—C 伸 甲酸酯类	C—O 伸	~1 185	~8.44	强	简称 C—O
乙酸酯类	C—O 伸	~1 256	~7.96	强	
丙酸酯类	C—O 伸	~1 194	~3.75	强	
正丁酸酯类	C—O 伸	~1 200	~8.33	强	
酚类乙酸酯	C—O 伸	~1 250	~8.00	强	
十三、胺	NH 伸	3 500~3 300	2.86~3.03	中	伯胺强，中；仲胺极弱
	NH 弯（面内）	1 650~1 510	6.06~6.62		
	C—N 伸	1 340~1 020	7.46~9.80	中	
	NH 弯（面外）	900~650	11.1~15.4	强	
1. 伯胺类 （C—NH₂ 及 Ar—NH₂）	NH 伸（反称）	~3 500	~2.86	中	
	NH 伸（对称）	~3 400	~2.94	中	
	NH 弯（面内）	1 650~1 590	6.06~6.29	强、中	
	C—H 伸（芳香）	1 380~1 250	7.25~8.00	强	
	C—N 伸（脂肪）	1 250~1 020	9.00~9.80	中、弱	

基团	振动类型	波数/cm⁻¹	波长/μm	强度	备注
2. 仲胺类 （C—NH—C）	NH 伸 NH 弯（面内） C—N 伸（芳香） C—N 伸（脂肪）	3 500~3 300 1 650~1 550 1 350~1 280 1 220~1 020	2.86~3.03 6.06~6.45 7.41~7.81 8.20~9.80	中 极弱 强 中、弱	1 个峰
3. 叔胺类 C—N〈C C	C—N 伸（芳香） C—N 伸（脂肪）	1 360~1 310 1 220~1 020	7.35~7.63 8.20~9.80	中 中、弱	
十四、胺盐	胺离子 伸 合频谱 带 胺离子 弯 C—N 伸	3 300~2 200 2 800~2 000 1 630~1 500 1 400~1 300	3.03~4.55 3.57~5.00 6.14~6.67 7.14~7.69	强、宽 弱、中 中、强 中、变	
1. 胺离子 伸 　伯胺盐 　仲胺盐 　叔胺盐	胺离子 伸 胺离子 伸 胺离子 伸	3 200~2 800 3 000~2 700 2 700~2 200	3.13~3.57 3.33~3.70 3.70~4.55	强、宽 强、宽 强、宽	
2. 合频谱带 　伯胺盐 　仲胺盐	合频谱 带 合频谱 带	2 800~2 000 2 700~2 300	3.57~5.00 3.33~4.35	强、宽 强、宽	为判断胺盐的重要标志
3. 胺离子 弯 　伯胺盐 　仲胺盐	胺离子 弯（反称） 胺离子 弯（对称） 胺离子 弯	1 625~1 560 1 550~1 505 1 620~1 560	6.15~6.41 6.45~6.65 6.17~6.41	中、强	
4. C—N 伸 　各类胺盐	C—N 伸	1 400~1 300	7.14~7.69		
十五、酰胺 （脂肪与芳 香酰胺数 据类似）	NH 伸 C=O 伸 NH 弯（面内） C—N 伸	3 500~3 100 1 680~1 630 1 665~1 510 1 420~1 400	2.86~3.22 5.95~6.13 6.01~6.62 7.04~7.14	强 强 强 中	伯酰胺双峰,仲酰胺单峰 谱带Ⅰ 谱带Ⅱ 谱带Ⅲ
1. 伯酰胺类	NH 伸（反称） NH 伸（对称） C=O 伸 NH 弯（剪式） C—N 伸 NH₂ 面内摇 NH₂ 面外摇	~3 350 ~3 180 1 680~1 650 1 650~1 625 1 420~1 400 ~1 150 750~600	~2.98 ~3.14 5.95~6.06 6.06~6.15 7.04~7.14 ~8.70 1.33~1.67	强 强 强 强 中 弱 中	
2. 仲酰胺类	NH 伸 C=O 伸 NH 弯+C—N 伸 C—N 伸+NH 弯	~3 270 1 680~1 630 1 570~1 515 1 310~1 200	~3.09 5.95~6.13 6.37~6.60 7.63~8.33	强 强 中 中	 NH 面内弯与 C—N 重合 NH 面外弯与 C—N 重合
3. 叔酰胺	C=O 伸	1 670~1 630	5.99~6.13		

续表

基团	振动类型	波数 /cm⁻¹	波长 /μm	强度	备注
十六、不饱和含氮化合物					
脂肪族腈	$C\equiv N$	2 260~2 240	4.34~4.46	强	
芳香族腈	$C\equiv N$	2 240~2 220	4.46~4.51	强	—C≡N 与芳环共轭
α,β-不饱和腈	$C\equiv N$	2 235~2 215	4.47~4.52	强	
十七、杂环芳香族化合物					
1. 吡啶类 （喹啉同吡啶）	CH 伸 环的骨架振动 ($v_{C=C}$ 及 $v_{C=N}$) CH 弯（面内） CH 弯（面外）	~3 020 1 660~1 415 1 175~1 000 910~665	~3.31 6.02~7.07 8.50~10.0 11.0~15.0	弱 中 弱 强	
2. 嘧啶类	CH 伸 环的骨架振动 ($v_{C=C}$ 及 $v_{C=N}$) 环上的 CH 弯 环上的 CH 弯	3 060~3 010 1 580~1 520 1 000~960 825~775	3.27~3.32 6.33~6.58 10.00~10.42 12.12~12.90	弱 中 中 中	
十八、硝基化合物					
1. 脂肪硝基化合物 R—NO₂	NO₂（反称） NO₂（对称） C—N 伸	1 590~1 545 1 390~1 360 920~800	6.29~6.47 7.19~7.35 10.87~12.50	强 强 中	用途不带
2. 芳香硝基化合物 Ar—NO₂	NO₂（反称） NO₂（对称） C—N 伸 不明	1 530~1 500 1 370~1 330 860~840 ~750	6.54~6.67 7.30~7.52 11.63~11.90 ~13.33	强 强 强 强	

附录二 质子化学位移值的经验计算法

某些类别质子的 δ 可通过不同的经验公式作出估算。

一、烷烃质子化学位移的估算

甲基、亚甲基、次亚甲基的化学位移可用下式进行估算：

$$\delta = B + \sum S_i$$

式中 B 为基础值。甲基、亚甲基、次甲基质子的 B 分别为 0.87、1.20、1.55。S_i 为取代基对化学位移值的贡献。S_i 与取代基的种类及取代位置有关，同一取代基处于 α 位比 β 位影响大，取代基的影响列于附表 1 中。

附表 1 取代基对甲基、亚甲基及次甲基质子化学位移的影响

$$\overset{\beta\quad\alpha}{C-C-H}$$

取代基	质子类型	α 位移 /S_α	β 位移 /S_β	取代基	质子类型	α 位移 /S_α	β 位移 /S_β
—R		0	0	—CH=CH—R*	CH_3	1.08	—
—CH=CH—	CH_3	0.78	—	—OH	CH_3	2.50	0.33
	CH_2	0.75	0.10		CH_2	2.30	0.13
	CH	—	—		CH	2.20	
—Ar	CH_3	1.40	0.35	—OR	CH_3	2.43	0.33
	CH_2	1.45	0.53		CH_2	2.35	0.15
	CH	1.33	—		CH	2.00	—
—Cl	CH_3	2.43	0.63	—OCOR	CH_3	2.88	0.38
	CH_2	2.30	0.53		CH_2	2.98	0.43
	CH	2.55	0.03		CH	3.43	
—Br	CH_3	1.80	0.83	—COR	CH_3	1.23	0.18
	CH_2	2.18	0.60	（R 为 R 或 Ar、OR、	CH_2	1.05	0.31
	CH	2.68	0.25	OH、H）	CH	1.05	—
—I	CH_3	1.28	1.23	—NRR′	CH_3	1.30	0.13
	CH_2	1.95	0.58		CH_2	1.33	0.13
	CH	2.75	0.00		CH	1.33	—

注：摘自 Silverstein RM 等主编的 *Spectrometric Identification of Organic Compounds*。1981 年出版，第 225 页。
R 为饱和脂肪基；Ar 为芳香基；R* 为—C≡CH—R 或—COR。

二、烯烃质子化学位移的估算

烯烃质子的化学位移可用下式进行估算：

$$\delta = 5.25 + Z_{同} + Z_{顺} + Z_{反}$$

式中 Z 的下标依次为同碳、顺式和反式取代基，各取代基对烯烃质子化学位移的影响如附表 2 所示。

附表 2　取代基对烯烃质子化学位移的影响

$$\underset{Z_{同}}{\overset{H}{}}C=C\underset{Z_{反}}{\overset{Z_{顺}}{}}$$

取代基	$Z_{同}$	$Z_{顺}$	$Z_{反}$	取代基	$Z_{同}$	$Z_{顺}$	$Z_{反}$
—H	0	0	0	—CO—R	1.10	1.12	0.87
—R	0.45	−0.22	−0.28	共轭增长	1.06	0.91	0.74
—R 环	0.69	−0.25	−0.28	—CO—OH	0.97	1.41	0.71
—CH₂—Ar	1.05	−0.29	−0.32	共轭增长	0.80	0.98	0.32
—CH₂OR	0.64	−0.01	−0.02	—CO—OR	0.80	1.18	0.55
—CH₂NR₂	0.58	−0.10	−0.08	共轭增长	0.78	1.01	0.46
—CH₂COR	0.69	−0.08	−0.06	—CO—NR₂	1.37	0.98	0.46
—C(R)=CR₂	1.00	−0.09	−0.23	—CO—Cl	1.11	1.46	1.01
共轭增长	1.24	0.02	−0.05	—C≡N—	0.27	0.75	0.55
—C≡C—	0.47	0.38	0.12	—NR₂(饱和)	0.80	−1.26	−1.21
—Ar	1.38	0.36	−0.07	—NR₂(其他)	1.17	−0.53	−0.99
—OR(饱和)	1.22	−1.07	−1.21	—N—CO—R	2.08	−0.57	−0.72
—OR(其他)	1.21	−0.60	−1.00	—NO₂	1.87	1.32	0.62
—O—CO—R	2.11	−0.35	−0.64	—F	1.54	−0.40	−1.02
—S—R	1.11	−0.29	−0.13	—Cl	1.08	0.18	0.13
—SO₂—R	1.55	1.16	0.93	–Br	1.07	0.45	0.55
—CHO	1.02	0.95	1.17	—I	1.14	0.81	0.88

摘自：野村正勝．有機化学のためにスペクトル解析法［M］．东京：东京化学同人，2000：117.
R 为饱和脂肪基；Ar 为芳香基。

三、苯环芳香质子化学位移的估算

取代苯芳香质子的化学位移值可用下式进行估算：

$$\delta = 7.27 - \sum S$$

式中 7.27 为苯环芳香质子的基础值，S 表示邻位、间位及对位取代基对待研究质子化学位移的影响，见附表 3。

附表3 取代基对苯环芳香质子化学位移的影响

取代基	$S_{邻}$	$S_{间}$	$S_{对}$	取代基	$S_{邻}$	$S_{间}$	$S_{对}$
—NO_2	-0.95	-0.17	-0.33	—CH_2OH	0.10	0.10	0.10
—CHO	-0.58	-0.21	-0.27	—CH_2NH_2	0.00	0.00	0.00
—COCl	-0.83	-0.16	-0.30	—CH=CHR	-0.13	-0.03	-0.13
—COOH	-0.80	-0.14	-0.20	—F	0.30	0.02	0.22
—$COOCH_3$	-0.74	-0.07	-0.20	—Cl	-0.02	0.06	0.04
—$COCH_3$	-0.64	-0.09	-0.30	—Br	-0.22	0.13	0.03
—CN	-0.27	-0.11	-0.30	—I	-0.40	0.26	0.03
—Ph	-0.18	0.00	-0.08	—OCH_3	0.43	0.09	0.37
—CCl_3	-0.80	-0.20	-0.20	—$OCOCH_3$	0.21	0.02	
—$CHCl_2$	-0.10	-0.06	-0.10	—OH	0.50	0.14	0.40
—CH_2Cl	0.00	-0.01	0.00	—NH_2	0.75	0.24	0.63
—CH_3	0.17	0.09	0.18	—SCH_3	0.03	0.00	
—CH_2CH_3	0.15	0.06	0.18	—$N(CH_3)_2$	0.60	0.10	0.62
—$CH(CH_3)_2$	0.14	0.09	0.18	—$NHCOCH_3$	-0.31	-0.06	
—$C(CH_3)_3$	-0.01	0.10	0.24				

摘自:孙毓庆.分析化学(下册)[M].3版.北京:人民卫生出版社,1986:165.

附录三 分子离子丢失的常见中性裂片

离子	中性裂片	可能的推断
M-1	H	醛(某些酯和胺)
M-2	H_2	—
M-14	–	同系物
M-15	CH_3	高度分支的碳链,在分支处甲基裂解,醛、酮、酯
M-16	CH_3+H	高度分支的碳链,在分支处裂解
M-16	O	硝基物、亚砜、吡啶 N- 氧化物、环氧、醌等
M-16	NH_2	$ArSONH_2$,—$CONH_2$
M-17	OH	醇 R-OH、羧酸 RCO—OH
M-17	NH_3	—
M-18	H_2O,NH_4	醇、醛、酮、胺等
M-19	F	氟化物
M-20	HF	氟化物
M-26	C_2H_2	芳烃
M-26	$C≡N$	腈
M-27	$CH_2=CH$	酯、R_2CHOH
M-27	HCN	氮杂环
M-28	CO,N_2	醌、甲酸酯等
M-28	C_2H_4	芳香乙酸乙酯、正丙基酮、环烷烃、烯烃
M-29	C_2H_5	高度分支的碳链,在分支处裂解;环烷烃
M-29	CHO	醛
M-30	C_2H_6	高度分支的碳链,在分支处裂解
M-30	CH_2O	芳香甲醛
M-30	NO	Ar—NO_2
M-30	NH_2CH_2	伯胺类
M-31	OCH_3	甲酯、甲醚
M-31	CH_2OH	醇
M-31	CH_3NH_2	胺
M-32	CH_3OH	甲酯
M-32	S	—
M-33	H_2O+CH_3	—
M-33	CH_2F	氟化物
M-33	HS	硫醇
M-34	H_2S	硫醇
M-35	Cl	氯化物(注意 ^{37}Cl 同位素)
M-36	HCl	氯化物
M-37	H_2Cl	氯化物
M-39	C_3H_3	丙烯酯
M-40	C_3H_4	芳香化合物

续表

离子	中性裂片	可能的推断
M-41	C₃H₅	烯烃（烯丙基裂解）、丙基酯、醇
M-42	C₃H₆	丁基酮、芳香醚、正丁基芳烃、烯、丁基环烷
M-42	CH₂CO	甲基酮、芳香乙酸酯、ArNHCOCH₃
M-43	C₃H₇	高度分支的碳链,分支处有丙基、丙基酮、醛、酯、正丁基芳烃
M-43	NHCO	环酰胺
M-43	CH₃CO	甲基酮
M-44	CO₂	酯（碳架重排）、酐
M-44	C₃H₈	高度分支的碳链
M-44	CONH₂	酰胺
M-44	CH₂CHOH	醛
M-45	CO₂H	羧酸
M-45	C₂H₅O	乙基醚、乙基酯
M-46	C₂H₅OH	乙酯
M-46	NO₂	Ar—NO₂
M-47	C₂H₄F	氟化物
M-48	SO	芳香亚砜
M-49	CH₂Cl	氯化物（注意 ³⁷Cl 同位素）
M-53	C₄H₅	丁烯酯
M-55	C₄H₇	丁酯、烯
M-56	C₄H₈	Ar-n-C₅H₁₁、ArO-n-C₄H₉、Ar-i-C₅H₁₁、Ar-O-i-C₄H₉、戊基酮、戊酯丁基酮、高度分支
M-57	C₄H₉	的碳链
M-57	C₂H₅CO	乙基酮
M-58	C₄H₁₀	高度分支的碳链
M-59	C₃H₇O	丙基醚、丙基酯
M-59	COOCH₃	RCOOCH₃
M-60	CH₃COOH	乙酸酯
M-63	C₂H₄	氯化物
M-67	C₅H₇	戊烯酯
M-69	C₅H₉	酯、烯
M-71	C₅H₁₁	高度分支的碳链,醛、酮、酯
M-72	C₅H₁₂	高度分支的碳链
M-73	COOC₂H₅	酯
M-74	C₃H₆O₂	一元羧酸甲酯
M-77	C₆H₅	芳香化合物
M-79	Br	溴化物（注意 ⁸¹Br 同位素）
M-105		⟨苯环⟩—CO⁺
M-127	I	碘化物

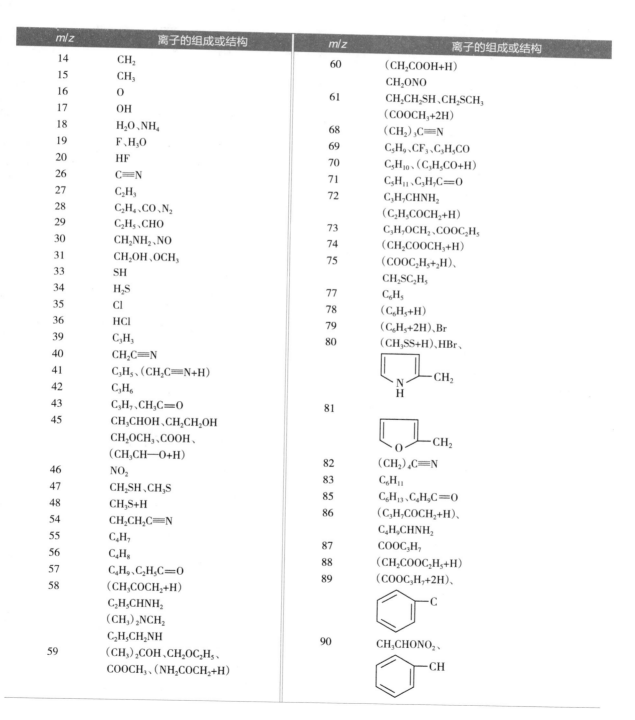

m/z	离子的组成或结构	m/z	离子的组成或结构
14	CH_2	60	$(CH_2COOH+H)$
15	CH_3		CH_2ONO
16	O	61	CH_2CH_2SH、CH_2SCH_3
17	OH		$(COOCH_3+2H)$
18	H_2O、NH_4	68	$(CH_2)_3C\equiv N$
19	F、H_3O	69	C_5H_9、CF_3、C_3H_5CO
20	HF	70	C_5H_{10}、(C_3H_5CO+H)
26	$C\equiv N$	71	C_5H_{11}、$C_3H_7C=O$
27	C_2H_3	72	$C_3H_7CHNH_2$
28	C_2H_4、CO、N_2		$(C_2H_5COCH_2+H)$
29	C_2H_5、CHO	73	$C_3H_7OCH_2$、$COOC_2H_5$
30	CH_2NH_2、NO	74	(CH_2COOCH_3+H)
31	CH_2OH、OCH_3	75	$(COOC_2H_5+2H)$、
33	SH		$CH_2SC_2H_5$
34	H_2S	77	C_6H_5
35	Cl	78	(C_6H_5+H)
36	HCl	79	(C_6H_5+2H)、Br
39	C_3H_3	80	(CH_3SS+H)、HBr、
40	$CH_2C\equiv N$		
41	C_3H_5、$(CH_2C\equiv N+H)$		
42	C_3H_6	81	
43	C_3H_7、$CH_3C=O$		
45	CH_3CHOH、CH_2CH_2OH		
	CH_2OCH_3、$COOH$、	82	$(CH_2)_4C\equiv N$
	$(CH_3CH{-}O+H)$	83	C_6H_{11}
46	NO_2	85	C_6H_{13}、$C_4H_9C=O$
47	CH_2SH、CH_3S	86	$(C_3H_7COCH_2+H)$、
48	CH_3S+H		$C_4H_9CHNH_2$
54	$CH_2CH_2C\equiv N$	87	$COOC_3H_7$
55	C_4H_7	88	$(CH_2COOC_2H_5+H)$
56	C_4H_8	89	$(COOC_3H_7+2H)$、
57	C_4H_9、$C_2H_5C=O$		
58	(CH_3COCH_2+H)		
	$C_2H_5CHNH_2$	90	CH_3CHONO_2、
	$(CH_3)_2NCH_2$		
	$C_2H_5CH_2NH$		
59	$(CH_3)_2COH$、$CH_2OC_2H_5$、		
	$COOCH_3$、(NH_2COCH_2+H)		

续表

m/z	离子的组成或结构	m/z	离子的组成或结构
91	苯-CH₂ (苯-CH + H)	107	苯-CH₂O
92	(苯-CH₂ + H) 吡啶-CH₂	108	(苯-CH₂O + H) N-甲基吡咯-C=O
94	(苯-O + H) 吡咯-C=O	111	噻吩-C=O
95	呋喃-C=O	119	CF₃CF、 苯-C(CH₃)₂ 邻甲苯-CHCH₃
96	(CH₂)₅C≡N	121	邻甲苯-C=O
97	C₇H₁₃、	123	邻羟基苯-C=O
98	噻吩-CH₂ 呋喃-CH₂O + H		邻氟苯-C=O
99	C₇H₁₅	127	I
100	(C₄H₉COCH₂+H)、C₅H₁₁CHNH₂	128	HI
101	COOC₄H₉	131	C₃F₅
102	(CH₂COOC₃H₇+H)	139	邻氯苯-C=O
103	(COOC₄H₉+H)		
104	C₂H₅CHONO₂	149	邻苯二甲酸酐 CO-O-CO + H
105	苯-C=O 苯-CH₂CH₂ 苯-CHCH₃		

主要参考书目

1. 尹华,王新宏.仪器分析[M].2版.北京:人民卫生出版社,2016.
2. 尹华,王新宏.仪器分析[M].北京:人民卫生出版社,2012.
3. 柴逸峰,邸欣.分析化学[M].8版.北京:人民卫生出版社,2016.
4. 李发美.分析化学[M].7版.北京:人民卫生出版社,2011.
5. 武汉大学.分析化学(下册)[M].6版.北京:高等教育出版社,2018.
6. 武汉大学.分析化学(下册)[M].5版.北京:高等教育出版社,2007.
7. 王淑美.仪器分析实验[M].2版.北京:中国中医药出版社,2013.
8. 梁生旺,万丽.仪器分析[M].3版.北京:中国中医药出版社,2012.
9. 李克安.分析化学教程习题解析[M].北京:北京大学出版社,2006.
10. 孙毓庆,胡育筑.分析化学[M].2版.北京:科学出版社,2006.
11. 胡琴,黄庆华.分析化学[M].北京:科学出版社,2009.
12. Kenneth A.Rubinson,Judith F.Rubinson.Contemporary Instrumental Analysis(现代仪器分析)[M].影印版.北京:科学出版社,2003.
13. 董慧茹.仪器分析[M].2版.北京:化学工业出版社,2010.
14. 杨根元.实用仪器分析[M].4版.北京:北京大学出版社,2010.
15. 吴立军.有机化合物波谱解析[M].3版.北京:中国医药科技出版社,2009.
16. 常建华,董绮功.波谱原理及解析[M].2版.北京:科学出版社,2006.
17. 宁永成.有机波谱学谱图解析[M].北京:科学出版社,2010.
18. 白银娟,杨秉勤,张世平,等.波谱原理及解析学习指导[M].北京:科学出版社,2011.
19. 王光辉,熊少祥.有机质谱解析[M].北京:化学工业出版社,2005.
20. 张华.现代有机波谱分析[M].北京:化学工业出版社,2005.
21. 朱淮武.有机分子结构波谱解析[M].北京:化学工业出版社,2005.
22. 汪瑗,阿里木江·艾拜都拉.波谱综合解析指导[M].北京:化学工业出版社,2008.
23. 潘铁英,张玉兰,苏克曼.波谱解析法[M].2版.上海:华东理工大学出版社,2009.
24. 陈耀祖,涂亚平.有机质谱原理及应用[M].北京:科学出版社,2001.
25. 丛浦珠,李筒玉.天然有机化合物质谱图集[M].北京:化学工业出版社,2011.
26. 汪职慧.有机质谱技术与方法[M].北京:中国轻工业出版社,2011.
27. Rolf Ekman,Jerzy Silberring,Ann M.Westman-Brinkmalm,et al.MASS SPECTROMETRY-Instrumentation,Interpretation,and Applications[M].New Jersey:John Wiley & Sons,Inc.,2009.
28. 盛龙生,苏焕华,郭丹滨.色谱质谱联用技术[M].北京:化学工业出版社,2006.
29. 孙毓庆.现代色谱法及其在药物分析中的应用[M].北京:科学出版社,2005.

复习思考题
答案

模拟试卷